Gansterer • Überhuber
Hochleistungsrechnen mit HPF

Springer
Berlin
Heidelberg
New York
Barcelona
Hongkong
London
Mailand
Paris
Tokio

W. Gansterer • C. Überhuber

Hochleistungsrechnen mit HPF

 Springer

Dr. Wilfried Gansterer
Prof. Dr. Christoph Überhuber
Technische Universität Wien
Institut für Angewandte und Numerische Mathematik
Wiedner Hauptstraße 8-10/115
A-1040 Wien, Österreich

Die Deutsche Bibliothek - CIP-Einheitsaufnahme

Gansterer, Wilfried N.:
Hochleistungsrechnen mit HPF / Wilfried N. Gansterer; Christoph Überhuber. - Berlin; Heidelberg; New York; Barcelona; Hongkong; London; Mailand; Paris; Tokio: Springer, 2001
ISBN-13: 978-3-540-42366-9

Einbandentwurf: Robert Lettner

Rober Lettner ist der Leiter der Abteilung „Graphik-Reprotechnik" am Institut für Design der Universität für Angewandte Kunst in Wien.

Mathematics Subject Classification (2000): 65Y05, 65Y10, 93B40, 65Fxx

ISBN-13: 978-3-540-42366-9   e-ISBN-13: 978-3-642-59503-5
DOI: 10.1007/978-3-642-59503-5

Dieses Werk ist urheberrechtlich geschützt. Die dadurch begründeten Rechte, insbesondere die der Übersetzung, des Nachdrucks, des Vortrags, der Entnahme von Abbildungen und Tabellen, der Funksendung, der Mikroverfilmung oder der Vervielfältigung auf anderen Wegen und der Speicherung in Datenverarbeitungsanlagen, bleiben, auch bei nur auszugsweiser Verwertung, vorbehalten. Eine Vervielfältigung dieses Werkes oder von Teilen dieses Werkes ist auch im Einzelfall nur in den Grenzen der gesetzlichen Bestimmungen des Urheberrechtsgesetzes der Bundesrepublik Deutschland vom 9. September 1965 in der jeweils geltenden Fassung zulässig. Sie ist grundsätzlich vergütungspflichtig. Zuwiderhandlungen unterliegen den Strafbestimmungen des Urheberrechtsgesetzes.

Springer-Verlag Berlin Heidelberg New York
ein Unternehmen der BertelsmannSpringer Science+Business Media GmbH
http://www.springer.de
© Springer-Verlag Berlin Heidelberg 2001
Reprint of the original edition 2001

Die Wiedergabe von Gebrauchsnamen, Handelsnamen, Warenbezeichnungen usw. in diesem Werk berechtigt auch ohne besondere Kennzeichnung nicht zu der Annahme, daß solche Namen im Sinne der Warenzeichen- und Markenschutz-Gesetzgebung als frei zu betrachten wären und daher von jedermann benutzt werden dürften.

Einbandgestaltung: Künkel + Lopka, Heidelberg
Satz: Datenerstellung durch die Autoren unter Verwendung eines Springer LATEX- Makropakets
Gedruckt auf säurefreiem Papier   SPIN 10846856   46/3142ck-5 4 3 2 1 0

Vorwort

Wissenschaftliches Hochleistungsrechnen (*Scientific High Performance Computing*) wird entscheidend durch drei Faktoren beeinflußt: durch die Computerhardware, die Software (Programmiersprachen, Compiler) sowie durch die Algorithmen zur Lösung numerisch-mathematischer Probleme. Die Ziele dieses Buches sind es, einerseits die wichtigsten Querverbindungen zwischen diesen drei Bereichen darzustellen, und andererseits die Möglichkeiten aufzuzeigen, die die Programmiersprache *High Performance Fortran (HPF)* zur effizienten Implementierung numerischer Algorithmen auf Parallelrechnern bietet.

Kapitel 1 faßt die technischen Hardwaregrundlagen und die aktuellen Trends der für das numerische Hochleistungsrechnen relevanten Computersysteme zusammen. Kapitel 2 beschäftigt sich ausführlich mit dem Leistungsbegriff sowie mit den verschiedensten Aspekten der Leistungsbewertung. In Kapitel 3 werden die mathematisch-algorithmischen Grundlagen für einige zentrale Rechenoperationen der Numerischen Linearen Algebra diskutiert, deren effizienter Umsetzung in sehr vielen praktischen Anwendungen zentrale Bedeutung zukommt, da sie den größten Teil der Rechenzeit in Anspruch nehmen.

Aufbauend auf den Hardwarekonzepten und den algorithmischen Grundlagen der ersten drei Kapitel sind die drei folgenden Kapitel der Entwicklung effizienter Parallelrechner-Software unter Verwendung der Programmiersprache HPF gewidmet. Kapitel 4 bespricht die für HPF relevanten Sprachelemente des gegenwärtigen Fortran-Standards (Fortran 95). Kapitel 5 stellt das Konzept sowie die Elemente von HPF im Detail vor. In Kapitel 6 wird ein Ausblick auf mögliche und wünschenswerte Erweiterungen und Weiterentwicklungen von HPF gegeben.

Die Kapitel 2, 3, 4 und 5 enthalten praktische Fallbeispiele der Verwendung von HPF auf verschiedenen Arten von Parallelrechnern. Appendix A enthält einen Überblick über die HPF-Bibliothek, eine Sammlung von vordefinierten Unterprogrammen, die vor allem im Bereich des Parallelrechnens wichtig sind. Die Detailspezifikationen dieser Unterprogramme sind aus Platzgründen nicht vollständig in diesem Buch abgedruckt. Sie findet man jedoch auf der Web-Site
www.math.tuwien.ac.at/hpf_library.

Klarerweise gibt es neben HPF einige andere Ansätze für die Programmierung von Parallelrechnern, deren wichtigste Beispiele überblicksmäßig in Kapitel 7 erwähnt sind. Bei der heutzutage in der Praxis am weitesten verbreiteten Variante, dem expliziten Nachrichtenaustausch mit Hilfe von PVM oder MPI, liegt die Bürde der Organisation der Kommunikation ganz auf der Seite des Programmierers. Der damit verbundene Programmieraufwand steht in krassem Gegensatz zum Konzept von HPF, das eine sehr einfache und benutzerfreundliche Schnittstelle für den Programmierer bereitstellt, dafür aber den Großteil der Verantwortung für die Umsetzung des Programmcodes in effizienten Maschinencode auf den Compiler überträgt.

Das vorliegende Buch soll aufzeigen, daß sich HPF heute, nach einer relativ langen Phase unbefriedigender Ergebnisse, konsolidiert hat. Es soll außerdem verdeutlichen, daß es für viele (aber keineswegs für alle) Anwendungen des numerischen wissenschaftlichen Hochleistungsrechnens ein sehr sinnvolles und brauchbares Werkzeug und eine sehr attraktive Alternative zum Konzept des expliziten Nachrichtenaustausches sein kann.

Dank möchten wir an dieser Stelle all jenen aussprechen, die zur Entstehung dieses Buches beigetragen haben. Insbesondere seien John Merlin, Harald Ehold, Ernst Haunschmid, Helmut Hlavacs sowie Dieter Kvasnicka namentlich erwähnt, deren kritische Kommentare und Diskussionsbeiträge wir sehr schätzten. Außerdem möchten wir auch Michael Ibi für seine Mithilfe bei den Korrekturarbeiten an älteren Versionen des Manuskripts danken.

Das Entstehen dieses Buches wurde nicht zuletzt durch die Unterstützung des österreichischen Fonds zur Förderung der wissenschaftlichen Forschung (FWF) ermöglicht.

Wien, im Juni 2001   WILFRIED GANSTERER, CHRISTOPH ÜBERHUBER

Inhaltsverzeichnis

Vorwort			V
1	**Hardware**		**1**
1.1	Prozessoren		4
	1.1.1	Das Pipeline-Prinzip	5
	1.1.2	RISC-Prozessoren	11
	1.1.3	Pipeline-Prinzip in RISC-Prozessoren	13
	1.1.4	Vektorprozessoren	16
1.2	Speicher		18
	1.2.1	Die Parameter eines Speichersystems	19
	1.2.2	Speicherhierarchien	20
	1.2.3	Adressierungsarten	23
	1.2.4	Register	25
	1.2.5	Der Cache-Speicher	26
	1.2.6	Cache-Kohärenz	33
	1.2.7	Der Hauptspeicher	35
	1.2.8	Die Speicherung von Datenstrukturen	39
1.3	Kommunikation		40
	1.3.1	Leistung	42
	1.3.2	Skalierbarkeit	42
	1.3.3	Technologie	43
	1.3.4	Verbindungstypen	44
	1.3.5	Verbindungsstrukturen	44
	1.3.6	Kommunikationsstrukturen	45
1.4	Parallelrechner		45
	1.4.1	Grobstruktur von Parallelrechnern	46
	1.4.2	Klassifikation von Rechnerarchitekturen	47
	1.4.3	Speichergekoppelte Systeme	50
	1.4.4	Nachrichtengekoppelte Systeme	53
1.5	Entwicklungstrends		56
2	**Leistung**		**58**
2.1	Der Begriff „Leistung"		59
	2.1.1	Der Leistungsfaktor Arbeit	61
	2.1.2	Der Leistungsfaktor Zeit	74
2.2	Quantifizierung der Leistung		82
	2.2.1	Analytische Leistungsbewertung der Hardware	83
	2.2.2	Die Leistung von Vektorprozessoren	88
	2.2.3	Der Leistungseinfluß des Speichers	92
	2.2.4	Empirische Leistungsbewertung	95

		2.2.5	Bewertung von leistungssteigernden Maßnahmen	102
		2.2.6	Das Gesetz von Amdahl	109
		2.2.7	Das Modell von Gustafson	112
		2.2.8	Variable Parallelisierbarkeit	113
	2.3	Benchmarks	113
		2.3.1	Herkunft von Benchmarks	114
		2.3.2	Ziele von Benchmarks	117
	2.4	Beispiele für Benchmarks	119
		2.4.1	EuroBen	120
		2.4.2	Flops	121
		2.4.3	GENESIS Distributed Benchmarks	122
		2.4.4	LINPACK-Benchmark für einen Prozessor	123
		2.4.5	LINPACK-Benchmark für Parallelrechner	125
		2.4.6	Livermore Loops	127
		2.4.7	LLCbench	127
		2.4.8	NAS Parallel Benchmarks (NPB)	129
		2.4.9	PARKBENCH	130
		2.4.10	Perfect-Benchmark	132
		2.4.11	SLALOM	132
		2.4.12	SPEC-Benchmarks	133
		2.4.13	Whetstone	135
		2.4.14	Andere Benchmarks	136
	2.5	Schwächen von Benchmarks	136
		2.5.1	Kritik an Benchmarkresultaten	137
		2.5.2	Das Zusammenfassen von Benchmarkresultaten	139
		2.5.3	Standardisierungen	140
	2.6	Das Preis-Leistungs-Verhältnis	140
		2.6.1	Definition des PLV	141
		2.6.2	Vergleich von Computersystemen	142
		2.6.3	Der Gordon-Bell-Preis	144
3	Algorithmen	146
	3.1	Grundoperationen der Linearen Algebra	146
		3.1.1	Vektor-Vektor-Operationen	147
		3.1.2	Matrix-Vektor-Operationen	147
		3.1.3	Matrix-Matrix-Operationen	148
		3.1.4	BLAS	148
		3.1.5	Geblockte Algorithmen	150
		3.1.6	Das Aufrollen von Schleifen	151
	3.2	Die Matrizenmultiplikation	152
		3.2.1	Matrix-Vektor-Multiplikation	152
		3.2.2	Matrix-Matrix-Multiplikation	156
		3.2.3	Die ijk-Form	156
		3.2.4	Verschiedene Formen der Matrizenmultiplikation	157
		3.2.5	Maßnahmen zur Leistungsverbesserung	160

	3.2.6 Matrix-Matrix-Multiplikation auf Parallelrechnern 164
3.3	Die Lösung linearer Gleichungssysteme 168
	3.3.1 LU-Zerlegung 169
	3.3.2 Schleifenreihenfolgen 170
	3.3.3 Komplexität der LU-Zerlegung 171
	3.3.4 Pivotstrategien 172
	3.3.5 Geblockte LU-Zerlegung 173
	3.3.6 LU-Zerlegung auf Parallelrechnern 175
	3.3.7 Cholesky-Zerlegung 178

4 Fortran 95 182
4.1 Felder 182
    4.1.1 Die Darstellung von Literalen 183
    4.1.2 Die Vereinbarung von Feldern 184
4.2 Belegung und Verknüpfung von Feldern 186
    4.2.1 Die Speicherung von Feldern 186
    4.2.2 Der Zugriff auf Felder 188
    4.2.3 Die Wertzuweisung 190
    4.2.4 Operatoren 191
4.3 Die Verarbeitung von Feldern 192
    4.3.1 Elementweise Operationen auf Feldern 192
    4.3.2 Auswahl mit Feld-Bedingungen 194
    4.3.3 Speicherverwaltung 196
    4.3.4 Felder als Parameter 201
    4.3.5 Funktionen mit Feldresultaten 202
    4.3.6 Vordefinierte Unterprogramme 203
4.4 Unterprogrammschnittstellen 205
    4.4.1 Explizite Schnittstellen 206
    4.4.2 Implizite Schnittstellen 206
    4.4.3 Schnittstellenblöcke 206
4.5 FORALL 207
    4.5.1 Die FORALL-Anweisung 208
    4.5.2 Der FORALL-Block 213
4.6 PURE-Unterprogramme 216
    4.6.1 Syntaxregeln für das PURE-Präfix 218
    4.6.2 Einschränkungen 218

5 High Performance Fortran – HPF 223
5.1 Die Entwicklung von HPF 224
5.2 Die Konzeption von HPF 226
    5.2.1 HPF und Fortran 226
    5.2.2 Das Programmiermodell von HPF 228
    5.2.3 Die syntaktische Struktur von HPF 228
5.3 Datenverteilung und Datenausrichtung 231
    5.3.1 Das Modell der Datenabbildung 231

	5.3.2	Die PROCESSORS-Anweisung	234
	5.3.3	„*" in ALIGN- und DISTRIBUTE-Anweisungen	236
	5.3.4	Die DISTRIBUTE-Anweisung zur Datenverteilung	237
	5.3.5	Die ALIGN-Anweisung zur Datenausrichtung	244
	5.3.6	Die TEMPLATE-Anweisung	251
	5.3.7	Der Kommunikationsaufwand	252
5.4	Datenabbildung in Unterprogrammen		254
	5.4.1	Vorschreibendes ALIGN und DISTRIBUTE	255
	5.4.2	Transkriptive Datenabbildung	256
	5.4.3	Die INHERIT-Anweisung	257
	5.4.4	Änderungen im Vergleich zu HPF 1	259
	5.4.5	Abstrakte Prozessoren in Unterprogrammen	260
	5.4.6	Templates in Unterprogrammen	261
5.5	Datenparallele Verarbeitung		262
	5.5.1	PURE-Unterprogramme	262
	5.5.2	Die INDEPENDENT-Anweisung	263
5.6	EXTRINSIC-Unterprogramme		269
	5.6.1	Das EXTRINSIC-Präfix	273
	5.6.2	Der Aufruf von EXTRINSIC-Unterprogrammen	274
	5.6.3	HPF und Numerische Software	275
5.7	Speicher- und Abfolgeassoziierung		287
	5.7.1	Die SEQUENCE-Anweisung	289
	5.7.2	Parameterübergabe und Abfolgeassoziierung	290

6 Anerkannte Erweiterungen von HPF 291

6.1	Erweiterungen für die Datenabbildung		291
	6.1.1	Dynamische Datenabbildung	292
	6.1.2	Neue Verteilungsformate	295
	6.1.3	Erweiterungen der DISTRIBUTE-Anweisung	297
	6.1.4	Die RANGE-Anweisung	298
	6.1.5	Die SHADOW-Anweisung	299
6.2	Daten- und Funktionsparallelismus		300
	6.2.1	Aktive Prozessoren	300
	6.2.2	Die ON-Anweisung	301
	6.2.3	Die RESIDENT-Anweisung	302
	6.2.4	Die TASK_REGION-Anweisung	303
6.3	Erweiterungen für extrinsische Unterprogramme		304
	6.3.1	Das LOCAL-Modell	304
	6.3.2	Das SERIAL-Modell	304
	6.3.3	Einbindungen verschiedener Programmiersprachen	305
6.4	Neue und erweiterte Unterprogramme		305
	6.4.1	Vordefinierte Unterprogramme	305
	6.4.2	Erweiterungen der HPF-Bibliothek	305
6.5	Asynchrone Ein-/Ausgabe		305

7 Andere Arten der Programmierung von Parallelrechnern ... 307
7.1 Expliziter Nachrichtenaustausch ... 307
7.1.1 Parallel Virtual Machine (PVM) ... 308
7.1.2 Message Passing Interface (MPI) ... 309
7.2 Programmierung speichergekoppelter Mehrprozessoren ... 311
7.2.1 OpenMP ... 311
7.2.2 Thread-Pakete ... 311
7.2.3 SHMEM ... 311
7.3 Virtual Shared Memory ... 312
7.4 Paralleles Programmieren mit Java ... 312

A HPF-Unterprogramme ... 314
A.1 Vordefinierte Unterprogramme ... 314
A.2 Bibliotheksunterprogramme ... 315
A.2.1 SUBROUTINEs zur Datenabbildungsabfrage ... 315
A.2.2 Bit-Manipulationsfunktionen ... 315
A.2.3 Feld-Sortierfunktionen ... 315
A.2.4 Feld-Reduktionsfunktionen ... 315
A.2.5 Feld-Streufunktionen ... 316
A.2.6 Präfix- und Suffix-Feldfunktionen ... 318

Literatur ... 324

Index ... 337

Kapitel 1
Hardware

Die Simulation und Optimierung von Prozessen, die Gegenstand naturwissenschaftlicher, technischer oder wirtschaftswissenschaftlicher Untersuchungen sind, erfordert oft eine sehr große Anzahl von Berechnungsschritten, die innerhalb eines mehr oder weniger streng festgelegten Zeitrahmens durchgeführt werden müssen.

Bei komplexen, rechenintensiven Problemen hat daher seit Beginn der Ära der elektronischen Datenverarbeitung von Anwenderseite der Wunsch bestanden, die Anzahl der von einem Computer pro Zeiteinheit ausgeführten Rechenschritte so weit wie möglich zu erhöhen. Hardwareentwickler und -hersteller haben dieser Benutzer-Forderung nach immer schnelleren Rechnern auch stets in hohem Maß entsprochen. So konnten sie seit 1984 die Maximalleistung der Mikroprozessoren jedes Jahr ungefähr verdoppeln.

Diese verblüffende Leistungssteigerung moderner Rechnersysteme verdanken wir im wesentlichen der fortwährenden Miniaturisierung elektronischer Komponenten und den innovativen Neuerungen auf dem Gebiet der Rechnerarchitektur.

Ziel dieses Kapitels ist die Vermittlung einiger Grundlagen der Computer-Hardware und der Rechnerarchitektur, soweit diese im Hochleistungsrechnen von Bedeutung sind. Insbesondere wird auf die wichtigsten, für die rasante Leistungssteigerung der letzten Jahre maßgeblichen Entwicklungen eingegangen.

Moderne Schaltkreistechnik

Die Fortschritte im Bereich der Halbleitertechnik sind in erster Linie auf eine kontinuierliche Miniaturisierung der elektronischen Komponenten zurückzuführen. In den letzten zehn Jahren konnte die Anzahl der Transistoren pro Flächeneinheit eines Halbleiterbausteins (dessen *Integrationsdichte*) jedes Jahr um ca. 60 % erhöht werden. 1961 enthielt der erste planare integrierte Schaltkreis vier Transistoren (und andere Bauelemente) auf einem Chip. Heute finden über hundert Millionen Transistoren auf einem Prozessor-Chip mit einer Fläche von 1 bis 3 cm^2 Platz.

Die ständig steigende Integrationsdichte ermöglicht die Konstruktion von immer komplexeren Prozessoren und den Bau von Speicherbausteinen mit immer größerer Kapazität. Aber auch die Schaltgeschwindigkeit der Transistoren wächst indirekt proportional zu deren Abmessung, was eine Möglichkeit zur Erhöhung der Prozessor-Taktfrequenz (siehe Abb. 1.1) und damit zur Leistungssteigerung eröffnet. Eine weitere Möglichkeit zur Erhöhung der Prozessor-Taktfrequenz besteht in der Verwendung neuer Halbleitertechnologien.

Ein technisches Hindernis für weitere Steigerungen der Taktfrequenz ist die dadurch bedingte Erhöhung der elektrischen Leistungsaufnahme. Die Wärmeentwicklung eines Hochleistungsprozessors erfordert aufwendige technische Maßnahmen zu dessen Kühlung.

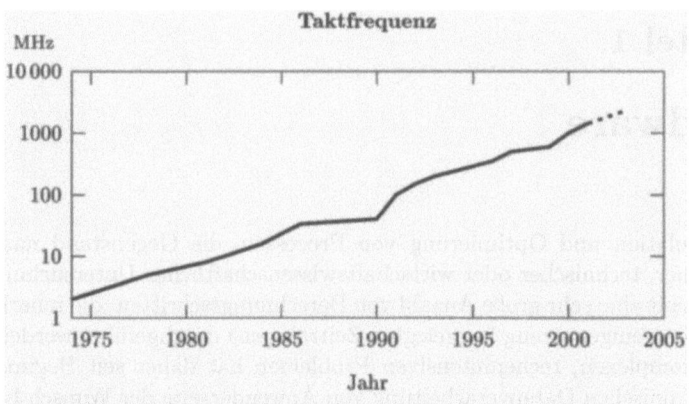

Abb. 1.1: Taktfrequenz (in MHz) von *Off-the-shelf*-Prozessoren.

Moderne Rechnerarchitekturen

Die erfolgreichsten Möglichkeiten zur Steigerung der Leistungsfähigkeit moderner Computer liegen in Veränderungen ihrer Architektur, also in der Einführung neuer Organisations- und Funktionsprinzipien. In den letzten Jahrzehnten war der *Parallelismus* das wichtigste Prinzip zum Erzielen höherer Rechnerleistungen: Konventionelle Computer nehmen Probleme Schritt für Schritt in Angriff, während moderne Rechner imstande sind, mehrere Teile eines Problems gleichzeitig zu bearbeiten.

Auf dem Sektor der Rechnerarchitekturen fanden in den letzten Jahrzehnten unter anderem folgende wichtige Entwicklungen statt:

siebziger Jahre: Entwicklung der Vektorrechner,

achtziger Jahre: „RISC-Revolution",

neunziger Jahre: verbreiteter Einsatz von Parallelrechnersystemen.

Die Fortschritte bei der Entwicklung immer leistungsfähigerer Computer haben für deren Anwender aber nicht nur Vorteile gebracht. Mit wachsender Hardware-Leistung wurde nämlich die Diskrepanz zwischen der theoretisch möglichen Maximalleistung eines Computers – dessen *Peak Performance* – und der bei der Ausführung von Anwendungsprogrammen tatsächlich erzielten Leistung immer größer. Für den Anwendungsprogrammierer wurde es zunehmend schwerer, die potentiell vorhandenen Hardware-Ressourcen zufriedenstellend nutzen zu können.

Beispiel (Matrizenmultiplikation) Die Matrizenmultiplikation ist ein Grundbaustein vieler Algorithmen der numerischen Linearen Algebra. Die von Computern bei dieser Operation erreichte Leistung ist daher für das *Scientific Computing* von besonderer Wichtigkeit.

Der nächstliegende Algorithmus für die Matrizenmultiplikation – „Zeilen mal Spalten" – ergibt sich aus der Definition des Matrizenproduktes. Zur Berechnung von

$$C = A \cdot B \quad \text{mit} \quad A, B, C \in \mathbb{R}^{n \times n}$$

erhält man auf diese Weise z. B. folgenden Programmabschnitt:

1. Hardware

```
c = 0.
DO i = 1, n
   DO j = 1, n
      DO k = 1, n
         c(i,j) = c(i,j) + a(i,k)*b(k,j)
      END DO
   END DO
END DO
```

Dieser „klassische" Algorithmus ist aber *nicht* geeignet, auf modernen Computersystemen eine zufriedenstellende Rechenleistung zu erzielen. In Experimenten auf einer mit 1 GByte Hauptspeicher ausgestatteten RISC-Workstation mit einer Taktfrequenz von 400 MHz und einer Maximalleistung von 1.6 Gflop/s (siehe Abschnitt 2.2.1) wurde damit für kleinere quadratische Matrizen $n \leq 300$) in doppelter Genauigkeit nur eine Leistung von bis zu 400 Mflop/s erzielt. Für größere Matrizen sinkt die Leistung sehr bald auf 70 Mflop/s ab, es wird also nicht einmal 5 % der maximalen Gleitpunktleistung erreicht (siehe Abb. 1.2).

Selbst bei einem derart einfachen und gut strukturierten Algorithmus ist offensichtlich die Ausnutzung des vorhandenen Hardware-Potentials nicht trivial.

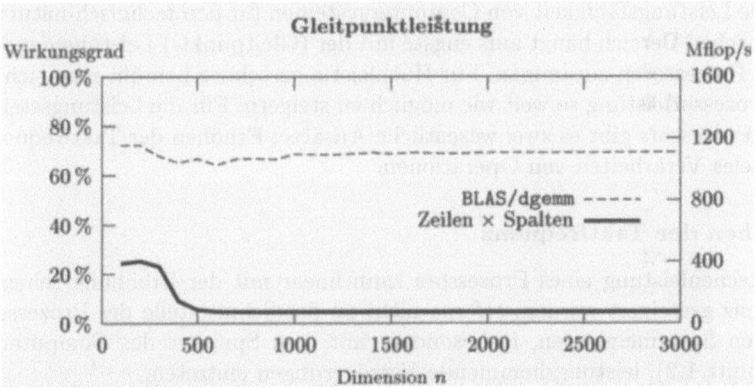

Abb. 1.2: Gleitpunktleistung bei der Matrizenmultiplikation auf einer HP-Workstation mit einem Prozessor vom Typ PA-8500. Bei großen Matrizen ist die Gleitpunktleistung, die man mit der maschinenspezifisch optimierten BLAS-Routine **dgemm** erzielt, 15-mal größer als jene des klassischen „Zeilen×Spalten-Algorithmus".

Wie dieses für moderne Computersysteme typische Beispiel zeigt, ist gerade bei sehr großen Problemen, wo man auf Grund des hohen Rechenaufwandes eine zufriedenstellende Computerleistung besonders dringend brauchen würde, die real beobachtbare Leistung mehr als enttäuschend.

Die mit Hilfe innovativer Architekturen ständig verbesserte Maximalleistung ist nur dann in einem zufriedenstellenden Ausmaß real nutzbar, wenn die Anwendungsprogramme in geeigneter Weise restrukturiert und modifiziert werden. Um die für numerische Programme erforderlichen Leistungsdiagnosen und -optimierungen selbst vornehmen zu können, muß man über ein Grundverständnis des inneren Aufbaus und der Funktionsweise moderner Computer verfügen.

1.1 Prozessoren

Die *Zentraleinheit* (*central processing unit, CPU*) einer Datenverarbeitungsanlage umfaßt alle Funktionseinheiten, die Befehle interpretieren und ausführen. Weiters zählen zur Zentraleinheit auch *Ein-/Ausgabeprozessoren*, die die Verbindung zu Peripheriegeräten (z. B. Ein-/Ausgabegeräten wie Tastatur, Bildschirm etc.) herstellen.

Den wichtigsten Teil der CPU bilden die *Prozessoren*, die mindestens aus *Steuerwerk*, *Rechenwerk* und den zugehörigen *Registern* bestehen. Das Steuerwerk ist zuständig für das Laden, das Dekodieren, das Interpretieren der Programmbefehle und für das anschließende Weiterleiten an die betroffenen Funktionseinheiten. Das Rechenwerk wird auch als *arithmetisch-logische Einheit* (*arithmetic logical unit, ALU*) bezeichnet und umfaßt diejenigen Funktionseinheiten, die arithmetische Operationen (Addition, Subtraktion, Multiplikation, Division) und logische Operationen ausführen. Die Register sind sehr kleine Speicherelemente innerhalb der CPU, auf die sehr schnell zugegriffen werden kann (siehe Abschnitt 1.2.4).

Die Leistungsfähigkeit von Computersystemen für den technisch-naturwissenschaftlichen Bereich hängt aufs engste mit der (Gleitpunkt-) Leistung der verwendeten Prozessoren zusammen. Für Hochleistungsrechner bemüht man sich daher, die Prozessorleistung so weit wie möglich zu steigern. Für die Leistungssteigerung eines Prozessors gibt es zwei wesentliche Ansätze: Erhöhen der Taktfrequenz und paralleles Verarbeiten von Operationen.

Erhöhen der Taktfrequenz

Die Rechenleistung eines Prozessors kann linear mit der Erhöhung seiner Taktfrequenz gesteigert werden, soferne nicht an der Schnittstelle des Prozessors mit anderen Systemeinheiten, insbesondere mit dem Speicher des Computers (vgl. Abschnitt 1.2), leistungshemmende Verzögerungen eintreten.

Beispiel (Alpha-Prozessoren) Die Single-Chip-Implementierung der Alpha-Architektur in den RISC-Prozessoren 21264 (EV68) und 21364 (EV7) wird derzeit mit Taktfrequenzen von ungefähr 1.2 GHz betrieben. AMD und Intel erzeugen Prozessoren mit einer Taktfrequenz im Bereich von 2 GHz.

Steigerungen der Taktfrequenz werden durch die bereits genannten Fortschritte im Bereich der Schaltkreistechnik, aber auch durch Maßnahmen im Bereich der Rechnerarchitektur (z. B. das im Abschnitt 1.1.3 behandelte Superpipelining) ermöglicht.

Parallelismus

Wenn alle aktuellen technischen Möglichkeiten zur Erhöhung der Taktfrequenz ausgeschöpft sind, ist eine weitere Erhöhung der Prozessor-Leistung möglich, wenn der (für RISC-Prozessoren charakteristische) Wert CPI = 1 (ein benötigter Taktzyklus pro Instruktion; siehe Abschnitt 2.2.1) noch unter 1 gesenkt wird. Dies gelingt nur, wenn man davon abgeht, zu jedem Zeitpunkt nur eine einzige

Instruktion auszuführen. Die *parallele*, also gleichzeitige und voneinander unabhängige Durchführung von Arbeitsabläufen bzw. deren Einzelschritten eröffnet neue Wege zur Leistungssteigerung von Prozessoren. In diese Kategorie der Prozessor-Beschleunigung durch Parallelismus fallen z. B. das *Pipeline-Prinzip*, das *Superskalar-Prinzip* und die *Vektorverarbeitung*.

1.1.1 Das Pipeline-Prinzip

Das Prinzip einer *Pipeline* in einem Prozessor eines Computersystems ist ähnlich dem eines Fließbandes: Ein Arbeitsgang wird in mehrere Teilarbeiten zerlegt. Diese werden der Reihe nach an den zu bearbeitenden Werkstücken, die die einzelnen Stufen des Fließbandes durchlaufen, durchgeführt. Wenn ein Werkstück das Fließband verläßt (alle Stufen durchlaufen hat), dann ist der Arbeitsgang an ihm abgeschlossen.

Ganz analog ist der Ablauf in einer Pipeline eines Prozessors: Eine Operation wird in mehrere aufeinanderfolgende, unabhängige Teile aufgeteilt und die Hardware so segmentiert, daß jedes Segment einen Teil der Operation ausführt. Alle diese Segmente, die auch als *Stufen* der Pipeline bezeichnet werden, können gleichzeitig aktiv sein, wenn sie als autonome Bearbeitungseinheiten ausgeführt sind. Die Operanden der Pipeline (das können Daten oder Instruktionen sein) durchlaufen hintereinander die einzelnen Stufen, so daß nach einer gewissen „Anlaufzeit" die Pipeline „voll" ist und alle Stufen gleichzeitig, aber auf verschiedenen Operanden, tätig sind (siehe Abb. 1.4).

Bei dieser überlappenden Ausführung von Instruktionen verringert sich die Anzahl der zur Ausführung eines einzelnen Befehls notwendigen Maschinenzyklen nicht – die Ausführungszeit eines einzelnen Befehls bleibt also unverändert. Jedoch wird im Gegensatz zur seriellen Bearbeitung von Maschinenbefehlen (siehe Abb. 1.3) nach der Anlaufzeit in jedem Pipelinezyklus die Abarbeitung eines Befehls *beendet*, wodurch sich die Anzahl der zwischen der Beendigung aufeinanderfolgender Maschinenbefehle liegenden Maschinenzyklen reduziert. Der Befehlsdurchsatz (die Anzahl der pro Zeiteinheit beendeten Instruktionen) erhöht sich um einen Faktor, der umso näher bei der Anzahl der Pipeline-Stufen (der *Pipeline-Tiefe*) liegt, je größer die Anzahl der Befehle ist, die in überlappender Weise ausgeführt werden können.

Arbeiten die einzelnen Verarbeitungselemente einer Pipeline im gleichen Takt, dann spricht man von einer *synchronen Pipeline*. Werden verschieden lange Arbeitszeiten der einzelnen Stufen nicht sofort ausgeglichen, so liegt eine *asynchrone Pipeline* vor (Wilkinson [178]).

Arten von Pipelines

Das Pipeline-Prinzip wird bei der Ausführung von Instruktionen des Instruktionssatzes (der Menge aller Maschinenbefehle, die dieser Prozessor ausführen kann) in Form von *Befehlsprozessor-Pipelines* realisiert. Diese stellen die Grundform aller Pipelines dar. Sie basieren auf dem *Befehlszyklus*, jener ständig wiederholten Folge

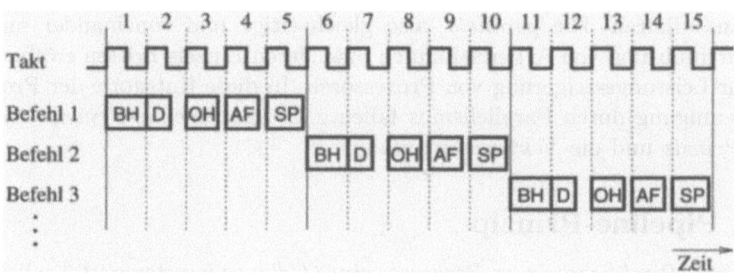

Abb. 1.3: Teilphasenabfolge bei serieller Bearbeitung von Maschinenbefehlen

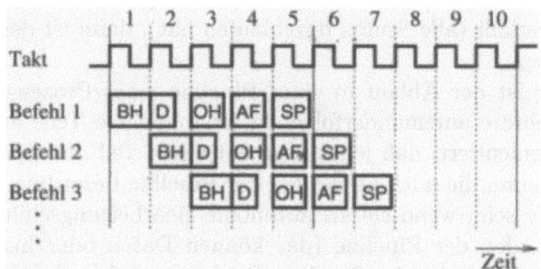

Abb. 1.4: Überlappende Bearbeitung von Maschinenbefehlen in einer 5-stufigen Pipeline

von Aktionen, aus der die Abarbeitung jedes Befehls besteht. Ein Befehlszyklus setzt sich typischerweise aus folgenden Teilphasen zusammen:

Befehlsholphase (BH): Transport des Befehls aus einer tieferen Ebene der Speicherhierarchie (siehe Abschnitt 1.2) in ein Instruktionsregister.

Dekodierphase (D): Entschlüsselung und Interpretation des Befehls; Extraktion der Operandenadressen.

Operandenholphase (OH): Transport der benötigten Operanden aus tieferen Speicherebenen in Datenregister.

Ausführungsphase (AF): Verarbeitung der Operanden im Rechenwerk.

Speicherungsphase (SP): Transport des Resultats in ein Register bzw. in die langsameren Speicherebenen.

Dieser Einteilung in Phasen entsprechend erfolgt der Entwurf der einzelnen Stufen einer Befehlsprozessor-Pipeline.

Pipelines für Gleitpunkt-Arithmetik: Im wissenschaftlichen Rechnen sind vor allem die Gleitpunktoperationen wie z. B. Additionen, Subtraktionen, Multiplikationen, Vergleiche und Konversionen von Bedeutung. Von besonderer Wichtigkeit sind daher die auf Gleitpunktoperationen spezialisierten *Vektor-Pipelines*

1.1 Prozessoren

oder *arithmetischen* Pipelines. Die Ausführungsphase AF der arithmetischen Instruktionen wird in diesen Pipelines im Gegensatz zur gewöhnlichen Befehlsprozessor-Pipeline noch weiter unterteilt.

Beispiel (Vektor-Pipeline für Gleitpunkt-Addition) Die Addition von Gleitpunktzahlen kann in vier Teiloperationen aufgeteilt werden: Vergleich der Exponenten der Gleitpunkt-Darstellung der Summanden, Angleichung der Exponenten, Addition der beiden Mantissen und Normalisierung des Ergebnisses. Bei der Addition einer größeren Anzahl von Summandenpaaren können diese Teiloperationen nach dem Pipeline-Prinzip überlappt ausgeführt werden.

Neben Pipelines, die nur dazu geeignet sind, bestimmte arithmetische Operationen auszuführen, gibt es auch das Konzept *multifunktionaler Pipelines*, die entweder statisch oder dynamisch rekonfiguriert werden können (hardware- oder softwaregesteuert) und so der Ausführung verschiedener arithmetischer Operationen dienen (Wilkinson [178]).

Speicher-Pipelines: Auch Speicherzugriffe können nach dem Pipeline-Prinzip ausgeführt werden. Dabei gibt es zwei verschiedene Anwendungsmöglichkeiten:

Nach der Ausführung einer Lade-Instruktion (*load*) vergehen einige Taktzyklen, bis die angeforderten Daten verfügbar sind und damit die Lade-Instruktion abgeschlossen ist. Während dieser Zeit können andere Instruktionen, die diese Daten nicht benötigen, geholt und ausgeführt werden.

Andererseits kann für Speicherzugriffe eine eigene *Speicher-Pipeline* verwendet werden, die nur die für Speicherzugriffe notwendigen Operationen ausführt (parallel zu den Einrichtungen, die andere Instruktionen ausführen). Große Bedeutung hat diese Verwendung des Pipeline-Prinzips bei der Verarbeitung großer Datenmengen mit regelmäßiger Struktur (z. B. bei Vektoroperationen).

Probleme bei Pipelines

Es gibt verschiedene Situationen (durch Hard- oder Software bedingt), in denen es zu Verzögerungen in einer Pipeline kommen kann. Vor allem Abhängigkeiten zwischen Instruktionen, die hintereinander in die Pipeline eintreten, führen zu *Pipeline-Konflikten*. Nach der Ursache werden drei grundlegende Arten von Konflikten unterschieden, die den gleichmäßigen Verarbeitungsablauf in einer Pipeline verhindern (Jungmann und Stange [111], Wilkinson [178]):

Strukturelle Pipeline-Konflikte treten dann auf, wenn mehrere in einer Pipeline ausgeführte Instruktionen auf dieselben Hardware-Ressourcen zugreifen (wenn z. B. aufeinanderfolgende Instruktionen dieselben Register verwenden).

Konflikte dieser Art können durch Vervielfältigung der Hardwarebetriebsmittel vermieden werden. Diese Lösung kommt aber wegen des (Kosten-)Aufwandes nur eingeschränkt in Betracht. Falls die Konflikte dadurch entstehen, daß mehrere Instruktionen gleichzeitig dieselben Register benötigen, wird in manchen Prozessoren die Methode des *Umbenennens von Registern* (*register renaming*) verwendet: Sobald sich herausstellt, daß ein Register verwendet werden soll, das gerade durch eine andere Instruktion belegt ist, wird zur Laufzeit ein anderes Register zugewiesen.

Datenkonflikte in Pipelines entstehen, wenn eine Instruktion Ergebnisse vorangegangener Instruktionen benötigt, die noch nicht vorliegen, weil z. B. noch nicht jene Stufe der Pipeline durchlaufen wurde, die das benötigte Resultat in ein Register schreibt (siehe Abb. 1.5).

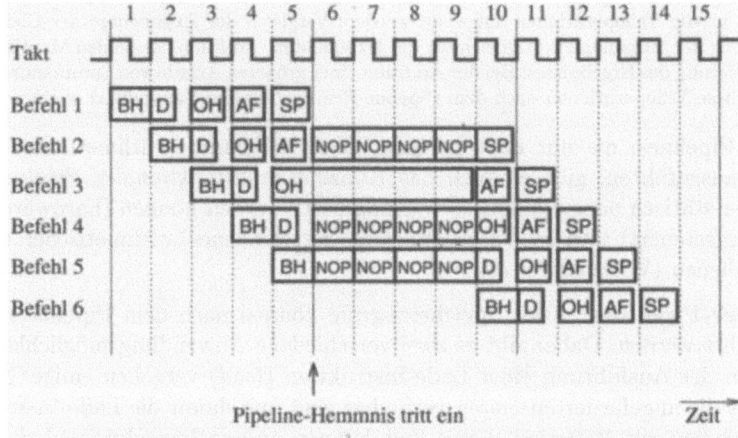

Abb. 1.5: *Pipeline-Hemmnis* durch Verzögerung in der Operandenholphase von Befehl 3. Der Befehlszyklus wird durch eine entsprechende Anzahl von Leerbefehlen (NOP = *no operation*) verlängert (Bode [18]).

Es bestehen folgende Möglichkeiten zum Vermeiden derartiger Konflikte:

- *Forwarding (register bypass):* Die Daten, die in Register zurückgeschrieben werden müssen, werden in einem Pufferspeicher gemeinsam mit der Registeradresse untergebracht. Ein Lesevorgang braucht daher nicht die Beendigung der Stufe SP zum Zurückschreiben in die Register abwarten, sondern kann direkt auf diesen Pufferspeicher zugreifen.

- *Verzögertes Laden (delayed load):* Dabei wird versucht, vor der Instruktion, die auf noch nicht verfügbare Daten zugreifen will, andere, unabhängige Instruktionen einzuschieben und dadurch den Lesevorgang zeitlich solange zu verzögern, bis die Daten verfügbar sind.

Es ist vor allem die Aufgabe des Compilers, bei der Anordnung der Maschinenbefehle auf potentielle Datenkonflikte Rücksicht zu nehmen. Spezielle Programmiertechniken wie z. B. das Aufrollen von Schleifen (siehe Abschnitt 3.1.6) können den Compiler bei dieser Aufgabe unterstützen. Es wird ihm dadurch z. B. ermöglicht, zwischen einem Ladebefehl und dem zugehörigen Verarbeitungsbefehl andere, davon unabhängige Befehle einzuschieben, so daß Datenkonflikte vermieden werden.

Steuerungskonflikte in Pipelines können als Folge von Verzweigungen oder Sprungbefehlen auftreten. Bei unbedingten Sprüngen ist das Ziel des Sprungs

1.1 Prozessoren

und damit die als nächste auszuführende Instruktion erst am Ende der Dekodierphase (D) oder am Ende der Operandenholphase (OH) bekannt. Bei bedingten Sprüngen steht das Sprungziel noch später – meist erst am Ende der Ausführungsphase (AF) – fest. In jedem Fall befinden sich schon die im Programm auf die Sprunganweisung folgenden Instruktionen in der Pipeline, obwohl sie unter Umständen gar nicht ausgeführt werden dürfen.

Folgende Maßnahmen werden ergriffen, um Steuerungskonflikte zu vermeiden:

- Im ungünstigsten Fall wird die Pipeline geleert und mit der „richtigen" Instruktion (der Instruktion am Sprungziel) neu gestartet, was aber sehr zeitaufwendig ist.

- Eine weitere (ebenfalls zeitaufwendige) Möglichkeit besteht darin, daß der Compiler nach jeder Sprunganweisung *Leerzyklen* (*no operations*) einfügt. Damit tritt die nächste Instruktion erst dann in die Pipeline ein, wenn die Sprunganweisung schon ausgeführt ist und die Information vorliegt, an welcher Stelle des Programms mit der Abarbeitung fortgesetzt wird.

- Um den Leistungsabfall durch Sprungbefehle möglichst gering zu halten, gibt es Techniken wie das möglichst frühzeitige Auswerten der Sprungbedingung (*branch condition forwarding*) oder das Holen des Befehls am Sprungziel in die Pipeline, obwohl die Auswertung der Sprungbedingung noch nicht erfolgt ist (*instruction prefetching*). Es erweist sich als sinnvoll, z. B. im Fall einer bedingten Sprunganweisung generell von der Erfülltheit der Sprungbedingung auszugehen und jene Anweisung in die Pipeline zu laden, die sich am Sprungziel befindet. Wegen einer gewissen *Lokalität des Sprungverhaltens* sind so die im Mittel zu erwartenden Leerzyklen der Pipeline geringer (Giloi [79]).

- Neben der *statischen Sprungvorhersage* (es wird eine gleichbleibende Annahme über die Sprungbedingung getroffen) werden manchmal auch Verfahren der *dynamischen Sprungvorhersage* verwendet (Wilkinson [178], Dowd [50]). Dabei wird z. B. eine Statistik über das Erfülltsein von Sprungbedingungen geführt, die in den Sprungvorhersagen berücksichtigt wird.

  Natürlich kann durch die spekulative Vorhersage des Sprungziels der Fall eintreten, daß eine nicht benötigte Anweisung in die Pipeline geladen wird. Für diesen Fall muß die Möglichkeit vorgesehen sein, Instruktionen, die schon in die Pipeline eingetreten sind, zu *annullieren*.

- Eine zusätzliche Möglichkeit zur Vermeidung von Leerzyklen besteht darin, eine *Sprung-* oder *Verzweigungsverzögerung* (*delayed branch*) durch Compiler-Optimierung zu erreichen: Der Compiler versucht, durch Analyse des Programms möglichst viele Instruktionen, die unabhängig vom Sprungbefehl ausgeführt werden können, direkt hinter den Sprungbefehl einzureihen und damit Leertakte zu füllen. Diese Verlagerung des Problems in die Software erfordert allerdings eine sorgfältige Untersuchung der Datenabhängigkeiten, da eine Änderung der im Programm festgelegten Reihenfolge der Anweisungen keine Änderung der Programmsemantik bewirken darf. Je mehr Stufen eine Pipeline hat, desto schwieriger wird es, ausreichend viele Instruktionen zu finden, die nach dem Sprungbefehl eingefügt werden können.

- In manchen Prozessoren (z. B. im HP-PA8500) wird mit Hilfe von Instruktionsbuffern vor den Pipelines versucht, die einzelnen Instruktionen in eine möglichst günstige Reihenfolge zu bringen (*instruction reordering*).

Das Verketten von Pipelines

Das *Verketten* (*chaining*) von zwei nach dem Pipeline-Prinzip ausgeführten Operationen ist eine Möglichkeit, die erreichbare Leistung weiter zu steigern (Robert [146], Dongarra et al. [45]).

Im Normalfall wird das Resultat einer Pipelineverarbeitung in der letzten Stufe der Pipeline in das Speichersystem zurückgeschrieben. Wenn es als Operand für eine weitere Pipeline benötigt wird, dann muß es wieder aus dem Speicher gelesen werden. Durch Verketten der beiden Pipelines besteht die Möglichkeit, jedes Teilresultat der ersten Pipeline *sofort* (ohne den Umweg über das Speichersystem) in die zweite Pipeline eintreten zu lassen. Dadurch erspart man sich für jeden Operanden, der beide Pipelines durchläuft, die Zeiten für die Speicherzugriffe. Zwei verkettete Pipelines sind damit äquivalent zu einer „langen" Pipeline, deren Stufenzahl der Summe der Stufenzahlen der beiden beteiligten Pipelines entspricht.

Besonders günstig wirkt sich das Verketten bei Vektorprozessoren aus (siehe Abschnitt 1.1.4), da hier das Zwischenspeichern (und Laden) ganzer Vektoren eingespart werden kann. Jedes Zwischenergebnis, das die erste Pipeline verläßt, tritt sofort in die nächste Pipeline ein. Man kann dadurch erreichen, daß die Ausführung von zwei Vektoroperationen nur um die Anlaufzeit der zweiten Pipeline länger als eine einzelne Vektoroperation dauert.

Beispiel (Multiply-and-Add-Instruktionen) Durch das Verketten einer Pipeline für eine Gleitpunkt-Multiplikation mit einer Pipeline für eine Gleitpunkt-Addition können Operationen der Form $a \cdot b + c$ besonders schnell ausgeführt werden. In einem solchen Fall enthält der Instruktionssatz des Prozessors dafür eine eigene *Multiply-and-Add-Instruktion*.

Die funktionelle Einheit zur Durchführung von Gleitpunktoperationen auf Computern der Serie IBM RS/6000 führt als *Grundoperation* folgende Berechnung durch (FRT bezeichnet das Zielregister; FRA, FRB und FRC drei andere Register für Gleitpunktzahlen):

$$FRT = FRA \cdot FRB + FRC$$

Von dieser Einheit können im besten Fall *zwei* Gleitpunktoperationen pro Taktzyklus ausgeführt werden (eine Multiplikation und eine Addition).

Die Ausführung einer gewöhnlichen Gleitpunkt-Addition wird mit FRB = 1 erreicht, eine Gleitpunkt-Multiplikation mit FRC = 0.

Interessanterweise wird bei dieser Architektur auch die Gleitpunkt-Division mit derselben funktionellen Einheit durchgeführt (durch Rückführung auf Additionen und Multiplikationen mit Hilfe des Newtonschen Näherungsverfahrens). Die Durchführung einer Gleitpunkt-Division dauert auf diese Weise etwa 19 Taktzyklen.

Das Überlappen von Instruktionen

Manche Architekturen gestatten das *Überlappen*, d. h., das gleichzeitige Ausführen von mehreren Instruktionen. Dies wird dadurch erreicht, daß verschiedene unabhängige funktionelle Einheiten der CPU gleichzeitig aktiv sind und daher mehrere verschiedene Instruktionen parallel abgearbeitet werden können. Im Unterschied zum Pipelining muß beim Überlappen keinerlei Zusammenhang zwischen den Instruktionen gegeben sein. Es ist allerdings nur bei einer Vervielfachung der Hardware möglich und daher weniger ökonomisch als Pipelining. Beispiele dafür sind Superskalar-Architekturen (siehe Abschnitt 1.1.3) oder auch die Überlappung von Ein-/Ausgabe-Operationen in einem eigenen Ein-/Ausgabe-Prozessor mit den übrigen Operationen der CPU.

Vorteile gegenüber dem Pipelining von Instruktionen sind, daß die Instruktionen nicht hintereinander alle dieselbe Abfolge von Stufen durchlaufen müssen, sondern auch große Unterschiede in Art und Aufbau der gleichzeitig ausgeführten Instruktionen auftreten können. Während es beim Pipelining notwendig ist, daß sich alle Instruktionen in dieselbe Abfolge von Stufen zerlegen lassen, braucht das beim Überlappen von Instruktionen nicht zu gelten. Auch der Zeitaufwand für die einzelnen Stufen spielt in einer Pipeline eine wichtigere Rolle: Große Unterschiede in diesen Zeitdauern bedeuten unnötige Wartezeiten in den Stufen mit kurzer Arbeitszeit und bewirken einen Leistungsabfall. Für das Überlappen von Instruktionen ist es hingegen entscheidend, daß die Instruktionen geeignet auf die verschiedenen funktionellen Einheiten aufgeteilt werden können – gleichzeitig mit einer lange dauernden Instruktion müssen eben in anderen funktionellen Einheiten entsprechend viele Instruktionen mit kürzerer Dauer bearbeitet werden.

1.1.2 RISC-Prozessoren

Untersuchungen von verschiedenen Programmen bei IBM in den siebziger Jahren ergaben, daß deren Laufzeit zu durchschnittlich 80 % mit der Ausführung von nur 20 % der verfügbaren Instruktionen traditioneller CISC-Prozessoren[1] verbraucht wurde. Ein großer Teil der verfügbaren Instruktionen wurde nur sehr selten oder gar nicht verwendet.

Als Konsequenz dieser Beobachtungen wurde versucht, den Instruktionssatz der Rechner mit dem Ziel einer Leistungssteigerung umzugestalten. Die „RISC-Bewegung" der achtziger Jahre hatte sich folgende Ziele gesetzt:

- Entfernen der wenig verwendeten aufwendigen Instruktionen aus dem Instruktionssatz.

- Ersetzen der weggelassenen Instruktionen durch mehrere einfache Instruktionen oder durch Maßnahmen auf der Softwareebene.

- Optimierung und möglichst einfache Gestaltung der wichtigen Instruktionen. Durch die Verwendung des Pipeline-Prinzips soll in jedem Taktzyklus eine

---
[1] CISC ist ein Akronym für *Complex Instruction Set Computer*.

Instruktion beendet werden können. Die einzelne Instruktion scheint dann gleichsam nur einen Taktzyklus lang zu „dauern". Können mehrere Instruktionen innerhalb eines Taktzyklus beendet werden, dann ist die scheinbare „Dauer" noch kürzer. Alle Instruktionen sollen ein einheitliches, fixes Format haben, weil andernfalls die Häufigkeit von Pipeline-Konflikten steigt (Dowd [50]).

- Es soll nur wenige und einfache Arten der Adressierung geben. Komplizierte Adressierungsarten erfordern auch aufwendige Instruktionen zur Adreßberechnung und führen in Pipelines zu Verzögerungen (Dowd [50]).

Architekturen, die diese Prinzipien verwirklichen, wurden *Reduced Instruction Set Computer* (*RISC*) genannt. Heute sind die RISC-Architekturen in allen Bereichen dominierend, weil mit ihrer Hilfe in den letzten Jahren die bedeutendsten Leistungssteigerungen erzielt werden konnten. Seit ihrer Einführung hat sich ihre Maximalleistung (siehe Abschnitt 2.2.1) jedes Jahr etwa verdoppelt (Giloi [79]). Eine Verdoppelung der Taktfrequenz erfolgte aber im Durchschnitt nur alle drei Jahre!

Hardwaremäßig sind RISC-Prozessoren dadurch ausgezeichnet, daß die Operanden grundsätzlich in Registern vorhanden sein müssen (*register based execution*), von denen dementsprechend viele vorhanden sind. Ein Vorteil dabei ist, daß Zwischenergebnisse bei der Auswertung komplexer Ausdrücke (z. B. bei Adreßmodifikationen), die bei späteren Operationen wieder als Operanden benötigt werden, nicht zuerst im Speicher abgelegt werden müssen, sondern gleich in den Registern bleiben.

Die einzigen Instruktionen, die direkt auf den Speicher zugreifen, sind das Holen der Befehle und das Laden der Operanden aus dem Speicher (*load*) sowie das Abspeichern von Resultaten (*store*). Speicherzugriffe treten bei klassischen RISC-Architekturen *immer* isoliert in Form dieser beiden Instruktionen auf. Es kann im Gegensatz zu CISC-Architekturen nicht passieren, daß Speicherzugriffe „versteckt" im Rahmen der Ausführung einer komplexen Anweisung auftreten. Man bezeichnet eine solche Prozessorarchitektur daher als *Load/Store-Architektur* (Giloi [79]). Der Vorteil dieser Isolierung der Speicherzugriffsoperationen besteht darin, daß sie für den Compiler leichter zu überblicken sind und zeitlich mit der Ausführung anderer Instruktionen überlappt werden können.

Ein weiterer wichtiger Grund für das Isolieren der Speicherzugriffe liegt darin, daß das Zeitverhalten der Operandenholphasen der Instruktionen beim Pipelining möglichst einheitlich sein sollte: Wie in Abschnitt 1.2 ausführlich erläutert wird, benötigen Zugriffe auf tiefer liegende Ebenen der Speicherhierarchie sehr viel mehr Zeit als Zugriffe auf die Register. Wenn Speicherzugriffe über die Register hinaus im Rahmen jeder beliebigen Instruktion auftreten könnten, dann würde das zu sehr unterschiedlichen Zeitdauern der Operandenholphasen führen, was natürlich den gleichmäßigen Verarbeitungsablauf in einer Pipeline störte (Dowd [50]).

Das Akronym RISC, das ursprünglich Computerarchitekturen mit verringertem Befehlssatz von den CISC-Architekturen mit komplexerem Befehlsvorrat unterscheiden sollte, ist heute weitgehend irreführend. Die Instruktionssätze vieler sogenannter RISC-Computer sind alles andere als einfach und auch relativ umfangreich. Es stellte sich nämlich heraus, daß im Vergleich zu den übrigen Modifikationen der Rechnerarchitektur (wie der Eliminierung der *Mikroprogrammierung*, d. h., der Realisierung von Befehlen einer Maschinensprache innerhalb der Mikroprogrammeinheit des Steuerwerks eines Prozessors, oder der Einführung des Pipeline-Prinzips) die Reduktion des Befehlssatzes nur von untergeordneter Bedeutung für die Leistungsverbesserung von Prozessoren ist. Daher wurde in RISC-Prozessoren zunehmend wieder von der ursprünglich namensgebenden Eigenschaft des verkleinerten Befehlssatzes abgegangen (Hennessy und Patterson [93], Giloi [79]). Andererseits sind auch bei den traditionellen CISC-Prozessoren Merkmale einer Load/Store-Architektur festzustellen, und auch Befehlspipelining wird in CISC-Prozessoren teilweise verwendet. Aufgrund dieser Entwicklungen wird eine scharfe Trennung zwischen RISC und CISC immer schwieriger. Ein wesentliches Charakteristikum von RISC-Architekturen bleibt jedoch, daß alle Daten vor der Verarbeitung *explizit* in die Register geladen werden müssen, und daß die dafür zur Verfügung gestellten Load- und Store-Instruktionen die einzige Schnittstelle zwischen den Registern und dem Rest des Speichersystems sind.

1.1.3 Pipeline-Prinzip in RISC-Prozessoren

Ein wichtiges Hilfsmittel zum Erreichen einer möglichst großen Leistungssteigerung bei RISC-Architekturen ist die Verwendung des Pipeline-Prinzips. Die wichtigsten Arten von Prozessoren, die die RISC-Philosophie und das Pipeline-Prinzip verbinden, sind *Superpipeline-Prozessoren*, *superskalare Prozessoren* und *VLIW-Architekturen*.

Superpipeline-Architekturen

Die Anwendung des Pipeline-Prinzips zielt in erster Linie auf eine Leistungssteigerung durch Erhöhung der pro Taktzyklus gleichzeitig ausgeführten Instruktionen ab, die Taktfrequenz selbst bleibt jedoch zunächst unberührt. Mit zunehmender Verfeinerung der Zerlegung von Instruktionen werden die Ausführungszeiten der so erhaltenen Teilschritte aber immer kürzer. Dadurch ergibt sich bei hinreichender Feinheit der Zerlegung auch die Möglichkeit, eine weitere Leistungssteigerung durch das Erhöhen der Taktfrequenz des Prozessors zu erreichen. Gleichzeitig wird durch eine feinere Zerlegung von komplexen Operationen oder komplexen Phasen des Befehlszyklus erreicht, daß die Zeitdauern der einzelnen Stufen ausgewogener sind und die Pipeline daher „gleichmäßiger" arbeitet.

Man spricht bei Pipelines mit mehr als fünf Stufen von *Superpipelines* oder auch von „tiefen" Pipelines. Die älteren RISC-Prozessoren mit drei, vier oder fünf Stufen werden hingegen als „*underpipelined*" bezeichnet.

Die Anzahl der Pipelinestufen kann aber nicht beliebig gesteigert werden, da (1) die Anzahl der Teilschritte, in die sich eine Instruktion sinnvoll zerlegen läßt, beschränkt ist, und (2) die Startzeit (die Dauer des „Anlaufens") der Pipeline mit der Stufenzahl linear steigt. Für komplexe Operationen sind im allgemeinen mehr Pipelinestufen sinnvoll als für einfache. Pipelines für Gleitpunktoperationen sind daher oft länger als jene für Ganzzahloperationen.

Beispiel (Alpha-Prozessor) Der Alpha-Prozessor 21264 hat parallele Superpipelines: eine 10-stufige Pipeline in der Gleitpunkteinheit, eine 9-stufige Pipeline für Lade- und Speicher-Operationen und eine 7-stufige Pipeline in der Ganzzahleinheit.

Superskalar-Architekturen

Durch Anwendung des Pipeline-Prinzips kann man im günstigsten Fall – wenn keine Pipeline-Konflikte auftreten – erreichen, daß in jedem Taktzyklus ein Maschinenbefehl terminiert. Die Superskalar-Technologie erzielt eine noch weitergehende Erhöhung der Anzahl der pro Taktzyklus bearbeiteten Instruktionen.

Es wird davon ausgegangen, daß der Instruktionssatz eines Prozessors aus mehreren, grundsätzlich verschiedenen Klassen von Befehlen – vor allem für Gleitpunkt-, Ganzzahl- und Speicher-Operationen – besteht und daß für deren Abarbeitung auch weitgehend unabhängige Teile der Hardware zur Verfügung stehen. So gibt es z. B. auf allen Computern, die sich für numerisch intensives Rechnen eignen, für Gleitpunktoperationen eine eigene Gleitpunkteinheit, die vollständig getrennt ist von der Ganzzahleinheit, die für Ganzzahl-Operationen verwendet wird. Die Gleitpunkteinheit kann auch noch weiter unterteilt sein, z. B. in eine Addier- und eine Multipliziereinheit.

Es liegt nahe, zu versuchen, Befehle aus den verschiedenen Instruktionsklassen *gleichzeitig* auf den verschiedenen Hardware-Einheiten auszuführen. Das *Superskalar-Prinzip* besteht darin, mehrere parallel arbeitende Basis-Pipeline-Prozessoren einzusetzen. Um dies zu ermöglichen, sind einige Modifikationen der Rechnerarchitektur und erhöhte Anforderungen an die Compiler erforderlich:

Gleichzeitiges Laden mehrerer Befehle: Damit man mehr als eine Instruktion pro Zyklus ausführen kann, muß es möglich sein, die entsprechende Anzahl von Instruktionen pro Zyklus aus der Speicherhierarchie zu laden.

Erhöhung der Zugriffsbandbreite: Bei gleichzeitiger Ausführung mehrerer Befehle müssen auch entsprechend mehr Daten zwischen Prozessor und Speicherhierarchie transferiert werden. Eine Erhöhung der Zugriffsbandbreite des Prozessors auf den Speicher kann dabei mit Hilfe zeitlich überlappender Lade- bzw. Speicher-Operationen und durch die Bereitstellung mehrerer unabhängiger Lade- und Speichereinheiten erreicht werden.

Synchronisation von Instruktionen: Bei der gleichzeitigen Ausführung von Instruktionen ist auf bestehende Abhängigkeiten Rücksicht zu nehmen. Der Ablauf der Operationen ist sehr sorgfältig zu steuern, um Konflikte zu vermeiden, wie sie beispielsweise entstehen können, wenn eine Operation die Ergebnisse einer anderen benötigt. Insbesondere ist dabei zu beachten, daß verschiedene Operationen auch unterschiedliche Ausführungszeiten haben können. Wenn z. B. eine Gleitpunktoperation vor einer Ganzzahloperation gestartet wird, heißt das noch lange nicht, daß beide auch in dieser Reihenfolge terminieren.

Ablaufplanung der Instruktionen: Neben der Vermeidung von Pipelinekonflikten muß bei der Festlegung der Abfolge der Programmbefehle durch den Compiler auch darauf geachtet werden, daß aufeinanderfolgende Befehle soweit wie

1.1 Prozessoren

möglich gleichzeitig ausführbar sind. Wenn möglich sollte z. B. eine Reihenfolge der Instruktionen vermieden werden, bei der mehrere Gleitpunktoperationen unmittelbar aufeinanderfolgen, da in diesem Fall die Ganzzahleinheit unbeschäftigt bleibt.

Neuere Prozessoren haben oft mehrere Hardware-Einheiten *derselben* Klasse, sodaß z. B. zwei Gleitpunktmultiplikationen gleichzeitig ausgeführt werden können.

Beispiel (IBM-POWER-Prozessoren) Die RISC-Prozessoren IBM-POWER3 besitzen eine superskalare Architektur: Es gibt in der Ganzzahleinheit zwei parallele Pipelines für Ganzzahloperationen und in der Gleitpunkteinheit zwei parallele Pipelines für Gleitpunktoperationen, von denen jede maximal zwei Instruktionen pro Zyklus ausführen kann. Gleitpunkt- und Ganzzahleinheiten werden simultan betrieben und und besitzen eigene Instruktionspuffer.

Weiters gibt es eine Befehlscache-Einheit, vier Datencache-Einheiten (siehe Abschnitt 1.2.5) und eine Speicherkontrolleinheit. Die Befehlscache-Einheit steuert das Holen von Instruktionen aus dem Hauptspeicher und teilt diese geeignet auf die Gleitpunkt- und Ganzzahleinheiten auf.

Im günstigsten Fall können in einem solchen Prozessor *acht* Operationen pro Zyklus (zwei Ganzzahlinstruktionen, zwei Multiply-and-Add-Instruktionen, eine Verzweigung und eine Bedingungsauswertung) ausgeführt werden.

Die IBM-POWER4-Architektur vereinigt je zwei POWER3-Prozessoren auf einem Chip und ist speziell für den Einsatz in symmetrischen Mehrprozessoren (SMPs) gedacht.

Superpipeline-Architektur und Superskalar-Architektur schließen einander nicht aus und können auch kombiniert eingesetzt werden.

Superskalar- und VLIW-Prozessoren

Das Superskalar-Prinzip kommt sowohl in einer statischen als auch in einer dynamischen Variante zum Einsatz:

Superskalar-Prozessoren sind so konzipiert, daß sie selbst – ohne Zutun des Compilers – die Zuordnung der Instruktionen zu den ausführenden Hardwareeinheiten *dynamisch* (d. h., zur Laufzeit) vornehmen.

VLIW-Prozessoren (*very long instruction word processors*) können diese Zuordnung nicht selbst vornehmen, sie erfolgt ausschließlich *statisch* (d. h., zur Übersetzungszeit) durch den Compiler.

Es sind auch Mischformen der beiden Varianten denkbar. So wurden z. B. beim Intel-Prozessor i860 die Instruktionen im Normalfall dynamisch den Ausführungseinheiten zugeordnet. Der i860 konnte aber auch in einen Modus versetzt werden, bei dem sich Ganzzahl- und Gleitpunktoperationen abwechseln müssen.

Die Grenzen der möglichen Leistungssteigerung durch das Superskalar-Prinzip werden bei beiden Prozessorvarianten – Superskalar- und VLIW-Prozessoren – durch die „Parallelisierbarkeit" der zu verarbeitenden Instruktionenfolgen gesetzt.

Explicitly Parallel Instruction Computing (EPIC)

Explicitly Parallel Instruction Computing (EPIC) stellt eine von Intel für die IA-64-Architektur geplante Weiterentwicklung des VLIW-Konzepts dar. Die Grundidee ist es wiederum, durch den Compiler möglichst viel expliziten Parallelismus in Maschinencode (auf Instruktionsebene) auszunutzen. Im Fall von EPIC wird besonderes Augenmerk auf die Flexibilität und „Skalierbarkeit" der Breite der auf diese Weise zusammengesetzten Instruktionen gelegt, damit auch Adaptivität bezüglich der jeweils verfügbaren Hardware möglich wird. Entscheidend für den Erfolg solcher Ansätze ist naturgemäß die Qualität des Compilers. Insbesondere müssen verläßliche Techniken entwickelt werden, um limitierende Abhängigkeiten im Maschinencode zu minimieren, z. B. durch Verzweigungsvorhersage.[2]

1.1.4 Vektorprozessoren

Bei vielen numerischen Algorithmen lassen sich jene Algorithmusteile, die den Hauptteil der gesamten Rechenzeit beanspruchen, in Form von Vektoroperationen ausdrücken. Dies trifft z. B. auf praktisch alle Algorithmen der numerischen Linearen Algebra zu (vgl. Kapitel 3 bzw. Golub und Van Loan [82], Dongarra et al. [45]). Will man die Leistungsfähigkeit von Prozessoren für die Numerische Datenverarbeitung steigern, liegt es daher nahe, sowohl einen speziellen Befehlssatz als auch spezielle Hardware für Vektoroperationen vorzusehen.

Diese Grundidee wurde in Vektorarchitekturen verwirklicht, die zusätzlich zu den üblichen Instruktionen über spezielle *Vektorinstruktionen* verfügen. Damit bezeichnet man Instruktionen, die nicht wie die üblichen Instruktionen auf einzelnen skalaren Datenwerten, sondern auf *Vektoren* operieren. Eine einzelne Vektorinstruktion repräsentiert mehrere (i. a. arithmetische) Skalaroperationen.

Beispiel (Vektorinstruktionen) Typische Beispiele für Vektorinstruktionen sind:

Instruktionen für arithmetische Operationen mit Vektoren:

vektorielle Operanden, vektorielles Ergebnis: komponentenweise Addition, Multiplikation bzw. Division zweier Vektoren, *vector multiply-add* (Addition eines skalaren Vielfachen eines Vektors zu einem anderen Vektor, auch als *axpy*-Operation bezeichnet; siehe Abschnitt 3.1.1), komponentenweise Ausführung von elementaren Funktionen (z. B. *vector sinus*).

vektorielle Operanden, skalares Ergebnis: vector sum (Addition der Vektor-Komponenten).

vektorielle und skalare Operanden, vektorielles Ergebnis: vector scalar multiply (Multiplikation eines Skalars mit den Komponenten eines Vektors).

Spezielle Lade- und Speicherinstruktionen für Vektoren, mit deren Hilfe alle Komponenten eines Vektors vom Hauptspeicher in den Prozessor geladen bzw. von diesem in den Hauptspeicher transferiert werden können: *vector load, vector store.*

Instruktionen, die elementweise logische Verknüpfungen zweier Vektoren ausführen.

---
[2]Eine Möglichkeit, Verzweigungen zu vermeiden, bietet der Einsatz von Prädikaten. Dabei wird das Ergebnis einer logischen Auswertung in einem Prädikat-Register gespeichert. Nachfolgende Instruktionen mit Prädikat werden ausgeführt, wenn das entsprechende Prädikat gesetzt ist. Damit lassen sich If-then-else-Konstrukte ohne Sprünge realisieren.

1.1 Prozessoren

Den Vektorinstruktionen stehen auf der Hardware-Seite entsprechende *Vektorregister* und *Vektoreinheiten* gegenüber. Vektorregister sind spezielle Speichereinheiten, die Vektoren einer bestimmten Maximallänge enthalten können (siehe Abschnitt 1.2.4). Die Vektoreinheiten führen die oben genannten Vektoroperationen aus, wobei die Vektoroperanden im allgemeinen in den Vektorregistern enthalten sein müssen. Ihre hohe Leistung bei Gleitpunktoperationen erzielen die Vektoreinheiten hauptsächlich durch eine sehr stark überlappende Ausführung dieser Operationen (mit Hilfe einer sehr tiefen Vektor-Pipeline – siehe Abschnitt 1.1.1).

Im Vergleich zu anderen Prozessoren, die ebenfalls überlappende Gleitpunktoperationen durchführen, besitzen Vektorprozessoren folgende Eigenschaften:

- Da die Komponenten eines Vektors im Normalfall hintereinander im Speicher abgelegt sind, ergibt sich ein von vornherein bekanntes, lineares Zugriffsmuster auf den Datenspeicher. Diese Tatsache nützt man bei Vektorrechnern aus, um Vektordaten sehr schnell aus dem Hauptspeicher holen zu können (sehr starke Speicherverschränkung; siehe Abschnitt 1.2.7).

  Beispiel (Speicherbandbreite) Eine NEC SX-4 hat einen Verschränkungsgrad (siehe Abschnitt 1.2.7) von 1024. Derart große Speicherverschränkungen ermöglichen sehr große Speicherbandbreiten.

  Eine NEC SX-5 weist eine Speicherbandbreite von 64 GByte/s pro Prozessor auf, die außerdem skalierbar ist.

  Hingegen beträgt die Speicherbandbreite einer SGI Origin 2000 nur 0.78 GByte/s für je zwei Prozessoren.

- Vektorrechner weisen üblicherweise eine sehr flache Speicherhierarchie auf und besitzen keine Cache-Speicher (weil der Hauptspeicher Zugriffszeiten gestattet, wie sie sonst nur bei Cache-Speichern üblich sind).

- Die Anzahl abzuarbeitender Instruktionen wird stark reduziert, da eine einzige Vektorinstruktion die Bearbeitung einer großen Zahl arithmetischer Operationen repräsentiert. Dadurch wird der Instruktionsspeicher etwas entlastet, der Datenspeicher jedoch i. a. etwas stärker belastet.

- Bei Vektoroperanden, die vollständig in Vektorregistern gespeichert werden können, gibt es keine Geschwindigkeitsverluste durch Speicherverzögerungen.

- Hat man keine Vektorinstruktionen zur Verfügung, dann muß die Verarbeitung eines Vektors in Form einer Schleife implementiert werden. Durch die Überprüfung der Abbruchbedingung der Schleife können dann Verzögerungen entstehen, die bei Vektorinstruktionen nicht auftreten.

Zur weiteren Leistungssteigerung wird auch in Vektorprozessoren das Superskalar-Prinzip angewendet, indem pro Zeiteinheit mehrere Vektorinstruktionen ausgeführt werden (Dongarra et al. [47]).

Eine andere Möglichkeit der Leistungssteigerung besteht darin, für eine arithmetische Operation mehr als eine Pipeline zur Verfügung zu stellen (*mehrfache Pipelines*). Das wird dann ausgenützt, wenn ein langer Vektor aufgeteilt wird und die einzelnen Teilvektoren unabhängig voneinander gleichzeitig addiert werden. Im günstigsten Fall wird die Ausführungszeit einer Vektoroperation um den Faktor der Anzahl der Pipelines verkürzt. Mehrfache Pipelines sind auch im Fall des *stripmining* (siehe Abschnitt 1.2.4) von Vorteil. Im Unterschied zum Superskalar-Prinzip ist hier kein Parallelismus auf Instruktionsebene gegeben – die einzelnen Pipelines für dieselbe Vektoroperation können nicht getrennt kontrolliert werden, sondern sie teilen sich nur die Arbeit einer Vektorinstruktion (Dongarra et al. [45]). Je mehr Pipelines für dieselbe Operation zur Verfügung stehen, desto länger müssen aber auch die zu verarbeitenden Vektoren sein, um eine gute Ausnutzung der Leistungskapazität zu erreichen (siehe Abschnitt 2.2.2).

Pseudo-Vektorverarbeitung

Von Pseudo-Vektorverarbeitung spricht man dann, wenn ein Knoten aus mehreren (typischerweise 4 oder 8) RISC-Prozessoren besteht, die entweder unabhängig voneinander (vergleichbar mit einem SMP-System, siehe Abschnitt 1.4.3) oder aber gekoppelt wie ein einziger Vektorprozessor mit entsprechend vielen Vektoreinheiten betrieben werden können. Die Wahl der Betriebsart wird durch den Compiler gesteuert, was zu relativ langen Compile-Zeiten führt.

Beispiel (Pseudo-Vektorverarbeitung) Das Computersystem Hitachi SR 8000 ermöglicht Pseudo-Vektorverarbeitung. Die einzelnen verwendeten Prozessoren beruhen auf der PowerPC-Architektur der IBM.

1.2 Speicher

Eine der wichtigsten Eigenschaften des von Neumann-Computermodells besteht darin, daß der Speicher sowohl den Code des auszuführenden Programms als auch die zugehörigen Daten enthält. In den verschiedenen Phasen der Ausführung eines Befehls werden aus dem Speicher der Befehlscode sowie ein oder mehrere Operanden geladen und das Ergebnis der Operation im Speicher abgelegt. Für die Abarbeitung jeder Instruktion sind also unter Umständen *mehrere* Speicherzugriffe erforderlich. Erhöht sich – sei es durch Fortschritte in der Schaltkreistechnik und/oder Verbesserungen der Prozessorarchitektur – die Verarbeitungsgeschwindigkeit eines Prozessors, so muß auch die Zugriffszeit auf den Speicher entsprechend verringert werden, da sonst durch zu langsame Speicherzugriffe leistungsmindernde Verzögerungen eintreten.

Ein fundamentales Problem der Computerentwicklung der letzten Jahrzehnte war es, daß die Zugriffszeiten auf den Hauptspeicher bei weitem *nicht* so rasch abgenommen haben, wie die Prozessorleistung zugenommen hat. Die Ursache dieses Phänomens liegt unter anderem in der Entwicklung der Halbleitertechnik, die bei Speicherbausteinen bisher in erster Linie der Vergrößerung der Kapazität und nicht der Senkung der Zugriffszeiten zugute kam. Es wurde daher bei der in letzter Zeit sehr rasch fortschreitenden Verkürzung der Zykluszeiten der Prozessoren immer schwieriger, die in der CPU benötigte Information rechtzeitig aus dem Speichersystem zur Verfügung zu haben. Die Zeit, die benötigt wird, um

1.2 Speicher

die Information aus dem Speicher in die CPU zu bringen, entspricht bei den üblicherweise verwendeten Speicherbausteinen *mehreren* Taktzyklen der CPU.

Mit folgenden Maßnahmen begegnet man diesen Schwierigkeiten (Dowd [50]):

- Jede Komponente des Speichersystems wird selbst so „schnell" gemacht, daß sie rasch genug auf jede Speicheranforderung reagieren kann – diese Möglichkeit scheidet aber aus Kostengründen aus.

- Das Speichersystem besteht aus „schnellen" und „langsamen" Teilen. Es wird versucht, die Information so anzuordnen, daß die schnellen Teile öfter verwendet werden als die langsamen.

- Es wird zyklisch und zeitlich überlappt auf verschiedene Teile eines „langsamen" Speichers zugegriffen (*Round-robin*-Zugriff), so daß der Zugriff im Durchschnitt wie auf einen „schnellen" Speicher erfolgt.

- Man verwendet ein möglichst „breites" Speichersystem, d. h., jeder einzelne Transfer enthält eine große Menge an Information.

- Es werden Instruktionen und Daten im Speichersystem getrennt, so daß der Bedarf an Daten und der Bedarf an Instruktionen entkoppelt werden kann.

Im Speicheraufbau moderner Computersysteme werden diese Möglichkeiten in verschieden stark ausgeprägter Form berücksichtigt.

1.2.1 Die Parameter eines Speichersystems

Zugriffszeit: Die *Zugriffszeit* eines Speichers ist jene Zeitdauer, die vom Auftreten einer Speicherreferenz bis zur Verfügbarkeit der angeforderten Information in der CPU vergeht. In diesem Fall bezieht sich der Wert also auf *Lese*zugriffe – bei einem *Schreib*zugriff dagegen versteht man darunter die Zeit bis zum Abschluß des Schreibvorgangs. Darin ist die Zeit enthalten, die für die Adressierung der Speicherplatzes und für die Herstellung der Bereitschaft für das Übergeben (Lesezugriff) bzw. für das Übernehmen (Schreibzugriff) der Information benötigt wird. Weiters ist die *Übertragungsdauer* eingeschlossen, die die Zeitspanne von der Lokalisierung der Information im Speicher bis zum Eintreffen in der CPU (im Fall eines Lesezugriffs).

Zykluszeit: Während die Zugriffszeit beschreibt, wie *schnell* auf einen Speicherplatz zugegriffen werden kann, gibt die *Zykluszeit* eines Speichers an, wie *oft* innerhalb eines bestimmten Zeitraumes auf den Speicher zugegriffen werden kann. Sie bezeichnet die Zeitspanne vom Beginn eines Zugriffs bis zu jenem Zeitpunkt, zu dem die Bearbeitung des nächsten Zugriffs frühestens beginnen kann und enthält zusätzlich zur Zugriffszeit unter Umständen auch noch eine *Erholzeit* des Speichers, die zwischen zwei aufeinanderfolgenden Speicherzugriffen abgewartet werden muß. Zugriffs- und Zykluszeit stimmen beispielsweise bei den Hauptspeichermodulen *nicht* überein, da sich diese Speicher nach einem Zugriff zunächst *regenerieren* müssen, bevor neue Zugriffe möglich sind (siehe Abschnitt 1.2.7).

Für gängige Halbleiterbauteile ist die Zykluszeit eines Speichers etwa drei- bis viermal so groß wie dessen Zugriffszeit.

Bandbreite: Von entscheidender Bedeutung für die Leistung eines Computersystems ist die *Bandbreite* des Speichersystems (die man oft auch als *Durchsatz* bezeichnet). Darunter versteht man die maximale Informationsmenge (z. B. gemessen in Bit), die pro Zeiteinheit zwischen Speicher und CPU übertragen werden kann. Sie wird bestimmt durch die Zykluszeit des Speichers, durch die Anzahl der Verbindungen zum Speicher (*Speicherpfade*), die gleichzeitig für die Informationsübertragung verwendet werden können und dadurch, ob diese Pfade nur in eine Richtung oder gleichzeitig in beide Richtungen verwendet werden können (Sekera [152]). Zwischen verschiedenen Teilen des Speichers können die Werte der Bandbreite durchaus verschieden sein.

Das Ziel bei der Konzeption eines Speichersystems (in einem vorgegebenen Kostenrahmen) ist immer die Maximierung der Bandbreite bei gleichzeitiger Minimierung von Zugriffszeit und Zykluszeit (Hennessy und Patterson [93]).

1.2.2 Speicherhierarchien

Ein möglicher Ansatz zur Vermeidung leistungsmindernder Verzögerungen bei Speicherzugriffen ist die Verwendung von kleinen, aber schnellen *Zwischenspeichern* (*Pufferspeichern*).

In modernen Computersystemen wird nicht nur ein einziger Pufferspeicher, sondern ein ganzes System von Zwischenspeichern verwendet (siehe Abb. 1.6). Man bezeichnet einen solchen stufenweisen Aufbau des Speichers als *Speicherhierarchie*, die durch folgende Eigenschaften gekennzeichnet ist:

- Die Kapazität der Ebenen nimmt zu, wenn man in der Hierarchie weiter nach unten geht.

- Die Zugriffszeit auf höher liegende Ebenen ist deutlich kleiner als die Zugriffszeit auf tiefer liegende Ebenen.

- Es gibt Ebenen, die eine Teilmenge der Information der nächsttieferen Ebene enthalten, d. h., in manchen tieferen Speicherebenen sind Kopien aller Daten der darüberliegende Ebene vorhanden.

- Information wird solange wie möglich in einer hohen Ebene der Hierarchie gehalten. Sie wird frühestens dann aus einer Ebene entfernt, wenn deren Kapazität erschöpft ist und Platz für neue, aktuellere Daten benötigt wird.

- Der Zugriff erfolgt zuerst immer auf die höchste Ebene der Hierarchie. Wenn die benötigte Information in einer Ebene nicht vorhanden ist, muß auf die nächsttiefere Ebene zugegriffen werden, was aber erheblich länger dauert.

Das Konzept der Speicherhierarchie ist das Resultat von Kostenüberlegungen: Für Speicher mit kleiner Kapazität können schnelle Schaltkreistechnologien eingesetzt werden, deren Verwendung für Speicher mit großer Kapazität zu teuer

1.2 Speicher

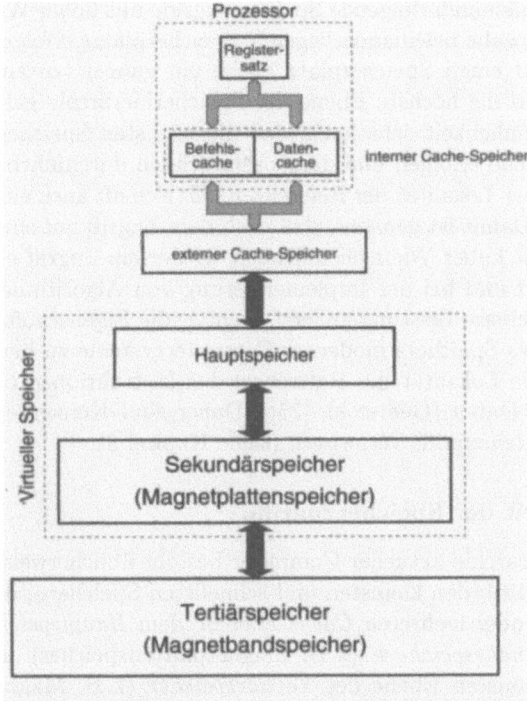

Abb. 1.6: Speicherhierarchie mit sechs Ebenen

käme. Kurze Zugriffszeiten sind daher bei kleinen Speichern viel leichter und damit ökonomischer zu realisieren als bei solchen mit großer Kapazität. Der Preis dieser „schnellen" Speicher, deren Zugriffszeit im Bereich der Zykluszeit moderner Prozessoren liegt, steigt aber mit der Kapazität sehr rasch an, so daß es unmöglich ist, die gesamte benötigte Kapazität mit solchen Speichern zu verwirklichen. Es wird also ein großer, „schneller" Speicher „vorgetäuscht", indem man sich mit einer relativ kleinen höchsten Ebene mit kurzer Zugriffszeit begnügt, gleichzeitig aber versucht, durch geeignete Speicherverwaltungsstrategien die benötigte Information möglichst oft in dieser höchsten Ebene zur Verfügung zu haben. Die tieferen Ebenen der Speicherhierarchie, die aus billigeren Speichern zusammengesetzt sind, haben zwar eine größere Kapazität, dafür dauert aber der Zugriff auf sie länger.

Lokalität der Speicherzugriffe

Eine wichtige Entscheidung bei hierarchisch strukturierten Speichern betrifft die Auswahl der Daten, die bei Bedarf aus höheren Speicherebenen entfernt werden. Dabei wird auf das empirisch ermittelte Prinzip der *Lokalität der Speicherzugriffe* (*locality of reference*) zurückgegriffen, das die Grundlage dafür bildet, daß die Vorteile einer Speicherhierarchie sinnvoll genützt werden können. Darunter ist zu verstehen, daß aufeinanderfolgende Speicherzugriffe mit hoher Wahrscheinlichkeit auf räumlich sehr nahe beieinanderliegende Speicherplätze erfolgen. Wenn also bei einem Zugriff auf einen Speicherplatz gleich ein ganzer (zusammenhängender) Speicher*bereich* in die höchste Ebene der Speicherhierarchie geladen wird, dann ist die Wahrscheinlichkeit sehr hoch, daß die nächsten Speicherzugriffe nur auf diese höchste Ebene erfolgen und damit sehr schnell durchführbar sind.

Neben *örtlicher* Lokalität der Referenzen läßt sich oft auch eine *zeitliche* Lokalität feststellen. Damit ist gemeint, daß nach dem Zugriff auf einen Speicherplatz in kurzer Zeit mit hoher Wahrscheinlichkeit wieder ein Zugriff erfolgt.

Beim Entwurf und bei der Implementierung von Algorithmen ist es im Hinblick auf die erzielbare Leistung äußerst wichtig, die Eigenschaften des hierarchischen Aufbaus des Speichers moderner Computersysteme zu berücksichtigen. Es zeigt sich, daß die Lokalität der Referenzen bei Instruktionen oft stärker ausgeprägt ist als bei Daten (Gee et al. [75]). Daher sind Konzepte wichtig, die die Lokalität des *Daten*zugriffs verbessern (siehe Kapitel 3).

Geschwindigkeit der Speicherzugriffe

Eine Speicherhierarchie aktueller Computer besteht üblicherweise aus sechs Ebenen (siehe Abb. 1.6): den kleinsten und schnellsten Speichern, den *Registern* des Prozessors, zwei oder mehreren *Cache-Ebenen*, dem *Hauptspeicher* (*Primärspeicher*), den *Sekundärspeichern* (z. B. Magnetplattenspeicher) und der größten, aber auch langsamsten Ebene der *Tertiärspeicher* (z. B. Magnetbandspeicher). Die Unterschiede in den Zugriffszeiten und in der Kapazität der einzelnen Ebenen sind außerordentlich groß: Die Register haben Zugriffszeiten im Bereich von Nanosekunden bei einer Kapazität von einigen KByte, während z. B. bei Magnetplattenspeichern die Zugriffszeiten im Millisekundenbereich und die Kapazitäten im Bereich einiger zig GByte liegen. Der Trend in der Entwicklung geht dahin, daß immer mehr Ebenen der Speicherhierarchie (Cache-Levels) am Prozessorchip integriert werden.

Die kleinste Menge an Information, die zwischen zwei Ebenen der Speicherhierarchie transportiert wird, nennt man *Block*. Bei fester Blockgröße ist die Kapazität jeder Ebene ein Vielfaches dieser Blockgröße.

Ist ein Speicherzugriff in einer Ebene erfolgreich (*Treffer*, *hit*), dann ist die für den Zugriff benötigte Zeit die *hit time*, den den Zeitbedarf für die Suche (und die Entscheidung, ob ein Treffer vorliegt oder nicht) in dieser Ebene einschließt. Ist ein Speicherzugriff nicht erfolgreich (*Fehlzugriff*, *miss*), dann muß die Programmausführung unterbrochen werden, bis der angeforderte Speicherinhalt aus einer der niedrigeren Ebenen geladen ist. Mit der *Verzögerung durch Fehlzugriff* bezeichnet man die Zeit, die vergeht, um einen Block in der höheren Ebene durch den Block aus der niedrigeren Ebene, der die Speicherreferenzen enthält, zu ersetzen und die Information zur CPU zu bringen. Die *Trefferrate* (*hit rate*) einer Ebene ist jener Anteil aller Speicherreferenzen, der in dieser Ebene gefunden wird, die *Rate der Fehlzugriffe* (*miss rate*) ist der Anteil, welcher nicht in der Ebene gefunden wird.

1.2.3 Adressierungsarten

Die Organisation jeder Ebene der Speicherhierarchie muß folgende Fragen klären: Wo wird ein Block in einer Ebene untergebracht? Wie kann man einen Block in einer Ebene finden? Welcher Block wird (falls notwendig) ersetzt? Wie werden Schreibvorgänge behandelt?

Die Lokalisierung eines Datums (Datenelements) im Speicher erfolgt durch eine *Adresse*. Üblicherweise ist nicht jedem elementaren *Speicherelement* (das ein Bit speichern kann) eine Adresse zugeordnet, sondern nur Gruppen von Speicherelementen, die alle eine für den Speicher charakteristische feste Größe aufweisen. Meist werden 8 Bit = 1 Byte zur kleinsten adressierbaren Einheit eines Speichers – einer *Speicherzelle* – zusammengefaßt. Die Zusammenfassung mehrerer Speicherzellen (meist 4 oder 8) nennt man *Speicherwort* oder kurz *Wort*. Die Adressierung dient dazu, jene Speicherzelle oder jenes Speicherwort, in dem sich ein Datenelement befindet, eindeutig zu identifizieren.

Physische und logische Adressierung

Auf der schnellsten Ebene der Speicherhierarchie (bei der Speicherung von Programmdaten in den Operandenregistern eines Prozessors), erfolgt die Adressierung meist explizit durch den Compiler, d. h., der vom Compiler erzeugte Code enthält Registernamen, die eindeutig und unveränderbar den physischen Speicherworten bzw. den Registern des Prozessors zugeordnet sind. Man spricht daher in diesem Fall auch von *physischer* Adressierung.

Es liegt im Ermessen der Hardwareentwickler, ob ein Cache-Speicher physisch oder logisch adressiert wird. Auf die Software-Entwicklung hat das keinen Einfluß, da die Adressierungsart des Cache-Speichers für die Software völlig transparent, also unsichtbar und unzugänglich ist.

Alle anderen Ebenen der Speicherhierarchie werden nur *logisch* adressiert: Die vom Compiler erzeugten Adressen beziehen sich *nicht* direkt auf physische Adressen des Hauptspeichers, des Sekundärspeichers etc. Um von einer logischen Adresse zu einer physischen zu gelangen, ist daher stets eine *Adreßtransformation* notwendig, die von der Hardware und/oder von der Systemsoftware des Computers durchgeführt wird (siehe Abb. 1.7).

Eine physische Adressierung ermöglicht immer einen schnelleren Speicherzugriff als eine logische, weil der Aufwand der Adreßtransformation entfällt. Das ist auch der Grund dafür, daß auf der obersten Ebene der Speicherhierarchie, bei den Prozessorregistern und eventuell auch bei den Cache-Speichern, wo die Minimierung der Zugriffszeit von größter Bedeutung ist, generell eine physische Adressierung verwendet wird.

Bei den anderen Ebenen der Speicherhierarchie spielt die Zugriffszeit zwar auch eine wichtige Rolle, die Vorteile einer Entkopplung von programmbezogenem und physischem Adreßraum durch eine logische Adressierung überwiegen jedoch bei weitem den Nachteil des zusätzlichen Transformationsaufwandes. So erleichtert z. B. die Verwendung von logischen Adressen die „gleichzeitige" Ausführung verschiedener Programme im selben physischen Adreßbereich, wie dies z. B. für

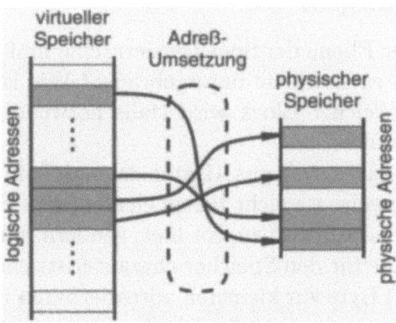

Abb. 1.7: Umsetzung (Transformation) von logischen auf physische Adressen

den Multitasking- und Multiuser-Betrieb notwendig ist.

Es lassen sich bei der logischen Adressierung grob zwei Methodenklassen unterscheiden: *Seitenadressierung (paging)* und *Segmentierung (segmentation)*, die auch oft in kombinierter Form verwendet werden.

Seitenadressierung

Um den Mehraufwand (Overhead) der Adreßtransformation in akzeptablen Grenzen zu halten, wird die Transformation nicht auf Wortebene durchgeführt. Es wird also nicht für jede einzelne logische Adresse vermerkt, welcher physischen Adresse sie entspricht. Vielmehr unterteilt man den logischen Adreßraum in Blöcke *konstanter* Größe, sogenannte *Seiten (pages)*, denen physische Speicherbereiche derselben Größe zugeordnet werden.

Soll eine logische Adresse auf eine physische abgebildet werden, so genügt es, die physische Seite zu ermitteln, die der logischen Seite dieser Adresse entspricht. Die relative Lage der Adresse in Bezug auf den Beginn der Seite ist für logische und physische Seiten gleich.

Der Vorteil der Seitenadressierung liegt in ihrer Einfachheit und Schnelligkeit im Vergleich zu anderen Methoden logischer Adressierung (z. B. der Segmentierung). Es kann z. B. die Größe der Seiten an die Eigenheiten des jeweiligen Speichermediums angepaßt werden. Aus diesem Grund unterscheidet sich die Blockgröße eines Cache-Speichers *(cache line size)* von der meist deutlich größeren (oft variierbaren) Seitengröße des Hauptspeichers (typischer Minimalwert: 16 KByte).

Segmentierung

Aus der Sicht des Programmierers liegt es nahe, die Zerlegung des Adreßraumes nach *inhaltlichen* Gesichtspunkten vorzunehmen und diese Bereiche als sogenannte *Segmente* zu verwalten. Segmente sind voneinander unabhängige geschützte Adreßbereiche *variabler* Größe. Es ist sogar möglich, die Größe eines Segments dynamisch zu verändern. Segmente können mit einer Kennzeichnung ihres Typs (Codesegmente enthalten Programmteile, Datensegmente enthalten Daten eines

1.2 Speicher 25

Programmteils etc.) und mit Zugriffsrechten (auf Systemsegmente hat nur das Betriebssystem Zugriff, auf Benutzersegmente nur die Anwenderprogramme etc.) versehen werden. Man kann damit ein hohes Maß an Schutz für die gespeicherte Information realisieren.

Um sowohl die Vorteile der Segment- als auch jene der Seitenverwaltung gleichermaßen nutzen zu können, werden oft beide Techniken miteinander kombiniert, indem man die Segmente in Seiten gleicher Größe unterteilt. Die Adreßtransformation ist dann ein zweistufiger Prozeß.

1.2.4 Register

Die arithmetisch-logische Einheit (ALU) eines Computers holt die benötigte Information im Normalfall aus den sogenannten *Registern*. Das sind spezielle Speicherzellen innerhalb des Prozessors mit besonders kurzen Zugriffszeiten. Die Menge der Register wird oft als *Registersatz* oder *Registerfile* bezeichnet. Es kann auf mehrere Register gleichzeitig zugegriffen werden.

Meistens sind drei Arten von Registern vorhanden: Adreßregister, Befehlsregister und Operandenregister. Fallweise wird auch noch weiter unterteilt in Ganzzahl- und Gleitpunkt-Befehlsregister sowie Ganzzahl- und Gleitpunkt-Operandenregister. Bei den Operandenregistern kann außerdem noch unterschieden werden zwischen *Skalar*registern, die einzelne (skalare) Datenwerte speichern, und *Vektor*registern (Sekera [152]). Da einerseits die Zugriffszeit auf das Registerfile linear mit dessen Größe steigt (Giloi [79]) und sich andererseits hohe Zugriffszeiten in erhöhten Prozessorzykluszeiten auswirken, ist die sinnvolle Anzahl der Register sehr beschränkt. Die gesamte Speicherkapazität des Registerfiles beträgt selten mehr als 1 KByte (außer bei Vektorregistern).

Vektorregister

Der Zugriff auf Daten muß beispielsweise im Fall einer Pipeline sehr rasch erfolgen, um sie „voll" zu halten (nur dann kann ihre volle Leistung erreicht werden; siehe Abschnitte 2.2.2 und 2.2.3). Es gibt zwei Arten der Organisation dieses Zugriffs in Vektorprozessoren (Dongarra et al. [45]):

Speicher-Speicher- (*memory to memory*) *Organisationen* stellen die Register nur für skalare Operationen zur Verfügung, während die Vektor-Einheiten der CPU auf Vektoren aus dem Speicher zugreifen. Das Ergebnis einer Vektoroperation wird direkt in den Speicher zurückgeschrieben.

Register-Register- (*register to register*) *Organisationen*: In diesem Fall werden die Vektoroperanden der arithmetischen Einheiten der CPU zuerst aus dem Speicher in schnelle Zwischenspeicher der CPU (*Vektorregister*) geholt, bevor sie verarbeitet werden können. Das Resultat der Vektoroperation wird schrittweise wieder in ein Vektorregister zurückgeschrieben. Da die Register ein Teil des Prozessors sind, kann der Zugriff auf sie bedeutend schneller erfolgen als auf Daten, die sich tiefer in der Speicherhierarchie befinden. Außerdem hat die Register-Register-Organisation bei mehrmaligem aufeinanderfolgenden Wiederverwenden von Daten große Vorteile gegenüber der Speicher-Speicher-Organisation, weil die in Abschnitt 1.2.2 erwähnte zeitliche Lokalität der Referenzen besser ausgenützt wird und dadurch auch *weniger* aufwendige Speicherzugriffe auf tiefere Speicherebenen erforderlich sind.

Länge und Anzahl der Vektorregister sind beschränkt und können manchmal dynamisch (zur Laufzeit) umkonfiguriert werden. Überschreitet die Vektorlänge die Größe der Vektorregister, so daß die für eine Vektoroperation benötigten Vektoren nicht mehr in die Register passen, dann müssen die Vektoren in Teile aufgespalten werden. Man nennt diesen Vorgang *stripmining*. Er erfolgt (für den Benutzer unsichtbar) automatisch durch den Compiler, der eine Schleife um eine Vektoroperation einbaut und diese dadurch in Operationen auf kürzeren, noch in die Register passenden Teilvektoren aufteilt. Für jede dieser Teiloperationen muß allerdings eine eigene Vektorinstruktion ausgeführt werden. Dadurch fallen zusätzliche Anlaufzeiten an, so daß die Leistung nicht linear mit der Vektorlänge steigt (siehe Abschnitt 2.2.2).

1.2.5 Der Cache-Speicher

Der *Cache-Speicher* bildet in der Speicherhierarchie die Ebene unterhalb der Register der CPU und ist gewissermaßen ein Hochgeschwindigkeitspuffer zwischen der CPU und dem Hauptspeicher. Ein Zugriff auf den Cache erfordert bedeutend weniger Zeit als ein Zugriff auf den Hauptspeicher.

Der Cache enthält *Kopien* einer gewissen Teilmenge des Hauptspeicherinhalts. Er trägt also *nicht* zur Erhöhung der Gesamtkapazität der Speicherhierarchie bei (Giloi [79]). Der Datentransfer zwischen Hauptspeicher und Cache wird durch eine hardwaremäßig kodierte Logik gesteuert und erfolgt für den Benutzer bzw. dessen Programm transparent, d. h., der Compiler braucht keine expliziten Lade- oder Speicheroperationen für den Cache zu erzeugen.

Der Cache-Speicher wird aufgeteilt in *Befehls-* und *Datencache*. Damit läßt sich eine Prozessorarchitektur verwirklichen, bei der auf Befehle und auf Daten gleichzeitig und unabhängig voneinander zugegriffen werden kann, da sie sich in voneinander getrennten Speichereinheiten befinden. Man bezeichnet diese Architekturform auch als *Harvard-Speicherarchitektur* (Liebig und Flik [123]). Der Grund für die Bedeutung einer solchen Architektur liegt darin, daß zwar bei isolierter Betrachtung sowohl für Daten als auch für Instruktionen das Prinzip der Lokalität der Referenzen oft erfüllt ist, daß aber Instruktionen und Daten *zueinander* eigentlich kaum in einem Lokalitätsverhältnis stehen (Dowd [50]). Daher können durch eine gemeinsamen Cache für Befehle und Daten sogar negative Effekte entstehen (Hauptspeicherzugriffe können durch die Existenz des Caches ja *länger* dauern als ohne zwischengeschalteten Cache!). Außerdem sind Zugriffe auf Instruktionen fast ausschließlich Lesezugriffe, während auf Daten i. a. sowohl lesend als auch schreibend zugegriffen wird.

Oft ist der Cache zwei- oder dreistufig ausgeführt – neben einem kleinen internen Cache auf dem Prozessor (*on-chip*), der eine sehr kleine Zugriffszeit hat,

1.2 Speicher

die im Bereich der Zykluszeit des Prozessors liegt, gibt es einen größeren externen Cache zwischen Prozessor und Hauptspeicher (*on-board*). Dadurch wird es möglich, kürzere Zugriffszeiten auf immer größere Kapazitäten zu erreichen: Der kleinere und schnellere interne Cache greift nicht direkt auf den Hauptspeicher, sondern auf einen größeren und dafür etwas langsameren externen Cache zu, welcher wiederum seine Daten aus dem Hauptspeicher bezieht.

In ihrer Verwaltung unterscheiden sich Cache-Speicher von Registern zunächst dadurch, daß der Compiler für sie keine Lade-/Speicher-Operationen explizit erzeugen muß; diese Operationen werden nach Bedarf von speziellen Teilen der Hardware erzeugt. Für den Compiler sind die Lade-/Speicher-Operationen des Caches unsichtbar. Weiters kann der Prozessor auf mehrere Register gleichzeitig zugreifen, während immer nur eine Cachezeile zu einem bestimmten Zeitpunkt gelesen oder geschrieben werden kann.

Lade- und Speicheroperationen

Ein wesentlicher Unterschied zwischen Cache-Speicher und Register betrifft die bei einer Lade-/Speicheroperation übertragene Datenmenge. Während bei den Registern pro Lade-/Speicheroperation nur ein einziges Speicherwort übertragen wird, ist es bei einem Cache-Speicher aus Geschwindigkeitsgründen ein ganzer Block von Wörtern (auch *Cacheblock* genannt), der eine sogenannte *Cachezeile* ausfüllt. Die Länge (Größe) einer solchen Cachezeile variiert (abhängig vom Computer) zwischen 32 und 128 Byte. Jede Cachezeile umfaßt einige aufeinanderfolgende Speicherplätze. Die Information innerhalb einer Zeile stammt aus demselben Bereich des Hauptspeichers, während die Inhalte benachbarter Cachezeilen aus gänzlich unterschiedlichen Hauptspeicherbereichen stammen können.

Die Übertragung ganzer Cachezeilen hat ihren Grund nicht nur in der vereinfachten Adreßtransformation, sondern auch im Prinzip der räumlichen Referenz-Lokalität: Wird auf eine der Cache-Speicherzellen zugegriffen, so erfolgen mit hoher Wahrscheinlichkeit in naher Zukunft auch Zugriffe auf benachbarte Speicherzellen, d. h., auf solche mit „ähnlichen" Adressen. Bringt man daher beim Zugriff auf ein Speicherwort nicht nur dieses, sondern auch eine bestimmte Anzahl benachbarter Speicherworte (eine ganze Cachezeile) in den Cache-Speicher, so geschieht dies in der Hoffnung, daß in naher Zukunft auch noch andere Speicherworte dieser Zeile benötigt werden und diese Zugriffe dann nur geringe Verzögerungen verursachen.

Organisation und Parameter

Die wichtigsten Parameter des Cache sind seine Größe, die Größe eines Blocks, der auf einmal vom Hauptspeicher in den Cache übertragen wird (*cache line size*) und die Art der Organisation (Verwaltungsstrategie).

Die Blockgröße beeinflußt die mittlere Speicherzugriffszeit und damit die Systemleistung. Eine größere Blockgröße bewirkt zwar i. a. eine höhere Trefferrate, die aber den gestiegenen Zeitaufwand bei Fehlzugriffen (der Transfer größerer Blöcke zwischen Hauptspeicher und Cache dauert länger) unter Umständen nicht kompensieren kann. Zu große Blöcke wirken sich aus einem weiteren Grund negativ auf die Zugriffszeiten aus: Gemeinsam mit der erwünschten Information wird im Rest des Blocks relativ viel Information in den Cache übertragen, die möglicherweise gar nicht benötigt wird, unnötig Speicherplatz verbraucht, und somit eine Erhöhung der Rate der Fehlzugriffe bedingt.

Die Hauptaufgaben, die bei der Organisation des Cache-Speichers anfallen, sind (Giloi [79]): Ablegen und Auffinden von Cachezeilen, Bereithalten des *working sets* eines Programms, Ersetzen von Cachezeilen und die Garantie der Datenkonsistenz zwischen Cache und Hauptspeicher. Die Restrukturierung von Speicherzugriffen im Hinblick auf eine sinnvolle Nutzung des Cache-Speichers ist eine der wichtigsten Methoden zur Leistungsoptimierung moderner Computer. Neben der Kenntnis der wichtigsten Parameter eines Cache-Speichers ist daher für den Programmierer (in beschränktem Maße) auch Information über seine interne Funktionsweise notwendig.

Ablegen und Auffinden von Cachezeilen

Im folgenden wird die Anzahl der physischen Zeilen eines Cache-Speichers mit Z bezeichnet; die einzelnen Zeilen werden mit $z = 0, 1, \ldots, Z - 1$ numeriert. Die Anzahl der Zeilen des logischen Adreßraumes eines Segments wird mit N bezeichnet; diese Zeilen werden fortlaufend mit $n = 0, 1, \ldots, N - 1$ numeriert.

Beim Ablegen bzw. Auffinden von Zeilen geht es zunächst um die Frage, in welchen der Z physischen Cachezeilen eine neu zu speichernde logische Zeile mit der Nummer n überhaupt abgelegt werden kann bzw. ob die logische Zeile n bereits im Cache-Speicher enthalten ist. Dazu müssen jene physischen Zeilen, in denen die logische Zeile n bereits abgelegt sein könnte, überprüft werden. Je kleiner dabei die Menge $\mathcal{Z}$ der dafür in Frage kommenden Zeilen ist, desto einfacher und rascher gestaltet sich die Überprüfung, und desto geringer ist der erforderliche Hardware-Aufwand. In welcher der in Frage kommenden physischen Zeilen eine abzulegende logische Zeile n dann tatsächlich abgelegt wird, hängt von der noch zu besprechenden *Ersetzungsstrategie* des Cache-Speichers ab.

Die unterschiedlichen Verwaltungsstrategien für einen Cache-Speicher schlagen sich in den verschiedenen Cache-Organisationsformen und Cachetypen nieder. Die drei wichtigsten Cachetypen sind:

Vollassoziativer Cache: Das ist ein Cache-Speicher, bei dem jede logische Zeile ohne Einschränkung bezüglich ihrer Numerierung in *jeder beliebigen* physischen Zeile abgespeichert werden kann, d. h., $\mathcal{Z} := \{0, 1, \ldots, Z - 1\}$ (siehe Abb. 1.8).

Gleichzeitig mit jedem Speicherwort wird auch dessen Hauptspeicheradresse im Cache abgespeichert. Der Zugriff auf Speicherworte im Cache erfolgt mit dieser Adresse als Schlüssel.

Durch diese flexible Art der Plazierung wird zwar die Trefferrate am höchsten, sie erfordert aber einen hohen technischen Aufwand, der hohe Kosten verursacht und niedrigere Cache-Kapazitäten bedingt. Außerdem sinkt die Zugriffsgeschwindigkeit mit steigender Cachegröße deutlich ab, weil immer der ganze Cache-Speicher nach einer Speicherreferenz durchsucht werden muß.

Beispiel (HP-Workstations) Der Prozessor HP-PA 7200 besaß zur Unterstützung des externen Caches einen kleineren (nur 2 KByte großen) internen, *vollassoziativen* Cache.

Wegen der hohen Komplexität der technischen Realisierung und den damit verbundenen längeren Zugriffszeiten werden praktisch keine vollassoziativen Caches mehr verwendet.

Einfach assoziativer Cache (*direct mapped cache*): Bei diesem Cachetyp kann jede logische Zeile in jeweils genau *einer* physischen Zeile $\mathcal{Z} := \{z\}$ mit der Nummer $z := n \bmod Z$ abgelegt werden (siehe Abb. 1.9).

Es wird also einer ganzen Äquivalenzklasse von logischen Zeilen dieselbe physische Zeile im Cache zugewiesen. Beim Nachladen wird einfach der bisher in dieser Cachezeile befindliche Wert ersetzt.

Der einfach assoziative Cache kann mit deutlich geringerem Hardwareaufwand realisiert werden als der vollassoziative Cache. Wegen der größeren Anzahl von Blöcken, die auf dieselbe Cachezeile abgelegt werden, passiert es aber leicht, daß fortgesetzt Speicherreferenzen auf verschiedene Blöcke erfolgen, denen dieselbe Cachezeile zugeordnet wird (*thrashing*). In einem solchen Fall bringt der Cache keine Verbesserung des Speicherzugriffs, sondern er verlangsamt ihn sogar. Daher muß auch auf der Softwareseite und bei der Entwicklung von Algorithmen danach getrachtet werden, die Datenzugriffe so zu organisieren, daß unnötige Datenbewegungen zwischen Cache und Hauptspeicher vermieden werden (siehe Kapitel 3 bzw. Fang und Lu [58]).

Beispiel (Workstations) Die Prozessoren HP-PA 7100, Alpha 21 064 und MIPS R4400 verwendeten eine *einfach assoziative* Cache-Organisation (*direct mapped caches*).

Mengenassoziativer Cache (mehrfach assoziativer Cache): Darunter versteht man einen Cachetyp, der zwischen dem einfach assoziativen und dem vollassoziativen Cache steht: Zwar ist bei vorgegebener logischer Cachezeile die entsprechende physische Zeile nicht eindeutig bestimmt wie bei einem einfach assoziativen Cache, es kommen aber auch nicht alle physischen Zeilen wie bei einem vollassoziativen Cache in Frage. Die Menge $\mathcal{Z}$ ist bei einem vorgegebenen Teiler k von Z durch $\mathcal{Z} := \{z \ : \ z \equiv n \bmod k\}$ gegeben.

Jede logische Zeile kann also in $l := Z/k$ physischen Zeilen abgelegt werden (siehe Abb. 1.10). Man spricht in diesem Fall auch von einem l-fach mengenassoziativen Cache, wobei l als *Assoziativitätsgrad* bezeichnet wird. Am häufigsten treten Assoziativitätsgrade $l = 2$ – *2-fach mengenassoziativer Cache* – oder $l = 4$ – *4-fach mengenassoziativer Cache* auf.

Wenn ein gesuchter Speicherinhalt nicht vorhanden ist, dann muß er aus dem Hauptspeicher geladen werden. Es ist die Entscheidung zu treffen, in welche der l möglichen physischen Zeilen nachgeladen werden soll.

30   1. Hardware

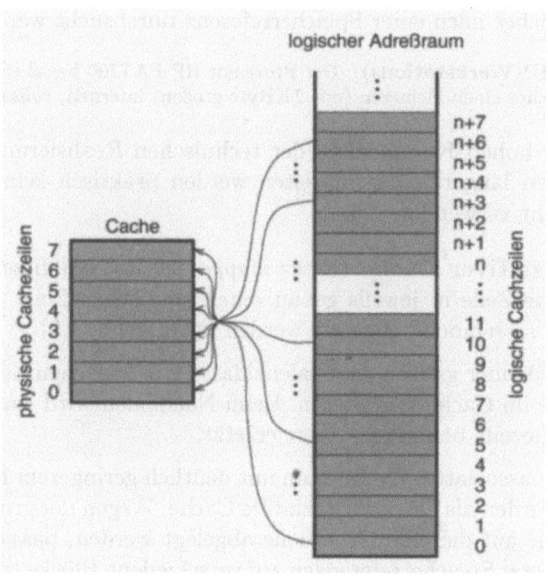

Abb. 1.8: Vollassoziative Plazierung von Cachezeilen

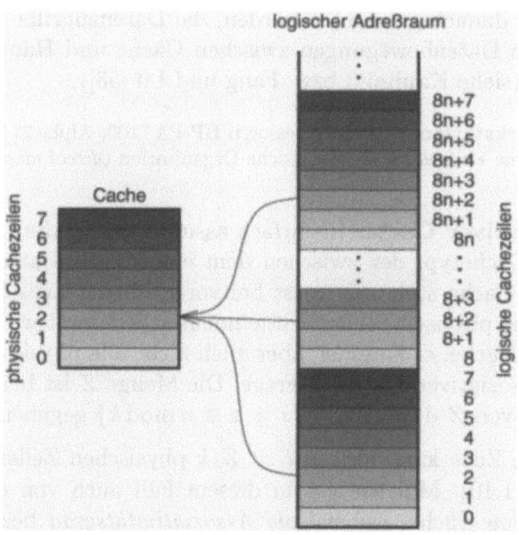

Abb. 1.9: Einfach assoziative Plazierung (*direct mapping*) von Zeilen in einem hypothetischen Cache-Speicher mit $Z = 8$ Zeilen.

1.2 Speicher

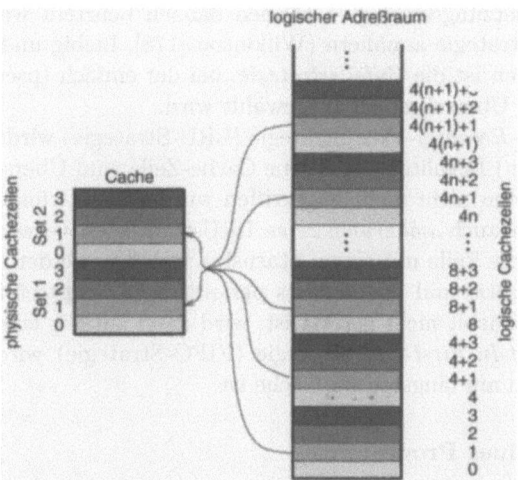

Abb. 1.10: 2-fach mengenassoziative Plazierung von Cachezeilen

Der mengenassoziative Cache nimmt also im Vergleich zu den beiden anderen Arten der Cacheverwaltung eine Art Zwischenstellung ein. Für $k = 1$ erhält man einen vollassoziativen Cache, für $k = Z$ ($l = 1$) ergibt sich ein einfach assoziativer Cache. Der Vorteil gegenüber dem vollassoziativen Cache besteht darin, daß bei einer Referenz nicht der ganze Cache durchsucht werden muß und daher der Hardwareaufwand geringer ist. Ein Nachteil ist, daß bei jedem nicht vollassoziativen Cache die effektive Cachegröße durch eine ungleichmäßige Verteilung der Speicherreferenzen signifikant verringert werden kann (Dongarra et al. [45]).

Beispiel (Mengenassoziative Caches) Die IBM POWER3-Prozessoren haben interne 128-fach mengenassoziative Daten-Caches. Der Instruktionen-Cache dieser Prozessoren ist ebenfalls 128-fach mengenassoziativ (siehe www.rs6000.ibm.com/resource/technology/power3wp.pdf).

Der Prozessor MIPS R12000 hat einen jeweils 2-fach mengenassoziativen L1-Daten- und Instruktionscache, sowie einen ebenfalls 2-fach mengenassoziativen L2-Cache.

Ersetzen von Cachezeilen

Sind alle für die Speicherung einer logischen Zeile in Frage kommenden physischen Zeilen $\mathcal{Z}$ bereits besetzt, so muß der Inhalt einer dieser physischen Zeilen durch die neu zu speichernde logische Zeile ersetzt werden. Dabei sollte natürlich nur eine solche Zeile überschrieben werden, deren Inhalt nicht mehr – oder jedenfalls nicht in naher Zukunft – gebraucht wird. Die optimale *Verdrängungsstrategie* wäre jene, die Zeile aus dem Cache zu entfernen, die am längsten nicht mehr benötigt werden wird. Da derartige Voraussagen durch Hardware-Mechanismen aber nicht möglich sind, behilft man sich mit heuristischen Ersetzungsstrategien.[3] Die tatsächlich

---
[3]Bei den einfach assoziativen (*direct mapped*) Cache-Speichern erübrigt sich jede spezielle Ersetzungsstrategie.

verwendeten Ersetzungsstrategien können danach beurteilt werden, wie gut sie diese optimale Strategie annähern (Wilkinson [178], Liebig und Flik [123]).

Am einfachsten ist die *Zufallsstrategie*, bei der einfach (pseudo-) zufällig eine Zeile aus $\mathcal{Z}$ zum Überschreiben ausgewählt wird.

Bei der *Least-Recently-Used*-Strategie (LRU-Strategie) wird gemäß dem Prinzip der (zeitlichen) Lokalität aus $\mathcal{Z}$ jene Cache-Zeile zum Überschreiben gewählt, auf die am längsten nicht mehr zugegriffen wurde. Aus Gründen der Aufwandsersparnis werden auch *näherungsweise* LRU-Strategien verwendet. Dabei kann z. B. jede physische Zeile mit einem Statusbit versehen werden, das einerseits bei jedem Zugriff gesetzt und andererseits periodisch zurückgesetzt wird. Aus jenen Zeilen, deren Statusbit nicht gesetzt ist, wird dann zufällig eine ausgewählt.

Bei der *First-In-First-Out*-Strategie (FIFO-Strategie) wird jene Cachezeile ersetzt, die schon am längsten im Cache ist.

Working-Set eines Programms

Folgende Ursachen für das Eintreten von Fehlzugriffen auf den Cache sind zu unterscheiden:

1. Es wird Information benötigt, die Teil eines Blocks ist, der sich noch nicht im Cache befindet.

2. Die Kapazität des Cache-Speichers (bzw. des für einen Block zur Verfügung stehenden Teiles eines mengenassoziativen oder einfach assoziativen Cache-Speichers) ist zu gering, um alle während der Ausführung eines Programms benötigten Blöcke zu speichern. Es treten Konflikte zwischen Blöcken auf, denen dieselben Cachezeilen zugewiesen werden. Gewisse Blöcke müssen also aus dem Cache verdrängt und später wieder geholt werden.

3. In Mehrprozeßsystemen kann es dazu kommen, daß sich die Blöcke verschiedener Prozesse gegenseitig aus dem Cache verdrängen.

Als *Working-Set* eines Programms in einem bestimmten Zeitraum bezeichnet man jene Informationsmenge, die vom Programm im betrachteten Zeitintervall referenziert wird. Abgesehen von der Cachegröße hängt es hauptsächlich von der verwendeten Verdrängungsstrategie ab, welcher Teil des aktuellen Working Set im Cache verfügbar ist und welcher Teil der Speicherreferenzen aus dem Hauptspeicher nachgeladen werden muß. Eine hohe Cache-Trefferrate ist gleichbedeutend damit, daß sich der Großteil des Working Set im Cache befindet. Dann gelingt es, die Speicherzugriffszeit möglichst niedrig (nahe der des Cache) zu halten.

Einfluß auf die Trefferrate hat auch die Strategie, *wann* Blöcke aus dem Hauptspeicher in den Cache geholt werden. Man unterscheidet (Wilkinson [178]):

Demand fetch: Das Holen eines Blocks *nach* einem Fehlzugriff im Cache.

Prefetch: Das möglichst frühzeitige Holen eines Blocks in den Cache-Speicher, *bevor* ein Fehlzugriff auftritt.

1.2 Speicher

Selective fetch: Das Holen eines Blocks nach einem bestimmten Kriterium, wobei manchmal auch der Cache umgangen wird und die CPU direkt auf den Hauptspeicher zugreift.

Datenkonsistenz zwischen Cache und Hauptspeicher

Da die Daten des Cache auch im Hauptspeicher enthalten sind, ist bei der Speicherorganisation auf die *Datenkonsistenz* von Cache und Hauptspeicher zu achten, d. h., es ist danach zu trachten, daß nicht verschiedene Werte desselben Datenobjekts existieren. Es reicht jedoch auch die schwächere Bedingung der *Datenkohärenz* zwischen Cache und Hauptspeicher aus: Bei jedem Lesen eines Datenobjekts, welches mehrfach geschrieben wurde, muß gesichert sein, daß auf den zuletzt geschriebenen Wert (auf den aktuellen Zustand) zugegriffen wird (siehe auch Abschnitt 1.2.6).

Es gibt zwei Methoden, die Datenkohärenz zu gewährleisten (Giloi [79]):

1. Beim *Durchschreiben (write through)* wird jede Schreiboperation im Cache auch sofort im Hauptspeicher durchgeführt. Die Vorteile dieser Methode sind, daß sie einfach durchzuführen ist und daß im Hauptspeicher zu jeder Zeit aktuelle Kopien aller Datenobjekte vorliegen (und folglich sogar Datenkonsistenz gewährleistet ist). Der große Nachteil besteht darin, daß sehr viel „Speicherverkehr" zwischen Cache und Hauptspeicher erforderlich ist, was einen sehr großen Zeitaufwand für Schreiboperationen bedingt. Der Cache bringt dann im Fall von sehr vielen *Schreib*zugriffen *keinen* Geschwindigkeitsgewinn.

2. Beim *Rückschreiben (write back)* wird die neue Information vorerst nur in den Cache geschrieben. Die Kopie im Hauptspeicher wird erst dann aktualisiert, wenn der entsprechende Block aus dem Cache verdrängt wird. Bei diesem Verfahren sind wesentlich weniger Hauptspeicherzugriffe erforderlich, dafür kann aber nur mehr Datenkohärenz gewährleistet werden.

In Mehrprozessorsystemen mit gemeinsamem Hauptspeicher treten zusätzliche Komplikationen bei der Gewährleistung der Datenkohärenz auf. Es ist daher mehr Aufwand notwendig, um festzustellen, ob ein Block im Hauptspeicher in aktuellem Zustand ist oder nicht. Außer der aufwendigeren Hardware (Giloi [79], Wilkinson [178], Lenoski et al. [122], Frank et al. [65]) steigt auch die erforderliche Kommunikation zwischen den Prozessoren (Nanda and Bhuyan [140]). Insbesondere bei NUMA-Architekturen (siehe Abschnitt 1.4.3) ist es ein aktuelles und sehr kompliziertes Problem, effiziente Mechanismen zur Sicherstellung der Cache-Kohärenz zu entwickeln.

1.2.6 Cache-Kohärenz

Jeder Prozessor ist üblicherweise mit einem eigenen Cache ausgerüstet, um die Datenzugriffszeiten so gering wie möglich zu halten. Darüberhinaus wird durch diese Maßnahme die Last auf den Datenübertragungseinrichtungen reduziert. Die

Vorteile separater Caches für alle Prozessoren erkauft man sich mit dem *Cache-Kohärenz-Problem*. Da in den Caches verschiedener Prozessoren Kopien desselben Speicherblocks liegen können, müssen bei einem Schreibzugriff divergierende Kopien verhindert werden.

Wenn der Prozessor einen neuen Wert auf einen Speicherplatz schreiben möchte, können zwei verschiedene Ereignisse eintreten: Erstens, wenn der Inhalt des Speicherplatzes derzeit in einem Cache-Block gespeichert ist, kann der alte Wert einfach überschrieben werden. Zweitens, wenn sich der Inhalt der angesprochenen Adresse derzeit nicht im Cache befindet, kann der Cache-Speicher die entsprechende Cache-Zeile anfordern und den neuen Wert speichern, sobald die ganze Cache-Zeile gelesen wurde. Diese Vorgangsweise nennt man *write-allocate*. Es ist auch möglich, den zu schreibenden Wert direkt in den Hauptspeicher zu schreiben (*write-no-allocate*).

Wie bereits erwähnt, enthalten Cache-Speicher Kopien der Daten, die im Hauptspeicher enthalten sind. Solange nur eine CPU die Schreibberechtigung in den Hauspeicher hat, gibt es keine Probleme. Wenn es aber z. B. mehrere separate Ein-/Ausgabe-Chips mit direktem Speicherzugriff (*direct memory access*, DMA) gibt, dann kann es z. B. passieren, daß ein DMA-Chip Daten auf die Platte sichern möchte. Angenommen, die CPU hat diese Daten vor kurzem geändert und diese Änderungen aber nur in den Cache geschrieben, dann existieren zwei verschiedene Werte dieses Datenelements. Cache und Hauptspeicher sind in diesem Fall inkonsistent. Vom Ein-/Ausgabe-Chip würde der alte (nicht mehr aktuelle) Wert vom Hauptspeicher gelesen und auf die Platte gespeichert werden.

Die Situation wird noch schlimmer, wenn mehrere Prozessoren auf denselben Hauptspeicher zugreifen können. In solchen Fällen haben die Prozessoren üblicherweise große Cache-Speicher, um die Anzahl der Speicherzugriffe zu verringern und den Engpaß, der durch die Speicher-Bandbreite entsteht, zu entschärfen. Wenn keine vorbeugenden Maßnahmen getroffen werden, würden Prozessoren, die auf dieselben Speicherplätze schreiben, sehr unangenehme Inkonsistenzen verursachen. Ein Ausweg aus diesem Dilemma wäre es, Caches und Hauptspeicher ständig konsistent zu halten, d. h., dafür zu sorgen, daß Caches und Hauptspeicher stets die gleichen Daten enthalten. Damit ergibt sich aber der Zwang, bei jedem Schreibvorgang in einen Cache sofort auch den entsprechenden Schreibvorgang in den Hauptspeicher vorzunehmen. Der Vorteil von Cache-Speichern würde somit nur bei Lese-Vorgängen zum Tragen kommen.

Eine derart strenge Bedingung wie die *Konsistenz* ist aber bei Mehrprozessoren nicht notwendig. Es genügt, wenn Caches und Hauptspeicher *kohärent* sind, d. h., wenn beim Lesen eines Datenelements sichergestellt ist, daß der jeweils aktuellste Wert gelesen wird. (Aus der Konsistenz folgt auch die Kohärenz, die Umkehrung gilt aber nicht.) Das Kohärenzproblem kann sowohl durch spezielle Software- als auch durch Hardware-Maßnahmen gelöst werden. Die Lösung erfordert den Umgang mit den folgenden Situationen:

- Ein Prozessor schreibt einen neuen Wert in seinen Cache. Ein anderer Prozessor liest gleichzeitig den Wert dieses Datenelements aus dem Hauptspeicher.

- Ein Prozessor schreibt gleichzeitig einen neuen Wert in seinen Cache und in den Hauptspeicher. Ein anderer Prozessor liest zur selben Zeit den Wert dieses Datenelements aus seinem Cache.

Das oben erwähnte gleichzeitige Schreiben in Cache und Hauptspeicher, das sogenannte Durchschreiben (*write through*) bedeutet, daß jede Änderung im Cache sofort auch im Hauptspeicher vollzogen wird. Damit wird die Konsistenz sichergestellt, der Vorgang kostet aber zuviel Zeit und führt zu signifikanten Leistungsverringerungen. Deshalb verwenden die meisten Cache-Protokolle eine Art des Zurückschreibens (*write back, copy back*), wo Änderungen zunächst auf den Cache beschränkt bleiben.

Im Hauptspeicher werden nur dann Änderungen vorgenommen, wenn ein beschriebener Block aus dem Cache verdrängt wird oder ein Zugriff eines anderen Prozessors oder eine Ausgabeoperation die Aktualisierung veranlaßt. Um bei dieser Strategie das Zurückschreiben nicht modifizierter Blöcke zu vermeiden, wird in jeder Cache-Zeile ein Modifikationsbit mitgeführt.

1.2.7 Der Hauptspeicher

Der *Hauptspeicher* liegt in der Speicherhierarchie unterhalb der Ebene des Cache-Speichers. Es gibt zwei grundsätzliche Ansätze der Verwaltung und Organisation dieser Speicherebene: Die *Speicherverschränkung* mit der Zielsetzung einer Verkürzung der Zugriffszeiten und die *virtuelle Speicherverwaltung* mit dem zusätzlichen Aspekt einer Vergrößerung der zur Verfügung stehenden Speicherkapazität durch eine Zusammenfassung von Hauptspeicher und Sekundärspeichern.

Speicherverschränkung

Wird auf große Mengen von Daten in einer Art und Weise zugegriffen, daß kaum Lokalität der Referenzen gegeben ist,[4] dann kann der Fall eintreten, daß die Datencache-Trefferraten sehr niedrig sind und der Cache sogar zu einer Vergrößerung der Laufzeit von Programmen führt.

In solchen Fällen wird daher oft der Datencache mit speziellen Instruktionen umgangen und direkt auf den Hauptspeicher zugegriffen. Um trotzdem kurze Zugriffszeiten zu erreichen und die Bandbreite des Hauptspeichers zu vergrößern, arbeitet man mit *Speicherverschränkung*[5] (*bank phasing, interleaving*):

Der Hauptspeicher wird in B gleich große Bereiche (*Module, Speicherbänke*) aufgeteilt, die zeitlich verschränkt gelesen oder beschrieben werden können. B wird als *Verschränkungsgrad* bezeichnet.

Ist w die Länge eines Speicherwortes in Byte, so erfolgt die Zuordnung der physischen Adresse a zur Speicherbank $b = \lfloor a/w \rfloor \mod B$, d. h., aufeinander-

---

[4] Gerade das sollte bei modernen Algorithmen und Implementierungen soweit wie möglich vermieden werden – siehe Kapitel 3.
[5] Die Verwendung eines Datencache und Hauptspeicherverschränkung schließen einander nicht unbedingt aus – in manchen Computersystemen wird ein Cache-Speicher *und* gleichzeitig eine Hauptspeicherverschränkung verwendet.

folgende Speicherworte werden zyklisch in aufeinanderfolgenden Speicherbänken abgespeichert (siehe Abb. 1.11).

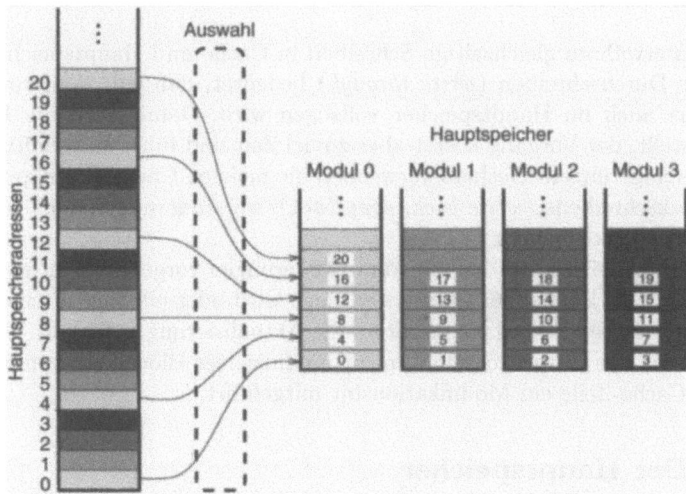

Abb. 1.11: Speicherverschränkung mit $B=4$ Speicherbänken

Der Sinn dieser Maßnahme ergibt sich aus der Diskrepanz zwischen Zugriffs- und Zykluszeit der Hauptspeichermodule (siehe Abschnitt 1.2.1). Für den Durchsatz eines *nicht* verschränkten Speichers ist dessen Zykluszeit und nicht die Zugriffszeit ausschlaggebend. Bei einem verschränkten Speicher dagegen bestimmt – wenn auf die einzelnen Module in geeigneter Reihenfolge zugegriffen wird – die (meist) deutlich kürzere Zugriffszeit sowie die Anzahl der Module den Durchsatz. Die größte Beschleunigung der mittleren Zugriffszeit wird dann erreicht, wenn aufeinanderfolgende Speicherzugriffe auf verschiedene Module erfolgen. Wird z. B. nacheinander auf Speicherworte mit aufeinanderfolgenden Adressen zugegriffen, dann betrifft nur jeder B-te physische Zugriff ein Modul; der Zeitabstand zwischen den einzelnen Zugriffen ist daher mindestens das B-fache der Zugriffszeit. Ist die Zykluszeit nicht mehr als B-mal so groß wie die Zugriffszeit, so hat jede Speicherbank zwischen den einzelnen Zugriffen genügend Zeit, sich zu regenerieren – es treten in diesem (optimalen) Fall keine Verzögerungen durch die Regenerationszeiten auf.

Betreffen hingegen aufeinanderfolgende Speicherzugriffe innerhalb der Bankzykluszeit dieselbe Speicherbank, dann kommt es zu einem sogenannten *Bankkonflikt*, da die neue Anforderung nicht sofort bearbeitet werden kann. Der Anwender sollte darauf achten, daß durch die Struktur des Datenzugriffs seines Programms solche Konflikte vermieden werden (siehe Kapitel 3). Entscheidend für die effektive Zugriffszeit ist daher die Zuordnung der Daten auf die Speicherbänke und die Reihenfolge des Zugriffs auf die einzelnen Speicherbänke.

Beispiel (Bankkonflikt) (Giloi [79]) Eine $n \times m$ Matrix A werde *zeilenweise* (*row-major order*) in einem Speicher mit Verschränkungsgrad B abgespeichert. Dann wird das Element

1.2 Speicher 37

$A(i,j)$ in der Speicherbank $((i-1)m+j) \mod B$ abgelegt. Falls $m \equiv 0 \mod B$ gilt, dann wird beim Zugriff auf eine Spalte der Matrix immer auf dieselbe Speicherbank zugegriffen, d. h., es tritt jedesmal ein Bankkonflikt auf. Der Zugriff auf eine Zeile der Matrix betrifft jedoch immer aufeinanderfolgende Speicherbänke und ist mit keiner Verzögerung verbunden (die Schrittweite der Zeilenvektoren ist 1; siehe Abschnitt 1.2.8).

Wird die Matrix A *spaltenweise* (*column-major order*) abgespeichert, dann ist der Zugriff auf Spalten mit Schrittweite 1 möglich und nützt daher die Speicherverschränkung optimal aus. Beim Zugriff auf Zeilen treten aber Bankkonflikte auf, falls $n \equiv 0 \mod B$ gilt.

Virtueller Speicher

Eine *virtuelle Speicherverwaltung* gestattet die Bereitstellung und Verwaltung eines viel größeren Adreßraumes als es der physischen Größe des Hauptspeichers entsprechen würde (Giloi [79]). Damit kann eine gleichzeitige und für den Benutzer nicht mehr unterscheidbare Verwendung von Hauptspeicher *und* Sekundärspeichern organisiert werden. Der dem Benutzer zur Verfügung stehende, große, einheitliche Adreßraum wird als *virtueller Speicher* bezeichnet. Programminstruktionen und -daten werden bei Bedarf dynamisch in den realen Hauptspeicher geladen und auch wieder in den Sekundärspeicher ausgelagert, um Platz für andere Daten zu schaffen. Der real vorhandene Speicher wird vor der Software verborgen, die nur den virtuellen Speicher „sieht". Ermöglicht wird dies durch die Verwendung logischer Adreßräume, die eine vollständige Entkopplung logischer und physischer Adressen bewirken. Große Bedeutung hat die virtuelle Speicherverwaltung auch in Mehrprozeßsystemen, wo ein verhältnismäßig kleiner physischer Speicher von mehreren Prozessen gemeinsam verwendet werden muß.

Es bestehen starke Parallelen zwischen den Übergängen von einer Ebene der Speicherhierarchie auf die nächstniedrigere: Der Hauptspeicher hat aus der Sicht des virtuellen Speichers eine ähnliche Stellung wie der Cache-Speicher aus der Sicht des Hauptspeichers.

Um den Organisationsaufwand bei virtueller Speicherverwaltung in Grenzen zu halten, wird der von einem Programm verwendete Speicherbereich in *Seiten* aufgeteilt (*paging*), die die Informationsmenge darstellen, die auf einmal zwischen Hauptspeicher und Sekundärspeichern bewegt wird. Sie entsprechen den Blöcken auf der Ebene des Cache (siehe Abschnitt 1.2.5), ihre Größe wird jedoch auf modernen Systemen *dynamisch* festgelegt. Außer der Einteilung des Speicherbereichs in Seiten dynamischer Größe wird oft auch noch die in Abschnitt 1.2.3 erwähnte *Segmentierung* des Speichers verwendet (Wilkinson [178], Liebig und Flik [123]). Vektorrechner unterstützen i. a. kein *paging*.

Performance

Wichtig für die Leistungsoptimierung numerischer Software ist die vom virtuellen Speicher verwendete Seiten-Plazierungs- bzw. -Ersetzungsstrategie. Auch die Adreßtransformationsmethode – *Seitenidentifikationsstrategie* genannt – kann wesentlichen Einfluß auf die Programmleistung haben. Der Einfluß dieser Strategien ist beim virtuellen Speicher viel gravierender als beim Cache-Speicher. Ein Fehlzugriff auf den Hauptspeicher (*Seiten-Fehlzugriff*, *page fault*) bedingt einen Zugriff auf den Sekundärspeicher, dessen Zugriffszeiten um ca. einen Faktor 100 000 größer sind als jene des Hauptspeichers. Die Zugriffszeiten auf Cache-Speicher bzw. Hauptspeicher unterscheiden sich hingegen oft nur um eine Größenordnung.

Ablegen und Ersetzen von Seiten: Für den Fall eines Fehlzugriffs ist das Ablegen und Ersetzen von Seiten zu organisieren. Es muß auf den Sekundärspeicher zugegriffen und die Seite mit der geforderten Information in den Hauptspeicher transferiert werden (*demand paging*). Jede logische Seite des virtuellen Speichers kann grundsätzlich in jede physische Hauptspeicherseite geladen werden. Dadurch ist sichergestellt, daß alle freien Hauptspeicherseiten genutzt werden und Zugriffe auf den Sekundärspeicher so weit wie möglich vermieden werden.

Falls aus Kapazitätsgründen notwendig, muß der Inhalt einer anderen Seite aus dem Hauptspeicher ausgelagert werden (*swapping*). Als Seitenersetzungsstrategie wird auch beim virtuellen Speicher oft eine näherungsweise LRU-Strategie verwendet. Meist ist dies eine einfache *Not-Used-Recently*-Strategie (NUR-Strategie), die eine Seite dann ersetzt, wenn sie in letzter Zeit nicht benutzt wurde.

Adressierung des virtuellen Speichers erfolgt über *virtuelle Speicheradressen*, die nicht direkt auf den physischen Speicher verweisen, sondern vielmehr auf logische Seiten. Diese *logische* Adressierung hat gegenüber der direkten physischen Adressierung den Vorteil einer Entkopplung von programmbezogenem und physischem Adreßraum.

Adreßtransformationen der logischen Seiten in physische Adressen des Hauptbzw. Sekundärspeichers erfolgen mit Hilfe einer Tabelle, der sogenannten *Seitentafel*. In dieser sind – vereinfachend gesagt – für alle logischen Seiten eines Segments die Adressen der entsprechenden physischen Seiten eingetragen, die entweder auf den Hauptspeicher oder auf den Sekundärspeicher verweisen. Die Adreßtransformation besteht also im wesentlichen aus der Suche nach dem passenden Eintrag in der Seitentafel (*table lookup*).

TLB: Nach den empirischen Gesetzmäßigkeiten der Referenzlokalität wird oft eine logische Seite mehrmals unmittelbar hintereinander referenziert. Damit in diesem Fall die erforderlichen Adreßtransformationen möglichst rasch erfolgen, werden die momentan verwendeten Teile der Seitentafel in einem schnellen Zwischenspeicher abgelegt. Es handelt sich dabei meist um einen speziellen vollassoziativen Cache, den sogenannten *Translation Lookaside Buffer* (TLB; auch *address translation cache* genannt), der – je nach System – zwischen 20 und 200 Einträge enthalten kann.

Ist die Übersetzung der virtuellen Adresse in eine physische Adresse nicht mit Hilfe des TLB möglich, d.h., wird das entsprechende Adreßpaar dort nicht gefunden, dann tritt ein Fehlzugriff (*TLB miss*) auf, und es muß auf die Teile der Seitentafel zugegriffen werden, die sich im Hauptspeicher befinden oder möglicherweise sogar in den Sekundärspeicher ausgelagert sind. Die Adreßtransformation wird dadurch sehr verlangsamt und die Zugriffszeit wächst (besonders in letzterem Fall) stark an.

Beispiel (TLB-Fehlzugriff) Bei HP- und IBM-Workstations kostet ein TLB-Fehlzugriff ca. 30 – 100 Taktzyklen, bei Prozessoren der Type MIPS R12000, wenn sie in Computersystemen mit NUMA-Architekturen eingesetzt werden, sogar bis zu 2000 Taktzyklen (wegen des uneinheitlichen Speicherzugriffsverhaltens).

Folgende vier Fälle können bei einem Zugriff auf den virtuellen Speicher unterschieden werden. Sie sind nach steigendem Zeitaufwand geordnet und lassen weitere mögliche Unterscheidungen unberücksichtigt, die sich z. B. durch einen zusätzlichen Cache-Speicher ergeben:

1. Adreßübersetzung im TLB, Information im Hauptspeicher;

2. Seiten-Fehlzugriff: Adreßübersetzung im TLB, Information nicht im Hauptspeicher;

3. TLB-Fehlzugriff: Adreßübersetzung nicht im TLB, Information im Hauptspeicher;

4. TLB-Fehlzugriff *und* Seiten-Fehlzugriff: Adreßübersetzung nicht im TLB, Information nicht im Hauptspeicher.

Die Leistung des Computersystems kann durch die Häufigkeit des Auftretens von Seiten-Fehlzugriffen sehr stark beeinflußt werden. Trotzdem lassen sie sich nicht ganz verhindern. Sogar unter optimalen Bedingungen tritt z. B. beim ersten Aufruf eines Unterprogramms ein Seiten-Fehlzugriff auf (Dowd [50]).

Die Größe der Seiten hat ebenfalls einen Einfluß auf die Leistung (Wilkinson [178]): Kleine Seiten haben zwar eine kürzere Transferzeit zwischen Haupt- und Sekundärspeichern, erfordern aber größere Tabellen zur Adreßübersetzung, die mehr Speicherplatz belegen. Große Seiten wiederum haben eine längere Transferzeit und es steigt die Wahrscheinlichkeit, daß mit einer großen Seite Information in den Hauptspeicher geladen wird, die eigentlich gar nicht benötigt wird.

1.2.8 Die Speicherung von Datenstrukturen

Jeder Vektor wird im Speicher durch eine Startadresse, durch seine Länge und durch die Distanz zwischen den Speicherplätzen zweier aufeinanderfolgender Elemente (*Schrittweite, stride*) repräsentiert.

Auch bei der Speicherung von mehrdimensionalen Datenstrukturen (z. B. Matrizen) erfolgt eine Abbildung auf die (meist) lineare Abfolge von physischen Speicherplätzen (siehe Abschnitt 4.2.1). Daraus ergibt sich, daß fallweise *logisch benachbarten* Elementen der Struktur *physisch entfernte* Speicherplätze zugewiesen werden müssen. Unter der *Schrittweite* zwischen zwei logisch benachbarten Elementen versteht man auch hier die Distanz in der linearen Abfolge der zugewiesenen Speicherplätze.

Bei einer Speicherverschränkung können manche Werte der Schrittweite zu Bankkonflikten führen und erhebliche Speicherverzögerungen bewirken (siehe Abschnitt 1.2.7). In hierarchisch aufgebauten Speichersystemen bzw. virtuellen Speichersystemen muß zusätzlich damit gerechnet werden, daß sich die Schrittweite umso ungünstiger auf die Leistung auswirkt, je größer sie ist:

Bestimmte Werte der Schrittweite können, abhängig von der Art der Organisation des Cache-Speichers eine sehr kleine effektive Cachegröße bewirken (siehe Abschnitt 1.2.5). Bei sehr großen Werten der Schrittweite sind die Referenzen weit über den Speicher verteilt und es ist daher die für das Erzielen hoher Leistung notwendige Bedingung der Lokalität der Referenzen *nicht* erfüllt. Das kann sich unmittelbar z. B. auf eine Erhöhung der Anzahl der TLB-Fehlzugriffe auswirken.

Beispiel (Schrittweite) Im folgenden Programmstück ergeben sich, abhängig vom Parameter `stride`, verschiedene Schrittweiten für die Zugriffe auf die Vektoren a und b. Die erste Schleife implementiert eine Vektor-Update-Operation (*daxpy*)

$$a := a + \alpha b$$

und die zweite Schleife ein inneres Produkt (*ddot*).

```
DIMENSION a(n), b(n)

DO i = 1, n
    a(i*stride) = a(i*stride) + alpha * b(i*stride)
END DO

DO i = 1, n
    ddot = ddot + a(i*stride) * b(i*stride)
END DO
```

In den Abb. 1.12 und 1.13 sind die entsprechenden, auf einer HP-Workstation mit PA-8500 Prozessor (Taktfrequenz 400 MHz, Maximalleistung 1.6 Gflop/s) erreichten Werte für die Gleitpunktleistung in Abhängigkeit von diesem Parameter dargestellt.

Im Fall einer *indirekten Adressierung* (Referenzen der Art $a(k(i))$) ist die Schrittweite nicht konstant, sondern durch die entsprechenden Indizes im Feld k gegeben. Pro Zugriff auf das Feld a treten hier *zwei* Speicherreferenzen auf. Manchmal werden Operationen zur Verfügung gestellt, die das Holen solcher Datenstrukturen in die Vektorregister (*gather-Operationen*) und das Rückspeichern (*scatter-Operationen*) ermöglichen. Trotzdem ist eine indirekte Adressierung i. a. mit relativ großem Zeitaufwand verbunden und kann auf manchen Computersystemen das Verketten von Pipelines (siehe Abschnitt 1.1.1) oder die Ausnutzung mehrfacher Speicherpfade verhindern (Sekera [152]).

1.3 Kommunikation

Die Notwendigkeit der *Kommunikation* zum Zweck des Datenaustausches zwischen den Knoten und zur Synchronisation der Berechnungen auf verschiedenen Knoten ist ein charakteristisches Merkmal von Parallelrechnern.

Die Kommunikation zwischen den Knoten kann im Fall des physisch gemeinsamen Speichers, auf den alle Knoten zugreifen können, über diesen erfolgen (*speichergekoppeltes System*, siehe Abschnitt 1.4.3), indem jeder Knoten die benötigte Information aus dem Speicher liest und die Resultate seiner Operationen wieder in den Speicher zurückschreibt. Im Fall des verteilten Speichers, bei dem ein Knoten

1.3 Kommunikation

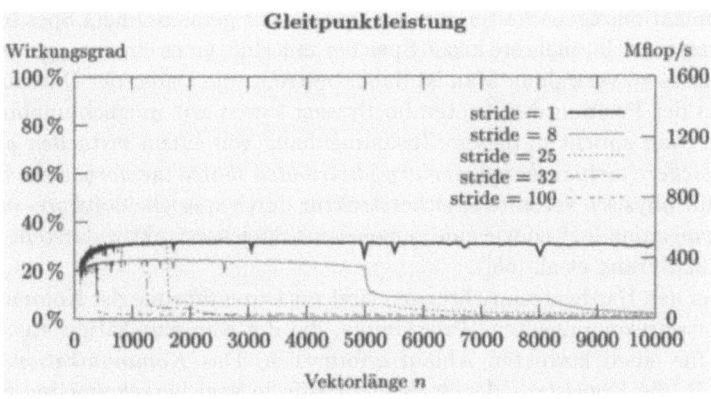

Abb. 1.12: *daxpy*-Operation auf einer HP-Workstation mit PA-8500 Prozessor.

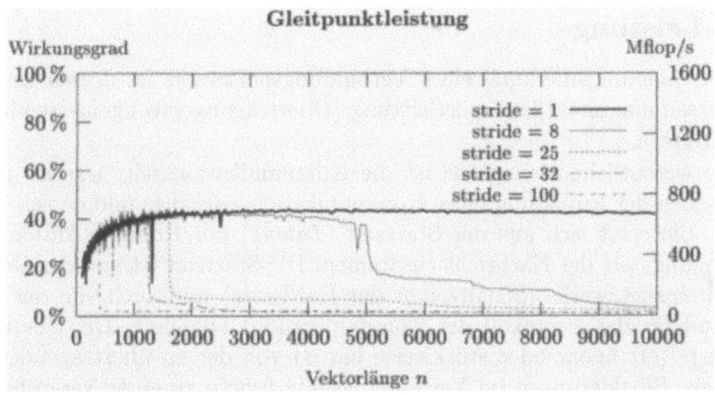

Abb. 1.13: *ddot*-Operation auf einer HP-Workstation mit PA-8500 Prozessor.

nur auf seinen „privaten" Speicher zugreifen kann, müssen explizit Nachrichten über ein Verbindungsnetzwerk versendet bzw. empfangen werden (*nachrichtengekoppeltes System*, siehe Abschnitt 1.4.4). Die für eine Problemlösung benötigte Zeit hängt bei einem nachrichtengekoppelten System von der Position der beteiligten Knoten im System ab.

Die technische Realisierung und Organisation eines physisch gemeinsamen Speichers wird mit zunehmender Knotenzahl immer schwieriger und aufwendiger. Vor allem die Speicherzugriffskonflikte nehmen überhand, wenn sehr viele Knoten auf einen gemeinsamen Speicher zugreifen. Parallelrechnersysteme mit einer großen Anzahl von Knoten sind daher immer durch lokale, physisch verteilte Speicher gekennzeichnet. Der Trend geht aber dahin, auch Systeme mit physisch verteiltem Speicher für den Anwender (Programmierer) bezüglich der Kommunikationseigenschaften wie ein System mit gemeinsamem Speicher aussehen zu lassen, d. h., mehrere lokale Speicher mit Hilfe eines einzigen, gemeinsamen Adreßraums zu verwalten. Man ist dabei bestrebt, die Dauer der Datenübermittlung von der Position der Knoten im System soweit wie möglich unabhängig zu machen. Man spricht in diesem Zusammenhang von einem *virtuellen gemeinsamen Speicher* (*virtual shared memory, distributed shared memory*, siehe Seite 54), da sich die physisch verteilte Speicherstruktur durch spezielle Software- und Hardwareorganisation logisch wie eine gemeinsame Speicherstruktur darstellt (Lenoski et al. [122], Frank et al. [65]).

Außer den Hardwareeinrichtungen sind zur Durchführung der Kommunikation auch Softwarekomponenten (Programme, die die Kommunikation steuern) und Regeln für einen korrekten Ablauf erforderlich. Das *Kommunikationsprotokoll* stellt z. B. die Konsistenz der Speicherzugriffe in speichergekoppelten Systemen sicher (Giloi [79]). Sowohl die Kommunikationsmethode als auch die Organisation und die Kenngrößen der Verbindungsstruktur sind entscheidend für die Leistung des Kommunikationssystems und damit für die Leistung des Parallelrechners.

1.3.1 Leistung

Zentrales Leistungsmerkmal eines Verbindungsnetzwerks ist dessen Bandbreite, d. h., dessen maximale Transportleistung (Übertragungsrate) gemessen in MBit/s oder MByte/s.

Eine wesentliche Kenngröße ist die Kommunikationszeit. Das ist jene Zeit, die zwischen der Einleitung eines Kommunikationsvorgangs und dessen Abschluß vergeht. Sie setzt sich aus der Startzeit (*Latenz*) der Kommunikation und der Übertragungszeit der Nachricht zusammen. Die Startzeit ist von der Gestalt des Verbindungsnetzwerks (Schaltzeiten der Hardware) und auch von der Software (Aufwand für das Protokoll der Kommunikation) abhängig. Die Übertragungszeit hängt (oft linear oder stückweise linear) von der zu übertragenden Datenmenge ab. Blockierungen im Verbindungsnetz führen zu einer Vergrößerung der Übertragungszeiten.

Um die Kommunikationszeiten und damit deren negativen Einfluß auf die Leistung möglichst gering zu halten, muß man versuchen, durch geeignete Organisation der Parallelarbeit die Kommunikationszeiten durch Berechnungen zu überbrücken, die unabhängig von der gerade stattfindenden Datenübertragung ausgeführt werden können (siehe z. B. Abschnitte 3.2.6 und 3.3.6).

1.3.2 Skalierbarkeit

Der Begriff Skalierbarkeit wird in verschiedenen Bedeutungen verwendet. Ein Problem wird skalierbar genannt, wenn es groß genug gemacht werden kann, damit es effizient auf einem gegebenen Parallelrechner gelöst werden kann (*problem scalability*). Ein Algorithmus (Programm) ist skalierbar, wenn dessen Gleitpunktleistung proportional zur Anzahl der Bearbeitungselemente des Computers steigt.

1.3 Kommunikation

Ein Netzwerk ist skalierbar, wenn dessen Bandbreite linear mit der Anzahl der Prozessorelemente, die zur Lösung einer gegebenen Aufgabe eingesetzt werden, wächst. Beispiele gut skalierbarer Verbindungsnetze sind Ringe und Gitter, die häufig in hierarchischer Form eingesetzt werden.

Die Skalierbarkeit eines Verbindungsnetzes sinkt, wenn die Kommunikationsanforderungen in Relation zur Bandbreite zu schnell wachsen. Wenn der Nachrichtenverkehr das Netzwerk „verstopft", fällt dessen Leistung dramatisch. Skalierbare Netzwerke müssen mit steigendem Nachrichtenverkehr entweder durch schnellere oder mehr Kommunikationsverbindungen zurechtkommen.

Netzwerke verbinden im allgemeinen die Prozessoren nicht direkt, sondern transportieren Daten über verschiedene physikalische Verbindungskanäle (*links*) zu ihrem Bestimmungsort. Deshalb ist das Problem, ein skalierbares Netzwerk zu finden, eng verbunden mit dem Problem, eine passende räumliche Anordnung der Verarbeitungseinheiten, d. h., eine geeignete Verbindungstopologie, zu finden (siehe Abschnitt 1.3.5).

1.3.3 Technologie

Die naheliegendste Art des Datentransports ist die Benutzung elektrischer Signale, die durch die Leiterbahnen der Schaltkreise oder durch andere Leitungen übertragen werden. Elektrische Signale besitzen aber auch negative Eigenschaften, die eine effiziente Kommunikation zu einer schwierigen Aufgabe machen können. Leitungen, die eng beieinander liegen, können sich durch ihr Magnetfeld gegenseitig beeinflussen. Funkübertragungen können auch elektrische Signale beeinflussen. Die Effekte, die bei extrem hohen Frequenzen auftreten, erschweren es, die Kommunikationsgeschwindigkeit weiter zu steigern. Lange Leitungen bewirken hohen elektrischen Widerstand und machen es notwendig, die elektrischen Signale zu verstärken, nachdem sie eine bestimmte Distanz zurückgelegt haben.

Optischer Datentransport: Daten können auch unter Benützung optischer Komponenten übertragen werden. In diesem Fall wird die elektrische Information in einen äquivalenten Strom von Lichtsignalen, die von der Quelle zum Bestimmungsort übertragen werden, umgewandelt. Spezielle elektro-optische Einrichtungen wie Laserdioden verwandeln elektrische in optische Information und umgekehrt. Optischer Datentransfer wird durch Benutzung spezieller Glasfasern möglich gemacht. Auf Grund der Totalreflexion geht kaum Energie verloren und optische Signale können fast beliebige Distanzen ohne nennenswerte Verluste überwinden. Die Taktfrequenz kann fast beliebig hoch gemacht werden und wird nur durch die Trägerfrequenz begrenzt, die für sichtbares Licht ungefähr 500 000 GHz beträgt. Vergleichbare elektrische Systeme ermöglichen nur Frequenzen bis ca. 1 GHz. Innovationen wie der *Terahertz Optical Demultiplexer* (TOAD) ermöglichen Übertragungsraten von ca. 5 TBit/s. Mit dem TOAD können verschiedene Datenströme (durch die Benützung verschiedener Frequenzen) gleichzeitig gesendet werden. Ohne Glasfasern kann das Licht auch direkt „durch die Luft" geschickt werden. Lichtstrahlen, die einander an einem bestimmten Punkt in der Luft kreuzen, interferieren nicht miteinander. Diese Eigenschaft kann man auch in Parallelrechnern zur Informationsübertragung zwischen den Prozessoren ausnutzen.

1.3.4 Verbindungstypen

Datenübertragung kann mittels Leitungsvermittlung oder durch Paketvermittlung realisiert werden. Bei der *Leitungsvermittlung* wird eine physische Verbindung unter Verwendung von Schaltern (*switches*) hergestellt. Es wird also eine durchgehende Verbindung vom Sender zum Empfänger erzeugt. Solche Netzwerke werden auch geschaltet (*circuit switched*) genannt. Die Schalter stellen einen schwerwiegenden Engpaß dar und begrenzen die Anzahl der gleichzeitig herstellbaren Verbindungen. Wenn der Datenverkehr gering ist, bleiben viele mögliche Verbindungen ungenützt und machen das Netzwerk ineffizient.

Bei der *Paketvermittlung* werden die Datenströme in kleine Pakete zerlegt, wobei jedes Paket ein Verbindungs- oder Bestimmungskennzeichen trägt. Solche Pakete können unabhängig voneinander über verschiedene Zwischenstationen transportiert werden. Nur zwischen diesen Stationen werden physische Verbindungen aufgebaut, die – sobald sie nicht mehr benötigt werden – wieder freigegeben werden. Es besteht daher i. a. zwischen Sender und Empfänger keine durchgeschaltete Verbindung. Sobald alle Pakete am Bestimmungsort angekommen sind, werden sie wieder zur ursprünglichen Nachricht zusammengesetzt.

1.3.5 Verbindungsstrukturen

Unter der *Topologie* eines Mehrprozessorsystems versteht man die Form und den Aufbau des Verbindungsnetzwerkes zwischen den Knoten. Sie legt die Anordnung der Knoten fest und gibt an, welche Knoten (direkt) miteinander verbunden sind.

Über das Verbindungsnetzwerk müssen zwischen einer bestimmten Zahl von Sendern und Empfängern Kommunikationsverbindungen hergestellt werden können. Im Fall speichergekoppelter Systeme müssen Knoten mit den für die Kommunikation vorgesehenen Teilen des gemeinsamen Speichers verbunden werden, bei nachrichtengekoppelten Systemen sind Verbindungen zwischen den Knoten herzustellen.

Bezüglich der Arbeitsweise wird unterschieden in *synchrone* Verbindungsnetze, bei denen die Nachrichtenübermittlung zu festen Zeitpunkten erfolgt (durch einen zentralen Taktgeber gesteuert), und *asynchrone* Verbindungsnetze, bei denen die Übertragung zu jedem beliebigen Zeitpunkt erfolgen kann.

Außerdem unterscheidet man statische und dynamische Topologien.

Statische Topologien

Statische Topologien sind dadurch gekennzeichnet, daß unveränderlich festgelegt ist, zwischen welchen Knoten direkte Verbindungen bestehen und zwischen welchen nicht. Information wird in Form von Paketen vom Sendeknoten abgeschickt, und, falls keine direkte Verbindung zum Empfangsknoten besteht, über Zwischenstationen (andere Knoten) zum Empfänger weitergeleitet (*Paketvermittlung*, siehe Abschnitt 1.3.4). Die *Vermittlungsknoten* müssen in der Lage sein, durchlaufende Pakete zwischenzuspeichern. Ein Verbindungsnetzwerk ist umso leistungsfähiger, je weniger Zwischenschritte bei der Kommunikation zwischen den entferntesten Knoten notwendig sind.

Die in der Praxis wichtigsten statischen Topologien sind (hierarchische) *Bus-Systeme*, *Ringstrukturen*, *Gitterstrukturen* (üblicherweise zwei- oder dreidimensional), *verallgemeinerte Würfelstrukturen* (*hypercubes*) und *Baumstrukturen* (Giloi [79], Golub und Ortega [81], Fox et al. [64]).

Dynamische Topologien

Dynamische Topologien enthalten neben den Verbindungselementen auch noch Schaltelemente. Je nach der „Stellung" der Schaltelemente kann das Netzwerk rekonfiguriert werden und es können Verbindungen zwischen verschiedenen Knoten eingerichtet werden. Um die Kommunikation zwischen zwei bestimmten Knoten zu ermöglichen, wird das Netzwerk so konfiguriert, daß für die gesamte Dauer der Übertragung ein direkter physischer Verbindungspfad zwischen Sendeknoten und Empfangsknoten eingerichtet ist (*Leitungsvermittlung*, siehe Abschnitt 1.3.4). Dadurch besteht allerdings die Gefahr, daß andere Teile des Verbindungsnetzes *blockiert* werden, d. h., daß keine weiteren Verbindungen hergestellt werden können.

Dynamische Topologien sind meist in Form von mehrstufigen Verbindungsnetzen realisiert: zwischen Sendern und Empfängern gibt es mehrere Schaltstufen, von denen jede einzelne aus mehreren Schaltelementen aufgebaut ist (Giloi [79], Golub und Ortega [81]).

1.3.6 Kommunikationsstrukturen

Es gibt verschiedene Möglichkeiten, die während eines Programmablaufes erforderliche Kommunikation zwischen den Knoten eines Parallelrechners auf die durch die Topologie des Computersystems vorgegebenen physischen Verbindungsmöglichkeiten abzubilden. Besonders effiziente, häufig auftretende *Kommunikationsstrukturen* (wie z. B. gather, scatter, broadcast, ...) werden dem Anwender oft schon auf der Softwareebene zur Verfügung gestellt (siehe Anhang A).

1.4 Parallelrechner

Die Leistung einzelner Prozessoren liegt derzeit in der Größenordnung von einigen Gflop/s. Um jene Leistungen zu erreichen, die zur Lösung der größten technisch-naturwissenschaftlichen Probleme erforderlich ist, müssen viele (Tausende) Prozessoren gleichzeitig eingesetzt werden. Um dieses Ziel zu erreichen, werden aus den Bauelementen der vorangegangenen Abschnitte (Prozessoren, Speicher, Kommunikationseinrichtungen) Parallelrechner gebaut. In diesem Abschnitt werden die wichtigsten Grundstrukturen von Parallelrechnern und einige konkrete Beispiele behandelt.

1.4.1 Grobstruktur von Parallelrechnern

Grundbaustein eines abstrakten Strukturmodells für Parallelrechner ist der *Knoten* (siehe Abb. 1.14). Er besteht entweder aus einem oder mehreren *Prozessoren* (siehe Abschnitt 1.1) mit oder ohne eigenem (hierarchisch strukturierten) *Speicher* (siehe Abschnitt 1.2), oder aber nur aus einem Speicher (*Speicherknoten*).

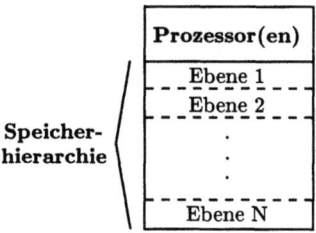

Abb. 1.14: Knoten mit Speicherhierarchie

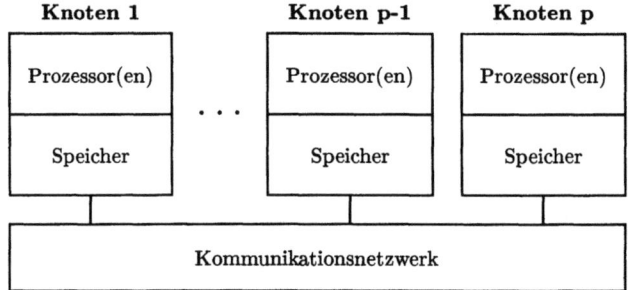

Abb. 1.15: Grobstruktur eines Parallelrechners

Die Grobstruktur von Parallelrechnern ist in Abb. 1.15 schematisch dargestellt. Sie bestehen aus mehreren Knoten, die über ein Netzwerk miteinander verbunden sind, das die *Kommunikation* zwischen den Knoten ermöglicht (siehe Abschnitt 1.3). Die Anzahl der Knoten reicht bei zur Zeit aktuellen Systemen bis ungefähr 10 000.

Hat ein Parallelrechner nur *einen* Speicherknoten, während alle anderen Knoten nur aus Prozessoren bestehen, so spricht man von Rechnern mit *gemeinsamem Speicher* (*shared memory*). Wenn jeder Knoten des Parallelrechners eine eigene

1.4 Parallelrechner

Speicherhierarchie besitzt, so hat der Computer einen *verteilten Speicher* (*distributed memory*.)

Diese Unterscheidung in gemeinsame und verteilte Speicher erfolgt vorerst nach rein physischen Gesichtspunkten. Für die Programmierung von Parallelrechnern ist es aber auch entscheidend, ob sich eine physische Trennung der Speichereinheiten auch auf den *Adreßraum* überträgt oder nicht, d. h., ob ein einzelner Prozessor den Speicher von anderen Prozessoren direkt ansprechen kann oder ob zwischen zwei Prozessoren mit physisch getrennten Speichern eine Datenübertragung nur mittels expliziter Datenübermittlung möglich ist. Diese zusätzliche Unterscheidung nach der Art des Adreßraumes mit denselben Begriffen *gemeinsamer* und *verteilter* („logischer") Speicher ist im Hinblick auf die Kommunikationseigenschaften eines Parallelrechners von großer Bedeutung (siehe Abschnitt 1.3). Die unter dem Leistungsaspekt wichtigste Eigenschaft eines Computersystems mit gemeinsamem Speicher ist, daß die Dauer eines Speicherzugriffs weitgehend unabhängig davon ist, von welchem Knoten er ausgeführt wird, d. h., eine Änderung der Aufgaben der Knoten und damit eine Änderung der Speicherzugriffe verändert die Leistung nicht.

Sind die Knoten eines Parallelrechners hardwaremäßig gleich, spricht man von einem *homogenen* System, andernfalls von einem *heterogenen* System. In einem *symmetrischen* Mehrprozessorsystem sind die Knoten bezüglich ihrer Rolle im System austauschbar (ein solches System ist also i. a. homogen). In einem *asymmetrischen* System dagegen haben die Knoten grundlegend verschiedene Aufgaben und können nicht beliebig gegeneinander ausgetauscht werden (Giloi [79]).

Die Knoten eines Parallelrechners sind durch ein Hochgeschwindigkeitsnetzwerk miteinander verbunden. Wenn der Preis keine Rolle spielt, können die Netzwerke fast jede gewünschte Leistung erbringen. Billige Netzwerke auf der anderen Seite bringen Ineffizienzen mit sich.

Parallelrechner können auf verschiedene Art konstruiert werden. Was alle derartigen Computer gemeinsam haben, ist die parallele Durchführung der Berechnungen durch mehrere verarbeitende Einheiten.

1.4.2 Klassifikation von Rechnerarchitekturen

Der Aufbau moderner Computersysteme folgt unterschiedlichen Konzepten. Das wirkt sich auch auf die effiziente Nutzung dieser Systeme aus. Es gibt daher schon lange Bestrebungen, mit Hilfe von *Klassifikationen* in einem gewissen Sinn „ähnliche" Computersysteme zusammenzufassen.

Mit Hilfe der *Klassifikation von Flynn* [60] werden Computersysteme danach unterteilt, ob zu einem Zeitpunkt eine oder mehr als eine Instruktion bzw. ein oder mehr als ein Datenwert gleichzeitig bearbeitet werden. Damit ergibt sich eine grobe Einteilung der Rechnerarchitekturen in folgende Kategorien:

Single Instruction, Single Data Stream (SISD-Computer): Bei Computersystemen dieser Kategorie wird ein einzelner *Instruktionsstrom*, d. h., eine genau festgelegte sequentielle Abfolge von (gegebenen) Anweisungen bearbeitet. Mit diesem Instruktionsstrom wird ein einzelner *Datenstrom*, also eine durch die

Anweisungen genau festgelegte Abfolge von Daten verarbeitet. Die Instruktionen werden sequentiell abgearbeitet und auch auf die Daten (die Operanden der Instruktionen) wird der Reihe nach zugegriffen. Sobald eine Instruktion aus dem Speicher geholt worden ist, wird sie dekodiert, die Adressen der Operanden werden berechnet, die Operanden werden aus dem Speicher geholt, die Instruktion wird ausgeführt, und zuletzt wird das Resultat in den Speicher zurückgeschrieben.

SISD-Computer kann man als normale Einprozessor-Computer ansehen, die nur einen Befehl pro Zeiteinheit ausführen. Dieses Attribut kann man auch beibehalten, wenn der Prozessor mehrere Programme (oder Prozesse) quasi parallel durchführt, indem er jedem Programm gewisse Zeitabschnitte zu dessen Ausführung einräumt (Mehrprozeßbetrieb).

Nach dem „Vater" dieser Art von Systemen bezeichnet man SISD-Computer auch als *von Neumann-Rechner* (Giloi [79]).

Single Instruction, Multiple Data Streams (SIMD-Computer): In diesem Fall gibt es ebenfalls nur einen einzelnen Instruktionsstrom, im Unterschied zur SISD-Klasse werden jedoch *mehrere* Datenströme gleichzeitig bearbeitet. Dies ist meist dadurch realisiert, daß solche Rechner mehrere (manchmal Tausende) Prozessoren besitzen, die alle simultan dieselben Instruktionen ausführen, dabei aber auf verschiedenen Daten operieren.

Die effiziente Anwendung von SIMD-Computern hängt von der Möglichkeit ab, rechenintensive Aufgabenstellungen in mehrere tausend, einfache, äquivalente Teilaufgaben zu zerlegen. Dies ist ein Vorgang, der für viele bekannte Probleme schwierig oder sogar unmöglich ist. Das ist sicher einer der Gründe, warum Hersteller von SIMD-Computern, wie die Thinking Machines Corporation (TMC), gescheitert sind. Neuere Entwürfe (z. B. die Computer der Serie Cray T3E) unterstützen sowohl den SIMD- als auch den MIMD-Modus. Diese Wahlmöglichkeit ist wichtig, um bereits vorhandene SIMD-Software verwenden zu können.

Beispiel (SIMD-Computer) Die bekanntesten Computer vom SIMD-Typ stammen von der (1983 gegründeten und 1995 eingestellten) Thinking Machines Corporation: Die *Connection Machines* CM-1 bis CM-5. Das ausgeführte Programm wird von einem speziellen Knotenrechner unterstützt, der als Benutzerschnittstelle dient. Programmanweisungen werden von dort an alle weiterverarbeitenden Elemente verteilt. Ergebnisse werden in den lokalen Speichern gesammelt und zum Knotenrechner zurückgeschickt.

Die derzeit wichtigsten Vertreter der SIMD-Klasse sind die *Vektorrechner* (siehe Abschnitt 1.1.4). Der Begriff „SIMD-Rechner" wird oft sogar synonym für Vektorrechner verwendet.

Multiple Instructions, Multiple Data Streams (MIMD-Computer): In Computern dieser Kategorie werden sowohl mehrere Instruktionsströme als auch mehrere Datenströme gleichzeitig bearbeitet. Hier hat jeder Prozessor nicht nur eigene Daten zu verarbeiten, sondern im Unterschied zu SIMD-Rechnern führen die einzelnen Prozessoren unabhängig voneinander zur gleichen Zeit *verschiedene* Instruktionen aus. Als „MIMD-Rechner" werden alle Mehrprozessorsysteme mit eigenständigen Prozessoren bezeichnet.

1.4 Parallelrechner

Single Program, Multiple Data Streams (SPMD-Computer): Diese Klasse ist in gewissem Sinn *zwischen* den „klassischen" Kategorien SIMD und MIMD einzuordnen und entstammt nicht der Klassifikation von Flynn. Computersysteme, bei denen zwar alle Prozessoren denselben Instruktionsstrom (dasselbe *Programm*) bearbeiten, aber nicht notwendigerweise zu jedem Zeitpunkt dieselben Instruktionen, lassen sich nicht den Kategorien SIMD und MIMD zuordnen. Sie haben aber große praktische Bedeutung, weil sie Vorteile gegenüber den Vertretern der „klassischen" Parallelrechner aufweisen. Jeder Prozessor arbeitet in diesem Fall selbständig eine eigene Kopie des gemeinsamen Programms ab.

Die Schwäche der Klassifikation von Flynn liegt darin, daß sie zuwenig differenziert ist und daß daher bei der Einordnung heutiger Rechnerarchitekturen die einzelnen Klassen große Unterschiede in der Anzahl der Vertreter aufweisen (Giloi [79]). Die Klasse SISD enthält nur die von Neumann-Architektur, während die zwei Klassen SIMD und MIMD alle Arten von Parallelrechnern umfassen.

Abb. 1.16 zeigt eine etwas differenziertere Klassifikation verschiedener Arten, auf die Parallelität in Computerarchitekturen ausgenutzt wird. Die synchronen

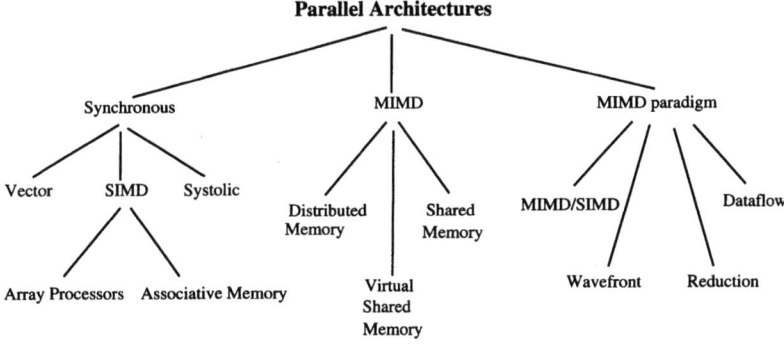

Abb. 1.16: Klassifikation von Parallelrechner-Architekturen.

Parallelrechner, hauptsächlich SIMD-Computer, verschwinden langsam. Systolische Arrays scheinen einige Vorteile zu haben, aber ihr Einsatz ist auf die Lösung einer kleinen Zahl spezieller Aufgaben beschränkt. Es ist daher zweifelhaft, ob es jemals allgemeine Anwendungen für diese Computer geben wird. Datenflußstrukturen erzielen das größtmögliche Maß an Parallelismus, dennoch wird die praktische Anwendung dieser Computer-Struktur durch den Mangel an effizienten Kommunikationsschemata behindert.

Jene Rechnerstruktur, die sich bis jetzt als die praktischste und allgemeinste erwiesen hat, ist die MIMD-Struktur. Die Klassifikation von Bell [12] führt eine Unterteilung innerhalb der MIMD-Computer ein. Generell werden diese Computer in zwei Untertypen aufgeteilt. MIMD-Computer, die einen einzigen Adreßbereich besitzen, der allen Prozessoren erlaubt, ihre Daten in einem globalen Speicher unterzubringen, werden speichergekoppelte Mehrprozessorsysteme (*shared memory multiprocessors*) genannt (siehe Abschnitt 1.4.3). MIMD-Computer, die mehrere Adreßbereiche besitzen, oft einen separaten Adreßbereich für jeden

Prozessor, werden nachrichtengekoppelte Systeme (*distributed memory computer*) genannt (siehe Abschnitt 1.4.4).

Operationsprinzip und Hardware-Struktur: Rechnerarchitekturen können auch nach den Merkmalen Operationsprinzip und (Hardware-) Struktur eingeteilt werden (Giloi [79]). Das *Operationsprinzip* einer Rechnerarchitektur bestimmt deren *funktionelles* Verhalten, d. h., welche Operationen wie ausgeführt werden können. Es wird durch die *Informationsstruktur* und durch die *Kontrollstruktur* festgelegt. Die Informationsstruktur wird bestimmt durch die Typen der Informationskomponenten – das sind die *abstrakten Datentypen* – und durch die darauf anwendbaren Operationen. Die möglichen Steuerungsabläufe stellen die Kontrollstruktur dar, durch die festgelegt wird, welche Algorithmen auf der Informationsstruktur operieren können.

Die drei grundlegenden Operationsprinzipien sind:

- das von Neumann-Operationsprinzip, das im wesentlichen durch die Eigenschaften der SISD-Klasse von Flynn charakterisiert ist,

- das Operationsprinzip der *Programmparallelität*, das dem Merkmal mehrerer Instruktionsströme nach Flynn entspricht und

- das Operationsprinzip der *Datenparallelität*, das bei Vorhandensein mehrerer Datenströme verwirklicht ist.

Die Struktur einer Rechnerarchitektur ergibt sich aus Art und Anzahl der *Hardware-Betriebsmittel* und der sie verbindenden *Kommunikationseinrichtungen*.

Eine umfassende und komplexe Einteilung von Computersystemen, die sehr genau zwischen den verschiedenen Mehrprozessorvarianten differenziert, stammt von Hockney und Jesshope [99].

1.4.3 Speichergekoppelte Systeme

Computersysteme mit einem gemeinsamen Speicher enthalten nur einen einzigen Hauptspeicher, der alle Programm- und Dateninformationen enthält. Alle Prozessoren haben zu diesem Speicher Zugang. Kommunikation und Synchronisation zwischen den verschiedenen Tasks wird durch das Schreiben von Information in Speicherbereiche, die von diesen Tasks geteilt werden, realisiert. Da alle Prozessoren durch einen globalen Speicher (mit einem gemeinsamen Adreßraum) miteinander verknüpft sind, wird so ein System eng-gekoppeltes oder auch speicher-gekoppeltes Mehrprozessor-System genannt.

Dieses Modell des gemeinsamen Speichers (*shared memory*) ist leicht zu verstehen und zu programmieren, da auf alle Daten durch jeden auf einem Prozessor laufenden Task zugegriffen werden kann. Andererseits haften dieser Struktur mehrere Nachteile an. Der schlimmste davon ist die eingeschränkte Skalierbarkeit von Computer-Systemen, in denen der Hauptspeicher eine globale Ressource darstellt, auf die alle Prozessoren zugreifen (müssen). Wenn man dem System immer

1.4 Parallelrechner

mehr Prozessoren hinzufügt, treten diese in Konkurrenz bezüglich des Hauptspeichers. Dabei hindern sie sich gegenseitig an der Arbeit und sind oft gezwungen, untätig zu warten, anstatt Berechnungen durchzuführen. Folglich ist die sinnvoll verwendbare Anzahl von Prozessoren in derartigen Parallelrechnern begrenzt, jedoch können diese Grenzen durch das Lokalisieren von Speicherzugriffen und den Einsatz schneller Kommunikation erhöht werden.

Beispiel (Shared Memory Computer) Teilweise sind heutzutage auch handelsübliche Prozessoren, wie z. B. Intel Pentium 4 oder AMD K-7, als Grundbausteine für speichergekoppelte Parallelrechner geeignet, da auf den zugehörigen Prozessorboards mehrere Prozessoren vernetzt werden können.

UMA-Systeme

In UMA-Maschinen (*uniform memory access computer*) teilen sich alle Prozessoren den Hauptspeicher gleichmäßig. Jeder Speicherzugriff erfolgt über das Verbindungsnetzwerk und dauert daher (soferne es keine Konflikte im Netzwerk gibt) immer gleich lange: Kein Prozessor ist einem Speichermodul physisch näher als ein anderer. Wenn alle Prozessoren imstande sind, Benutzercode, Betriebssystemcode und Ein-/Ausgabe auszuführen, wird das System *symmetrischer* Mehrprozessor (SMP) genannt. Wenn ein Teil der verfügbaren Prozessoren nur Betriebssystem-Tasks oder Ein-/Ausgabe durchführen kann, so wird das System *asymmetrisch* genannt. SMPs sind derzeit ziemlich weit verbreitet.
Schaltkreise, die nötig sind, um Prozessoren in einer homogenen Umgebung laufen zu lassen, werden von den Prozessor-Herstellern direkt auf die Chips übertragen. Folglich wird das Design von SMPs, im Vergleich zu anderen Rechnerstrukturen (wie z. B. Parallelrechnern mit verteiltem Speicher), als ziemlich einfach angesehen. Auf der anderen Seite lassen sich SMPs nicht sehr gut skalieren und 32 Prozessoren sind (derzeit) die Obergrenze.

NUMA-Systeme

NUMA-Maschinen (*non-uniform memory access computer*) stellen den Versuch dar, die schlechte Skalierbarkeit der UMA-Architektur durch das Ausnutzen des Lokalitätsprinzips in Raum und Zeit zu überwinden. Manche Prozessoren sind bestimmten Speichermodulen physisch näher als anderen, wodurch kürzere Zugriffszeiten resultieren. Da viele Programme dazu neigen, Daten bald wiederzuverwenden (zeitliche Lokalität) und auch hauptsächlich Daten verwenden, die neben kürzlich verwendeten Daten im Speicher abgelegt sind (räumliche Lokalität), werden Prozessoren so konzipiert, daß sie schneller auf lokale Daten von nahen Speichermodulen als auf Daten von weit entfernten Speichermodulen zugreifen können.

Beispiel (NUMA-Computer) Ein Beispiel für NUMA-Systeme liefern die Computer der Serie SGI 3000. Diese Rechner basieren auf einer Cache-kohärenten, *shared-memory, single-system image* Architektur (*cache-coherent NUMA, ccNUMA*), deren Hauptmerkmale eine hohe Modularität und eine hohe Skalierbarkeit sind.

Kernstück dieses modularen Systems sind die CPU-bricks mit folgenden Komponenten: Vier Prozessoren des Typs R12000 mit 500 MHz Taktfrequenz und je 8 MByte sekundärem Cache; Hauptspeicher (max. 8 GByte ECC SDRAM mit 1.6 GByte/s Bandbreite); *Directory Memory* (für die Hardware-Cache-Kohärenz); und HUB ASIC (5-Port *Crossbar Switch*) mit Anschlüssen für Prozessor, Speicher, Ein-/Ausgabe-Interface (XIO) und NUMALink „*Interconnect Fabric*" (zum Router-Board).

Andere Computersysteme, wie das Cedar-System der Universität von Illinois oder das Mehrprozessorsystem MR-1 (Mabbs und Forward [124]), bestehen aus mehreren Clustern mit lokalem, Cluster- und globalem Speicher, wodurch Lokalitäten noch stärker ausgenutzt werden können.

Beispiel (Clustered NUMA-Computer) Ein Beispiel für einen Cluster von NUMA-Computern ist die ASCI Blue Mountain (siehe www.lanl.gov/asci/bluemtn/). Sie besteht derzeit aus 48 SGI Origins mit je 128 Prozessoren. Derzeit gibt es shared memory nur innerhalb jedes Origin-Knotens, aber nicht für den gesamten Cluster. Die Kommunikation zwischen den Knoten erfolgt über schnelle Netzwerke (HIPPI).

Wenn die Anzahl der miteinander kommunizierenden Tasks ansteigt, steigt auch der Bedarf, Daten dem ganzen System zu übermitteln. In diesem Fall fällt die Leistung dramatisch ab, und das Computer-System arbeitet sehr ineffizient.

COMA-Systeme

Es ist ein Nachteil aller NUMA-Maschinen, daß sich ein Programmierer, der effiziente Programme schreiben möchte, Gedanken darüber machen muß, wo seine Daten gespeichert werden sollen. Nur bei günstiger Lage der Daten lassen sich die Zugriffszeiten reduzieren. Einen Versuch, dem Programmierer die individuelle Datenanordnung abzunehmen, stellt die sogenannte COMA (*cache only memory architecture*) dar.

Bis jetzt wurde angenommen, daß sich Datenfelder mit fixen physischen Adressen immer an einer bestimmten Stelle im Speicher befinden. In einem COMA-Computer können Datenfelder mit fixer physischer Adresse überall im System in irgendeinem Speichermodul abgespeichert werden. COMA-Computer haben keinen Hauptspeicher, aber äquivalent große Cache-Speicher. Mit jedem Datenwort wird auch seine physische Adresse abgespeichert. Daten können daher überallhin ins System kopiert werden, es muß aber ein Mechanismus vorhanden sein, der die Konsistenz der Kopien gewährleistet (siehe Abschnitte 1.2.5 und 1.2.6).

COMA-Computer nutzen wie NUMA-Computer Zugriffslokalität in Zeit und Raum aus. Dennoch sind COMA-Computer imstande, Kopien kürzlich verwendeter Daten überall im System zu verbreiten, und werden nicht durch zu kleine Caches daran gehindert. Wenn alle Prozessoren große Mengen von aufeinanderfolgenden Daten lesen müssen, kann das durch die Verbreitung der Datenkopien bei COMA-Maschinen sehr effizient und schnell gemacht werden.

Beispiel (COMA-Computer) Sun Inc. entwickelt derzeit Mehrprozessor-Systeme, die mit Prozessoren der Type UltraSparc III aufgebaut sind. Diese Systeme sind gemäß einer *simplified* COMA-Architektur aufgebaut. Um die hohen Entwicklungskosten einer COMA-Architektur zu verringern, wird die Speicherverwaltung sowohl von Hardware- als auch Software-Komponenten übernommen.

Multithreaded-Computer

Lange Kommunikationswartezeiten als Folge von überfüllten Netzwerken können die Effizienz von Mehrprozessoren dramatisch vermindern. Wege, um die Kommunikation schneller zu machen, sind einerseits teure Hochgeschwindigkeits-Netzwerke und andererseits der Versuch, die Kommunikation zwischen Prozessoren und physisch nahegelegenen Speichermodulen lokal zu halten.

Eine andere Möglichkeit besteht darin, Kommunikation hinter Berechnungen zu „verstecken". Anstatt auf angeforderte Cache-Lines vom Hauptspeicher zu warten, kann der Prozessor zu einem anderen, für die Ausführung bereiten, Prozeß wechseln und weiter nützliche Arbeit leisten. Wenn man ständig zu idealen Prozessen wechselt, kann man Kommunikationswartezeiten hinter Berechnungen „verstecken", ohne die Systemeffizienz zu vermindern. Da Prozeßumschaltung oft mit dem Vertauschen von Registern und dem Wechseln von Speicherschutzzonen verknüpft wird, kann so ein System nur dann effizient arbeiten, wenn man leichte Tasks oder Prozessoren mit speziellen Schaltschemata für das schnelle Wechseln von Tasks verwendet.

Beispiel (Multithreaded-Architektur) Cray MTA (früher: Tera MTA) Mehrprozessoren mit Multithreaded-Struktur haben zwischen 16 und 256 Prozessoren mit einer Maximal-Leistung von jeweils 1 Gflop/s. Kontextwechsel finden alle 3 ns unter bis zu 128 Instruktionsströmen (*hardware threads*) statt. Auf diese Weise werden bis zu 128 Zyklen (384 ns) „versteckt". Außerdem kann jeder Anweisungsstrom acht Speicherzugriffe machen, ohne auf vorige zu warten, womit die Speicherlatenz potentiell vollkommen versteckt werden kann, und die Prozessoren daher keine Caches mehr benötigen. Prozessoren und die 64-fach verschränkte Speichermodule werden zufällig im System verbreitet. Das gesamte Speichersystem hat eine Bandbreite von 2.8 GByte/s für zufällige Speicherzugriffe.

Das Verbindungsnetzwerk ist ein verallgemeinerter Hypercube, genauer ein „$\sqrt{p}$-ary 3-cube" (Dally [33]) von zusammengepackten Schaltknoten, wobei p die Anzahl der Prozessoren darstellt. Um die Schaltleistung zu erhöhen, werden einige der Verbindungen aufgegeben.

1.4.4 Nachrichtengekoppelte Systeme

Computer mit verteiltem Speicher bestehen aus unabhängigen Rechenknoten, die durch ein Kommunikationsnetzwerk verbunden werden. Die Rechenknoten selbst bestehen aus einem oder mehreren Prozessoren, die von einer eigenen Speichereinheit versorgt werden. Derartige Computer werden deswegen oft auch Multicomputer genannt. Abb. 1.15 zeigt ein allgemeines Modell eines Multicomputers.

In traditionellen Multicomputern haben die Knoten nur Zugang zu ihren örtlichen Speichern, Kommunikation und Synchronisation werden durch Nachrichten, die über das Kommunikationsnetzwerk übertragen werden, bewerkstelligt. Deshalb werden solche Systeme auch *message passing computer* oder *loosely coupled systems* genannt. Neuere Multicomputer beinhalten oft Untersysteme, die den Prozessoren Zugang zu den Speichern anderer Knoten ermöglichen, und somit einen globalen Speicher realisieren. Man spricht dann von einem Computer mit *virtual shared memory* oder *distributed shared memory* (siehe Seite 54).

Das Verbindungsnetzwerk eines Multicomputers kann auf verschiedene Arten realisiert werden. Im Prinzip sind Beschränkungen in solchen Netzwerken nicht so streng wie in eng verbundenen Systemen. Die Prozessoren holen Programme und Daten nur von ihren lokalen Speichern, die Interaktion mit anderen Knoten erfolgt nur durch explizite Kommunikation und Synchronisation.

In Mehrprozessoren können die Prozessoren einander Ressourcen nicht wegnehmen, solange es keine explizite Kommunikation zwischen den Prozessoren gibt. Deshalb kann das Kommunikationsnetzwerk von Multicomputern relativ langsam und billig gemacht werden. Trotzdem wird die Kommunikationlatenz einen Verlust an Effizienz zur Folge haben und unnötige Wartezeiten verursachen. Wenn zu viel Kommunikation in einen langsamen Verbindungsnetzwerk stattfindet, wird das Rechnen verzögert und die Gesamtrechenzeit kann eventuell die Zeit, die ein Uniprozessor für denselben Algorithmus benötigt, überschreiten. Die Algorithmus-Granularität, d.h., der Anteil der Anweisungen, die Kommunikation erfordern, wird deshalb sehr stark vom Kommunikationsnetzwerk abhängen.

Langsame Verbindungsnetzwerke wie LANs, die weit entfernte Workstations verbinden, können nur dann für einen einigermaßen effizienten Parallelrechnerbetrieb genutzt werden, wenn man Kommunikation und Synchronisation auf ein absolutes Minimum begrenzt. Schnelle Kommunikationsnetzwerke auf der anderen Seite ermöglichen Lastverteilungsstrategien, mit denen Arbeit von überlasteten Knoten auf unterbelastete Knoten verteilt wird. Es ist eine nicht-triviale Aufgabe, die richtige Balance zwischen der nötigen Lastverteilung und der erforderlichen Anzahl der Kommunikationsereignisse zu finden.

Multicomputer sind i. a. besser geeignet, sehr viele Knoten in einem Rechner zu vereinigen, und damit massiv parallele Systeme mit zehntausenden Knoten zu ermöglichen. Andererseits ist es ziemlich schwer, effiziente Programme für derartige Parallelrechner zu schreiben.

Beispiel (IBM SP) Das IBM *Scalable POWERparallel System* (RS/6000 SP) besteht aus bis zu 2048 Knoten mit je vier (bis zu 16) Prozessoren und verteiltem Speicher. Auf jedem Knoten läuft ein eigenes Betriebssystem (AIX) und es können verschiedene Typen von Knoten in einem RS/6000 SP-System gemeinsam betrieben werden. Für Datenbankanwendungen werden vor allem SMP-Knoten basierend auf dem Prozessor PowerPC 604e (maximal 4 Prozessoren pro Knoten, 332 MHz Taktfrequenz) eingesetzt, für numerisch intensive Applikationen können SMP-Knoten basierend auf dem Prozessor POWER3-II (maximal 16 Prozessoren, 375 MHz Taktfrequenz) eingesetzt werden. Die 16-fach SMP-Knoten haben einen wesentlich verbesserten Speicherbus (mit einer Bus-Breite von 2048 Bit gegenüber 128 Bit bei den POWER3-II basierten 4-fach SMP-Knoten). Die Vernetzung der einzelnen Knoten erfolgt über ein skalierbares Netzwerk, den SP-Switch. Die theoretische Bandbreite des SP-Switch beträgt 300 MByte/s.

Beispiel (ASCI White) Der Supercomputer ASCI White ist ein IBM RS/6000 SP-System mit 8192 Prozessoren der Type POWER3-II, von denen jeder eine Taktfrequenz von 375 MHz hat. Dieses System hat eine theoretische Höchstleistung von mehr als 12 Tflop/s; im LINPACK-Benchmark konnten etwas mehr als 4.9 Tflop/s erreicht werden (siehe Abschnitt 2.4.5).

Computer mit verteiltem gemeinsamen Speicher

Computer mit verteiltem gemeinsamen Speicher (*distributed shared memory, virtual shared memory*) stellen den Versuch dar, das einfachere Programmiermodell

1.4 Parallelrechner

von speichergekoppelten Systemen mit der Skalierbarkeit von nachrichtengekoppelten Systemen zu vereinigen. Computer dieser Kombinationsform sind bei Verwendung geeigneter Netzwerke gut skalierbar. Allerdings haben sie uneinheitlich lange Speicherzugriffszeiten (NUMA), so daß Maßnahmen zur Reduktion der vom Netz verursachten Verzögerungen ergriffen werden müssen (*latency hiding*).

Computer mit verteiltem gemeinsamen Speicher befreien die Programmierer von der Aufgabe, ihre Algorithmen in unabhängig ausführbare Teile (*tasks*) zu zerlegen, die miteinander durch den Austausch von Nachrichten kommunizieren müssen. Das Schreiben und Lesen von Daten, die sich in einem gemeinsamen Speicher befinden, ist erheblich einfacher als der explizite Nachrichtenaustausch. Wenn z. B. ein großes Problem in viele Teilprobleme verschiedener Komplexität zerlegt wird, dann können sich jene Prozessoren eines Computers mit globalem Adreßraum, die im Augenblick keine Aufgabe zu erledigen haben, aus einer Menge unerledigter Tasks eine neue Aufgabenstellung holen. Die errechneten Resultate werden dann in einer globalen Datenstruktur gespeichert.

Auf Computern mit verteiltem Speicher und separaten Adreßräumen müssen Prozessoren, die im Augenblick keine Aufgaben zu erledigen haben, eine explizite Anforderung z. B. an einen Master-Prozessor senden, der dann für die Zuteilung neuer Aufgaben (und unter Umständen für die Übertragung einer großen Datenmenge) sorgt. Auch das Senden der Resultate in den Speicher des Master-Prozessors kann das Verbindungsnetzwerk mit signifikanten Datenmengen belasten.

Computer mit gemeinsamem verteilten Speicher besitzen ein spezielles Speicher-Subsystem, das immer dann, wenn *implizit* Kommunikationsanforderungen gestellt werden, Daten in einer – für den Programmierer unsichtbaren – Weise explizit durch das Versenden von Nachrichten überträgt.

Computer mit gemeinsamem verteilten Speicher können als sehr lose gekoppelte NUMA- oder COMA-Computer angesehen werden. Der lokale Speicher jedes Prozessorelements dient als Cache, der sowohl Werte als auch Adreßinformation gemeinsamer Datenobjekte enthält. Wie in den sonst üblichen Cache-Speichern sind Subsysteme erforderlich, die für die Kohärenz verantwortlich sind. Da Adreßinformation nur für gemeinsame Objekte benötigt wird, sind Computer dieses Typs genauso skalierbar wie klassische nachrichtengekoppelte Systeme.

Beispiel (Distributed Shared Memory Computer) Die Cray T3E, ein Computer mit physisch verteiltem Speicher, stellt sowohl Möglichkeiten zum Übertragen von Nachrichten (*message passing*) zwischen den Prozessoren als auch für den Zugriff auf einen (virtuellen) globalen Speicher zur Verfügung.

Workstation- und PC-Cluster

Workstations und PCs werden immer schneller und billiger. Durch die Geschwindigkeitssteigerung der RISC-Prozessoren haben einzelne Workstations bereits Leistungswerte erreicht, welche sich von jenen traditioneller Supercomputer um nur eine oder zwei Größenordnungen unterscheidet. Workstations, die deutlich billiger als Supercomputer sind, werden oft durch ein *Local Area Network* (LAN) zu einem *Network of Workstations* (NOW) miteinander verbunden. Solche Cluster sind auf Grund ihres günstigen Preis-Leistungs-Verhältnisses populär geworden.

Beispiel (Asgard Beowulf-Cluster) An der ETH Zürich ist der zur Zeit größte Beowulf-Cluster Europas, genannt Asgard[6], installiert. Die ausbaufähige Konfiguration besteht derzeit aus 251 Dual-Intel-Server-Platinen mit je zwei Pentium III-Prozessoren (500 MHz) und 1024 MByte Hauptspeicher. Die Hochleistungs-PCs sind mit einem mehrstufigen Hochgeschwindigkeits-Ethernet verknüpft. Als Betriebssystem wird SuSE Linux 6.3 verwendet.

PC-Cluster, die zur Gänze aus handelsüblichen Komponenten aufgebaut sind, nennt man *Beowulf-Cluster* [155]. Jeder PC enthält normalerweise ein oder zwei (in Spezialfällen auch vier oder acht) Pentium-Prozessoren auf Standard-Motherboards, und die PCs werden durch Ethernet, Myrinet oder SCI verbunden. Als Betriebssystem wird eine spezielle Version des Linux SMP Kernels verwendet.

1.5 Entwicklungstrends

Moore's Gesetz besagt, daß sich die Leistung von Computersystemen alle drei Jahre vervierfacht (siehe Abb. 1.17). Das trifft zumindest auf die Entwicklung der nächsten 5 bis 10 Jahre zu. Mikroprozessoren werden dieses exponentielle Leistungswachstum aufrecht erhalten können, genauso wie das Leistungswachstum der Supercomputer linear bleiben wird.

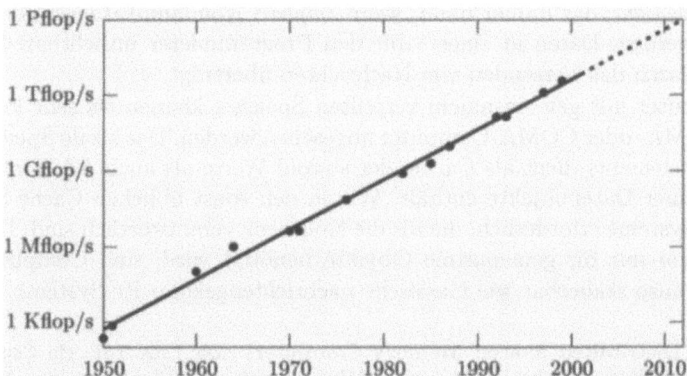

Abb. 1.17: Gleitpunktleistung der schnellsten Computersysteme der letzten fünf Jahrzehnte verglichen mit Moore's Gesetz.

Durch kürzere CPU-Taktzyklen können mehr Transistoren auf einem Chip untergebracht werden, und die elektrischen Signale werden weniger Laufzeit von einer Komponente zur nächsten benötigen. 100 Millionen Transistoren finden auf einem GHz-Chip Platz. Durch die Weiterentwicklung von VLSI zu ULSI werden Milliarden von Transistoren auf einem Chip Platz finden.

---

[6]http://www.asgard.ethz.ch/

1.5 Entwicklungstrends

Neue technologische Zugänge (GaAs, isotopenreines SiO_2) eröffnen neue Möglichkeiten zum Beschleunigen von Prozessoren. Jedoch machen sich physikalische Grenzen bemerkbar. Vor allem die Lichtgeschwindigkeit und die Gesetze der Quantenmechanik werden irgendwann das exponentielle Wachstum stoppen. Neue architektonische Trends, wie massiver Parallelismus, superskalare Prozessoren, RISC-Architektur und Parallelverarbeitung werden der einzige Weg sein, um ein weiterhin exponentielles Leistungswachstum zu erzielen.

Viele Hersteller von Parallelrechnern haben das Geschäft aufgegeben und viele der übrig gebliebenen kämpfen ums Überleben. Öl-Firmen und Unternehmen wie Boeing oder Airbus wollen keine kleinen oder durchschnittlichen Computer. Ihr riesiger Forschungsaufwand erfordert die schnellsten Computer, die es gibt (außerdem TBytes an Speicherkapazität). Anbieter von Parallelrechnern sind oft daran gescheitert, daß sie keine kompletten Systeme und gut ausgewogenen Architekturen anbieten konnten. Um am Parallelrechner-Sektor erfolgreich zu sein, müssen die angebotenen Maschinen folgende Eigenschaften aufweisen: Gute Architektur, niedrige Kommunikationszeiten, hohe Kommunikationsbandbreite, hohe Leistung bei (numerischen) Programmpaketen sowie Bibliotheken mit umfassender Funktionalität und effiziente Parallelcompiler. Ein Faktor, der immer größere Bedeutung gewinnt, ist eine hohe Ausfallsicherheit. Rechner, die mit bestehenden Normen konform sind, bekommen immer bessere Marktchancen gegenüber proprietären Systemen.

Bis heute gibt es keine wirkliche Lösung auf der Suche nach einem High-Performance-Switch, welcher die Kommunikation so schnell wie die Prozessoren machen könnte. Auch das Cache-Kohärenz-Problem ist noch nicht endgültig gelöst.

Kapitel 2

Leistung

Leistung (performance) ist ein in den Computerwissenschaften zwar sehr häufig verwendeter, aber oft nicht sehr genau definierter Begriff. Manchmal wird Hardware anhand dieses Begriffs bewertet, in anderen Fällen wird die Leistung als ein Qualitätsmaßstab für Algorithmen verwendet. In wieder anderen Fällen geht es um die Güte von Software, und oft kommt es auch vor, daß ein Gesamtsystem, bestehend aus Hardware- *und* Software-Komponenten (System- und Anwendungssoftware), auf seine Leistung untersucht und bewertet wird. Um die verschiedenen Leistungsaspekte verstehen und selbst untersuchen zu können, ist eine genaue Begriffsklärung erforderlich.

Ausgangspunkt der Betrachtungen ist die folgende Situation: Vorgegeben sind ein Problem und ein Computersystem, mit dessen Hilfe dieses Problem gelöst werden soll. Um zu einer Lösung des Problems zu gelangen, benötigt man zunächst eine abstrakte Lösungsvorschrift, einen *Algorithmus*. Dieser muß in eine vom Computer verarbeitbare Form – ein Programm – gebracht werden (*implementiert* werden). Der Benutzer läßt den Computer dieses Programm ausführen. Dabei kann er bestimmte Kenngrößen feststellen und nach der Beendigung der Programmabarbeitung die Leistung des Gesamtsystems (bestehend aus der Hardware, der Systemsoftware, dem Algorithmus sowie dessen Implementierung) anhand verschiedener Kriterien bewerten.

Für den Benutzer eines Computersystems, der auf die Lösung seiner konkreten Aufgabenstellung wartet, steht vor allem die dafür erforderliche *Zeit* im Vordergrund, die von zwei Einflußgrößen – Arbeit und Leistung – abhängt:

$$\text{Zeit} = \frac{\text{Arbeit}}{\text{Leistung}_{\text{effektiv}}} = \frac{\text{Arbeit}}{\text{Leistung}_{\text{maximal}} \cdot \text{Wirkungsgrad}}.$$

Für den Anwender sind daher folgende Kenngrößen von Interesse:

1. Die zu verrichtende *Arbeitsmenge*, die sowohl von der Art und der Komplexität der Problemstellung als auch von den Eigenschaften des Lösungsalgorithmus abhängt (siehe Abschnitt 2.1.1). Bei gegebener (bekannter) Problemkomplexität ist die benötigte Arbeitsmenge eine charakteristische Maßzahl des verwendeten Algorithmus. Kann sie durch algorithmische Verbesserungen reduziert werden, dann wird damit auch der Zeitbedarf für die Problemlösung verringert.

2. Die *Maximalleistung* ist ein Charakteristikum der Hardware des eingesetzten Computersystems, das von speziellen Anwendungsproblemen unabhängig ist. Die Anschaffung neuer Hardware mit größerer Maximalleistung führt (fast) immer zu einer Verringerung des Zeitbedarfs der Problemlösung.

3. Der *Wirkungsgrad* ist jener Prozentsatz der Maximalleistung, der bei der Ausführung einer konkreten Arbeit am Computer erreicht wird. Er bringt zum Ausdruck, in welchem Ausmaß die potentiellen Möglichkeiten des Computersystems von einem Programm genutzt werden und ist daher eine Maßzahl dafür, wie gut die Implementierung „gelungen ist". Eine Erhöhung des Wirkungsgrades läßt sich beispielsweise durch manuelles oder automatisches Optimieren des Programmcodes herbeiführen (siehe Kapitel 3).

Leistungsbewertungen von (Teilen von) Computersystemen sind z. B. auch bei der Beurteilung und Auswahl von Computerhardware, bei der Qualitätsbewertung numerischer Software und ähnlichen Problemstellungen durchzuführen. In diesen Fällen benötigt man analytisch oder empirisch ermittelte Zahlenwerte zur quantitativen Leistungsbeschreibung. Welche Kenngrößen man dabei verwendet und welche Bedeutung ihnen zukommt, hängt ganz wesentlich davon ab, *was* bewertet werden soll. Der Anteil der Hardware an der Leistung des Gesamtsystems zerfällt in eine Reihe von Einzelfaktoren, wie z. B. CPU-Leistung, Einflüsse der Speicherorganisation, der Datenübertragungskanäle etc. Software kann danach beurteilt werden, wie gut ein abstrakter Algorithmus auf eine bestimmte Hardware abgebildet wird. Die Leistung eines Algorithmus wird meist nach der Arbeitsmenge (gemessen z. B. in Rechenschritten) beurteilt, welche bei seiner Ausführung zur Lösung des gestellten Problems zu leisten ist.

Eine korrekte und umfassende Leistungsbewertung erfordert die Beantwortung eines ganzen Fragenkomplexes: Welche Grenzen setzt die Hardware, unabhängig von speziellen Programmiertechniken? Wie wirken sich verschiedene Algorithmusvarianten auf die erzielbare Leistung aus? Welchen Einfluß haben spezielle Programmiertechniken? Wieviel trägt ein optimierender Compiler zur Ausnutzung der potentiell vorhandenen Hardware-Maximalleistung bei? Wie gut sind die Faktoren Prozessorarchitektur, Speicherarchitektur und -organisation, Systemsoftware und Anwendungsprogramm einzeln optimiert und auch aufeinander abgestimmt? Welche Wechselwirkungen bestehen zwischen den einzelnen Faktoren?

Das zentrale Anliegen der folgenden Abschnitte ist der Entwurf und die Leistungsbewertung von mathematisch-numerischer Anwendungssoftware – ein Thema, das nicht losgelöst von Hardware- und Systemsoftwarefragen behandelt werden kann. Dementsprechend wird auch auf diese Leistungsfaktoren eingegangen.

2.1 Der Begriff „Leistung"

In der Physik definiert man die *mittlere Leistung P* als das Verhältnis zwischen der Gesamtmenge an verrichteter Arbeit ΔW und der dafür benötigten Zeitspanne Δt – „*Leistung ist Arbeit pro Zeiteinheit*". Analog kann man die mittlere Leistung eines informationsverarbeitenden Systems in einem Zeitintervall $[t_1, t_2]$ durch den Differenzenquotienten

$$P_{[t_1,t_2]} = \frac{W(t_2) - W(t_1)}{t_2 - t_1} = \frac{\Delta W}{\Delta t} \qquad (2.1)$$

definieren.[1] Von der mittleren Leistung bezüglich eines ganzen Zeitintervalls ist die *Momentanleistung* $P(t)$ zu einem einzigen Zeitpunkt t zu unterscheiden. Diese ist als mathematischer Grenzwert der mittleren Leistung (als Ableitung der verrichteten Arbeit nach der Zeit) erklärt:

$$P(t) = \frac{dW}{dt} = \lim_{\Delta t \to 0} P_{[t, t+\Delta t]} = \lim_{\Delta t \to 0} \frac{W(t + \Delta t) - W(t)}{\Delta t}. \quad (2.2)$$

Die Momentanleistung ist z. B. dann eine wichtige Kenngröße, wenn die anfallende Arbeit $W(t)$ zeitlich inhomogen verteilt ist (siehe Abschnitt 2.1.1) und die Mittelbildung über ein (längeres) Zeitintervall daher zu „ungenau" ist. In der Praxis wird im Computerbereich die Momentanleistung allerdings nicht durch den Differentialquotienten (2.2) berechnet, sondern durch einen Differenzenquotienten (2.1) in einem hinreichend kurzen Zeitintervall $[t_1, t_2]$ (z. B. einem Taktzyklus) angenähert.

Die Leistung eines informationsverarbeitenden Systems hängt also definitionsgemäß von zwei Einflußfaktoren ab: (1) von der Arbeit, die dem System auferlegt wird, und (2) von der Zeit, die das System für Erledigung dieser Arbeit benötigt.

Um Aussagen über die Leistung eines Computersystems machen zu können, muß immer Information über *beide* Faktoren vorhanden sein! Ein Fehler, der bei Leistungsuntersuchungen oft begangen wird, ist eine zu ungenaue Quantifizierung der verrichteten Arbeit, auf die sich die Untersuchung bezieht (siehe Abschnitt 2.2.4).

Computer-Leistungsbewertungen können auf zwei Arten konzipiert werden (siehe Abschnitt 2.3):

1. Oft wird eine bestimmte Menge Arbeit – ein zu lösendes Problem – vorgegeben, und jene Zeit gemessen, die das Computersystem (Hardware plus Systemsoftware plus Anwendungssoftware) bis zur vollständigen Verrichtung dieser Arbeit benötigt.

2. Im Gegensatz dazu ist aber auch die umgekehrte Vorgangsweise sinnvoll: Es wird eine feste Zeitspanne vorgegeben und die in diesem Zeitintervall erledigte Arbeit ermittelt. Der auf diese Weise erhaltene Wert wird als *Durchsatz* des Systems, im Zusammenhang mit der Bewertung von Speichersystemen auch als *Bandbreite* bezeichnet (siehe Abschnitt 2.2.3).

Um die bis jetzt eher intuitiv verwendeten Begriffe Arbeit und Zeit exakter zu fassen und damit vergleichbare und aussagekräftige Leistungsanalysen zu ermöglichen, sind noch weitergehende Unterscheidungen und Festlegungen erforderlich. Im Abschnitt 2.1.1 wird näher auf den Leistungsfaktor Arbeit eingegangen; der Abschnitt 2.1.2 beschäftigt sich mit dem Leistungsfaktor Zeit.

---

[1] Die Schreibweise $W(t)$ bezeichnet nicht die Arbeit, die zum Zeitpunkt t geleistet wird, sondern die gesamte Arbeit, die *bis zum* Zeitpunkt t angefallen ist.

2.1.1 Der Leistungsfaktor Arbeit

Die Formulierung von *praktischen* Verfahren zur Problemlösung, die aus theoretisch erhaltenen Lösungswegen gewonnen werden, erfolgt in der Mathematik, der Informatik und in anderen Gebieten in Form von *Algorithmen*.

Es ist in diesem Zusammenhang ein intuitiver Algorithmusbegriff ausreichend: Ein Algorithmus ist eine präzise, durch einen endlichen Text beschriebene Vorschrift zur Ausführung einer endlichen Reihe von Elementaroperationen, um Aufgaben einer bestimmten Klasse oder eines bestimmten Typs zu lösen. Die Anzahl der verfügbaren Elementaroperationen – wie immer man „elementar" in einem gegebenen Zusammenhang definiert – ist beschränkt, ebenso ihre Ausführungszeit. Die Verarbeitungsvorschrift muß so präzise formuliert sein, daß die Abfolge der einzelnen Verarbeitungsschritte eindeutig daraus hervorgeht. Gegebenenfalls sind Wahlmöglichkeiten zuzulassen, denn es kann vorkommen, daß innerhalb einer *Klasse* von gleichartigen Problemen, die sich z. B. nur durch den Wert gewisser Parameter voneinander unterscheiden, unterschiedliche Lösungswege zu beschreiten sind. In solchen Fällen ist genau festzulegen, *wie* die Auswahl des Verarbeitungsablaufes zu erfolgen hat. Ein *numerischer* Algorithmus ist dementsprechend eine Vorschrift zur Ausführung numerischer Operationen auf numerischen Daten.

Aufbauend auf diesem intuitiven Algorithmusbegriff wird in diesem Abschnitt der Abarbeitungsaufwand eines Algorithmus als wichtiges Kriterium zur Leistungsbewertung behandelt.

Die Komplexität von Algorithmen

Bei Problemen der Numerischen Datenverarbeitung steht oft die Frage nach der *Existenz* von Algorithmen nicht (mehr) im Vordergrund, da es für sehr viele Fragestellungen bereits Algorithmen oder wenigstens Konzepte zu deren algorithmischer Lösung gibt. Wesentlich größere praktische Bedeutung besitzt hingegen die Suche nach „möglichst guten" Algorithmen, die zur Problemlösung möglichst wenig Aufwand (Arbeit) erfordern.

Zur Beurteilung des Lösungsaufwandes eines konkreten Programms, z. B. für die Ermittlung der numerischen Lösung eines linearen Gleichungssystems auf einem bestimmten Computer bei festgelegten Daten, genügt eine *Zeitmessung* mit der „eingebauten Uhr" des Computers (siehe Abschnitt 2.1.2). Zählt man dagegen die erforderlichen Berechnungsschritte, so kommt man zu einer Beurteilung, die von einem speziellen Computer und den Daten des konkreten Problems (weitgehend) unabhängig ist. Damit hat man eine abstrakte Beschreibungsform zur Beurteilung des Lösungsaufwandes von Algorithmen gefunden.

Die *Komplexität* eines Algorithmus ist ein Maß für die Arbeit, die bei dessen Abarbeitung zu verrichten ist. Sie ist nicht nur durch das Lösungsverfahren festgelegt, sondern sie hängt auch vom Schwierigkeitsgrad (der „Größe", dem Umfang) des behandelten Problems ab. Meist verwendet man zur Charakterisierung des Schwierigkeitsgrades bzw. der Größe des jeweiligen Problems nur eine einzige skalare Kennzahl.

Beispiel (Lösung linearer Gleichungssysteme) Der Arbeitsaufwand zur Lösung eines Systems von n linearen Gleichungen in n Unbekannten wird fast immer in Abhängigkeit von der Dimension n als Parameter angegeben. Einem Gleichungssystem

$$Ax = b \quad \text{mit} \quad A \in \mathbb{R}^{n \times n},\ x, b \in \mathbb{R}^n$$

wird also die Kennzahl n für seine Größe und den Schwierigkeitsgrad seiner Lösung zugeordnet.

Die Charakterisierung des Schwierigkeitsgrades eines Problems kann unter Umständen auch durch mehr als einen Parameter erfolgen.

Beispiel (Molekulardynamik) Viele Algorithmen aus dem Bereich der Molekulardynamik dienen dazu, die Bewegung von Teilchen in Kraftfeldern zu simulieren. Bei Implementierungen auf Parallelrechnern wird das betrachtete Gebiet in rechteckige Teilbereiche zerlegt. Jeder Prozessor berechnet laufend die Koordinaten aller Teilchen, die sich gerade in seinem Bereich befinden. Berücksichtigt man direkte Interaktionen zwischen *allen* Partikeln, dann müssen die Koordinaten aller Partikel auf allen Knoten des Parallelrechners vorhanden sein.

Für den Arbeitsaufwand bei der Berechnung sind die Feinheit der Gebietsunterteilung und die Anzahl der betrachteten Teilchen maßgeblich. In diesem Fall kann die Größe des Problems also durch einen (dreidimensionalen) *Parametervektor* (Anzahl der Teilintervalle in x- und y-Richtung, Anzahl der Partikel) quantifiziert werden.

Im Vergleich zu skalaren Kenngrößen ist es aber schwieriger, Probleme der Größe nach zu ordnen, da man dazu eine geeignete Ordnungsrelation für die Parametervektoren braucht.

Aussagen über den Abarbeitungsaufwand eines Algorithmus werden immer in Abhängigkeit von der Schwierigkeitskennzahl des Problems gemacht. Dabei wird meist der Rechenaufwand als die Anzahl der *Berechnungsschritte* ermittelt, die zur Durchführung des Algorithmus bei einem bestimmten Problemumfang benötigt wird. Es können jedoch auch andere Faktoren als der Rechenaufwand eines Algorithmus wichtig sein. Manchmal ist z. B. die Menge an Speicher von Interesse, die vom Algorithmus zur Lösung eines Problems der Größe n benötigt wird.

Beispiel (Lösung linearer Gleichungssysteme) Um eine Matrix $A \in \mathbb{R}^{n \times n}$ zu speichern, sind je nach Datentyp $4n^2$ Byte (einfach genaue Gleitpunktzahlen) oder $8n^2$ Byte (doppelt genaue Gleitpunktzahlen) erforderlich.

Bei sehr großen Problemen kann es für die Lösbarkeit entscheidend sein, im Fall von symmetrischen Matrizen nur die tatsächlich benötigten $n^2/2$ Koeffizienten zu speichern und den Lösungsalgorithmus so zu konzipieren, daß nur auf diese $n^2/2$ Speicherworte zugegriffen wird.

Je nachdem, welcher Kennzahl (Rechenaufwand, Speicherbedarf etc.) im konkreten Fall die meiste Bedeutung beigemessen wird, muß herausgefunden werden, welche Operationen des Algorithmus entscheidend für diese Kennzahl sind. Die Komplexität ergibt sich dann aus der vom untersuchten Algorithmus benötigten Anzahl dieser Operationen bei der Lösung eines Problems der Größe n.

Trotz der Abstraktion, anstelle konkreter Zeitmessungen „Rechenschritte" zur Aufwandsermittlung zu verwenden, sind Komplexitätsbetrachtungen nicht völlig unabhängig von speziellen Hardware-Eigenschaften. Je nachdem, was als gleichsam „unteilbare" *Einheit der Arbeit* (Berechnungsschritt) angesehen wird, ergeben sich signifikante Unterschiede bei der Bestimmung der Komplexität eines Algorithmus. Im Bereich der Numerik ist es üblich, eine Gleitpunktoperation als eine solche elementare Einheit der Arbeit anzusehen.

2.1 Der Begriff „Leistung"

Beispiel (Gauß-Algorithmus) Der Eliminationsalgorithmus (LU-Zerlegung) zur Lösung linearer Gleichungssysteme benötigt, abhängig von der Anzahl n der Gleichungen,

$K(n) = 2n^3/3 + 3n^2/2 - 7n/6$ Gleitpunktoperationen (Golub und Ortega [81]).

Wenn man mit dieser Formel den Rechenaufwand des Eliminationsalgorithmus charakterisiert, so vernachlässigt man den Zeitaufwand, der für spezielle algorithmische Maßnahmen (Pivotstrategien, Skalierung etc.) erforderlich ist.

Im Bereich des Parallelrechnens ist es möglich und sinnvoll, auch komplexere Operationen (wie z. B. Matrix-Vektor-Operationen, Matrix-Matrix-Operationen, die Transposition einer Matrix, eine schnelle Fourier-Transformation etc.) zu einem elementaren „Rechenschritt" zusammenzufassen (Hockney und Jesshope [99]). Welche Art und Menge an Arbeit in einem solchen nicht weiter zerlegten Berechnungsschritt zusammengefaßt wird, hängt sehr stark vom verwendeten abstrakten Computermodell ab.

Abstrakte Computermodelle

Abstrakte Computermodelle dienen dazu, unabhängig von den technischen Einzelheiten der Hardware zu beschreiben, welche grundsätzlichen Aktionen in einem Berechnungsschritt ausgeführt werden können und wie auf Daten zugegriffen wird (siehe z. B. Almasi und Gottlieb [5], Mayr [129], Blelloch [17]). Solche Modelle bilden einen Rahmen, der festlegt, welche Algorithmen überhaupt realisierbar sind. Außerdem ermöglichen sie Komplexitätsanalysen von Algorithmen, die von den Eigenheiten spezieller Computersysteme unabhängig sind. Im folgenden werden einige wichtige Beispiele näher erläutert.

RAM-Modell: Das Standardmodell für konventionelle Einprozessorsysteme ist die sogenannte *Random Access Machine*[2] (*RAM*). Eine RAM besteht aus folgenden Komponenten:

- einer zentralen Recheneinheit mit einem Akkumulator, der vor der Ausführung einer Operation die Operanden aufnimmt und in dem nach der Ausführung des Befehls (Zwischen-)Ergebnisse gespeichert werden,

- einem idealisierten, *unbeschränkten* Speicher, der beliebig viele Speicherzellen besitzt, die unbeschränkt große (und kleine) Zahlen enthalten können,

- einem Programm und

- einer Ein- und Ausgabevorrichtung.

Das Programm besteht aus *Instruktionen* (z. B. „Addiere eine Zahl zum aktuellen Wert des Akkumulators", „Übertrage den Akkumulatorinhalt in den Speicher", „Lade eine Zahl aus dem Speicher in den Akkumulator" etc.). Während eines Berechnungsschrittes wird von einer RAM genau eine Instruktion ihres Programms

---
[2]deutsch: „Maschine mit wahlfreiem Zugriff auf die Speicherzellen"; man spricht auch von *verallgemeinerten Registermaschinen*.

ausgeführt. Dabei wird die Annahme getroffen, daß die Ausführungszeit für alle Instruktionen gleich ist, unabhängig von Art und Größe der Operanden. Das Programm wird sequentiell abgearbeitet. Nur im Fall einer Verzweigung (bedingter oder unbedingter Sprung) kann die sequentielle Abarbeitungsreihenfolge durchbrochen werden.

Beispiel (Summation) Die Summation von n Zahlen nach dem simplen Schema

$$s := 0; \quad s := s + x_1, \quad s := s + x_2, \ldots, s := s + x_n$$

erfordert offensichtlich n RAM-Rechenschritte (wenn man die Initialisierung vernachlässigt, ansonsten $n+1$ Schritte).

PRAM-Modell: Die RAM als Abstraktion eines Einprozessorsystems kann zu einem Modell eines Mehrprozessorsystems (Parallelrechners) mit *gemeinsamem* Speicher erweitert werden. Man erhält eine *Parallel Random Access Machine* (*PRAM*) der Größe p, indem man p RAMs und einen gemeinsamen Speicher in einem Modell zusammenfaßt.

Eine PRAM kann in einem Berechnungsschritt p Instruktionen (nämlich genau eine jedes der p Programme) ausführen. Die zur Verfügung stehenden Instruktionen sind allerdings dieselben wie bei der RAM. Unter der (vereinfachenden) Annahme *gleicher Zeitdauer* aller Instruktionen ergibt sich folgende Interpretation: Die Arbeitsmenge, die eine PRAM pro Berechnungsschritt ausführen kann, ist p mal so groß wie bei einer RAM. Die Steigerung der potentiellen Leistung erfolgt also durch *parallele* Ausführung von *sequentiellen* Instruktionen.

Eine gravierende Vereinfachung beim PRAM-Modell ist die Annahme, daß die Bearbeitungsdauer für alle Instruktionen und speziell auch für alle Speicherzugriffe unabhängig von der Größe p der PRAM ist; es wird angenommen, daß der Inhalt jeder Speicherzelle von jedem Programm in einem Zeitschritt erreicht werden kann.

Da die p Programme einer PRAM durchaus verschieden sein können, ist auch die Modellierung von MIMD-Rechnern (siehe Abschnitt 1.4.2) inkludiert. Die PRAM ist aber ein *synchrones* Modell, d. h., der Beginn der Ausführung einer Instruktion erfolgt in allen p Programmen gleichzeitig, und die Ausführungszeit aller Instruktionen ist für alle Programme gleich groß.

Je nachdem, ob der Zugriff auf den gemeinsamen Speicher immer nur von einem Programm exklusiv möglich ist oder ob mehrere Programme gleichzeitig darauf zugreifen können, unterscheidet man EREW-PRAMs (*exclusive read exclusive write*), CREW-PRAMs (*concurrent read exclusive write*) und auch CRCW-PRAMs (*concurrent read concurrent write*).

Beispiel (Summation) Die Summation von n Zahlen erfordert nur $\lceil \log_2 n \rceil$ Rechenschritte einer PRAM, sofern $p \geq \lceil n/\log_2 n \rceil$ ist. Ein Rechenschritt besteht hier aus mehreren paarweisen Summationen, bei der die Nachbarelemente (x_1, x_2), (x_3, x_4), ... jeweils gleichzeitig miteinander addiert werden. So wird die Anzahl der Summanden fortlaufend halbiert[3], bis nur mehr einer übrigbleibt, dessen Wert dann die Gesamtsumme ist.[4]

---

[3]Im Fall einer ungeraden Anzahl von Summanden wird der übrig bleibende Summand unverändert in den nächsten Schritt übernommen.

[4]Die Eigenschaften verschiedener Summationsalgorithmen bezüglich Rundungsfehlern sind ausführlich in Überhuber [159] beschrieben.

2.1 Der Begriff „Leistung"

MPRAM-Modell: Als Modell für Parallelrechner mit *verteiltem* Speicher verwendet man die *Message Passing Random Access Machine (MPRAM)*. Sie setzt sich wie die PRAM aus mehreren RAMs zusammen, wobei jetzt aber auch die Speicher vervielfacht werden, so daß jede einzelne RAM nur auf ihren eigenen Speicher Zugriff hat.

Zusätzlich ist außerdem ein *Verbindungsgraph* vorhanden, der die Kommunikationsmöglichkeiten zwischen den RAMs symbolisiert. Jedem Knoten im Verbindungsgraphen entspricht eine Recheneinheit mit zugehörigem Akkumulator, Speicher, Programm und Ein-/Ausgabevorrichtung. Eine Kante zwischen zwei Knoten deutet an, daß zwischen den entsprechenden RAMs durch *Kommunikationsinstruktionen*, die Teil des Instruktionssatzes jeder MPRAM sind, in beide Richtungen Information übertragen werden kann.

Beispiel (Summation) Die Summation von n Zahlen auf einer MPRAM erfordert zusätzlich zu den $\lceil \log_2 n \rceil$ Rechenschritten $\lceil \log_2 n \rceil - 1$ Kommunikationsschritte, bei denen die Hälfte der jeweils aktiven RAMs ihre berechneten Teilsummen an eine andere RAM übermittelt.

VRAM-Modell: Eine *Vector Random Access Machine (VRAM)* enthält zusätzlich zu den RAM-Komponenten einen unbeschränkten Vektorspeicher (eine Abfolge von Speicherplätzen für Vektoren), Möglichkeiten der Ein-/Ausgabe von Vektoren und spezielle Vektorinstruktionen.

Eine VRAM kann in einem Berechnungsschritt eine Operation auf einer festen Anzahl von Vektoren aus dem Vektorspeicher und Skalaren aus dem Skalarspeicher ausführen, wie z. B. die elementweise Summation zweier Vektoren oder die Multiplikation eines Vektors mit einem Skalar. Spezielle *Vektorinstruktionen* steuern die Durchführung solcher Vektoroperationen.

Die Operationen, die im Zuge der Ausführung einer Vektorinstruktion auf den einzelnen Komponenten der Vektoren ausgeführt werden, bezeichnet man als *Elementoperationen*. Die Anzahl der Elementoperationen pro Berechnungsschritt einer VRAM (pro Vektorinstruktion) ist folglich abhängig von der Anzahl der beteiligten Komponenten, d. h., der Vektorlänge. Im Gegensatz dazu werden in einer PRAM in jedem Berechnungsschritt genau p Elementoperationen ausgeführt.

Bei einer VRAM ist die Art durchgeführten Vektorinstruktion entscheidend für die pro Berechnungsschritt erledigte Arbeitsmenge. Die Gesamtarbeit eines Programms kann durch die Anzahl der ausgeführten Vektorinstruktionen charakterisiert werden. Vergleichbar mit der Arbeitsmenge des Programms einer RAM oder einer PRAM ist aber nur die Anzahl der Elementoperationen des Programms, die man durch Summation der Vektorlängen über alle Instruktionen des Programms der VRAM erhält.

Im Gegensatz zur PRAM, wo die *sequentiellen* Instruktionen der RAM *parallel* ausgeführt werden, kommen bei einer VRAM neue, *parallele* Instruktionen (Vektorinstruktionen) dazu, die *sequentiell* ausgeführt werden.

Beispiel (Summation) Die Summation von n Zahlen auf einer VRAM erfordert, wie auf einer PRAM, $\lceil \log_2 n \rceil$ Rechenschritte. Im ersten Schritt werden die Vektoren $(x_1, x_2, \ldots, x_{n/2})$ und $(x_{n/2+1}, x_{n/2+2}, \ldots, x_n)$ addiert. Analog werden die folgenden Rechenschritte mit Vektoren ausgeführt, deren Länge ständig halbiert wird.

Der theoretische Abarbeitungsaufwand

Wenn man festgelegt hat, welche Operationen als Einheit der Arbeit anzusehen sind, kann ermittelt („abgezählt") werden, wieviele dieser Operationen von dem zu bewertenden Algorithmus zur Lösung eines Problems der Größe n benötigt werden. Damit erhält man die *Komplexität $K(n)$ des Algorithmus*, die jeder Problemgröße die entsprechende Anzahl der erforderlichen Operationen zuordnet.

Es wird dabei auf der Grundlage der obigen Modellvorstellungen angenommen, daß alle Operationen gleich lange dauern, unabhängig von der speziellen Art der Operationen und unabhängig von den Operanden. Eine Abschätzung des gesamten *Zeitaufwandes* der Algorithmus-Ausführung (abhängig von der Problemgröße) ist möglich, wenn man den Zeitaufwand für die Durchführung *einer* Operation kennt.

Die reine Abzählung von gleich gewichteten Operationen setzt eine *identische Arbeitsmenge* für jede Operation voraus. Aufgrund dieser Vereinfachung kann der *theoretische Abarbeitungsaufwand* nur für qualitative oder grobe quantitative Aussagen verwendet werden.

Die Grenzen theoretischer Aufwandsuntersuchungen

Damit der theoretische Abarbeitungsaufwand eines Algorithmus bzw. seine Komplexität durch Abzählen geeignet gewählter Operationen überhaupt bestimmt werden kann, ist es wichtig, daß die Anzahl dieser Operationen beim untersuchten Algorithmus *vorhersagbar* ist.

Direkte Algorithmen der Linearen Algebra (siehe Kapitel 3) erfüllen beispielsweise diese Bedingung. Ganz anders ist die Situation allerdings bei *iterativen* Algorithmen, da hier nicht allein die Problemgröße Einfluß auf die Anzahl der erforderlichen Operationen hat, sondern auch noch andere Parameter, wie Genauigkeitsschranken, die Distanz des Startwertes der Iteration von der gesuchten Lösung, Eigenschaften der Gleitpunkt-Arithmetik etc. Die Anzahl der Operationen, die für die Durchführung eines derartigen Algorithmus benötigt werden, ist daher *nicht* vorhersagbar. Eine Komplexitätsanalyse solcher Algorithmen ist oft nur unter sehr einschränkenden Zusatzvoraussetzungen möglich.

Bei Algorithmen, deren Arbeitsaufwand a priori nicht bekannt ist, kann man keine allgemeinen theoretischen Aussagen darüber machen, welche Arbeitsmenge zur Problemlösung anfällt. Man kann allenfalls die Komplexität *eines* Berechnungsschrittes (z. B. eines Iterationsschrittes) bestimmen. Wie oft so ein Schritt durchgeführt werden muß, damit die Ergebnisse den Anforderungen genügen, hängt von den Eigenschaften der konkreten Problemstellung ab.

Beispiel (Adaptive Verfahren der numerischen Integration) Ein *adaptiver* Algorithmus zur numerischen Integration ist folgendermaßen aufgebaut (Krommer, Überhuber [119]): Die Werte des Integranden an bestimmten Stellen des Integrationsbereiches sind die Information, aus der ein Integralnäherungswert und eine Fehlerschätzung berechnet werden. Aus der laufenden Erfassung von Integralnäherungswerten und Fehlerschätzungen auf Teilbereichen wird anhand eines Gütekriteriums entschieden, auf welchen Teilbereichen eine weitere Unterteilung und Durchführung von Integrationsschritten notwendig ist. Der numerische Integrationsvorgang

2.1 Der Begriff „Leistung"

kann eventuell bereits nach dem *ersten* Schritt beendet sein, so daß überhaupt kein *Teil*bereich, sondern nur der gesamte Integrationsbereich betrachtet werden muß.

Der Arbeitsaufwand eines Integrationsschrittes auf einem festen Bereich läßt sich zwar genau bestimmen, aber die zur Erfüllung des Gütekriteriums benötigte Unterteilungstiefe und damit die Anzahl der Integrationsschritte hängt von den Eigenschaften des Integranden ab und läßt sich *nicht* von vornherein abschätzen.

Die bei einem adaptiven Verfahren zu leistende Gesamtarbeit kann also a priori *nicht* festgestellt werden. In solchen Fällen ist es sinnvoll, für Aufwandsbewertungen die Arbeit auf Teilbereichen anstelle der Gesamtarbeit heranzuziehen.

Die asymptotische Komplexität von Algorithmen

Manchmal ist man nicht am exakten Ergebnis einer Operationen-Zählung interessiert, sondern nur an ihrem qualitativen Verlauf in Abhängigkeit von den Problemparametern, z. B. für wachsenden Umfang des Problems. Vor allem zur Charakterisierung des Lösungsaufwandes für sehr große Probleme ist die *asymptotische Komplexität* von großer Bedeutung.

Die von einem Parameter n abhängende Komplexität $K(n)$ eines Algorithmus hat die *Ordnung von* $f(n)$, falls es Konstanten B und C gibt, für die

$$K(n) \leq C \cdot f(n) \qquad \text{für alle} \quad n \geq B$$

gilt. Dieser Sachverhalt wird mit Hilfe des *Landauschen Symbols O* ausgedrückt:

$$K(n) = O(f(n)) \tag{2.3}$$

(gesprochen: $K(n)$ ist Groß-O von $f(n)$)[5]. Die Algorithmen mit Komplexitäten derselben Ordnung faßt man zu Komplexitätsklassen zusammen. Die praktisch wichtigsten asymptotischen Komplexitätsklassen sind:

Ordnung	Komplexitätsklasse	Beispiel für $K(n)$
$O(1)$	konstant	$c \in \mathbb{R}_+$
$O(\log n)$	logarithmisch	$c \cdot \log n$
$O(n)$	linear	$c_1 n + c_0$
$O(n^2)$	quadratisch	$c_2 n^2 + c_1 n + c_0$
$O(n^3)$	kubisch	$c_3 n^3 + c_2 n^2 + \cdots$
$\vdots$	$\vdots$	$\vdots$
$O(n^m)$, $m \in \mathbb{N}$	polynomial	$c_m n^m + c_{m-1} n^{m-1} + \cdots$
$O(c^n)$	exponentiell	$c^{d \cdot n} + \text{Polynom}(n)$
$O(n!)$	faktoriell	$c \cdot n!$

Wegen $\log_b(n) = \log_B(n) \cdot \log_b(B)$ ist die Angabe der Basis bei der logarithmischen Ordnung irrelevant.

---
[5]Man beachte, daß (2.3) keine Gleichung im üblichen mathematischen Sinn ist, sondern daß eine „von links nach rechts"-Bedeutung vorliegt: $O(f(n)) = K(n)$ ist sinnlos.

Die obige Tabelle ist nach steigender asymptotischer Komplexität geordnet. Ein Algorithmus mit kubischer Komplexität erfordert asymptotisch (ab einer gewissen Größe des Parameters n) mehr Aufwand als ein Algorithmus mit quadratischer Komplexität.

Die asymptotische Komplexität kann zu einer groben Klassifizierung von Algorithmen zur Lösung eines bestimmten Problems herangezogen werden. Haben zwei Algorithmen dieselbe asymptotische Komplexität, so bedeutet das, daß ihr Abarbeitungsaufwand bei immer größer werdenden Problemen gleich schnell steigt. Das gilt natürlich nur unter der Voraussetzung, daß dieselben Maßstäbe zur Bestimmung der Komplexität verwendet wurden!

Beispiel (Sortieralgorithmen) Bei Sortieralgorithmen ist der Problemumfang durch die Anzahl k der zu sortierenden Elemente gegeben. Der Arbeitsaufwand wird normalerweise durch die Anzahl der benötigten Vergleiche zweier Elemente charakterisiert. Er ist natürlich abhängig von der Art der Anordnung der Elemente zum Startzeitpunkt des jeweiligen Algorithmus.

Manche Sortierverfahren wie etwa *Sortieren durch Minimum-Suchen*, *Sortieren durch Einordnen* oder *Quicksort* weisen alle *im schlechtesten Fall* eine asymptotische Komplexität von $O(k^2)$ auf und sind daher einer gemeinsamen Algorithmenklasse zuzuordnen. Die asymptotische Komplexität von *Sortieren durch Mischen* oder *Heapsort* ist unabhängig vom Ausgangszustand der zu sortierenden Folge durch $O(k \log k)$ charakterisiert. Diese Verfahren gehören dementsprechend zu einer Klasse asymptotisch effizienterer Algorithmen.

Bei theoretischen Untersuchungen, die sich auf die asymptotische Komplexität stützen, darf vor allem nicht übersehen werden, daß Rückschlüsse auf die praktische Leistungsfähigkeit der untersuchten Algorithmen bei der Lösung konkreter Probleme nur mit Vorsicht gemacht werden dürfen bzw. oft überhaupt nicht zulässig sind. Bedingt durch die Definition der Landauschen „O-Symbolik" kann ein Algorithmus mit geringerer asymptotischer Komplexität für (endlich) viele, praktisch relevante Werte des Parameters n *arbeitsaufwendiger* sein als ein Algorithmus, der eine größere asymptotische Komplexität aufweist.

Beispiel (Aufwandsvergleich) Zwei Algorithmen mit den Komplexitäten $K_1(n) = 0.67n^3$ und $K_2(n) = 260n^{2.3}$ sollen verglichen werden. Asymptotisch gesehen hat der zweite Algorithmus mit einem $O(n^{2.3})$-Aufwand die geringere Komplexität als der Algorithmus mit der kubischen Komplexität. Für Parameterwerte $n \leq 4\,993$ erfordert jedoch der erste Algorithmus den geringeren Aufwand, für kleine Werte von n sogar einen deutlich geringeren.

Die Komplexität von Problemen

Die Komplexität eines *Algorithmus* ist ein Maß für seinen Abarbeitungsaufwand bei einer konkreten Realisierung innerhalb bestimmter Modellannahmen. Es ist noch die Frage zu klären, wie groß der Aufwand ist, der durch die Problemstellung *an sich* bestimmt wird, unabhängig von konkreten Lösungsalgorithmen.

Von der Komplexität eines *Problems* kann man nicht ohne weiteres sprechen, weil es dazu meist eine Vielzahl möglicher Lösungsalgorithmen unterschiedlicher Komplexität gibt. Den Begriff der Komplexitätsklasse kann man jedoch leicht von Algorithmen auf Probleme übertragen: Eine Komplexitätsklasse von Problemen enthält alle Probleme, die mit Algorithmen einer entsprechenden Komplexitätsklasse lösbar sind.

2.1 Der Begriff „Leistung"

Falls es unter allen Komplexitätsklassen, in denen ein gegebenes Problem liegt, eine Klasse minimaler Komplexität gibt, spricht man (intuitiv) von der „Komplexität des Problems". Es gelingt aber nur in den seltensten Fällen, eine solche minimale Komplexitätsklasse wirklich zu bestimmen. Hierzu müßte man durch Analyse des Problems eine untere Schranke für den Lösungsaufwand bestimmen *und* auch einen (optimalen) Algorithmus finden, dessen asymptotische Komplexität gleich dieser unteren Schranke ist (Almasi und Gottlieb [5]).

Beispiel (Sortieren) Für die Umordnung einer Folge von $k \geq 2$ Objekten $a_1, a_2, \ldots, a_k$ in eine Folge $a_{(1)}, a_{(2)}, \ldots, a_{(k)}$, für die eine Ordnungsrelation

$$a_{(1)} \leq a_{(2)} \leq \cdots \leq a_{(k)}$$

gilt, benötigt ein allgemeines Sortierverfahren, das seine Information über die Anordnung der zu sortierenden Elemente ausschließlich aus Vergleichsoperationen zwischen den Elementen bezieht, *mindestens* $O(k \log k)$ Vergleiche.

Da es andererseits Algorithmen gibt, die (asymptotisch gesehen) nicht mehr als diese Zahl von Vergleichen benötigen (z. B. das Sortierverfahren *Heapsort*), kann man daraus schließen, daß die Komplexität des allgemeinen Sortier*problems* $O(k \log k)$ ist.

Beispiel (Lineare Gleichungssysteme) Der Gauß-Algorithmus zur Lösung n linearer Gleichungen ist ein $O(n^3)$-Algorithmus. Lange Zeit war man der Meinung, daß auch die Komplexität des Problems der Lösung eines linearen Gleichungssystems von kubischer Ordnung ist. Seit 1969 weiß man, daß dies nicht der Fall ist (Strassen [156]).

Aufgrund eines explizit bekannten $O(n^{2.376})$-Algorithmus kann man derzeit die intuitive Komplexität der Lösung linearer Gleichungssysteme ungefähr einschränken: Man weiß, daß das Problem in der Klasse der $O(n^{2.376})$-lösbaren Probleme liegt und weiters, daß jeder Algorithmus zumindest n^2 Zugriffe auf die Elemente der Systemmatrix (Koeffizienten des Gleichungssystems) benötigt. Man kann die Komplexität K des Problems daher folgendermaßen eingrenzen:

$$O(n^2) \leq K \leq O(n^{2.376}).$$

Die Komplexität dieses Problems ist auf das engste mit jener der Matrizenmultiplikation verknüpft (Pan [141]).

Beispiel (Strassen-Algorithmus) Das Produkt zweier $n \times n$-Matrizen kann mit dem (klassischen) Algorithmus, der aus der Definition der Matrizenmultiplikation gewonnen wird (*Zeilen mal Spalten*), berechnet werden (siehe Abschnitt 3.2). Dieser Algorithmus erfordert n^3 Multiplikationen und $n^2(n-1)$ Additionen, seine asymptotische Komplexität bezüglich der arithmetischen Operationen ist daher $O(n^3)$.

Mehr als ein Jahrhundert lang war dieser Algorithmus die einzige bekannte Methode für die Multiplikation zweier Matrizen. Aufgrund ihrer Einfachheit wurde sie als optimal angesehen, und es wurde kaum versucht, alternative Methoden zu finden.

1967 fand Winograd eine Methode, in der die Hälfte der n^3 Multiplikationen der konventionellen Matrizenmultiplikation durch Additionen ersetzt werden. Dies war damals, als Gleitpunktadditionen zwei- bis dreimal schneller ausgeführt werden konnten als Gleitpunktmultiplikationen, von großer Bedeutung. Auf heutigen Computern erfordern diese beiden Operationen jedoch dieselbe Zeit.

Bald danach entwickelte Strassen [156] eine Methode für die Matrizenmultiplikation mit einer arithmetischen Komplexität von $O(n^{\log_2 7})$, was deutlich niedriger ist als die kubische Komplexität des konventionellen Algorithmus ($\log_2 7 \approx 2.807$). Strassen warf auch die Frage nach der Problemkomplexität der Matrizenmultiplikation auf: „Wie lautet der kleinste Exponent ω, so daß die Matrizenmultiplikation mit $O(n^\omega)$ Operationen ausgeführt werden kann?"

Offensichtlich gilt $\omega \geq 2$, da alle Elemente beider Matrizen zumindest einmal verarbeitet werden müssen. Trotz intensiver Forschung ist das Minimum der Exponenten ω (bzw. das

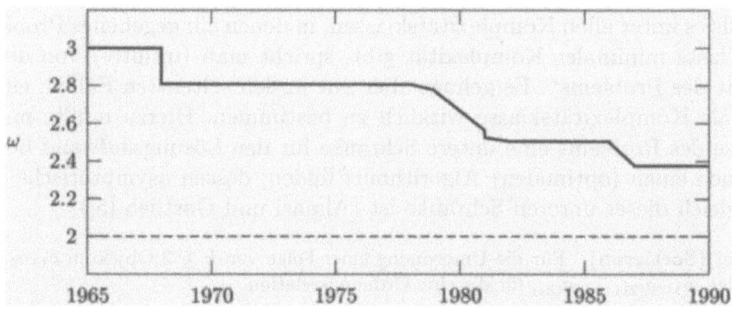

Abb. 2.1: Entwicklung des *Exponenten* der arithmetischen Komplexität $K(n) = O(n^\omega)$ der Matrizenmultiplikation.

Infimum dieser Exponenten) (noch) nicht bekannt (siehe Abb. 2.1). Einen Überblick relevanter Publikationen gibt Pan [141].

Der Strassen-Algorithmus (Strassen [156]) ermöglicht die Berechnung des Produktes zweier Matrizen der Ordnung $n = 2^k$ mit 7^k Multiplikationen und weniger als $6 \cdot 7^k$ Additionen und Subtraktionen, genauer:

$$K_{\text{mult}}(n) = n^{\log_2 7} \quad \text{Multiplikationen und}$$
$$K_{\text{add}}(n) = 6(n^{\log_2 7} - n^{\log_2 4}) \quad \text{Additionen/Subtraktionen.}$$

Trotz der niedrigeren asymptotischen Komplexität als im Fall des Standardalgorithmus ist der Abarbeitungsaufwand des Strassen-Algorithmus bei Parameterwerten $n \leq 660$ *größer*.

Für Matrizen beliebiger Ordnung (nicht unbedingt $n = 2^k$) kann mit Hilfe des Strassen Algorithmus das Produkt zweier $n \times n$-Matrizen mit weniger als $28 n^{\log_2 7}$ arithmetischen Operationen berechnet werden (Strassen [156]).

In seiner Grundform wird der Strassen-Algorithmus im gesamten Verlauf der Matrizenmultiplikation rekursiv nach dem „divide-and-conquer" Prinzip auf immer kleinere Matrizen angewendet. Es zeigt sich aber, daß es sich in der Praxis günstig auswirkt, nach dem Unterschreiten einer gewissen Matrizengröße das Matrizenprodukt mit dem konventionellen Algorithmus zu berechnen, anstatt den Strassen-Algorithmus bis zur letzten Rekursionsstufe (2×2-Matrizen) zu verwenden (Higham [94], Huang et al. [105]).

Es ist nicht einfach, den Strassen-Algorithmus effizient zu implementieren. Lange Zeit war der Strassen-Algorithmus daher nur von eher theoretischem Interesse. Dann publizierten jedoch Douglas et al. [49] eine effiziente Implementierung sowohl für sequentielle Computer als auch für Parallelrechner. Implementierungen, mit denen die Vorteile des Strassen-Algorithmus auch in die Praxis umgesetzt werden können, sind mittlerweile auch schon Bestandteil wichtiger Software-Bibliotheken (z. B. die Routinen sgemms und dgemms der ESSL Bibliothek [56]).

Die „Grenzdimension" $n_{\min}$, ab der eine Strassen-Implementierung praktisch weniger Rechenzeit erfordert als die entsprechende BLAS-3-Routine (siehe Abschnitt 3.1.4) BLAS/sgemm bzw. BLAS/dgemm, liegt bei den meisten Computern zwischen 32 und 256. Bei sehr viel größeren Matrizen kann durch den Strassen-Algorithmus eine signifikante Verringerung der erforderlichen Gleitpunktoperationen (siehe Abb. 2.2) und damit eine entsprechende Verkürzung der Rechenzeit (siehe Abb. 2.3) erreicht werden. Der Strassen-Algorithmus ist auch für eine Verwendung auf Parallelrechnern sehr gut geeignet (Bailey [10], Laderman et al. [120]).

Praktische Aufwandsermittlung

Bei praktischen Aufwandsermittlungen ist normalerweise nicht die asymptotische, sondern die „*finite*" Komplexität eines Algorithmus bei endlicher Problem-

2.1 Der Begriff „Leistung"

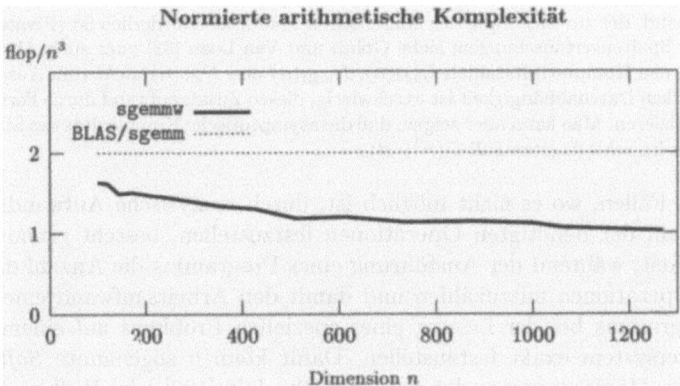

Abb. 2.2: Normierte Anzahl flop/n^3 von Gleitpunktoperationen bei der Matrizenmultiplikation unter Verwendung der Routinen sgemmw (——, Strassen-Algorithmus, Douglas et al. [49]) und BLAS/sgemm (·····).

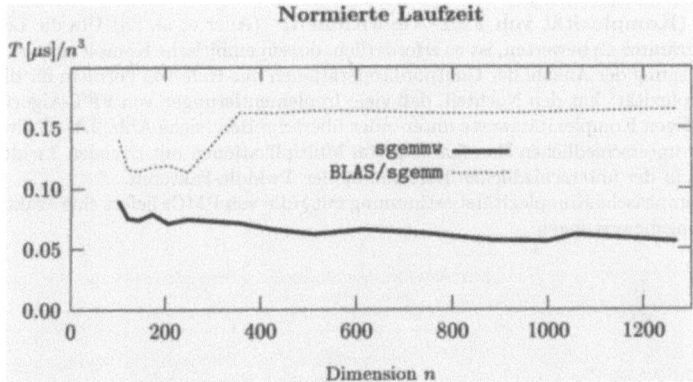

Abb. 2.3: Normierte Laufzeit T/n^3 der Matrizenmultiplikation unter Verwendung der Routinen sgemmw (——, Strassen-Algorithmus, Douglas et al. [49]) und BLAS/sgemm (·····) auf einer HP-Workstation in Mikrosekunden.

größe relevant, wie z. B. die konkrete Anzahl $K(n)$ der verschiedenen Arten von (Gleitpunkt-) Operationen, die der Algorithmus zur Bearbeitung eines Problems der Größe n erfordert.

Beispiel (Gauß-Algorithmus) Der Eliminationsalgorithmus von Gauß zur Lösung eines linearen Gleichungssystems[6] der Dimension n benötigt (Golub und Ortega [81])

$$K_{\text{add}}(n) = n^3/3 + n^2/2 - 5n/6 \quad \text{Additionen,}$$
$$K_{\text{mult}}(n) = n^3/3 + n^2/2 - 5n/6 \quad \text{Multiplikationen und}$$
$$K_{\text{div}}(n) = n^2/2 + n/2 \quad \text{Divisionen.}$$

---
[6]Dieses Verfahren, bzw. dessen rechenaufwendiger erster Teil, die *LU-Zerlegung*, wird in Abschnitt 3.3 im Detail behandelt.

Der Aufwand, der zur Sicherung der numerischen Stabilität erforderlich ist (Pivotsuche, Zeilen- und/oder Spaltenvertauschungen; siehe Golub und Van Loan [82] oder auch Abschnitt 3.3.4), kommt in den Komplexitätszahlen $K_{\text{add}}(n)$, $K_{\text{mult}}(n)$ und $K_{\text{div}}(n)$ *nicht* zum Ausdruck. Wegen seiner starken Datenabhängigkeit ist es schwierig, diesen Zusatzaufwand durch Formelausdrücke zu quantifizieren. Man kann aber zeigen, daß die asymptotische Komplexität des Stabilisierungs- aufwandes im schlechtesten Fall $O(n^2)$ ist.

In jenen Fällen, wo es nicht möglich ist, durch analytische Aufwandsermittlung die Anzahl der benötigten Operationen festzustellen, besteht grundsätzlich die Möglichkeit, während der Ausführung eines Programms die Anzahl der verschiedenen Operationen mitzuzählen und damit den Arbeitsaufwand eines bestimmten Programms bei der Lösung eines speziellen Problems auf einem konkreten Computersystem exakt festzustellen. Dafür können sogenannte *Software-* oder *Hardware-Monitore* verwendet werden (siehe Jain [109] oder Welbon et al. [172]), über die man genau beobachten kann, welche Maschinenbefehle ausgeführt bzw. wieviele Taktzyklen benötigt werden. Falls auf dem Prozessor des verwendeten Computers *Program Monitor Counters* (*PMCs*; siehe Abschnitt 2.1.2) vorhanden sind, kann man mit ihnen sehr genaue Aufwandsermittlungen durchführen.

Beispiel (Komplexität von FFT-Algorithmen) (Auer et al. [9]) Um die Leistung eines FFT-Programms zu bewerten, ist es erforderlich, dessen empirische Komplexität zu bestimmen. Eine Festlegung der Anzahl der Gleitpunktoperationen mit Hilfe von Formeln für die arithmetische Komplexität[7] hat den Nachteil, daß viele Implementierungen von FFT-Algorithmen diese formelmäßigen Komplexitätswerte unter- oder überschreiten (siehe Abb. 2.4). Gründe dafür liegen in der unterschiedlichen Handhabung von Multiplikationen mit trivialen Twiddle-Faktoren oder auch in der unterschiedlichen Berechnung der Twiddle-Faktoren.

Eine empirische Komplexitätsbestimmung mit Hilfe von PMCs liefert eine exakte Grundlage für Leistungsbewertungen.

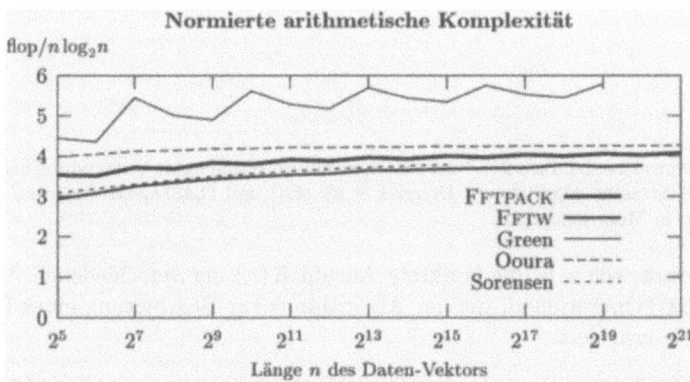

Abb. 2.4: Normierte Anzahl flop/$n \log_2 n$ von Gleitpunktoperationen verschiedener FFT Routinen (siehe Auer et al. [8] oder auch Karner und Überhuber [114]).

---

[7]Für die Anzahl der reellen arithmetischen Operationen von Radix-2 FFT-Algorithmen (angewendet auf komplexe Datenvektoren der Länge n) wird oft die Formel $K(n) = 5n \log_2 n$ verwendet.

2.1 Der Begriff „Leistung"

Ein wichtiger Vorteil der empirischen Bestimmung der Arbeitsmenge ist es, daß man mit PMCs auch die arithmetischen Komplexität von vorcompilierten Bibliotheksroutinen *exakt* bestimmt werden kann, ohne daß deren Funktionalität im Detail bekannt sein muß.

Da die Verwendung von PMCs zu keinen Rechenzeitveränderungen (-vergrößerungen) führt, können PMCs nicht nur zur exakten Bestimmung der Arbeitsmenge, sondern auch für äußerst präzise Zeitmessungen verwendet werden (siehe Abschnitt 2.1.2).

Präzisierung des Begriffs „Operation"

Die praktische Ermittlung des Arbeitsaufwandes eines bestimmten Algorithmus erfordert eine noch genauere Auseinandersetzung mit dem Begriff „Operation", als dies beim theoretischen Abarbeitungsaufwand der Fall war.

In der Praxis der Numerischen Datenverarbeitung spielt die *Gleitpunktoperation (floating point operation, flop)* eine zentrale Rolle. Die Arbeit, die ein Programm für die Lösung eines numerischen Problems der Größe n ausführen muß, wird oft durch die Anzahl der durchzuführenden Gleitpunktoperationen charakterisiert. Die Funktion $K(n)$, die jeder Problemgröße n die Anzahl der Gleitpunktoperationen des Algorithmus zuordnet, wird als *Rechen-Komplexität des Algorithmus* bezeichnet.

Außer dem Umstand, daß oft auch andere Operationen bezüglich ihres Zeitaufwandes eine wichtige Rolle spielen (z. B. Anzahl und Art der Speicherzugriffe), ist zu beachten, daß normalerweise weder Arbeitsaufwand noch tatsächliche Zeitdauer der verschiedenen Gleitpunktoperationen gleich groß sind. Außerdem sind auf verschiedenen Computersystemen Gleitpunktoperationen in unterschiedlicher Form vorhanden. Beispielsweise haben viele Mikroprozessoren neben den Instruktionen für die arithmetischen Operationen $+ - \cdot /$ eigene Instruktionen für die Berechnung der Quadratwurzel-, Sinus- und Kosinusfunktion etc. Solche Funktionsaufrufe stellen aber erheblich mehr Arbeit dar und und benötigen auch deutlich mehr Zeit als beispielsweise die Ausführung einer Gleitpunktaddition oder -multiplikation.

Beispiel (Quadratwurzelfunktion) In älteren Modellen der IBM RS/6000-Workstations wurde die Quadratwurzelfunktion durch den Aufruf einer Bibliotheksroutine realisiert, deren Ausführung ungefähr 50 Taktzyklen benötigte. Die neuere POWER3-Architektur enthält eine Instruktion zur Berechnung der Quadratwurzel, deren Ausführung nur mehr halb soviele Taktzyklen erfordert.

Beispiel (Multiply-and-Add-Instruktionen) Auf fast allen RISC-Prozessoren gibt es heute eine *Multiply-Accumulate*-Instruktion (*MA*) oder eine *Fused-Multiply-and-Add*-Instruktion (*FMA*). Diese Instruktionen können eine Multiplikation und eine davon abhängige Addition – die Operation $(a \cdot b) + c$ – in derselben Zeit wie eine einzelne Gleitpunktaddition bzw. Gleitpunktmultiplikation ausführen. Ein wichtiger Vorteil der FMA-Instruktion ist, daß das Zwischenergebnis nicht gerundet wird und daher insgesamt nur *ein* Rundungsfehler auftritt (White und Dhawan [176]). Dies kann vor allem dazu verwendet werden, eine schnelle und korrekt gerundete Gleitpunktdivision ohne aufwendige Hardware-Vorrichtungen durchzuführen. Kahan [112] erläutert die dabei verwendete Vorgangsweise und erwähnt auch etwaige numerische Schwierigkeiten, die bei unvorsichtiger Verwendung von FMA-Operationen auftreten können.

Unter Ausnutzung des Pipelineprinzips kann in jedem Taktzyklus eine MA- oder FMA-Instruktion beendet werden. Um eine maximale Leistungssteigerung zu erreichen, muß jedoch gewährleistet sein, daß die Bandbreite zwischen Speicher und Registern groß genug ist (siehe Abschnitt 1.2), um die drei Operanden einer MA- oder FMA-Instruktion rechtzeitig zur Verfügung zu haben und auch das Resultat schnell genug abspeichern zu können.

Die im Instruktionssatz eines Prozessors verfügbaren arithmetischen Gleitpunktoperationen sind in der Praxis – im Gegensatz zu den vereinfachenden Annahmen z. B. des RAM-Modells – *nicht* homogen bezüglich ihres Zeitaufwandes. Gleitpunktadditionen oder -multiplikationen benötigen beispielsweise meist deutlich weniger Taktzyklen als Gleitpunktdivisionen. Diese Tatsache ist sowohl bei der Aufwandsbewertung von Algorithmen als auch bei der empirischen Leistungsbewertung von Computersystemen von großer Bedeutung (siehe Abschnitt 2.2.4).

Um eine einheitliche Leistungsbeurteilung zu ermöglichen, werden gelegentlich *normierte Gleitpunktoperationen* verwendet. Dabei wird jede Gleitpunktoperation gewichtet gezählt, z. B. mit der Anzahl der Taktzyklen, die ihre Ausführung benötigt. Folgende Normierung des Aufwandes ist derzeit sinnvoll:

Gleitpunktoperation	Gewichtung
Addition, Subtraktion, Multiplikation, FMA-Instruktion	1 flop
Division, Quadratwurzel	10–50 flop
Exponentialfunktion, Winkelfunktionen	50–100 flop

Es ist zu beachten, daß der Aufwand für eine Division oder eine Quadratwurzelfunktion stark prozessorabhängig ist, während der Aufwand von Exponential- und Winkelfunktionen vom Compiler und von der verwendeten Bibliothek abhängt. Die passende Gewichtung für einen konkreten Computer ermittelt man am besten experimentell mit Hilfe von PMCs (siehe Abschnitt 2.1.2). Flop/s-Angaben (siehe Abschnitt 2.2), die sich nicht ausschließlich auf Additionen und Multiplikationen stützen, sind generell mit Vorsicht zu interpretieren.

Durch Aufwandsnormierung kann man versuchen, eine von der *Art* der auftretenden Gleitpunktoperationen unabhängige Rechen-Komplexität eines Algorithmus bzw. eines Programms zu ermitteln (Hennessy und Patterson [93]). Der Wert ist allerdings nicht unbedingt unabhängig von den Hardware-Besonderheiten des Prozessors. Fallweise im Instruktionssatz vorhandene zusammengesetzte Instruktionen, wie die bereits erwähnte FMA-Instruktion, müssen natürlich ebenfalls in der Normierung berücksichtigt werden.

2.1.2 Der Leistungsfaktor Zeit

Die Antwortzeit

Für den Benutzer ist fast immer nur jene Zeitdauer von Bedeutung, die der Computer für die Erledigung einer ihm übertragenen Aufgabe braucht. Diese Zeit,

2.1 Der Begriff „Leistung"

die als *Antwortzeit* (*response time*, *elapsed time*, manchmal auch *wall-clock time*) bezeichnet wird, liegt zwischen dem Absenden des Kommandos zum Start einer bestimmten Datenverarbeitungsaktivität (der vom Benutzer gewünschten Problemlösung) und deren Beendigung, also der „Antwort" des Rechners.

Dieser aus der Sicht des Benutzers entscheidende Wert eignet sich aber nicht für eine vergleichende Leistungsbeurteilung, da er von Faktoren abhängt, die sich geplanten, reproduzierbaren Experimenten entziehen. Insbesondere wird es bei *Multitasking-Betrieb* vorkommen, daß der betrachtete Prozeß nicht die ganze Zeit aktiv ist, sondern daß die CPU zeitweise auch andere Aufgaben bearbeitet. Die Antwortzeit enthält auf einem *belasteten* System auch Zeiten für die Organisation der Taskwechsel und hängt stark von der Anzahl der vorhandenen Tasks ab.

Besonders groß wird der Unterschied zwischen der Antwortzeit für den einzelnen Benutzer und dem systemintern für dessen Aufgabenstellungen benötigten Zeitaufwand im *Multi-User-Betrieb*. Die anderen Benutzer, denen die Rechenanlage auch einen Teil ihrer verfügbaren Gesamtleistung zukommen läßt, bleiben unsichtbar: Es entsteht der Eindruck, *alleine* über die gesamte Rechnerkapazität verfügen zu können, während in Wirklichkeit die Antwortzeit von der Systemauslastung und der Art der Prozessorzuteilung abhängt. Diese Situation kann bei Leistungsbewertungen nicht beeinflußt werden, ohne unrealistische Bedingungen (z. B. *Single-User-Betrieb*) herbeizuführen.

Die CPU-Zeit

Dem Umstand, daß beim Multi-User-Betrieb meist nur ein kleiner Teil der potentiell verfügbaren Rechnerkapazität einem bestimmten Auftrag (*job*) gewidmet wird, trägt die *CPU-Zeit* Rechnung. Sie gibt an, wie lange die CPU effektiv mit der gestellten Aufgabe beschäftigt war, ohne deren zwischenzeitliche Belegung durch andere Prozesse oder Ein-/Ausgabe-Wartezeiten zu berücksichtigen.

Die CPU-Zeit kann noch weiter in die Benutzer-CPU-Zeit und die System-CPU-Zeit aufgeteilt werden. Die *Benutzer-CPU-Zeit* ist jene Zeit, während der die Instruktionen des Anwendungsprogramms und der dazugebundenen Routinen ausgeführt werden. Während der *System-CPU-Zeit* werden Betriebssystemfunktionen ausgeführt, die für die Abarbeitung des Anwendungsprogramms zusätzlich benötigt werden, wie z. B. Zugriffe auf Seiten des virtuellen Speichers im Sekundärspeicher oder die Durchführung von Ein-/Ausgabe-Operationen.

Bei der Bewertung der Leistung eines Computersystems muß a priori die Entscheidung getroffen werden, welche Zeiten gemessen werden sollen (Benutzer-CPU-Zeit oder System-CPU-Zeit oder Antwortzeit). Dementsprechend unterscheidet man zwischen der *Gesamtsystemleistung* (*System-Performance*), falls die Antwortzeit zugrundegelegt wird, und der *CPU-Leistung*) (*CPU-Performance*, wenn die Benutzer-CPU-Zeit verwendet wird (Hennessy und Patterson [93]). Da sich die Art der Zeitmessung auch auf die verschiedenen Leistungskenngrößen bei der Leistungsbewertung (siehe Abschnitt 2.2) auswirkt, ist es sehr wichtig, in jeder Leistungsbewertung genau zu dokumentieren, welche Zeiten bei den Untersuchungen gemessen wurden.

Zeitmessung

Die Messung der Zeitdauer für die Ausführung eines Computerprogramms kann entweder „softwarebasiert", z. B. mit Hilfe von Betriebssystemfunktionen, oder „hardwarebasiert" mit Hilfe von *Program Monitor Counters* (*PMC*s) erfolgen. Letztere Methode wurde erst in der jüngsten Vergangenheit einer breiteren Verwendung zugänglich und ist die in vielfacher Hinsicht überlegene Alternative. Sie wird ab Seite 81 näher erläutert.

Im folgenden werden verschiedene Möglichkeiten der traditionellen „softwarebasierten" Zeitmessung sowie deren wohlbekannte Schwächen und Schwierigkeiten besprochen. Ganz generell ist es zur Überprüfung der Güte der mit diesen Methoden ermittelten Meßwerte empfehlenswert, bei unverändertem Problem (gleichen Daten) die Zeitmessungen mehrfach durchzuführen und die Streuung der Ergebnisse zu untersuchen. Eine große Streuung deutet oft auf Schwächen der Zeitmessung hin!

UNIX-Kommando time: Wenn die Laufzeit eines *gesamten* Programms ermittelt werden soll, so kann das Kommando `time` verwendet werden.

Beispiel (Kommando time) Nach folgendem Aufruf

```
> time cholesky
82.535u 40.662s 2:08.46 95.8% 0+0k 2+18io 0pf+0w
```

enthält xu die Benutzer-CPU-Zeit x (hier: 82.535 Sekunden) und ys die System-CPU-Zeit y (hier: 40.662 Sekunden), die zur Ausführung eines Programms `cholesky` benötigt wurden. Das darauffolgende Feld gibt die Antwortzeit (hier: 128.46 Sekunden) an.

Eine saubere Trennung in Benutzer-CPU-Zeit und System-CPU-Zeit läßt sich i. a. kaum durchführen, da z. B. Betriebssystemaufrufe, die durch Cache-Fehlzugriffe bedingt sind, für den Anwender nicht vorhersehbar sind. Er weiß daher nicht, wann Funktionsaufrufe zur Zeitmessung erforderlich wären, um Benutzer-CPU-Zeiten von System-CPU-Zeiten zu trennen. Außerdem ist bei den CPU-Zeiten, die Betriebssystemfunktionen liefern, oft nicht klar, welche Komponenten der Gesamtzeit dabei berücksichtigt wurden. Es können sich daher für ein und dasselbe Programm bei verschiedenen Betriebssystemen unterschiedliche Werte für die CPU-Zeit ergeben.

C-Unterprogramm times: Will man dagegen nur die in bestimmten Programm*abschnitten* verbrauchte Zeit ermitteln, so muß man *innerhalb* des Programms entsprechende Zeitabfragen durchführen. In relativ portabler Weise geschieht dies mit Hilfe des in allen UNIX-Systemen vordefiniert verfügbaren C-Unterprogramms `times`.

Beispiel (Unterprogramm times) Der folgende C-Programmabschnitt zeigt, wie man mit Hilfe des vordefinierten Unterprogramms `times` die in einem Programmabschnitt verbrauchte Benutzer- und System-CPU-Zeit sowie die entsprechende *elapsed time* ermittelt.

```
#include <sys/times.h>
...
/* periode ist die Aufloesungsgenauigkeit des Unterprogramms times */
```

2.1 Der Begriff „Leistung"

```
periode = 1/(double)sysconf(_SC_CLK_TCK);
...
start_time = times(&begin_cpu_time);
/* Beginn des untersuchten Programmabschnitts */
...
/* Ende des untersuchten Programmabschnitts */
end_time   = times(&end_cpu_time);
user_cpu   = periode*(end_cpu_time.tms_utime - begin_cpu_time.tms_utime);
system_cpu = periode*(end_cpu_time.tms_stime - begin_cpu_time.tms_stime);
elapsed    = periode*(end_time - start_time);
```

Im Unterprogramm times werden sämtliche gemessene Zeiten als Vielfache einer bestimmten Zeitperiode angegeben. Diese Zeitperiode ist systemabhängig und muß daher vor der Verwendung von times mit Hilfe des UNIX-Standard-Unterprogramms sysconf bestimmt werden. times selbst muß unmittelbar vor und unmittelbar nach dem zu messenden Programmabschnitt aufgerufen werden. Dabei werden die akkumulierten Benutzer- und System-CPU-Zeiten im Argument von times zurückgeliefert, während man die jeweilige (System-)Uhrzeit direkt als Funktionswert von times erhält. Durch Subtraktion entsprechender Anfangs- und Endzeiten und Skalierung mit der Periodendauer ergeben sich schließlich die gesuchten tatsächlichen Ausführungszeiten.[8]

In Mehrprozessorsystemen wird i. a. die *Summe* aller CPU-Zeiten der beteiligten Prozessoren geliefert, wobei auch die für Synchronisation und Kommunikation erforderlichen CPU-Zyklen inkludiert sind. Die CPU-Zeit für die Abarbeitung eines parallelen Algorithmus ist daher immer *größer* als die für einen sequentiellen Algorithmus.

UNIX-Kommando gettimeofday: Für Laufzeitmessungen kurzer Code-Fragmente ohne Context-Switch und ohne Interrupt kann zur Zeitmessung die *Real-time* (die „tatsächliche Uhrzeit") herangezogen werden. Diese kann auf den meisten Rechnern mit einer höheren Genauigkeit gemessen werden als die eigentliche Prozeßzeit, die unter UNIX mit dem vorher besprochenen Aufruf times ermittelt wird und meist nur eine Auflösung von 10 ms hat. Die Real-time wird unter UNIX mit dem Aufruf gettimeofday ausgelesen, der den aktuellen Stand der internen Systemuhr eines Computersystems mit einer *Auflösung* von $1\,\mu\text{s} = 10^{-6}\,\text{s}$ liefert. Aus der Differenz der Werte dieser Systemuhr vor dem Start und nach der Beendigung einer Problemlösung ergibt sich die Antwortzeit.

Die erwähnte Auflösung bedeutet jedoch nicht, daß die Uhrzeit auch mit dieser *Genauigkeit* geliefert wird. Ein Test der Angaben ist leicht möglich, wenn man gettimeofday so oft hintereinander aufruft, bis sich ein Unterschied zur vorigen Messung ergibt. Der kleinste gemessene Unterschied $\delta_{\min}$ ist eine Schranke für die Genauigkeit der Zeitmessung.

Beispiel (Genauigkeit der Zeitmessung) Auf einem PC wurde experimentell der sehr zufriedenstellende Wert $\delta_{\min} = 1\,\mu\text{s}$ ermittelt, auf einer HP-Workstation $\delta_{\min} = 24\,\mu\text{s}$ und auf einer IBM-Workstation $\delta_{\min} = 151\,\mu\text{s}$. Dieser relativ hohe Wert macht es praktisch unmöglich, die Laufzeit von Codeabschnitten genau zu bestimmen, die weniger als ca. 2 ms benötigen.

---

[8] Der Fehler, der durch die Nichtberücksichtigung der vom Unterprogramm times selbst verbrauchten Zeit entsteht, kann auf den heutigen Computersystemen vernachlässigt werden.

Zuverlässigkeit von Zeitmessungen

Die Vorgänge, die auf einem in Betrieb befindlichen Computer ablaufen, sind derartig komplex, daß man mit gutem Grund von einem „undurchschaubaren System" sprechen kann. Bedingt durch Mehrprogrammbetrieb (Multi-Tasking-Betrieb) und Mehrbenutzerbetrieb (Multi-User-Betrieb) sind die Verarbeitungsabläufe praktisch *nicht reproduzierbar*. Bei der wiederholten Messung der Laufzeit von Programmen bzw. Programmteilen treten daher zwischen den einzelnen Messungen oft größere Diskrepanzen auf.

Diese Diskrepanzen stehen im Gegensatz zu dem in den Naturwissenschaften geforderten Prinzip der Reproduzierbarkeit von Experimenten und deren Resultaten. Treten bei verschiedenen Beobachtungen derselben Größe stark gestreute Werte auf, so bleibt unklar, welcher Wert der Meßgröße tatsächlich zugeordnet werden soll. Da im allgemeinen nicht bekannt ist, in welcher Weise der „exakte Wert" durch Störeinflüsse verfälscht wurde, sind statistische Methoden zur Informationsreduktion (Schätzung des Mittelwerts etc.) auch nur bedingt einsetzbar. Eindeutige Aussagen über die beobachtete Meßgröße (z. B. deren Übereinstimmung mit einem auf Grund theoretischer Überlegungen erwarteten Wert) lassen sich ohne eine genau Untersuchung der Einflußfaktoren (Störfaktoren der Messung) weder widerlegen noch bestätigen.

Noch gravierender ist allerdings der durch die breite Streuung von Meßwerten mögliche Mißbrauch von Daten. Durch selektives Herausgreifen einzelner Meßdaten kann z. B. der Eindruck erweckt werden, eine bestimmte theoretische Überlegung wurde experimentell bestätigt, während eine Gesamtschau aller Meßdaten (insbesondere deren Streuung) eine derartige Interpretation nicht zuläßt.

Aus diesen Gründen ist bei der Durchführung von Zeitmessungen – soferne deren Resultate als Messungen im Sinne der Experimentalwissenschaften aufgefaßt werden sollen – auf die weitgehende Ausschaltung von Störfaktoren zu achten. Dabei sind sowohl Faktoren zu berücksichtigen, die zu systematischen Verlängerungen der gemessenen Rechenzeiten führen (wie z. B. Hauptspeicher-Fehlzugriffe), wie auch jene, die systematische Rechenzeitverkürzungen zur Folge haben (wie z. B. die komplette Speicherung der benötigten Programmteile und Daten im Cache). Streuungen von Meßwerten resultieren im allgemeinen daraus, daß sich bestimmte Versuchsbedingungen zwischen den einzelnen Messungen verändern. Umgekehrt erhält man reproduzierbare Meßergebnisse, wenn man die jeweiligen Versuchsbedingungen klar definiert. Im folgenden werden die im Rahmen der Zeitmessung von numerischen Programmen relevanten Versuchsbedingungen sowie Möglichkeiten zu deren Festlegung und Kontrolle beschrieben.

Cache: Der Cache-Speicher (siehe Abschnitt 1.2.5) hat einen entscheidenden Einfluß auf die Rechenzeit und sollte sich daher zu Beginn der Zeitmessung in einem definierten, dem Experimentator bekannten Zustand befinden. Dabei kann man zwischen zwei extremen Fällen unterscheiden:

Cache leer: Weder der untersuchte Code noch die Daten, auf die er angewendet wird, befinden sich im Cache. In Multi-User- und Multi-Tasking-Betriebssystemen ist dieser Zustand nach dem Laden des Programms der Normalfall.

Daten und Code im Cache: Sowohl das Programm(stück) als auch die Daten, auf die es angewendet wird, stehen (möglichst vollständig) im Cache. Wenn man die Rechenzeit unter dieser Bedingung messen will, ist es eine gute Methode, wenn man (im selben Testprogramm) den Code auf dieselben Daten zweimal anwendet, aber nur die zweite Anwendung bei der Zeitmessung berücksichtigt. Es wird dabei vorausgesetzt, daß das untersuchte Programmstück und die benötigten Daten vollständig im Cache-Speicher Platz finden, was bei (sehr) kleinen Programmen und kleinen Datenmengen oft der Fall ist.

Translation Lookaside Buffer (TLB): Beim Zugriff auf *sehr* große Datenmengen kann es durch Fehlzugriffe auf den TLB (siehe Abschnitt 1.2.7) zu erhöhten Rechenzeiten kommen. Auch beim TLB ist daher auf einen definierten und bekannten Zustand zu achten.

Hauptspeicher: Hauptspeicher-Fehlzugriffe (*page faults*) wirken sich so stark auf die Laufzeit eines Code-Fragments aus, daß Laufzeiten, die mit verschiedenen Anzahlen von *page faults* gemessen wurden, oft überhaupt nicht vergleichbar sind. Soll daher bei Programmen, die auf Grund der Größe ihrer Daten potentiell im Hauptspeicher Platz finden, eine Aussage über die Rechenleistung gemacht werden, sind *page faults* während der Zeitmessung so weit wie möglich zu unterbinden (z. B. durch das Referenzieren aller Daten unmittelbar vor der Zeitmessung).

Context-Switches: Ein *Context-Switch* (ein Wechsel der Tasks beim Multi-Tasking) erfordert die Ausführung von Betriebssystem-Routinen und (falls vorhanden) anderer ausführbereiter Tasks. Dadurch wird die gemessene Laufzeit wesentlich beeinflußt (unter anderem durch die Veränderung der Cache-Inhalte). Soferne man nicht an der Ausführungszeit eines Programms unter einer bestimmten Systembelastung interessiert ist, sollte die Anzahl der Context-Switches während der Zeitmessung durch Elimination anderer rechenintensiver Tasks möglichst gering gehalten werden.

Interrupts: Eine durch die externe Peripherie ausgelöste Unterbrechung kann sich sehr störend auf die gemessene Laufzeit des untersuchten Programmteils auswirken und sollte unbedingt berücksichtigt werden, soferne ihr Auftreten ermittelt werden kann.

Compiler-Optimierung: Bei modernen RISC-Prozessoren kann eine Änderung der gewählten Optimierungsoption dramatische Auswirkungen auf die Rechenleistung des Computers hervorrufen. Die bei Zeitmessungen verwendete Optimierungsoption ist daher stets zu dokumentieren. Außer in Sonderfällen (in denen z. B. die Auswirkung der gewählten Optimierungsoption auf die Rechenleistung untersucht werden soll) wird man bei Zeitmessungen natürlich von der höchsten Optimierungsstufe ausgehen. Die besonders "aggressive" Optimierung durch den Compiler der höchsten Optimierungsstufen kann zu sehr grundlegenden Codetransformationen führen. Wenn die Auswirkung verschiedener Implementierungstechniken (im Quellcode) untersucht werden soll, ist bei der Wahl der Optimierungsstufe zu bedenken, daß ein hoch optimierender Compiler unter Umständen im Zuge der Umsetzung des Quellcodes in Maschinencode gänzlich andere Programmversionen erzeugt als ursprünglich beabsichtigt.

Auch die Wahl der Programmiersprache kann unter Umständen entscheidend für die erzielte Leistung sein. So gibt es (wegen der fehlenden Pointer-Arithmetik) wesentlich besser optimierende Compiler für Fortran 77 als z. B. für die Programmiersprache C (vgl. die Beispiele auf den Seiten 137 und 138). Die bei der Implementierung des gemessenen Programms verwendete Programmiersprache ist daher stets anzuführen.

Zur Überprüfung der Güte der Zeitmessung ist es empfehlenswert, bei unverändertem Problem (gleichen Daten) die zu untersuchenden CPU-Zeitintervalle mehrmals zu ermitteln und die Streuung der Ergebnisse zu berechnen. Eine große Streuung deutet auf Schwächen der Zeitmessung hin, unter Umständen auf eine Beeinflussung der Rechenzeit durch andere im System laufende Prozesse! Umgekehrt darf eine kleine Streuung aber nur dahingehend interpretiert werden, daß sich die Versuchsbedingungen zwischen den verschiedenen Zeitmessungen nicht wesentlich geändert haben. Nicht folgern darf man jedoch, daß in solchen Fällen die angenommenen Versuchsbedingungen mit den tatsächlichen übereinstimmen. Dies muß durch gesonderte Überlegungen und Kontrollen sichergestellt werden.

Messung kurzer Zeitintervalle

Schwierigkeiten treten bei der Messung sehr kurzer Zeitintervalle auf, wenn die Auflösung der Systemuhr in der Größenordnung der zu messenden Zeiten oder sogar darunter liegt. Um dem entgegenzuwirken, kann man z. B. jenen Teil des Programms, der untersucht werden soll, in einer Schleife so oft wiederholen, daß die benötigte Zeit groß genug für die erreichbare Auflösung der Zeitmessung wird. Man darf allerdings nicht vergessen, den Zeitbedarf für die Schleifensteuerung entsprechend zu berücksichtigen.

Die Technik der Wiederholungsschleifen kann aber den Cache-Einfluß deutlich verstärken, da immer wieder dieselben Instruktionen ausgeführt werden und nach dem ersten Durchlauf unter Umständen sogar eine Cache-Trefferrate von 100 % erreicht wird (Weicker [167]). Durch diesen bei der Zeitmessung unerwünschten Beschleunigungseffekt des Cache-Speichers wird fälschlicherweise eine kürzere Rechenzeit und damit eine größere Leistung vorgespiegelt.

Für aussagekräftige Zeitmessungen von Programmteilen, die $1\,\text{ms} = 10^{-3}\,\text{s}$ oder noch weniger für ihre Ausführung benötigen, sollte man eine Meßgenauigkeit von ca. $10\,\mu\text{s} = 10^{-5}\,\text{s}$ erreichen. Die Wiederholungstechnik ist aus den obigen Gründen (z. B. wegen des Cache-Problems) nicht immer brauchbar. Ein Erhöhen

2.1 Der Begriff „Leistung"

der Laufzeit durch Vergrößerung der Datenmenge ist auch nicht ratsam, da dann bei Multi-Tasking-Systemen ein Context-Switch auftreten kann. Mit Hilfe von PMCs (siehe Seite 81) kann die höchste Meßgenauigkeit – Taktzyklen-Genauigkeit – erreicht werden.

Zur Zeitmessung kurzer Programmteile ist folgende Vorgangsweise möglich: Bei jeder Messung wird der zu untersuchende Programmteil neu von der Platte geladen. Dadurch ist sichergestellt, daß sich zu Beginn der Zeitmessung weder Code noch Daten im Cache befinden. Die Messung wird öfter wiederholt. Dem Programm wird, falls es das Betriebssystem erlaubt, eine maximale Priorität gegeben. Ist die Messung k-mal wiederholt worden, so wird als Ergebnis das Minimum der gemessenen Laufzeiten genommen. Dieser Wert stellt eine obere Schranke der tatsächlichen Laufzeit dar, wenn man die CPU nur für den untersuchten Programmteil verwenden würde.

Program Monitor Counter

Eine präzise, „hardwarebasierte" Zeitmessung mit optimaler Auflösung ist bei vielen Prozessoren mit Hilfe der *Program Monitor Counter* (*PMCs*) möglich. Das sind in der Hardware vorhandene Zähler, die verschiedene Arten von „Ereignissen" zählen können. Darunter fallen z. B. Cache-Fehlzugriffe, Operationen zur Herstellung der Cache-Kohärenz, etc., aber auch verschiedene Kategorien von Instruktionen (Lade-, Speicher-, Integer-, Gleitpunktoperationen). Andererseits können PMCs auch zur Zeitmessung verwendet werden, indem die Anzahl von (Prozessor-)Taktzyklen, bei deren Ausführung eine bestimmte Bedingung erfüllt ist, gezählt wird.

Zusätzlich zur genauen Bestimmung von Arbeitsmenge (vgl. Abschnitt 2.1.1) und benötigter Zeit können PMCs dem Software-Entwickler viele Arten von Information liefern, die ihn bei der Leistungsanalyse unterstützen und ihm z. B. dabei helfen, leistungskritische Teile des Codes zu lokalisieren.

Die wichtigsten Vorteile der PMCs sind:

- Sie liefern exakte Werte für das abgelaufene Programm.

- Sie können für beliebige Abschnitte großer Programme eingesetzt werden.

- Sie beeinflussen weder die Laufzeit noch die Resultate des untersuchten Programms.

- Sie ermöglichen es, in Multi-Tasking-Umgebungen den Einfluß anderer Programme zu messen.

An Nachteilen wären anzuführen:

- Es kann nur eine beschränkte Anzahl von Ereignissen gleichzeitig gezählt werden (typischerweise zwei).

- Zum Auslesen der Zählerwerte müssen spezielle Instruktionen in das Programm eingefügt werden, und dieses muß nochmals übersetzt werden. Diese Instruktionen werden üblicherweise nicht von Compilern unterstützt. Im günstigsten Fall können sie über Inline-Assembler direkt in den Hochsprachen-Quellcode eingefügt werden. Im ungünstigsten Fall müssen sie als Hex-Code in den Objektcode eingefügt werden (z.B. mittels emit()).

Oft ist das Konfigurieren und Lesen der Counter nur mit einem bestimmten Code-Privileg möglich, das üblicherweise nur der Kern des Betriebssystems besitzt. Um trotzdem die Counter verwenden zu können, sind entweder Betriebssystem-Patches oder ein Kernel-Mode-Treiber erforderlich.

- Es ist oft sehr schwierig, ausreichende Dokumentation für die PMCs eines Prozessors zu erhalten (siehe Auer et al. [9]).

- Die Handhabung von PMCs ist manchmal kompliziert und außerdem von Prozessor zu Prozessor verschieden. Es gibt allerdings Standardisierungsinitiativen bzw. Bemühungen, portable Schnittstellen zu PMCs zu entwickeln. Dazu zählen die *PCL Library* des Forschungszentrums Jülich (www.fz-juelich.de/zam/PT/ReDec/SoftTools/PCL/PCL.html) und der *Performance Data Standard and Application Programmer Interface (PerfAPI)* des *Parallel Tools Consortium* (www.ptools.org).

PMCs wurden erstmals auf Cray-Vektorprozessoren verwendet. Heutzutage sind sie in verschiedenen Formen auf fast allen modernen Mikroprozessoren zu finden, wie z. B. auf

- MIPS4-Architektur (Galles und Williams [67], MIPS Technologies Inc. [135, 136], Zagha et al. [180]),

- Intel Pentium und Nachfolger (Intel Corp. [107, 108], Mathisen [127]),

- IBM PowerPC (Welbon et al. [173]),

- API Alpha (Digital Equipment Corp. [37]), und

- HP PA-8600 (Hunt [106]).

Die meisten Hersteller (leider nicht alle) stellen bis zu einem gewissen Grad Dokumentation ihrer PMCs zur Verfügung. Eine Beschreibung der PMCs verschiedener Prozessoren, wie z.B. MIPS, Intel Pentium (und Nachfolger) oder Alpha Prozessoren findet man in Auer et al. [9].

2.2 Quantifizierung der Leistung

In Kapitel 1 wurde versucht, die wichtigsten Eigenschaften und die Funktionsweise moderner Rechnerarchitekturen darzustellen. Dabei war es völlig ausreichend, den Leistungsaspekt von Computersystemen rein *qualitativ* zu erfassen. Es ist

2.2 Quantifizierung der Leistung

beispielsweise auch ohne jede zahlenmäßige Aufschlüsselung unmittelbar einsichtig, daß die überlappende Abarbeitung von Befehlen zu einer Verkürzung der Abarbeitungszeit und damit zu einer Leistungssteigerung führt.

Oft ist es jedoch notwendig, die Leistung von Computersystemen auch *quantitativ* zu beschreiben, z. B. wenn man Aussagen darüber machen will, in welchem Ausmaß ein Rechner „schneller" oder „langsamer" als ein anderer ist. Die Komplexität der verschiedenen Einflußfaktoren und die große Vielfalt der existierenden Rechnerarchitekturen erschweren jedoch derartige Untersuchungen.

2.2.1 Analytische Leistungsbewertung der Hardware

Den Ausgangspunkt von *analytischen Leistungsbewertungen* bilden die in Kapitel 1 besprochenen technischen Daten und physikalischen Merkmale eines Computers, wie z. B.:

- Anzahl, Typ und Struktur der Prozessoren;

- Zykluszeit T_c einer CPU bzw. deren Kehrwert, die Taktfrequenz f_c;

- Struktur des Speichers bzw. Verbindungen zwischen (Teil-)Speichern;

- Größe, Zugriffszeiten und Zykluszeiten der einzelnen Ebenen bzw. Teile der Speicherhierarchie;

- Breite der Datenleitungen (Anzahl der innerhalb der CPU und von der CPU zu Speichern bzw. zur Peripherie parallel übertragbaren Bits);

- Topologie des Netzwerks bei Mehrprozessorsystemen und, damit eng zusammenhängend, Kommunikationszeiten (Latenz- und Übertragungszeiten) zwischen zwei oder mehreren Prozessoren.

Von diesen Hardware-Merkmalen läßt sich rein rechnerisch eine Reihe von Kenngrößen ableiten, indem man z. B. die in Abschnitt 2.1 erfolgte Definition der Leistung eines Computersystems zugrundelegt.

Diese Kenngrößen liefern zwar Anhaltspunkte für die Beurteilung der Systemleistung, in der Praxis erhält man aber fast immer eine schlechtere Leistung als es den rechnerisch ermittelten Werten entsprechen würde. Daher bezeichnet man die analytischen Leistungskenngrößen dieses Abschnitts auch als *ideale Leistungsdaten*, im Gegensatz zu den *realen Leistungsdaten*, die man vor allem auf empirischem Weg (durch Messung) erhält, und die in Abschnitt 2.2.4 behandelt werden (Müller-Schloer und Schmitter [139]).

Die Maximalleistung (Peak Performance)

Eine wichtige Hardware-Kennzahl ist die *Maximalleistung* (*peak performance*) $P_{\max}$ eines Computers. Im Bereich der Numerischen Datenverarbeitung ist dies die theoretisch mögliche Maximalanzahl von Gleitpunkt- (oder anderen) Operationen, die von diesem Computer pro Zeiteinheit (meist pro Sekunde) durchgeführt werden kann.

Die Maximalleistung eines Prozessors berechnet sich aus dessen Zykluszeit T_c und der Anzahl N_c der während eines Taktzyklus maximal durchführbaren Operationen:
$$P_{\max} = \frac{N_c}{T_c}.$$
Falls sich $P_{\max}$ auf die pro Sekunde ausführbaren *Gleitpunktoperationen* bezieht, so erhält man die *maximale Gleitpunktleistung* mit der Einheit

flop/s (*floating point operations per second*)

bzw. Mflop/s (10^6 flop/s), Gflop/s (10^9 flop/s), Tflop/s (10^{12} flop/s) etc. (vgl. Abschnitt 2.2.4). Es wird dabei oft irreführenderweise nicht zwischen den verschiedenen Arten von Gleitpunktoperationen und deren verschiedenen Ausführungszeiten unterschieden (siehe Abschnitt 2.1.1).

Die Maximalleistung eines Computers mit p Prozessoren ergibt sich als Summe der Maximalleistungswerte der einzelnen Prozessoren. Für ein homogenes Parallelrechnersystem mit p gleichen Prozessoren ist daher
$$P_{\max}^p = p \cdot P_{\max}^1.$$

Beispiel (Cray T3E-1200) Ein Prozessor einer Cray T3E-1200 hat bei einer Taktfrequenz $f_c = 600$ MHz eine Zykluszeit $T_c = 1.7$ ns $= 1.7 \cdot 10^{-9}$ s. In einem Taktzyklus kann jeder Prozessor maximal $N_c = 2$ Gleitpunktoperationen – eine Addition *und* eine Multiplikation – ausführen. Die maximale Gleitpunktleistung eines Prozessors einer Cray T3E-1200 ist daher:
$$P_{\max} = \frac{N_c}{T_c} = \frac{2}{1.7 \cdot 10^{-9}} \frac{\text{Operationen}}{\text{Sekunden}} \approx 1.2 \cdot 10^9 \text{ flop/s} = 1.2 \text{ Gflop/s}.$$
Eine Cray T3E-1200 mit 256 Prozessoren hat folglich eine Maximalleistung von ca. 301 Gflop/s, die theoretisch dann erreichbar wäre, wenn jeder der 256 Prozessoren über einen bestimmten Zeitraum in *jedem* Taktzyklus zwei Gleitpunktoperationen ausführte.

Beispiel (NEC SX-4) Eine NEC SX-4 hat eine Taktfrequenz $f_c = 125$ MHz und damit eine Zykluszeit $T_c = 8$ ns $= 8 \cdot 10^{-9}$ s. In einem Taktzyklus kann jeder Prozessor maximal $N_c = 16$ Gleitpunktoperationen – acht Additionen *und* acht Multiplikationen – ausführen. Die maximale Gleitpunktleistung eines Prozessors einer NEC SX-4 ist daher:
$$P_{\max} = \frac{N_c}{T_c} = \frac{16}{8 \cdot 10^{-9}} \frac{\text{Operationen}}{\text{Sekunden}} = 2 \cdot 10^9 \text{ flop/s} = 2 \text{ Gflop/s}.$$
Eine NEC SX-4 mit *vier* Prozessoren hat folglich eine Maximalleistung von 8 Gflop/s, die theoretisch dann erreichbar wäre, wenn jeder der vier Prozessoren über einen bestimmten Zeitraum in *jedem* Taktzyklus sechzehn Gleitpunktoperationen ausführte.

Beispiel (IBM-Workstation) Das Modell 270 der IBM POWER3-Workstation RS/6000 44P hat eine Taktfrequenz $f_c = 375$ MHz und damit eine Zykluszeit $T_c = 2.67$ ns. In einem Taktzyklus können maximal *vier* Gleitpunktoperationen – je eine Multiply-*and*-Add-Instruktion in zwei parallelen Gleitpunkt-Pipelines – ausgeführt werden. Als maximale Gleitpunktleistung ergibt sich damit:
$$P_{\max} = \frac{N_c}{T_c} = \frac{4}{2.67 \cdot 10^{-9}} \frac{\text{Operationen}}{\text{Sekunden}} = 1.5 \text{ Gflop/s}.$$
Je geringer der Anteil der Multiply-and-Add-Instruktionen an der Gesamtheit der konkret auszuführenden Gleitpunktoperationen eines Programms ist, desto weiter entfernt sich die reale Leistung dieser Workstation von ihrer Maximalleistung.

2.2 Quantifizierung der Leistung

Der Maximalleistungswert ist eine Idealvorstellung und kann mit keinem noch so guten Programm, das auf dem betreffenden Computer läuft, je erreicht werden. Selbst in die Nähe der Maximalleistung kommt man nur mit einzelnen, besonders optimierten Programmabschnitten. Der Grund dafür liegt unter anderem in der Vernachlässigung des Zeitaufwandes aller unterstützenden Adreßberechnungen, Speicheroperationen etc., die nur indirekt zur Ermittlung des Resultates beitragen. Dongarra [40] bezeichnet daher die Maximalleistung als eine Art „Lichtgeschwindigkeit" des jeweiligen Computers.

Die Instruktionenleistung

Der CPI-Wert eines Prozessors (*cycles per instruction*) gibt an, wieviele Taktzyklen für die Abarbeitung einer Instruktion benötigt werden. Da die verschiedenen Instruktionen eines Instruktionssatzes i. a. aber unterschiedlich viele Zyklen benötigen, muß man sich darauf beschränken, einen CPI-*Mittelwert* zu berechnen. Dieser ist umso aussagekräftiger, je genauer man über die Häufigkeiten des Auftretens der einzelnen Instruktionen in speziellen Anwendungsgebieten Bescheid weiß (z. B. durch Hardware-Monitoring) und diese durch entsprechende Gewichtung bei der Mittelbildung berücksichtigt. Diese Vorgangsweise kann auch für die Definition eines Benchmarks verwendet werden (wie z. B. im Fall des Whetstone Benchmarks durchgeführt, siehe Abschnitt 2.4).

Der CPI-(Mittel-)Wert hängt aber nicht nur vom jeweils ausgeführten Programm, sondern auch von der Art des Instruktionssatzes des Computers ab. Komplexere Instruktionen (z. B. bei CISC-Architekturen) benötigen meist mehr Zeit zur Ausführung und führen damit zu einer Vergrößerung des CPI-Wertes. Gleichzeitig verringern sie im Normalfall aber auch die Gesamtanzahl der Instruktionen eines Programms.

Nimmt man in der physikalischen Leistungsformel (2.1) die Anzahl N der abgearbeiteten Instruktionen (N wird oft auch als *Pfadlänge* bezeichnet) als Maß für die in der Zeit T verrichtete Arbeit W_I, so erhält man die mittlere Leistung

$$P_I = \frac{W_I}{T} = \frac{N}{T_c \cdot N \cdot \text{CPI}} = \frac{f_c}{\text{CPI}}, \qquad (2.4)$$

gemessen in Instruktionen pro Zeiteinheit. Dieses Leistungsmaß – die *Instruktionenleistung* – wird sowohl bei der Konzeption neuer Rechnerarchitekturen als auch bei der praktischen Leistungsbeurteilung verwendet (vgl. Abschnitt 2.2.4). Falls sich P_I auf die pro Mikrosekunde ausführbaren Instruktionen bezieht, ist die Einheit der Instruktionenleistung *Mips* (*million instructions per second*):

$$P_I[\text{Mips}] = \frac{N}{T_c[\mu s] \cdot N \cdot \text{CPI}} = \frac{f_c[\text{MHz}]}{\text{CPI}}. \qquad (2.5)$$

Bei einer Nanosekunde als Bezugszeitraum erhlt man *Bips* (*billion instructions per second* = 10^9 Instruktionen pro Sekunde).[9]

---
[9] Analog zur Schreibweise Mflop/s, Gflop/s etc. wäre auch Mi/s, Gi/s etc. eine sinnvolle Bezeichnungsweise. Diese ist aber überhaupt nicht gebräuchlich.

Das Leistungsgesetz

Diese Formel, deren Bezeichnung „Leistungsgesetz" („iron law of performance") auf Hennessy ([168]) zurückgeht, stellt eine etwas andere Übertragung des physikalischen Leistungsbegriffes in den Bereich der Computerwissenschaften dar. Die CPU-Leistung P_{cpu} wird charakterisiert durch:

$$P_{\text{cpu}} = \frac{1}{T_c \cdot N \cdot \text{CPI}} = \frac{f_c}{N \cdot \text{CPI}}.$$

Im Gegensatz zur Instruktionenleistung bezieht man sich hier auf eine *normierte*, abstrakte Arbeitsmenge. Die Arbeitsmenge ΔW wird hier nicht durch eine Anzahl N von auszuführenden Instruktionen zur Problemlösung charakterisiert, sondern auf einer höheren Ebene (der Ebene der *Problemstellung*). Die Arbeit, die für die Lösung des gegebenen Problems zu leisten ist, wird als Konstante gesehen und normiert ($\Delta W = 1$). Konkrete Umsetzungen der Problemlösung in ein Programm bzw. in eine Menge von Instruktionen sind nur von untergeordnetem Interesse. Sie können durchaus verschieden ausfallen – diese Unterschiede gehen allerdings *nicht* in die Bewertung des Arbeitsaufwandes ein.

Bei der rechnerischen Ermittlung der für die Problemlösung benötigten *Zeitdauer* wird aber die Pfadlänge N sehr wohl berücksichtigt: Δt errechnet sich als Produkt der drei Größen T_c, N und CPI.

Bemerkung: Den Unterschied zwischen der Instruktionenleistung P_I und der CPU-Leistung P_{cpu} verdeutlicht folgender Vergleich: Die Leistung eines „Gesamtsystems", bestehend aus einem bestimmten Fahrzeug *und* einem bestimmten Fahrer sei zu bewerten. Einen der Instruktionenleistung P_I vergleichbaren Wert erhält man, wenn man eine bestimmte Fahrstrecke durch ihre Länge vorgibt (z. B. $N = 200$ km), diese als Maß für die zu leistende Arbeit verwendet und die für das Zurücklegen dieser Entfernung benötigte Zeit bestimmt (z. B. durch Messung). Dem Fall der CPU-Leistung P_{cpu} entspricht dagegen die Aufgabe, von A nach B zu fahren (normierte Arbeitsmenge), *ohne* daß dabei eine bestimmte Strecke bzw. eine Entfernung vorgegeben wird. Wieder ist die für die Erledigung dieser Aufgabe benötigte Zeit zu bestimmen.

Beispiel (RISC – CISC) (Bode [18], Müller-Schloer und Schmitter [139], Rosenbladt [147]) Aus der Leistungsformel (2.4) erkennt man, daß eine Vergrößerung der Instruktionenleistung sowohl durch eine Senkung der Zykluszeit als auch durch eine Verringerung des CPI-Wertes erreicht werden kann.

Für eine Senkung der Zykluszeit (gleichbedeutend mit einer Erhöhung der Taktfrequenz) gibt es technologische Grenzen, die z. B. durch die endliche Signalausbreitungsgeschwindigkeit bedingt sind.

Nimmt man die Zykluszeit T_c als gegeben an, so macht die Formel

$$T = \frac{W_I}{P_I} = T_c \cdot N \cdot \text{CPI}$$

deutlich, daß die Ausführungszeit nicht allein vom CPI-Wert, sondern auch von der Pfadlänge N abhängt, die ihrerseits von der Art des Instruktionssatzes beeinflußt wird.

Der Instruktionssatz von klassischen CISC-Rechnern besteht aus sehr komplexen Anweisungen. Eine einzelne dieser Instruktionen kann relativ viel „Arbeit" erledigen. Daher wird die Pfadlänge N eines Programms – als Maß für die zu verrichtende Arbeit – durch diese Art des Befehlssatzes verringert. Mit der Komplexität der einzelnen Instruktion steigt aber gleichzeitig die Anzahl der Zyklen, die für ihre Durchführung notwendig ist. Es ergibt sich somit ein höherer CPI-Wert.

2.2 Quantifizierung der Leistung

Klassische RISC-Architekturen gehen umgekehrt vor (siehe Abschnitt 1.1.2): Ihr Instruktionssatz besteht aus vergleichsweise einfacheren Anweisungen. Dadurch gelingt eine Senkung des CPI-Wertes – oft bis zu CPI = 1, den *Ein-Zyklus-Instruktionen*, die charakteristisch für RISC-Prozessoren sind. Eine weitere Senkung des CPI-Wertes unter 1 ist möglich, erfordert aber den Einsatz mehrerer paralleler Ausführungseinheiten (wie z. B. in Superskalar-Architekturen). Die Einfachheit der Instruktionen führt aber auch dazu, daß die Pfadlänge N der Programme größer wird, da jede einzelne Anweisung weniger Arbeit ausführt. Um diesen Nachteil aufzuwiegen und den Vorteil des kleineren CPI-Wertes nicht wieder einzubüßen, sind bei RISC-Befehlssätzen die Anforderungen an optimierende Compiler besonders hoch.

Es darf nicht vergessen werden, daß der Wert der Instruktionenleistung nur eingeschränkt dazu geeignet ist, vorgegebene Hardware zu bewerten, da er normalerweise zwischen verschiedenen Programmen variiert, die auf demselben Computer ausgeführt werden. Der Grund dafür ist die Abhängigkeit des CPI-Wertes vom verwendeten Programm. Eine bessere (höhere) Instruktionenleistung kann sogar mit einer schlechteren (längeren) Ausführungszeit verbunden sein! Bei der Verwendung der Instruktionenleistung zur vergleichenden Hardware- bzw. Software-Bewertung ist daher größte Vorsicht geboten, wie auch das folgende Beispiel zeigt.

Beispiel (Optimierender Compiler) (vgl. Hennessy und Patterson [93]) Die folgenden Daten stellen eine hypothetische Verteilung von Instruktionen eines Programms mit den zugehörigen angenommenen Zeitdauern (in Taktzyklen) dar.

Operation	Häufigkeit	benötigte Taktzyklen
arithmetisch-logische Operationen	43 %	1
Verzweigungen	24 %	2
Ladeoperationen	21 %	2
Speicheroperationen	12 %	2

Der zugehörige mittlere CPI-Wert beträgt 1.57. Nimmt man eine Taktfrequenz des Prozessors $f_c = 1600$ MHz an, was einer Zykluszeit von $T_c = 0.625$ ns entspricht, so beträgt die Instruktionenleistung laut Gleichung (2.5)

$$P_I = \frac{f_c}{\text{CPI}} = \frac{1600\,\text{MHz}}{1.57} = 1020\,\text{Mips}.$$

Die CPU-Zeit, die ein Programm mit dieser Befehlszusammensetzung benötigt, ergibt sich zu

$$T = \frac{W_I}{P_I} = \frac{W_I}{1020} = 0.98 \cdot 10^{-9} \cdot W_I\,[\text{s}],$$

wobei W_I die Anzahl der Instruktionen dieses Programms bezeichnet. Angenommen, ein besser optimierender Compiler kann die Anzahl der arithmetisch-logischen Operationen in dem Programm halbieren. Dann *steigt* der mittlere CPI-Wert auf

$$\text{CPI}_{\text{opt}} = \frac{(.43/2) \cdot 1 + .24 \cdot 2 + .21 \cdot 2 + .12 \cdot 2}{1 - (.43/2)} = 1.73,$$

und die Instruktionenleistung für den optimierten Code *sinkt* auf

$$\bar{P}_I = \frac{f_c}{\text{CPI}_{\text{opt}}} = \frac{1600\,\text{MHz}}{1.73} = 925\,\text{Mips}.$$

Die Ausführungszeit wird aber durch die Optimierung dieses Compilers kürzer (besser), obwohl die Instruktionenleistung niedriger (schlechter) wurde:

$$\bar{T} = \frac{\bar{W}_I}{\bar{P}_I} = \frac{\bar{W}_I}{925} = \frac{0.785 \cdot W_I}{925} = 0.85 \cdot 10^{-9} \cdot W_I\,[\text{s}],$$

wobei $\bar{W}_I$ die Anzahl der Instruktionen nach der Optimierung bezeichnet.

Verfeinerte analytische Ansätze

Es gibt auch eine Reihe von Versuchen, die analytischen Ansätze zu verfeinern (was sie auch komplizierter macht), um zu Ergebnissen zu gelangen, die der Realität besser entsprechen (siehe z. B. Schönauer und Häfner [151], Agarwal [4]). Vor allem im Bereich der Parallelrechner muß versucht werden, auch andere Einflüsse auf die Leistung, wie z. B. den Kommunikationsaufwand, zu modellieren (vgl. Abschnitt 2.2.5).

Beispiele (Analytische Leistungsmodellierung) In Marinescu und Rice [125] wird beispielsweise ein analytisches Modell präsentiert, das untersucht, wieviel Zeit in Parallelrechnern durch nicht parallelisierbare Arbeit, durch redundante, mehrfach durchgeführte Arbeit (die man in Kauf nimmt, um den Kommunikationsaufwand niedrig zu halten), durch Kommunikation, durch Kontrollaufwand oder durch die Blockierung von Instruktionsströmen verloren geht. Das Modell wird dazu verwendet, asymptotisches Leistungsverhalten zu betrachten, den durch Parallelverarbeitung im Vergleich zur sequentiellen Verarbeitung maximal erreichbaren Geschwindigkeitsgewinn (siehe Abschnitt 2.2.5) zu ermitteln, und die für die Leistung günstigste Prozessorenzahl zu berechnen.

Spezielle Topologien von Mehrprozessorsystemen, verschiedene Arten der Lastverteilung auf die einzelnen Knoten und der daraus resultierende Einfluß des Kommunikationsaufwandes auf die Leistung werden in Pritchard [145] behandelt.

2.2.2 Die Leistung von Vektorprozessoren

In diesem Abschnitt werden Kenngrößen diskutiert, die die Grundlage für eine Einschätzung der Leistung von Vektorprozessoren und für deren Vergleich mit skalaren Prozessoren schaffen (Hockney und Jesshope [99], Hockney und Curington [98]). Es sollen zunächst nur *arithmetische Pipelines* betrachtet werden, also Pipelines, die arithmetische Operationen auf Datenvektoren der Länge n durchführen. Weiters wird vorerst angenommen, daß eine Pipeline nur auf Operanden aus Vektorregistern zugreift. Im Abschnitt 2.2.3 werden die Modelle erweitert, indem auch eine „Speicherpipeline" zum Laden der Vektoren in die Vektorregister und andere leistungsmindernde Faktoren berücksichtigt werden.

Die Ergebnisrate einer Pipeline

Zur analytischen Leistungsbeschreibung arithmetischer Pipelines ist in den meisten Fällen eine einfache lineare Modellierung der *Laufzeit* $T_v(n)$ von *Vektoroperationen* ausreichend. T_c bezeichnet im folgenden die Zykluszeit des Prozessors.

Die *interne Zykluszeit der Pipeline* T_p ist der Zeitabstand zwischen der Produktion von zwei Teilresultaten durch die Pipeline. Im Fall einer synchronen Pipeline (siehe Abschnitt 1.1.1) gibt der Wert T_p an, wie lange eine einzelne Pipelinestufe für die Bearbeitung ihrer Operanden braucht.

Falls die Zykluszeit der Pipeline ungleich der Zykluszeit des Prozessors ist, kann sie durch $T_p = \alpha T_c$ modelliert werden. Der Beschleunigungsfaktor $\alpha = T_p/T_c \leq 1$ hängt unter anderem von der Anzahl s der Stufen der Pipeline ab. Zur Vereinfachung wird im folgenden immer $\alpha = 1$, also $T_p = T_c$ gesetzt.

2.2 Quantifizierung der Leistung

Die *Anlaufzeit (startup-time)* T_0 einer Pipeline ist die Zeit, die vergeht, bevor das erste Teilresultat geliefert wird. Danach verläßt in jedem Pipelinezyklus ein Resultat die Pipeline.

Mit Hilfe dieser Größen kann man die Laufzeit $T_v(n)$ einer Vektoroperation mit Vektoren der Länge n folgendermaßen modellieren (Robert [146]):[10]

$$T_v(n) = T_0 + nT_c = (k + s + (n-1))T_c. \qquad (2.6)$$

Formel (2.6) ist intuitiv leicht verständlich: k Prozessortaktzyklen dienen am Beginn der Vektoroperation der Initialisierung. In diesen Zeitraum fällt unter anderem die Adreßberechnung der ersten und letzten Komponente der Operanden-Vektoren und der Transport der ersten Datenelemente aus den Vektorregistern zur arithmetischen Pipeline. Nach weiteren s Pipelinezyklen wird das erste Ergebnis geliefert. Nun ist die Pipeline „gefüllt", und in jedem weiteren Pipelinezyklus wird eine Komponente des Ergebnisvektors ermittelt – die restlichen $n-1$ Komponenten werden also in der Zeit $(n-1)T_c$ berechnet.

Aus der Formel (2.6) erhält man für die Anlaufzeit T_0

$$T_0 = (k + s - 1)T_c. \qquad (2.7)$$

Die *Ergebnisrate* $r(n)$ ist die von der Vektorlänge n abhängige Leistung einer arithmetischen Pipeline, also die Anzahl der Resultate, die von der Pipeline pro Zeiteinheit geliefert werden:

$$r(n) = \frac{n}{T_v(n)} = \frac{n}{T_0 + nT_c} = \frac{1}{T_0/n + T_c}. \qquad (2.8)$$

Wie man sieht, wächst die Ergebnisrate bei nicht vernachlässigbarer Anlaufzeit ($T_0 > 0$) monoton mit der Vektorlänge n. Das würde bedeuten, daß die Leistung des Vektorprozessors umso besser wird, je länger die Vektoren sind. In der Realität ist das aber nur bis zu einer Vektorlänge der Fall, die gleich der Größe der Vektorregister ist. Längere Vektoren müssen in Teile passender Länge aufgespalten werden. Durch dieses *stripmining*, das oft durch die Hardware durchgeführt wird, steigt der Initialisierungsaufwand, und die Ergebnisrate der Pipeline sinkt unter Umständen wieder ab.

Läßt man derartige Einflüsse durch Speicherverzögerungen unberücksichtigt, so kann man den Grenzwert der Ergebnisrate $r(n)$ für $n \to \infty$ (also für „unendliche Vektorlängen"), die sogenannte *asymptotische Ergebnisrate* r_∞, bilden:

$$r_\infty = \lim_{n \to \infty} r(n) = \frac{1}{T_c} = f_c. \qquad (2.9)$$

r_∞ ist eine theoretische Obergrenze für die pro Zeiteinheit produzierbaren Resultate einer Vektorpipeline. Ähnlich wie die Maximalleistung eines Computers (siehe Abschnitt 2.2.1) ist dieser Wert in der Praxis nicht erreichbar.

---
[10] Die Formel (2.6) und auch alle weiteren Betrachtungen basieren auf der Voraussetzung, daß die Vektorlänge n nicht kleiner als die Stufenanzahl s der Pipeline ist.

Beispiel (Asymptotische Ergebnisrate NEC SX-4) Aus der Taktfrequenz f_c eines Vektorrechners, dem Beschleunigungsfaktor α und der Maximalanzahl von Gleitpunktoperationen pro Ergebnis der Pipeline läßt sich die theoretische Maximalleistung einer arithmetischen Pipeline errechnen. Der Vektorrechner NEC SX-4 hat eine Taktfrequenz $f_c = 125\,\text{MHz}$; es gilt $\alpha = 1$. Daher ist seine asymptotische Ergebnisrate

$$r_\infty = f_c = 125 \cdot 10^6 \text{ s}^{-1}.$$

Für die Vektoroperation „*Vektor Add and Multiply Scalar*", die pro Takt *zwei* Gleitpunktoperationen beenden kann, entspricht das einer Maximalleistung von 250 Mflop/s pro Gleitpunkteinheit. Jeder Prozessor einer NEC SX-4 verfügt über acht Gleitpunkteinheiten, daher ergibt sich eine Maximalleistung von 2 Gflop/s (vergleiche Beispiel (NEC SX-4) auf Seite 84).

Beispiel (Asymptotische Ergebnisrate VPP700) Der Vektorrechner Fujitsu VPP700 besteht aus bis zu 256 Prozessor-Einheiten (PE). Jede PE hat eine Taktfrequenz von 143 MHz; es gilt auch hier $\alpha = 1$. Daher ergibt sich eine asymptotische Ergebnisrate von

$$r_\infty = f_c = 143 \cdot 10^6 \text{ s}^{-1}.$$

Jede Prozessor-Einheit ist mit einer Vektoreinheit ausgestattet, die insgesamt 7 Pipelines für Multiplikation, Addition, Division, logische Operationen, Maskieren(2), Laden und Speichern enthält. Zwei der drei arithmetischen Pipelines und die übrigen Pipelines können parallel arbeiten. Sie sind 8-fach ausgelegt und können daher in jedem Takt 8 Ergebnisse produzieren; dies ergibt bei Verkettung von Addition und Multiplikation eine vektorielle Spitzenleistung von knapp 2.3 Gflop/s. Eine voll ausgebaute Maschine mit 256 Prozessoren hat demnach eine Maximalleistung von 585 Gflop/s.

Die Formel (2.9) für die asymptotische Ergebnisrate r_∞ erhält man auch, wenn man in der Formel (2.8) (für die nicht-asymptotische Ergebnisrate) die Anlaufzeit $T_0 = 0$ setzt. Damit ergibt sich eine andere Interpretation für r_∞: Falls *keine* Anlaufzeit für die Pipeline notwendig wäre, erhielte man für *jede* Vektorlänge die maximale Leistung, nämlich die asymptotische Ergebnisrate.

Charakteristische Vektorlängen

Eine wichtige Kenngröße für Vektorpipelines ist jene Vektorlänge $n_{1/2}$, für die man die Hälfte der asymptotischen Ergebnisrate r_∞ erreicht:

$$r(n_{1/2}) = \frac{r_\infty}{2}. \qquad (2.10)$$

Aus (2.8), (2.9), (2.10) und (2.7) sowie Auflösen nach $n_{1/2}$ erhält man

$$n_{1/2} = \frac{T_0}{T_c} = k + s - 1. \qquad (2.11)$$

Dieser Wert liefert einen Anhaltspunkt dafür, in welcher Größenordnung die Vektorlänge n liegen muß, um die Vektorisierung sinnvoll nutzen zu können. Wie zu erwarten war, ist $n_{1/2}$ direkt proportional zur benötigten Anlaufzeit T_0. Die indirekte Proportionalität zum Zeitabstand T_c zwischen den Teiloperationen erklärt sich daraus, daß mit wachsendem T_c auch r_∞ geringer ausfällt und daher kürzere Vektoren genügen, um die Hälfte der Leistung r_∞ zu erreichen.

2.2 Quantifizierung der Leistung

Der Parameter $n_{1/2}$ erhält durch (2.11) eine weitere Interpretation: Er gibt die um 1 verminderte Anzahl der internen Zyklen der Pipeline an, die vergehen, bis das erste Teilresultat einer Vektoroperation die Pipeline verläßt (aus Gleichung (2.6) folgt $n_{1/2} + 1 = k + s$). Die Anlaufzeit einer arithmetischen Pipeline (die den Initialisierungsaufwand einschließt) kann also durch die Annahme modelliert werden, daß zusätzlich zu dem real vorhandenen Datenvektor der Länge n ein fiktiver Vektor der Länge $n_{1/2} + 1$ bearbeitet wird. Damit sich die Anlaufzeit nicht zu stark auf die Ergebnisrate auswirkt, sollte $n \gg n_{1/2}$ sein, weil dann der „Anteil" der Berechnungen am „realen" Datenvektor groß ist.

Für die Zeitdauer $T_v(n)$ für eine Vektoroperation erhält man mit (2.8), (2.9) und (2.11) folgende Formel:

$$T_v(n) = \frac{n}{r(n)} = \frac{n + n_{1/2}}{r_\infty} = \left(n + n_{1/2}\right) T_c. \tag{2.12}$$

Durch Einsetzen von (2.12) in (2.8) erhält man die Formel

$$r(n) = \frac{r_\infty}{1 + n_{1/2}/n}, \tag{2.13}$$

die zum Ausdruck bringt, wie das Verhältnis $n_{1/2}/n$ die Abweichung der tatsächlich erreichten Ergebnisrate $r(n)$ vom theoretischen Maximum r_∞ beeinflußt.

Dem Vergleich zwischen Vektorprozessoren und skalaren Prozessoren dient der *Cross-over-point* n_c, der jene Vektorlänge angibt, ab der die Vektorarithmetik „schneller" als die skalare Arithmetik ist. Um n_c zu ermitteln, vergleicht man n skalare Operationen mit *einer* entsprechenden Vektoroperation (realisiert durch eine Pipeline mit s Stufen), die auf Vektoren der Länge n wirkt. Die skalare Ausführung ist schneller als die vektorielle, wenn $T_s(n) < T_v(n)$ gilt.

Für die Zeitdauer $T_s(n)$ von n skalar durchgeführten Operationen gilt

$$T_s(n) \leq s T_c n. \tag{2.14}$$

In der Realität benötigt eine einzelne skalare Operation allerdings weniger Zeit als die Durchlaufzeit der skalaren Operanden durch die Pipeline, da die Pipelinestufen für die einzelnen Teiloperationen meist synchronisiert arbeiten (siehe Abschnitt 1.1.1). Vereinfachend soll aber der schlechteste Fall angenommen werden, d. h., daß in (2.14) das Gleichheitszeichen gilt und die skalare Durchführung der Operation genauso lange dauert wie das Durchlaufen der s Pipelinestufen. Aufgrund dieser Vereinfachung wird ein Wert n_c berechnet, der nur eine untere Schranke für diejenige Vektorlänge ist, ab der eine Vektorisierung Sinn macht.

Aus (2.6) und (2.14) ergibt sich[11]

$$n > \frac{k}{s-1} + 1 \quad \text{und folglich} \quad n_c = \left\lceil \frac{k}{s-1} \right\rceil + 1.$$

Falls $n < n_c$, dann ist die skalare Arithmetik auf jeden Fall schneller als die Vektorarithmetik.

---

[11] $\lceil x \rceil$ steht für die *nächstgrößere ganze Zahl* von x.

2.2.3 Der Leistungseinfluß des Speichers

Wie bereits in Kapitel 1 deutlich wurde, hat der Speicher (die Speicherhierarchie) eines Computersystems großen Einfluß auf die Leistung. Besonders wenn es durch ungünstige Programmierung zu zahlreichen Fehlzugriffen auf die „schnellen" Ebenen der Speicherhierarchie kommt, dann ist ein starker Leistungseinbruch zu erwarten. Es ist daher wichtig, auch die Eigenschaften des Speichersystems analytisch zu modellieren bzw. geeignete Kenngrößen zu entwickeln.

Die Transferrate

Die *Transferrate* charakterisiert den Durchsatz der Speicherschnittstelle eines Prozessors und wird oft auch als *Bandbreite* bezeichnet. Sie gibt an, welche Informationsmenge pro Zeiteinheit (bzw. pro Taktzyklus) über die Verbindung zwischen Prozessor und Speicher übertragen werden kann, und berechnet sich folglich als Produkt der Breite der Übertragungsleitung in Byte und der Übertragungsfrequenz (ebenfalls in Byte), die meist direkt proportional zur Taktfrequenz f_c des Prozessors ist.

Speicherzugriffszeiten

Als *mittlere Speicherzugriffszeit* wird der statistische Erwartungswert der Zeitdauer des Zugriffs auf die Daten einer Speicherhierarchie bezeichnet. Wie in Abschnitt 1.2 erläutert, ist der Zugriff auf die hohen Ebenen der Speicherhierarchie (kurze Zugriffszeiten) nicht immer erfolgreich – mit einer gewissen Wahrscheinlichkeit treten auch Fehlzugriffe auf, die einen Zugriff auf eine tiefere Ebene erforderlich machen und so eine Verzögerung bewirken.

Es sollen in diesem Abschnitt nur *Lesezugriffe* behandelt werden, für *Schreibzugriffe* kann je nach Art der Konsistenzforderung eine Modifizierung der im folgenden angeführten Formeln notwendig sein (Wilkinson [178]).

Für die Modellierung und Berechnung der mittleren Speicherzugriffszeit benötigt man empirische Werte bzw. Schätzungen

- der Cache-Zugriffszeit T_h bei einem Cache-Treffer,

- der Wahrscheinlichkeit $p_m \geq 0$ eines Cache-Fehlzugriffs bei anschließend erfolgreichem Hauptspeicherzugriff und der für dieses Ereignis notwendigen Zeit T_m, sowie

- der Wahrscheinlichkeit $p_p \geq 0$ eines Hauptspeicherfehlzugriffs nach einem Cache-Fehlzugriff und der für dieses Ereignis notwendigen Zeit T_p.

Aufgrund der Eigenschaften einer Speicherhierarchie gilt $T_p \gg T_m \gg T_h$. Mit Hilfe von geeigneten Maßnahmen (vor allem im Bereich der Algorithmuskonzeption und der Programmierung) sollte danach getrachtet werden, daß $1 \gg p_m \gg p_p$ gilt. Die mittlere Speicherzugriffszeit $\overline{T}$ ergibt sich dann als

$$\overline{T} = (1 - p_p - p_m) T_h + p_m T_m + p_p T_p. \qquad (2.15)$$

2.2 Quantifizierung der Leistung
93

Die Wahrscheinlichkeiten p_m und p_p hängen außer von den Kapazitäten der einzelnen Ebenen der Speicherhierarchie auch von den Speicherorganisationsstrategien ab und sind in der Praxis meist nicht einfach zu bestimmen. Sie können entweder durch Messungen an der Hardware (mit Hardware-Monitoren oder Performance Monitor Counters – siehe Abschnitt 2.1.2) oder durch aufwendige Simulationen ermittelt werden (Gee et al. [75], Goldberg und Hennessy [80]).

Durch entsprechende Modifikation der Formel (2.15) kann man das Modell verfeinern und z. B. auch *Level 2 Caches* und TLBs (*Translation Lookaside Buffers*) berücksichtigen. Bei manchen Architekturen muß auch der *Level 3 Cache* berücksichtigt werden. Falls Gleitpunkt-Daten *nicht* in den *Level 1 Cache* geladen werden – auch das ist möglich –, muß dies entsprechend berücksichtigt werden.

Die Rechenintensität eines Programms

Die bisherigen Untersuchungen der Abhängigkeit der Leistung eines Vektorprozessors von der Vektorlänge n in Abschnitt 2.2.2 gingen von der Voraussetzung aus, daß sich die Operanden der arithmetischen Pipeline bereits in den Vektorregistern befinden. Ein realistischeres Modell berücksichtigt auch die unvermeidlichen Verzögerungseffekte beim Zugriff auf die Datenvektoren, die sich dadurch ergeben, daß Operanden aus tiefer liegenden Ebenen der Speicherhierarchie geholt werden müssen, bevor sie in einer Pipeline verarbeitet werden können. Die *Rechenintensität* I_c eines Programms (Hockney und Curington [98]), die als die durchschnittliche Anzahl von arithmetischen Operationen pro Speicherreferenz erklärt ist (im Gegensatz zu dessen Speicherintensität), wird als weiterer Parameter eingeführt.

Dieses verfeinerte Modell eines Vektorprozessors enthält zusätzlich zu der arithmetischen Pipeline, die nur mit Daten aus den Vektorregistern operiert, auch eine *Speicherpipeline*, die die übrige Speicherhierarchie mit den Vektorregistern verbindet. Hardwaremäßig entsprechen einer Speicherpipeline z. B. eigene Pipelinestufen, die in modernen Rechnerarchitekturen speziell für aufwendige Adreßberechnungen bei komplizierten Speicherorganisationsformen konzipiert sind (siehe Giloi [79]).

In Analogie zu Abschnitt 2.2.2 bezeichnen r_∞^m und $n_{1/2}^m$ asymptotische Ergebnisrate bzw. Vektorlänge der halben asymptotischen Ergebnisrate der Speicherpipeline, r_∞^a und $n_{1/2}^a$ stellen die entsprechenden Größen der arithmetischen Pipeline dar. T_1 bezeichnet die Zeitdauer einer Speicherzugriffsoperation für einen Vektor der Länge n, und T_2 die Zeitdauer für eine arithmetische Operation auf Vektoren der Länge n, wenn sich die Operanden bereits in den Vektorregistern befinden. Die *Gesamtdauer* $\overline{T}$ einer Vektoroperation beträgt im Fall der *sequentiellen* Durchführung von Speichertransfers und Operationen der arithmetischen Pipeline durchschnittlich

$$\overline{T}(I_c) = \frac{T_1}{I_c} + T_2.$$

In Analogie zu (2.13) erhält man (Hockney [95]) die *asymptotische Ergebnisrate* $\bar{r}_\infty(I_c)$ der *kombinierten Pipelines* in Abhängigkeit vom Parameter I_c, wobei

$I_{1/2} := r_\infty^a / r_\infty^m$ das Verhältnis der asymptotischen Ergebnisraten von arithmetischer Pipeline und Speicherpipeline bezeichnet,

$$\bar{r}_\infty(I_c) = \frac{r_\infty^a}{1 + I_{1/2}/I_c}, \qquad (2.16)$$

sowie die Vektorlänge

$$\bar{n}_{1/2}(I_c) = \frac{n_{1/2}^m + n_{1/2}^a \, I_c/I_{1/2}}{1 + I_c/I_{1/2}} \qquad (2.17)$$

zum Erreichen der halben asymptotischen Ergebnisrate der kombinierten Pipelines. Betrachtet man in (2.16) den Grenzwert $I_c \to \infty$, so erhält man die *maximale asymptotische Ergebnisrate* $\check{r}_\infty$. Es gilt

$$\check{r}_\infty = r_\infty^a. \qquad (2.18)$$

Dieser Grenzübergang modelliert den Fall, daß der Zeitaufwand für Datentransfers in die Vektorregister im Vergleich zum Aufwand für die arithmetischen Operationen vernachlässigbar klein wird („unendlich viele arithmetische Operationen pro Speicherzugriff" – oder auch „keine Speicherzugriffe notwendig" – angedeutet durch „ ˇ ", während unendlich lange Vektoren durch den Index „ ∞ " symbolisiert werden). In der Formel (2.18) erkennt man, daß der Wert $\check{r}_\infty$ gleich der asymptotische Ergebnisrate der arithmetischen Pipeline ist, die oft verwendet wird, um die Leistung eines Vektorprozessors zu beschreiben. Wie aber in (2.16) deutlich wird, ist die Leistungscharakterisierung eines Vektorprozessors, die ausschließlich die Leistungsparameter seiner arithmetischen Pipelines berücksichtigt, nur dann zulässig, wenn der Zeitaufwand für Datentransfers vernachlässigbar klein ist.

Aus (2.16) und (2.18) wird die Motivation für die Bezeichnung $I_{1/2}$ in Analogie zu $n_{1/2}$ klar: Man sieht, daß $I_{1/2}$ genau jener Wert der Rechenintensität ist, für den bei unendlich langen Vektoren die Hälfte der maximalen asymptotischen Ergebnisrate erreicht würde, d. h.,

$$\bar{r}_\infty(I_{1/2}) = \frac{\check{r}_\infty}{2}.$$

Durch die zusätzliche Berücksichtigung von Speicherzugriffen im Modell für eine Vektorpipeline wird klar, daß die effektive Ergebnisrate $r(n, I_c)$ eines Vektorprozessors nicht nur von der Länge der Vektoren abhängt, sondern auch vom Verhältnis I_c von arithmetischen Operationen zu Speicherzugriffen.

- Einerseits bedingt ein ungünstiges Verhältnis von Berechnungsaufwand zu Speicherzugriffen einen Leistungsabfall. Je kleiner der vom konkreten Algorithmus abhängige Wert I_c im Vergleich zum Parameter $I_{1/2}$ ausfällt, desto stärker weicht die asymptotische Ergebnisrate $\bar{r}_\infty(I_c)$ von der maximalen asymptotischen Ergebnisrate $\check{r}_\infty$ ab (unabhängig von der konkreten Vektorlänge n).

2.2 Quantifizierung der Leistung

- Andererseits bewirken zu kurze Vektoren, daß die Anlaufzeit der arithmetischen Pipeline die Leistung verringert – durch den Vergleich von n und $\bar{n}_{1/2}(I_c)$ zeigt sich, wie stark aus diesem Grund die effektive Ergebnisrate von der asymptotischen Ergebnisrate abweicht.

Man erhält die Formel

$$r(n, I_c) = \frac{\check{r}_\infty}{(1 + I_{1/2}/I_c)(1 + \bar{n}_{1/2}/n)}.$$

Der erste Faktor des Nenners modelliert den Einfluß von Speicherverzögerungen, der zweite den Leistungsabfall durch endliche Vektorlängen. Die Parameter $\check{r}_\infty$ und $I_{1/2}$ sind nur durch die Hardware festgelegt, während n und I_c vom Algorithmus und dessen Implementierung abhängen. $\bar{n}_{1/2}$ wird, laut Formel (2.17), sowohl von der Hardware (über die Parameter $I_{1/2}$, $n_{1/2}^a$, $n_{1/2}^m$) als auch vom konkreten Programm (über I_c) beeinflußt.

Natürlich kann es vorkommen, daß sich die Rechenintensität I_c oder die Vektorlänge n in verschiedenen Teilen eines Programms stark verändert. Es kann daher erforderlich sein, einzelne Teile des Programms getrennt zu betrachten und mit den verschiedenen Werten für I_c und n für jeden dieser Teile gesonderte Leistungskennzahlen zu berechnen.

Bis jetzt wurde bei der Modellierung davon ausgegangen, daß arithmetische Operationen und Speicheroperationen immer sequentiell ausgeführt werden. Können Speicherzugriffe *simultan* bzw. *überlappend* mit arithmetischen Operationen erfolgen, dann ergibt sich ein anderes Bild. In Abhängigkeit von den Verhältnissen $z = I_c r_\infty^m / r_\infty^a$ und $v = n_{1/2}^m / n_{1/2}^a$ dominiert entweder der Zeitaufwand für die Speicherzugriffe oder derjenige für die arithmetischen Operationen (Hockney und Curington [98]):

- Ist $z > v$, so dominiert der Zeitbedarf für die arithmetischen Operationen bei allen Vektorlängen.

- Ist $z < 1 < v$, dann dominiert der Zeitbedarf für die Speicherzugriffe bei allen Vektorlängen. In diesem Fall ergibt sich $I_{1/2} = \frac{1}{2} r_\infty^a / r_\infty^m$ – die simultane Durchführung von Berechnung und Speicherzugriffen *halbiert* also den Wert $I_{1/2}$ (im Vergleich zum sequentiellen Fall).

- Für $1 < z < v$ hängt es von der Vektorlänge n ab, welche der beiden Pipelines bestimmend für den Zeitbedarf ist.

Möglichkeiten, die Parameter r_∞, $n_{1/2}$, $\check{r}_\infty$ und $I_{1/2}$ konkreter Computersysteme empirisch zu bestimmen, findet man bei Hockney [95].

2.2.4 Empirische Leistungsbewertung

Im Gegensatz zu Leistungsbewertungen, die man auf rein rechnerischem (analytischem) Weg aus Kennzahlen eines Computersystems gewinnt, werden empirische Leistungsbewertungen auf Grund von Experimenten und Messungen an konkreten Systemen oder auf Grund von Simulationen abstrakter Modelle vorgenommen.

Beispiel (Simulation von Ein-/Ausgabe-Anforderungen) (Ganger und Patt [68]) Die Leistung des Ein-/Ausgabesystems eines Computers kann modelliert werden, indem man die Ein-/Ausgabe-Anforderungen in *zeitkritische, zeitlich limitierte* und *nicht zeitkritische* einteilt. Zeitkritische Anforderungen bewirken ein Stoppen des jeweiligen Prozesses bis zu ihrer Erledigung. Zeitlich limitierte Anforderungen müssen innerhalb einer bestimmten Zeitspanne bearbeitet werden; erst nach Ablauf dieser Frist blockieren sie den Prozeß. Auf die Bearbeitung von nicht zeitkritischen Anforderungen muß kein Prozeß warten, sie müssen aber zur Erhaltung der Datenkonsistenz im Rechnersystem durchgeführt werden. Durch die Simulation von Arbeitslasten kann man die Leistung unterschiedlicher Prioritätsstrategien für die Reihenfolge der Bearbeitung der verschiedenen Arten von Ein-/Ausgabe-Anforderungen modellieren und mit experimentellen Leistungsmessungen vergleichen.

Von besonderer Wichtigkeit im Bereich der empirischen Leistungsbewertung sind die sogenannten *Benchmarks*, die gesondert im Abschnitt 2.3 besprochen werden.

Die temporale Leistung

Zum Vergleich verschiedener Algorithmen zur Lösung eines bestimmten Problems auf ein und demselben Rechner kann entweder direkt die *Ausführungszeit*

$$T := t_{\text{end}} - t_{\text{start}}$$

oder deren Kehrwert, die sogenannte *temporale Leistung* $P_T = T^{-1}$ herangezogen werden. Die Ausführungszeit T wird dabei *gemessen* – im Gegensatz zur *rechnerischen* Ermittlung der CPU-Leistung in Abschnitt 2.2.1. Die Arbeitsmenge, die zu erledigen ist, wird bei der temporalen Leistung durch $\Delta W = 1$ als normiert angenommen, da laut Voraussetzung immer nur *ein* (vollständig bearbeitetes) Problem betrachtet wird.

Diese Art der Bewertung ist dann sinnvoll, wenn es darum geht, zu entscheiden, durch welchen Algorithmus bzw. welches Programm man ein gegebenes Problem am schnellsten lösen kann (Addison et al. [2]). Speziell für den Anwender ist die Ausführungszeit eines Programms das einzig interessante Kriterium. Er will nur wissen, wie lange er zu warten hat, bis sein Problem gelöst ist. Der leistungsfähigste Algorithmus und das effizienteste Programm sind für ihn durch die kürzeste Ausführungszeit bzw. die größte temporale Leistung charakterisiert. Die Arbeitsmenge, die dabei zu verrichten ist, und andere algorithmische Details sind aus der Sicht des Anwenders meist irrelevant.

Die empirische Instruktionenleistung

Ermittelt man experimentell die Anzahl W_I von Instruktionen, die ein Computer in einem bestimmten Zeitraum T ausführt (als Maß für die verrichtete Arbeit), so erhält man die *empirische Instruktionenleistung*

$$P_I = \frac{W_I}{T} = \frac{\text{Anzahl der durchgeführten Instruktionen}}{\text{benötigte Zeit}},$$

für die wie in Abschnitt 2.2.1 die Einheit *Mips* („Millionen Instruktionen pro Sekunde" oder „Instruktionen pro Mikrosekunde") verwendet wird:

$$P_I[\text{Mips}] = \frac{\text{Anzahl der durchgeführten Instruktionen}}{\text{benötigte Zeit in Mikrosekunden}}.$$

2.2 Quantifizierung der Leistung

Maschinen mit größerer Leistung verarbeiten in einer bestimmten Zeitspanne mehr Instruktionen und haben dementsprechend einen höheren Mips-Wert, was der Intuition entgegenkommt. Trotzdem ist bei der Interpretation von Mips-Angaben Vorsicht geboten, da die Instruktionenleistung z. B. sehr stark von der Art des Instruktionssatzes des verwendeten Computers abhängt (Hennessy und Patterson [93], Weicker [169]). Mips-Angaben für Maschinen mit verschiedenen Instruktionssätzen können *nicht* ohne weiteres verglichen werden.

Beispiel (RISC – CISC) Wie in der Formel (2.4) für die rechnerische Ermittlung der Instruktionenleistung zum Ausdruck kommt, hängt der Mips-Wert nur von der Taktfrequenz f_c des Prozessors und vom CPI-Wert ab. RISC-Prozessoren erreichen daher bei gleicher Taktfrequenz *immer* höhere Mips-Werte als CISC-Prozessoren, da ihr Instruktionssatz aus relativ einfachen Befehlen besteht, deren Abarbeitung weniger Taktzyklen benötigt als die Abarbeitung der aufwendigeren Instruktionen von CISC-Rechnern (vgl. Beispiel (RISC – CISC) auf Seite 86).

Ein weniger komplexer Instruktionssatz führt aber nicht automatisch zu kürzeren Ausführungszeiten, was manchmal fälschlicherweise auf Grund der höheren Mips-Werte gefolgert wird. Es darf nicht übersehen werden, daß zur Erledigung derselben Arbeitsmenge eine größere Anzahl von einfacheren RISC-Instruktionen abgearbeitet werden muß als von den mächtigeren CISC-Instruktionen. Welcher Effekt sich stärker auswirkt – Zeitgewinn durch einfachere Instruktionen oder Zeitverlust durch mehr Instruktionen – ist nur durch genauere Untersuchungen zu entscheiden.

Die empirische Gleitpunktleistung

Wenn man die in einem Zeitraum T verrichtete Arbeit durch die Anzahl der ausgeführten Gleitpunktoperationen W_F charakterisiert, so erhält man die *empirische Gleitpunktleistung*

$$P_F[\text{flop/s}] = \frac{W_F}{T} = \frac{\text{Anzahl der ausgeführten Gleitpunktoperationen}}{\text{Zeitdauer in Sekunden}}.$$

Im Gegensatz zu der in Abschnitt 2.2.1 rechnerisch ermittelten Maximalleistung gewinnt man diesen Wert durch Messungen an laufenden Programmen. Zahlenangaben erfolgen wie bei der analytischen Leistungsbewertung in Mflop/s (10^6 flop/s), Gflop/s (10^9 flop/s), Tflop/s (10^{12} flop/s), Pflop/s (10^{15} flop/s), ...

Da die Ermittlung der verrichteten Arbeit bei der Gleitpunktleistung auf *Operationen* statt auf *Instruktionen* beruht, liefert sie oft bessere Vergleichswerte für verschiedene Maschinen als die Instruktionenleistung. Es kann nämlich davon ausgegangen werden, daß ein Programm auf zwei verschiedenen Rechnern zwar in eine unterschiedliche Anzahl von Instruktionen umgesetzt wird, daß aber die Anzahl der Gleitpunkt*operationen* im wesentlichen gleich bleibt.

Aus den Gründen, die schon in Abschnitt 2.1.1 besprochen wurden, ist eine simple „Abzählung" aller ausgeführten Gleitpunktoperationen oft zu ungenau, um aussagekräftige Werte für die Gleitpunktleistung bestimmen zu können. Es muß gegebenenfalls zwischen den verschiedenen Arten von Gleitpunktoperationen und der von ihnen jeweils benötigten (unterschiedlichen) Anzahl von Taktzyklen unterschieden werden. Ein Programm, das z. B. nur Gleitpunkt*additionen* durchführt, wird auf ein und derselben Maschine erheblich höhere Gleitpunktleistungen zeigen als ein Programm, das zwar dieselbe Anzahl von Gleitpunktoperationen aufweist, aber lauter *Divisionen* ausführt (die etwa fünfzehn bis dreißig Mal so lange wie Gleitpunktadditionen brauchen können).

Um den Werten der empirischen Gleitpunktleistung mehr Aussagekraft für den Leistungsvergleich verschiedener Computer zu verleihen, kann man normierte Gleitpunktoperationen (siehe Abschnitt 2.1.1) verwenden, um dadurch eine *normierte empirische Gleitpunktleistung* zu erhalten.

Die Interpretation empirischer Leistungswerte

Die empirische Ermittlung der Gleitpunktleistung eines Computersystems kann (im Gegensatz zu der rechnerisch ermittelbaren Maximalleistung) nur mit Hilfe konkreter Algorithmen – in Form von Programmen – erfolgen. Man darf aber nicht den Fehler machen, die Gleitpunktleistung als absoluten Qualitätsmaßstab zur Beurteilung bzw. zum Vergleich verschiedener *Algorithmen* (zur Lösung einer Problemklasse) heranzuziehen.

Ein Programm, das eine höhere Gleitpunktleistung erzielt, bringt nicht unbedingt auch eine größere temporale Leistung (eine kürzere Abarbeitungszeit). Trotz besserer (höherer) flop/s-Werte kann es unter Umständen *länger* für die Lösung des Problems brauchen, wenn bei seiner Verwendung mehr Arbeit zu leisten ist. Nur bei Programmen mit demselben Arbeitsaufwand liefern die Werte der (empirischen) Gleitpunktleistung eine Vergleichsbasis für die Qualität der *Implementierungen*. Adäquate Maße zur Beurteilung von Algorithmen (unabhängig von deren Implementierung) wurden in Abschnitt 2.1.1 besprochen.

Beispiel (Leistung und Zeit) Bei der Lösung eines speziellen Diffusionsproblems auf einem Parallelrechner wurden mit einem iterativen, lokalen Jacobi-Verfahren 5.6-fach höhere Mflop/s-Raten erzielt als mit einem Multigrid-Verfahren. Das Jacobi-Verfahren benötigte jedoch – auf Grund des wesentlich höheren Arbeitsaufwandes – die 317-fache Gesamtrechenzeit des Multigrid-Verfahrens. Eine sinnvolle Beurteilung der beiden Verfahren ist hier nur mit Hilfe der temporalen Leistung möglich.

Eine vergleichbare Situation gibt es beim Autofahren: Ein sehr schneller Autofahrer, der sein Ziel auf Umwegen erreicht, kann mehr Zeit dafür benötigen als ein vergleichsweise langsamer Fahrer, der eine kürzere Route wählt.

Beispiel (Komplex-symmetrische Eigenwertprobleme) Komplex-symmetrische (*nicht-Hermitesche*) Eigenwertprobleme werden üblicherweise wie allgemeine nicht-Hermitesche Probleme gelöst, ohne auf die bestehende Redundanz Rücksicht zu nehmen. Bei der Verwendung einer sehr guten Implementierung dieser Standardmethode (im Programm LAPACK/zgeev; siehe Anderson et al. [6]) wurde auf einer SGI Cray Origin 2000 eine höhere empirische Gleitpunktleistung erzielt als bei der Verwendung einer neuen, verbesserten Methode (Gansterer [69]), die die Symmetrie der Matrix berücksichtigt und nur auf die Hälfte der Daten zugreift (siehe Abb. 2.5). Die neue Methode löst das Problem aber in deutlich kürzerer *Zeit* (siehe Abb. 2.6). Die Ursache dieser scheinbaren Diskrepanz ist eine deutliche Reduktion des *Arbeitsaufwandes* bei Verwendung der neuen Methode (siehe Abb. 2.7).

Auch zur Bewertung verschiedener Computersysteme mit vorgegebenen Programmen (*Benchmark*-Bewertung; siehe Abschnitt 2.3) wird die empirische Gleitpunktleistung häufig verwendet (z. B. LINPACK-Benchmark, SPECfp95).

2.2 Quantifizierung der Leistung

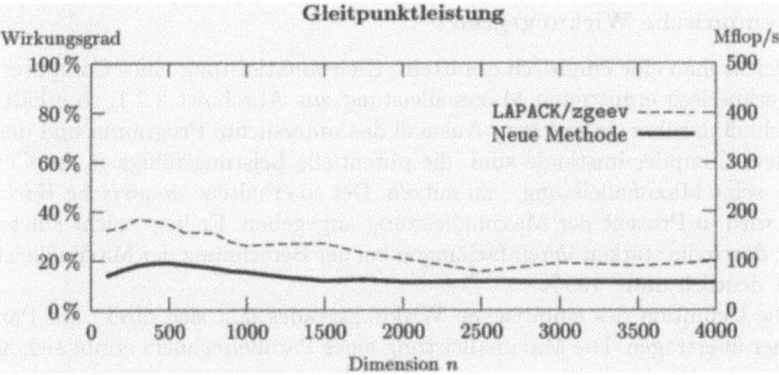

Abb. 2.5: Gleitpunktleistung bei der Lösung komplex-symmetrischer Eigenwertprobleme auf einer SGI Cray Origin 2000.

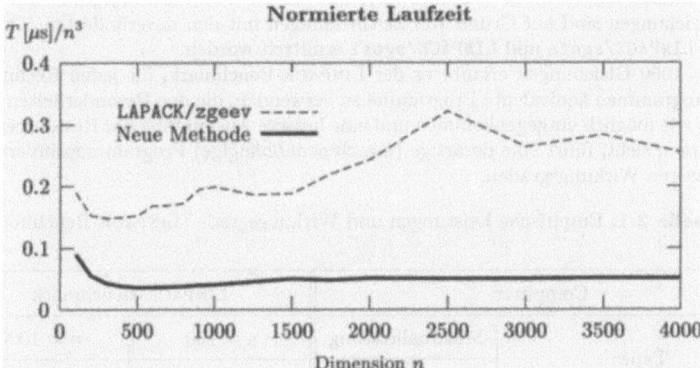

Abb. 2.6: Normierte Laufzeiten $[\mu s/n^3]$ bei der Lösung komplex-symmetrischer Eigenwertprobleme auf einer SGI Cray Origin 2000.

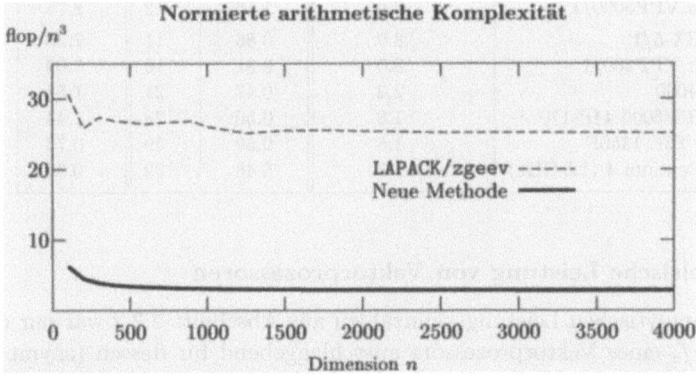

Abb. 2.7: Normierter Arbeitsaufwand $[\text{flop}/n^3]$ bei der Lösung komplex-symmetrischer Eigenwertprobleme auf einer SGI Cray Origin 2000.

Der empirische Wirkungsgrad

Vergleicht man eine empirisch ermittelte Gleitpunktleistung eines Computers mit der rechnerisch ermittelten Maximalleistung aus Abschnitt 2.2.1, so erhält man Aufschluß darüber, in welchem Ausmaß das untersuchte Programm und der verwendete Compiler imstande sind, die potentielle Leistungsfähigkeit des Computers – seine Maximalleistung – zu nutzen. Der so erhaltene *empirische Wirkungsgrad* wird in Prozent der Maximalleistung angegeben. Er liegt, nicht zuletzt bedingt durch die starken Vereinfachungen bei der Berechnung der Maximalleistung, meist deutlich unter 100 %.

Die Definition des empirischen Wirkungsgrades läßt sich direkt auf Parallelrechner übertragen. Die Maximalleistung eines Parallelrechners ergibt sich als die Summe der Maximalleistungen seiner Einzelprozessoren.

Beispiel (Empirischer Wirkungsgrad) (Dongarra [41]) Bei den verschiedenen Stufen des LINPACK-Benchmarks, auf die in Abschnitt 2.4 genauer eingegangen wird, ergeben sich die in Tabelle 2.1 zusammengestellten Leistungswerte und empirischen Wirkungsgrade. Die Werte für $n = 100$ Gleichungen sind auf Grund von Zeitmessungen mit den unveränderten „Originalprogrammen" LINPACK/sgefa und LINPACK/sgesl ermittelt worden.

Bei $n = 1000$ Gleichungen erlaubt es der LINPACK-Benchmark, für jeden Rechner zu den Standardprogrammen äquivalente Programme zu verwenden, die den Besonderheiten des Rechners soweit wie möglich entgegenkommen und eine bessere Ausnutzung der Ressourcen ermöglichen. Wie man sieht, führt eine derartige (maschinenabhängige) Programmoptimierung zu erheblich besseren Wirkungsgraden.

Tabelle 2.1: Empirische Leistungen und Wirkungsgrade (LINPACK-Benchmark)

Computer		LINPACK-Benchmark			
Type	Maximalleistung	$n = 100$		$n = 1000$	
	[Gflop/s]	[Gflop/s]	[%]	[Gflop/s]	[%]
NEC SX-5/8 ($p = 8$)	64.0	—	—	32.57	51
CRAY T932 ($p = 32$)	57.6	—	—	29.36	51
Fujitsu VPP5000/1	9.6	1.16	12	8.78	92
NEC SX-5/1	8.0	0.86	11	7.28	91
Fujitsu VPP800/1	8.0	0.81	10	7.09	89
HP N4000	2.2	0.47	21	1.58	72
IBM RS/6000 44P-170	1.8	0.50	28	1.44	80
CRAY T3E 1350F	1.5	0.59	39	0.73	49
Intel Pentium 4 (1.5 GHz)	1.5	0.48	32	0.96	64

Die empirische Leistung von Vektorprozessoren

Bei den analytischen Leistungskennzahlen aus Abschnitt 2.2.2 war nur die Taktfrequenz f_c eines Vektorprozessors ausschlaggebend für dessen (asymptotische) Ergebnisrate r_∞. In der Praxis haben jedoch neben der Taktfrequenz auch noch andere Faktoren einen wesentlichen Einfluß auf die Leistung eines Vektorprozessors. So dürfen z. B. Vektoren nur eine bestimmte Maximallänge aufweisen,

2.2 Quantifizierung der Leistung

wenn man Leistungsverluste vermeiden möchte. Sind trotzdem längere Vektoren zu verarbeiten, dann müssen sie in entsprechend kleinere Teile aufgespalten werden. Dieses *stripmining*, das oft von der Hardware durchgeführt wird (vgl. Abschnitt 1.2.4), bedeutet einen zusätzlichen, von der Vektorlänge n abhängigen Overhead, der die Ergebnisrate senkt. Ein noch wesentlich größerer Overhead entsteht durch das Laden der Operanden-Vektoren aus dem Hauptspeicher in die Vektorregister.

r_∞ wird auch von der *Art* der Vektoroperation (als Konstrukt einer höheren Programmiersprache) und ihrer Umsetzung vom Compiler unter Berücksichtigung der Besonderheiten des Computers (Instruktionssatz, Speicherhierarchie etc.) stark beeinflußt. So wirken sich z. B. indirekt adressierte Vektoren und ein schlechtes Verhältnis von Speicherzugriffen zu durchgeführten arithmetischen Operationen stark leistungsmindernd aus (siehe Abschnitt 2.2.3).

Derartige Einflüsse können z. B. durch eine empirische Ermittlung der asymptotischen Ergebnisrate $\bar{r}_\infty$ berücksichtigt werden, wobei man folgendermaßen vorgeht (siehe Dongarra et al. [46]):

1. Messung der Laufzeit eines Vektorkonstrukts für verschiedene n;
2. Bestimmung von $\bar{r}_\infty$ für $n \to \infty$ (z. B. durch Kurvenanpassung nach der Methode der kleinsten Fehlerquadrate).

Die empirischen Werte $\bar{r}_\infty$, die man auf diese Weise für das untersuchte Vektorkonstrukt erhält, liegen oft erheblich unter der maximalen asymptotischen Ergebnisrate $\check{r}_\infty$.

Beispiel (Vektorschleifen) Ein Prozessor einer Fujitsu VPP700 hat eine maximale Gleitpunktleistung von knapp 2.3 Gflop/s (vgl. Tabelle 2.1). Für die Schleife

```
DO i = 1, n              ! axpy-Schleife
   vektor_1(i) = vektor_1(i) + a*vektor_2(i)
END DO
```

erhält man experimentell eine asymptotische Ergebnisrate $\bar{r}_\infty$ = 949 Mflop/s. Der entsprechende Maximalwirkungsgrad dieser Schleife, der selbst unter günstigsten Verhältnissen nicht überschritten werden kann, beträgt 41 %. Für die Schleife

```
DO i = 1, n              ! Bidiagonalschleife
   vektor_1(i) = vektor_2(i) + vektor_3(i) * vektor_1(i-1)
END DO
```

hat die experimentell ermittelte asymptotische Ergebnisrate $\bar{r}_\infty$ überhaupt nur einen Wert von 11 Mflop/s, also nicht einmal 0.5 % der Maximalleistung.

Für die „axpy-Schleife" (vgl. Abschnitt 3.1.1) erhält man $\bar{n}_{1/2} = 514$ und für die „Bidiagonalschleife" $\bar{n}_{1/2} = 8$. Speziell der letztere Wert zeigt, daß die Vektorisierung bereits für sehr kleine Vektorlängen sinnvoll sein kann, wenn auch die damit erzielbaren Leistungswerte (im Verhältnis zur theoretischen Maximalleistung) alles andere als günstig sind.

Beispiel (LINPACK-Benchmark) Auch mit den Unterprogrammen LINPACK/dgefa und LINPACK/dgesl des LINPACK-Benchmarks kann man empirische Näherungen für die Kenngrößen $\bar{r}_\infty$ und $\bar{n}_{1/2}$ ermitteln.

Für eine Fujitsu VPP700 mit 4 Prozessoren erhält man dabei auf experimentellem Weg die Werte (siehe Dongarra [41])

$$\bar{r}_\infty = 8.6\,\text{Gflop/s}, \qquad \bar{n}_{1/2} = 1280.$$

Der Wert $\bar{r}_\infty$ wird für $n_{\max} = 28800$ erreicht. Für sehr große Gleichungssysteme ist also auf diesem Computersystem mit den Programmen LINPACK/dgefa und LINPACK/dgesl (den *unveränderten* LINPACK-Routinen) ein sehr zufriedenstellender Wirkungsgrad

$$\frac{\bar{r}_\infty}{P_{\max}^4} \cdot 100 = \frac{\bar{r}_\infty}{4 \cdot \hat{r}_\infty} \cdot 100 = \frac{8.6\,\text{Gflop/s}}{4 \cdot 2.288\,\text{Gflop/s}} \cdot 100 \approx 94\,\%$$

zu erreichen. Es kann jedoch auch für relativ kleine Probleme noch ein Wirkungsgrad von 47 % (die Hälfte des maximalen Wirkungsgrades) erreicht werden, wie der Wert $n_{1/2} = 1280$ zeigt.

2.2.5 Bewertung von leistungssteigernden Maßnahmen

Ausgehend vom klassischen von Neumann-Rechner (siehe Abschnitt 1.4.2) gibt es verschiedene Techniken, die Leistung von Computersystemen zu steigern. Die wichtigsten Beispiele dafür sind die *Parallelisierung* und die *Vektorisierung*, welche ein Spezialfall der Parallelisierung (innerhalb eines Prozessors) ist.

Welche Verbesserungen lassen sich durch solche Veränderungen erreichen? Wie groß ist die Leistungssteigerung, die dadurch erzielt wird? Wie *effizient* sind solche Techniken, d. h., wie groß ist der Leistungsgewinn relativ zum Aufwand?

Die im folgenden besprochenen grundlegenden Begriffe erlauben eine quantitative Beantwortung dieser Fragen (siehe auch Jungmann und Stange [111]). Sie sind üblicherweise (wie auch hier), auf eine Leistungssteigerung durch Parallelisierung bezogen. Trotzdem können sie völlig analog auch zur Bewertung anderer Arten der Leistungssteigerung eines Computersystems angewendet werden, wie z. B. der Vektorisierung oder verschiedener Arten von Code-Optimierungen.

Der Geschwindigkeitsgewinn (Speed-up)

Diese Kennzahl ermöglicht eine grobe Einschätzung des „Erfolges" einer Parallelisierung im Vergleich zur sequentiellen Abarbeitung. Es wird ermittelt, um welchen Faktor die Rechenzeit durch Parallelverarbeitung verkürzt wird.

Um den Geschwindigkeitsgewinn zu ermitteln, muß ein Problem fester Größe auf einem *Ein*prozessorsystem und zum Vergleich dazu auf einem *Mehr*prozessorsystem mit p (gleichartigen) Prozessoren gelöst werden. Die zur Problemlösung benötigten Rechenzeiten werden mit T_1 bzw. mit T_p bezeichnet. Das Verhältnis

$$S_p = \frac{T_1}{T_p}$$

wird *Geschwindigkeitsgewinn (Speed-up)* genannt.

Im günstigsten Fall kann das Problem mit p Prozessoren p mal so schnell wie mit einem Prozessor gelöst werden (*linearer Speed-up*), schlechtestenfalls genauso schnell (oder sogar langsamer) wie mit einem Prozessor. Es gilt also im

2.2 Quantifizierung der Leistung

Normalfall[12]

$$1 \leq S_p \leq p.$$

Der Geschwindigkeitsgewinn liefert eine Möglichkeit des Vergleichs von sequentieller und paralleler Verarbeitung. Die Aussagekraft dieses Wertes ist aber in zweifacher Hinsicht zu relativieren.

Wahl des Bezugswertes: Man kann ein „sequentielles" Programm nicht ohne Modifikationen auf einem Parallelrechner laufen lassen. Es ist aber möglich, bei der Ermittlung des Geschwindigkeitsgewinns als Rahmenbedingung vorzugeben, daß für den parallelen Fall nur das unbedingt notwendige Minimum an Codeveränderungen im Vergleich zum sequentiellen Fall zugelassen wird. Dann muß in beiden Fällen derselbe Algorithmus verwendet werden. Es gibt aber für viele Probleme Algorithmen, die speziell für Parallelrechner konzipiert sind und bei sequentieller Abarbeitung deutlich mehr Arbeitsaufwand erfordern als herkömmliche „sequentielle" Algorithmen. Der schnellste Algorithmus für einen sequentiellen Rechner kann sich also durchaus vom schnellsten Algorithmus für einen Parallelrechner unterscheiden. Durch die Verwendung desselben Algorithmus bei der Ermittlung des Geschwindigkeitsgewinns kann folglich der Nutzen der Parallelverarbeitung entweder über- oder unterschätzt werden, je nachdem, ob ein „parallel" oder ein „sequentiell" konzipierter Algorithmus verwendet wird.

Soll ein konkreter Algorithmus bezüglich seines Leistungsverhaltens auf Parallelrechnern bewertet werden, dann stellt sich also die Frage, welcher Algorithmus als Vergleichsbasis auf dem Einprozessorsystem verwendet werden soll. Besonders eindrucksvolle Geschwindigkeitsgewinne sind oft die Folge von schlechter sequentieller Programmierung (Marinescu und Rice [125]).

Die sauberste und aussagekräftigste Bewertung von Parallelrechneralgorithmen erhält man, wenn anstelle der ursprünglichen Definition von S_p der modifizierte Geschwindigkeitsgewinn

$$S'_p = \frac{\text{Laufzeit des } \textit{besten} \text{ „sequentiellen" Algorithmus auf einem Prozessor}}{\text{Laufzeit des zu bewertenden „parallelen" Algorithmus auf } p \text{ Prozessoren}}$$

verwendet wird, wie dies Golub und Ortega [81] vorgeschlagen haben.

Der beste sequentielle Algorithmus ist üblicherweise dadurch gekennzeichnet, daß bei seiner Implementierung (auf Einprozessorsystemen) alle Möglichkeiten der Optimierung ausgeschöpft werden. Es ist daher zu beachten, daß sich die Werte des Geschwindigkeitsgewinns S'_p mit der Zeit verändern können, wenn neue, leistungsfähigere sequentielle Algorithmen entwickelt und implementiert werden.

Wahl der Problemgröße: Die auf Mehrprozessorsystemen zur Verfügung stehende Speicherkapazität ist üblicherweise deutlich größer als auf Einprozessormaschinen. In der Praxis können daher auf Mehrprozessorsystemen viel „größere"

---

[12]Es gibt auch Situationen, wo *überlinearer* Geschwindigkeitsgewinn eintritt – wenn z. B. ein paralleler Suchprozeß abgebrochen werden kann, sobald irgendeiner der Prozessoren eine Lösung gefunden hat. In diesem Fall bleibt aber i. a. die Problemgröße nicht fest, sondern es tritt eine echte *Reduktion der Gesamtarbeit* ein.

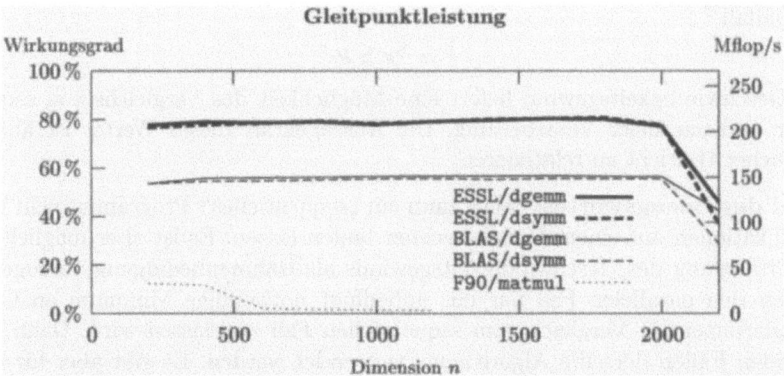

Abb. 2.8: Gleitpunktleistung verschiedener sequentieller Routinen zur Matrizenmultiplikation auf einem Prozessor einer IBM SP2.

Probleme (das sind meist Probleme mit größerer Datenmenge) als auf Einprozessormaschinen bearbeitet werden.

Um eine brauchbare Parallelisierung durchführen zu können, muß das zu lösende Problem wenigstens so groß sein, daß die *Granularität* (d. h., die mögliche Feinheit der Aufteilung der gesamten Arbeitsmenge) eine sinnvolle Aufteilung des Arbeitsaufwandes und der Daten auf alle vorhandenen Prozessoren und Speicherelemente eines Mehrprozessorsystems zuläßt. Eine zu geringe Problemgröße kann bewirken, daß auf Systemen mit sehr vielen Prozessoren der Kommunikations- und Synchronisationsaufwand den Berechnungsaufwand deutlich übersteigt und daher kaum ein Geschwindigkeitsgewinn erreicht wird (Golub und Ortega [81]). Andererseits kann aber der Fall eintreten, daß ein Problem mit für Parallelrechner geeigneter Größe für eine Einprozessor-Maschine *zu groß* ist, bzw. daß die Abarbeitung einer sequentiellen Implementierung auf einer Einprozessor-Maschine zu lange dauert, um die Bestimmung der Ausführungszeit mit vertretbarem Aufwand zu ermöglichen. Eine zentrale Rolle spielen dabei oft Speicherbeschränkungen. Wenn der Speicherbedarf eine Abarbeitung auf einem Prozessor nicht überhaupt unmöglich macht, so werden sich zumindest Verzögerungseffekte der Speicherhierarchie bei der Verwendung nur eines Prozessors wegen der geringeren Kapazität der obersten Speicherebenen viel stärker auf die Abarbeitungszeiten auswirken als bei einem Mehrprozessorsystem.

Beispiel (Parallele Matrizenmultiplikation) Zur Bestimmung des Geschwindigkeitsgewinns einer HPF-Variante der parallelen Matrizenmultiplikation (Ehold et al. [52, 53], siehe auch Abschnitt 5.6.3) auf einer IBM SP2 kann als Vergleichswert die sequentielle Laufzeit der Routine BLAS/dgemm herangezogen werden (als bestes sequentielles Programm).

Wie man in Abb. 2.8 deutlich sieht, bricht die sequentielle Leistung auf Grund von Speicherbeschränkungen bei Matrixgrößen $n > 2000$ deutlich ein. Der „traditionelle" Geschwindigkeitsgewinn S'_p wird also für große Probleme mit $n > 2000$ deutlich besser ausfallen.

Mögliche Abhilfe schafft die Verwendung des *relativen* Geschwindigkeitsgewinns (Marinescu und Rice [125]). Dabei wird immer nur ein bestimmter Bereich von

2.2 Quantifizierung der Leistung

Prozessoranzahlen betrachtet. Wenn q die kleinste Anzahl von Prozessoren ist, die für die Bearbeitung des betrachteten Problems ausreicht (unter der Nebenbedingung, daß das Speicherzugriffsverhalten vergleichbar mit jenem bei der Verwendung von p Prozessoren ist), wird der *relative Geschwindigkeitsgewinn* $S_{p,q}$ definiert als

$$S_{p,q} := \frac{T_q}{T_p}.$$

Ein weiterer möglicher Ansatz ist das Konzept des *skalierten Geschwindigkeitsgewinns (scaled speed-up)*. Es werden dabei nicht die Abarbeitungszeiten für fixierte Problemgrößen verglichen, sondern die Problemgrößen (Arbeitsmengen), die in einer fixierten Zeitspanne bearbeitet werden können (vgl. Abschnitt 2.2.7).

Interpretation des Geschwindigkeitsgewinns

Die unterschiedlichen Werte für den Geschwindigkeitsgewinn eines Algorithmus auf verschiedenen Parallelrechnern kann man *nicht* direkt zum Vergleich der Hardware-Eigenschaften heranziehen. Ebenso ist es unzulässig, den Geschwindigkeitsgewinn verschiedener Algorithmen auf einem Computersystem als einzige Vergleichsgrundlage für diese Algorithmen zu verwenden. Der Grund dafür liegt darin, daß der Geschwindigkeitsgewinn ein *relativer* Leistungsindex ist (siehe Abschnitt 2.2.4), und somit keine Information mehr über die absolute Leistung enthält. Beim Vergleich zweier (paralleler) Algorithmen kann durchaus der Fall eintreten, daß ein Algorithmus absolut gesehen eine größere temporale Leistung, aber einen geringeren Geschwindigkeitsgewinn als der andere aufweist (abhängig vom als Bezugspunkt verwendeten sequentiellen Algorithmus).

Beispiel (Parallele Matrizenmultiplikation) Eine parallele Variante der vordefinierten Fortran 90 Funktion MATMUL wurde mit einem selbst geschriebenen HPF-Programm zur Matrizenmultiplikation verglichen (Ehold et al. [52, 53], siehe auch Abschnitt 5.6.3).

Verwendet man jeweils die sequentielle Version der parallelen Programme als Bezugswert, nämlich die sequentielle Version von MATMUL im einen Fall und die Routine BLAS/dgemm im anderen Fall, dann ergeben sich die in Abb. 2.9 dargestellten Kurven für den Geschwindigkeitsgewinn. MATMUL weist einen größeren (teilweise sogar überlinearen) Geschwindigkeitsgewinn auf als das HPF-Programm, obwohl die absoluten Rechenzeiten von MATMUL länger und auch dessen Wirkungsgrad deutlich niedriger sind (siehe Abb. 2.10). Um in den Werten des Geschwindigkeitsgewinns auch die absolut erreichte Leistung zum Ausdruck zu bringen, kann in beiden Fällen derselbe sequentielle Bezugspunkt gewählt werden; in diesem Fall die Variante mit der höheren sequentiellen Leistung, also BLAS/dgemm. Der Verlauf des so definierten Geschwindigkeitsgewinns ist in Abb. 2.11 dargestellt.

Die parallele Effizienz

Die *parallele Effizienz* E_p ist ein Maß dafür, wie gut ein paralleler Algorithmus p verfügbare Prozessoren ausnutzt. Sie ist definiert als Geschwindigkeitsgewinn je Prozessor:

$$E_p = \frac{S_p}{p}, \qquad 0 < E_p \leq 1.$$

Ein Effizienzwert $E_p = 1$ (100 %) ist gleichbedeutend mit einem linearen Geschwindigkeitsgewinn $S_p = p$ ($T_p = T_1/p$). Diese optimale Effizienz wird in

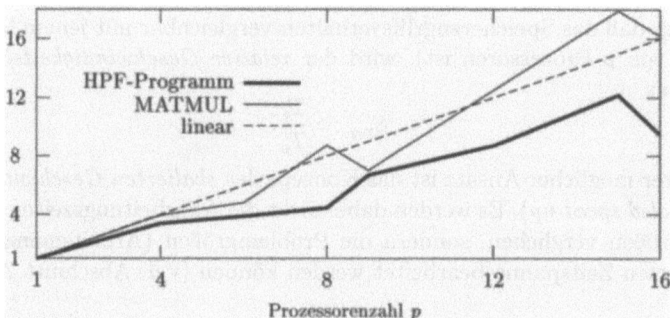

Abb. 2.9: Geschwindigkeitsgewinn zweier Varianten der parallelen Matrizenmultiplikation auf einer Meiko CS-2.

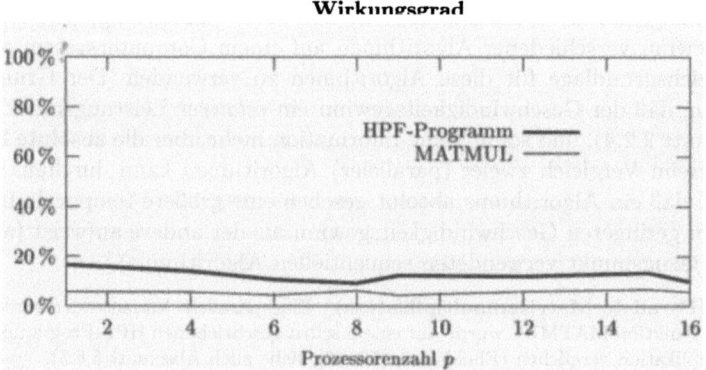

Abb. 2.10: Wirkungsgrad (Prozentsatz der maximalen Gleitpunktleistung) zweier Varianten der parallelen Matrizenmultiplikation auf einer Meiko CS-2.

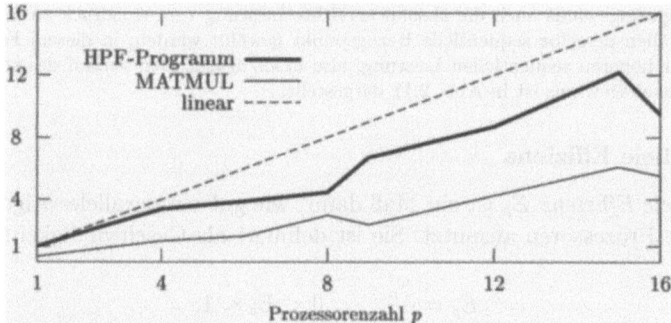

Abb. 2.11: Geschwindigkeitsgewinn zweier Varianten der parallelen Matrizenmultiplikation auf einer Meiko CS-2.

der Praxis nur sehr selten erreicht. Die Gründe dafür liegen in oft unvermeidbaren Unausgewogenheiten der Lastverteilung und in nicht vernachlässigbarem Kommunikationsaufwand. Wenn die Last, also die gesamte Arbeitsmenge, nicht gleichmäßig auf alle Prozessoren verteilt wird, dann entstehen bei einzelnen Prozessoren unnötige Leerlaufzeiten, die den Effizienzwert verringern. Eine bessere Lastverteilung erfordert aber normalerweise eine feinere Granularität der Parallelisierung. Diese wiederum erhöht den Kommunikationsaufwand, wodurch die Effizienz der Parallelisierung tendenziell wieder sinkt.

Je gröber die Granularität der Parallelisierung gehalten wird, desto schwieriger ist es, eine ausgewogene Lastverteilung zu erreichen. Es gibt graphentheoretische Ansätze, den Granularitätsgrad und den zusätzlichen Aufwand, der durch die Parallelisierung entsteht, so aufeinander abzustimmen, daß eine möglichst große Effizienz erreicht wird (Gill et al. [78]).

Beispiel (Dynamische Lastverteilung) (Krommer, Überhuber [118]) Um die optimale Leistung eines Mehrprozessorsystems zu erhalten, ist es wichtig, die aus einzelnen *Tasks* bestehende Gesamtarbeit so auf die Prozessoren zu verteilen, daß diese gleichmäßig ausgelastet sind. Das Ziel dabei ist es, Leerlaufzeiten auf einzelnen Prozessoren zu vermeiden.

Die exakte Lösung des abstrakten Problems der *optimalen Lastverteilung* ist sehr aufwendig (Giloi [79]) und in der Praxis nicht sinnvoll. Es gibt aber verschiedene Strategien, um gute Lastverteilungen zu erreichen. Im Gegensatz zur *statischen Lastverteilung*, die vor dem Start der Problemlösung eine Zuordnung der einzelnen Tasks zu den Prozessoren trifft und auf a priori vorhandener Information über die Tasks und das Mehrprozessorsystem basiert, reagiert die *dynamische Lastverteilung* auf aktuelle Zustände des Systems während der Ausführung der Tasks. Wenn von vornherein wenig Kenntnis über die zu leistende Arbeit vorhanden ist, erzielt die dynamische Lastverteilung bessere Resultate als die statische Lastverteilung.

Die Daten des Problems der Lastverteilung sind Charakteristika der Tasks, wie z. B. Speicheranforderungen, erforderliche Kommunikation mit anderen Tasks, Prioritäten, erforderliche Synchronisation etc., sowie die Art und der Aufbau des Mehrprozessorsystems. Das Ziel der Lastverteilung ist es, einen Lastverteilungsindex zu minimieren und dadurch die Leistung des Systems zu optimieren.

Es darf nicht übersehen werden, daß die verschiedenen Algorithmen zur Lastverteilung zusätzliche Arbeit für das System darstellen, so daß im schlechtesten Fall der durch diesen Zusatzaufwand bedingte Leistungsabfall die (erhoffte) Leistungssteigerung überwiegen kann.

Eine Übersicht über die verschiedenen Arten von Algorithmen zur Lastverteilung bietet Krommer, Überhuber [118], ein konkretes Beispiel für einen Algorithmus zur Lastverteilung in einem Mehrprozessorsystem mit Untersuchungen der Auswirkungen verschiedener Metriken für die Last auf einem Prozessor wird in Evans und Butt [57] behandelt.

Die Operationsredundanz

Bei Parallelverarbeitung werden im Vergleich zur sequentiellen Bearbeitung oft zusätzliche Operationen, etwa zur Organisation der Kommunikationsvorgänge oder des Datentransfers, erforderlich. Dieser Effekt wird durch die *Operationsredundanz*

$$R_p = \frac{Z_p}{Z_1}, \qquad R_p \geq 1$$

gemessen. Z_1 bezeichnet die Anzahl der Operationen, die bei der Verwendung eines Prozessors notwendig sind, Z_p ist die Gesamtanzahl der Operationen bei

Einsatz von p Prozessoren. Oft gilt $Z_p > Z_1$, d. h., es tritt tatsächlich eine Operationsredundanz ein, die durch $R_p > 1$ charakterisiert ist.

Die Auslastung

Die *Auslastung* U_p eines Mehrprozessorsystems ist definiert durch:

$$U_p = \frac{Z_p}{pT_p}, \qquad 0 < U_p \leq 1.$$

T_p bezeichnet in diesem Zusammenhang die Anzahl der Zeitschritte bei einer Problemlösung, die p Prozessoren verwendet. Mit der vereinfachenden Voraussetzung, daß alle Operationen genau einen Zeitschritt lange dauern, erhält man ein Maß für die im Durchschnitt im Einsatz befindlichen Prozessoren im Verhältnis zu den p insgesamt vorhandenen. pT_p ist in diesem Fall nämlich die Gesamtzahl der in der gegebenen Zeitspanne theoretisch durchführbaren Operationen bei *voller* Auslastung *aller* Prozessoren (wenn also jeder der p Prozessoren in *jedem* der T_p Zeitschritte eine Operation ausführt), und Z_p gibt die Anzahl der in dieser Zeitspanne *tatsächlich* ausgeführten Operationen an. Die Auslastung U_p erlaubt unter diesen Voraussetzungen eine Beurteilung der Qualität der Lastverteilung auf die einzelnen Prozessoren.

Die parallele Effektivität

Der Geschwindigkeitsgewinn S_p zeigt bei vielen Problemen bei wachsendem p anfangs annähernd lineares Wachstum, bei weiterer Steigerung von p wird der Anstieg meist geringer und schließlich kann er wieder abnehmen. Der Grund dafür liegt darin, daß bei der Parallelverarbeitung immer nur eine bestimmte Maximalzahl von Prozessoren optimal genutzt werden kann. Wird diese überschritten, dann nehmen Kommunikations- und Organisationsaufwand überhand und wirken sich negativ auf die Laufzeiten aus. Die Effizienz E_p fällt daher im Normalfall mit wachsendem p.[13]

Die *parallele Effektivität* F_p berücksichtigt, daß eine Leistungsbewertung, die nur auf dem Geschwindigkeitsgewinn S_p basiert, eher für große Werte für p spricht, während die Effizienz E_p oft bei kleinen Werten von p am größten ist. Durch die Definition

$$F_p = \frac{S_p E_p}{T_1},$$

in der T_1 die Dauer der Problemlösung mit einem Prozessor bezeichnet, ergibt sich eine Funktion, deren Maximum bei einem Wert $p = \tilde{p}$ angenommen wird. Für $p > \tilde{p}$ wird der Geschwindigkeitsgewinn S_p zwar durchaus noch steigen, trotzdem ist unter Berücksichtigung der Effizienz E_p die *optimale Parallelisierung* des Problems bei jener Anzahl $\tilde{p}$ von Prozessoren gegeben, bei der die Effektivität F_p ihr Maximum annimmt (Jungmann und Stange [111]).

---

[13]Nur im Fall eines linearen Geschwindigkeitsgewinns der Form $S_p = \beta p$ mit $0 \leq \beta \leq 1$ bleibt die Effizienz für alle Werte von p konstant. Bei überlinearem Geschwindigkeitsgewinn steigt sie mit wachsendem p.

2.2 Quantifizierung der Leistung

Beispiel (Parallele Matrizenmultiplikation) Ein HPF-Programm zur Matrizenmultiplikation (siehe Abschnitt 5.6.3) zeigte auf einer IBM SP2 den in Abb. 2.12 dargestellten Geschwindigkeitsgewinn S_p. Die zugehörigen Werte der parallelen Effizienz E_p und der parallelen Effektivität F_p sind in den Abbildungen 2.13 und 2.14 dargestellt. Die Parallelisierung bei $p = 16$ Prozessoren ist im Sinne der parallelen Effektivität optimal (das Maximum von F_p wird mit 16 Prozessoren noch gar nicht erreicht), obwohl sie am wenigsten effizient ist.

2.2.6 Das Gesetz von Amdahl

Grenzen der Leistungssteigerung durch Parallelisierung sind dadurch gegeben, daß eine Parallelisierung oft nicht durchgehend im ganzen Algorithmus möglich ist. Praktisch alle Parallelrechneralgorithmen enthalten beispielsweise neben parallelisierbaren *lokalen* Phasen, die unabhängig voneinander auf verschiedenen Prozessoren durchgeführt werden können, auch nicht parallelisierbare *globale* Phasen, in denen Abhängigkeiten zwischen Prozessoren auftreten und daher Kommunikation und Synchronisation erforderlich sind. Das gilt z. B. für die Verteilung der Daten auf die Prozessoren oder auch für das „Einsammeln" von Ergebnissen verschiedener Prozessoren (siehe Abschnitte 3.2.6 und 3.3.6).

Auch im Fall der Vektorisierung stößt man auf Grenzen: Es können nicht alle Befehlssequenzen vektorisiert werden, sondern manche Programmabschnitte enthalten Befehlsfolgen, die eine Verwendung von Vektoroperationen unmöglich machen und daher skalar ausgewertet werden müssen (siehe z. B. Sekera [152]).

Aus diesen Gründen bleiben in den meisten Programmen sequentielle Teile erhalten, die dem Parallelisieren nicht zugänglich sind. Mit anderen Worten: es gibt fast immer Teile in einem Algorithmus, bei deren Abarbeitung die Momentanleistung im Sinne von Abschnitt 2.1 deutlich abfällt. Das *Gesetz von Amdahl* untersucht die Auswirkungen von Teilen geringerer Leistung auf die Gesamtleistung eines Algorithmus.

Angenommen, ein bestimmtes Programm wird auf p Prozessoren ausgeführt und die Gesamtarbeit kann in drei Teile gegliedert werden:

- Bei einem Anteil a_1 der Gesamtarbeit ist nur ein Prozessor aktiv (nicht parallelisierbarer Teil des Programms).

- Ein Anteil a_2 kann auf m Prozessoren ($1 \leq m \leq p$) aufgeteilt werden, so daß die dafür benötigte Zeit nur den m-ten Teil der Zeit für einen Prozessor ausmacht (teilweise parallelisierbarer Teil des Programms).

- Der Anteil $a_3 = 1 - a_1 - a_2$ ist so beschaffen, daß alle p Prozessoren gleichzeitig aktiv sind und für diesen Teil nur der p-te Teil der Zeit für einen Prozessor benötigt wird (vollständig parallelisierbarer Teil des Programms).

Der Geschwindigkeitsgewinn S_p als Verhältnis von Einprozessor-Ausführungszeit zu Mehrprozessor-Ausführungszeit ergibt sich damit zu

$$S_p = \frac{T_1}{(a_1 + a_2/m + a_3/p)T_1 + T_d}. \qquad (2.19)$$

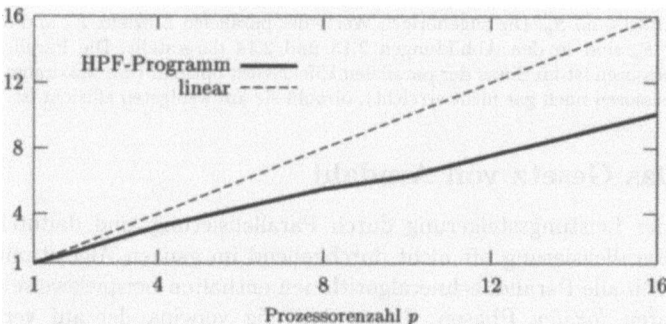

Abb. 2.12: Geschwindigkeitsgewinn S_p einer HPF-Variante der parallelen Matrizenmultiplikation auf einer IBM SP2.

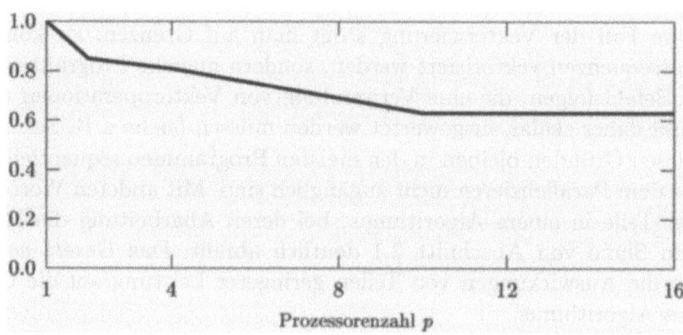

Abb. 2.13: Parallele Effizienz E_p einer HPF-Variante der parallelen Matrizenmultiplikation auf einer IBM SP2.

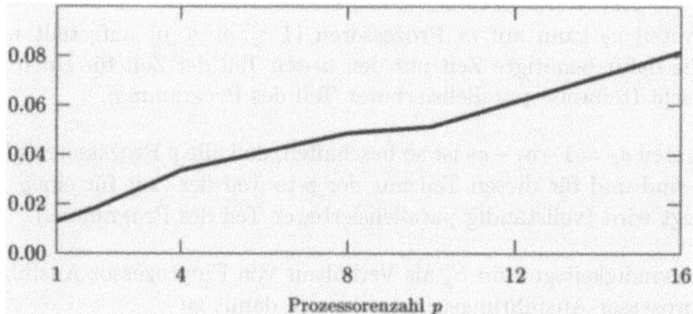

Abb. 2.14: Parallele Effektivität F_p einer HPF-Variante der parallelen Matrizenmultiplikation auf einer IBM SP2.

2.2 Quantifizierung der Leistung

T_1 steht wieder für die Zeit, die für die Durchführung des Algorithmus auf einem Prozessor benötigt wird. Der Nenner stellt die Ausführungszeit auf p Prozessoren dar. T_d bezeichnet dabei die „Overhead-Zeit", die bei der Ausführung paralleler Programme durch Kommunikation, Synchronisation oder Blockierung entsteht. Man erkennt, daß der Geschwindigkeitsgewinn S_p bei großen Werten für T_d unabhängig von den Werten a_1, a_2 und a_3 klein wird – sogar der Fall $S_p < 1$ kann eintreten, wenn bei einer parallelen Abarbeitung sehr viel Kommunikations- und Synchronisationsaufwand anfällt und T_d dementsprechend groß wird.

Unter den vereinfachenden Annahmen, daß während der Programmabarbeitung entweder nur ein Prozessor oder alle p Prozessoren aktiv sind ($a_1 = a$, $a_2 = 0$, $a_3 = 1-a$), und daß die „Overhead-Zeit" vernachlässigt werden kann ($T_d = 0$), so reduziert sich (2.19) auf

$$S_p = \frac{1}{a + (1-a)/p}. \tag{2.20}$$

Die Formel (2.20) bezeichnet man als das *Gesetz von Amdahl* für die Parallelverarbeitung; (2.20) wird auch *Gesetz von Ware* genannt (Golub und Ortega [81], Dongarra et al. [45]).

Geschwindigkeitsgewinn

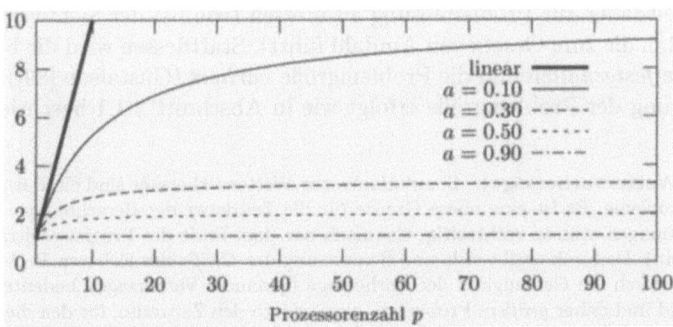

Abb. 2.15: Schranken für den durch Parallelisierung erzielbaren Geschwindigkeitsgewinn bei fester Problemgröße in Abhängigkeit vom nicht parallelisierbaren Anteil a der Gesamtarbeit laut dem Gesetz von Amdahl (2.20).

Man erkennt, daß der durch (2.20) charakterisierte Geschwindigkeitsgewinn mit wachsender Prozessorzahl p deutlich schwächer als linear wächst. Die maximal erreichbare Leistungssteigerung ist nach (2.20) begrenzt durch den Anteil der Operationen, die nicht parallel durchgeführt werden können. Wegen $a \leq 1$ ergibt sich nämlich $S_p \leq 1/a$. In der Praxis tritt der Fall einer vollkommenen Parallelisierbarkeit ($a = 0$) nie ein. Daraus folgt, daß der erreichbare Geschwindigkeitsgewinn (scheinbar) *unabhängig von der Anzahl der verwendeten Prozessoren* durch die *Konstante* $1/a$ beschränkt ist![14]

---
[14]Das Gesetz von Amdahl berücksichtigt allerdings nicht, daß der Anteil a der nicht parallelisierbaren Arbeit sowohl von der Anzahl p der Prozessoren als auch von der Problemgröße n abhängen kann! (siehe Abschnitt 2.2.7)

Es reicht also schon ein relativ geringer nicht parallelisierbarer Anteil eines Algorithmus aus, um die maximal erreichbare Leistungssteigerung stark zu beeinträchtigen. Der Anteil der Operationen eines Algorithmus, bei denen eine leistungssteigernde Maßnahme durchgeführt werden kann (speziell der parallelisierbare oder vektorisierbare Teil der Operationen) muß sehr groß sein, um eine signifikante Leistungssteigerung zu ermöglichen. Ist beispielsweise nur die Hälfte der Arbeit eines Algorithmus so beschaffen, daß sie auf p Prozessoren aufgeteilt und gleichzeitig durchgeführt werden kann ($a = 1/2$), dann ist der erreichbare Geschwindigkeitsgewinn laut dem Gesetz von Amdahl immer kleiner als 2, unabhängig davon, wieviele Prozessoren zur Abarbeitung des Algorithmus verwendet werden. Der nach dem Gesetz von Amdahl (2.20) günstigstenfalls erreichbare Geschwindigkeitsgewinn S_p in Abhängigkeit vom nicht parallelisierbaren Anteil a ist in Abb. 2.15 dargestellt.

2.2.7 Das Modell von Gustafson

Es wurde schon in Abschnitt 2.2.5 erwähnt, daß die Betrachtungsweise des skalierten Geschwindigkeitsgewinns auch zur Bewertung des Erfolges einer Parallelisierung verwendet werden kann. Man geht davon ab, die Problemgröße zu fixieren und die Zeitdauer zur Problemlösung zu messen (wie bei der Sichtweise aus Abschnitt 2.2.6, die zum Gesetz von Amdahl führt). Stattdessen wird die betrachtete Zeitspanne *festgehalten* und die Problemgröße *variiert* (Gustafson [89]). Die Charakterisierung der Problemgröße erfolgt wie in Abschnitt 2.1.1 beschrieben.

Beispiel (Wettervorhersage) Simulationen zur Wettervorhersage sind ein Beispiel für *zeitkritische* Probleme: Es ist eine obere Grenze für die Zeitdauer der Berechnungen vorgegeben (die Berechnungen müssen rechtzeitig, also noch *vor* dem Ende des Prognosezeitraums, abgeschlossen sein). Dadurch ergibt sich eine Begrenzung der *Größe* des lösbaren Problems, die in diesem Fall durch die Genauigkeit der Vorhersage (genauere Vorhersagen bedeuten mehr Arbeitsaufwand und daher *größere* Probleme), sowie durch den Zeitraum, für den die Vorhersage gültig sein soll (Vorhersagen für längere Zeiträume stellen ebenfalls *größere* Probleme dar), charakterisiert wird.

Wenn ein Computersystem mit höherer Leistung zur Verfügung steht, dann werden meist nicht dieselben Simulationen in kürzerer Zeitdauer, sondern genauere Simulationen oder Simulationen für längere Zeiträume (*größere* Probleme) in *derselben* zur Verfügung stehenden Zeit durchgeführt.

Wenn ein bestimmtes Problem mit p Prozessoren in einer Zeiteinheit gelöst werden kann und b den Anteil an dieser Zeiteinheit bezeichnet, der für sequentielle Berechnungen benötigt wird, dann wären auf *einem* Prozessor die Lösung dieses Problems $b+(1-b)p$ Zeiteinheiten erforderlich. Es ergibt sich somit ein Geschwindigkeitsgewinn

$$S_p = \frac{b + (1-b)p}{1} = b + (1-b)p. \qquad (2.21)$$

Die Formel (2.21) bezeichnet man als das *Modell von Gustafson*.

2.2.8 Variable Parallelisierbarkeit

Der Anteil b der Rechenzeit, der von sequentieller Berechnung verbraucht wird, ist oft sowohl von der Anzahl p der Prozessoren als auch von der Problemgröße n abhängig (Carmona und Rice [23]). Untersucht man, wie sich die Entwicklung von b in Abhängigkeit von n bzw. p auf den Geschwindigkeitsgewinn S_p auswirkt, so stellt sich heraus, daß es durchaus Probleme gibt, wo – im *Gegensatz* zur Aussage des Gesetzes von Amdahl – der Geschwindigkeitsgewinn S_p nicht durch eine Konstante beschränkt ist, sondern sich mit *wachsender Problemgröße* dem optimalen Fall nähert, daß er linear mit der Prozessoranzahl p steigt (Carmona und Rice [23]). Das kann z. B. dann vorkommen, wenn der sequentielle Teil eines Algorithmus weitgehend unabhängig von der Größe des zu lösenden Problems ist. In diesem Fall strebt b mit wachsender Problemgröße gegen 0, und es ergibt sich aus (2.21):

$$S_p \to p \quad \text{für} \quad n \to \infty.$$

Von den Befürwortern massiv paralleler Computersysteme wird oft die Meinung vertreten, daß die Probleme nur „groß genug" sein müssen, um zufriedenstellende Geschwindigkeitsgewinne zu erreichen. Es muß jedoch festgehalten werden, daß der nicht parallelisierbare Teil eines Programms *nicht immer* unabhängig von der Größe des zu lösenden Problems ist.

2.3 Benchmarks

Die wörtliche Übersetzung des englischen Begriffs *benchmark* lautet „trigonometrischer Punkt" (Triangulationspunkt der Geodäsie). Ähnlich den geodätischen Vermessungspunkten, deren genau bekannte Lage und Höhe dazu dient, die Position anderer Punkte zu bestimmen, soll ein Benchmark dazu dienen, die Leistung von informationsverarbeitenden Systemen zu bestimmen bzw. zu vergleichen.

Benchmarks bestehen zunächst aus einer abstrakten Aufgabenstellung, die man vom zu untersuchenden Computersystem lösen läßt.

Beispiel (Abstrakter Benchmark) Das ausgewählte Problem kann z. B. die Multiplikation zweier Matrizen oder die Lösung eines linearen Gleichungssystems sein. Die abstrakte Aufgabenstellung, die den Benchmark definiert, kann daher z. B. lauten „Berechne das Produkt zweier Matrizen gegebener Größe, deren Elemente doppelt genaue Gleitpunktzahlen sind."

Es kommt auch vor, daß ein bestimmter Algorithmus vorgegeben wird: „Berechne die Lösung eines linearen Gleichungssystems gegebener Größe in doppelter Genauigkeit und verwende dafür den Gauß'schen Eliminationsalgorithmus."

Zur Problemlösung wird meistens ein Benchmark*programm* verwendet. Aus der Arbeitsmenge, die die Abarbeitung des Programms erfordert und der Laufzeit des Programms wird auf die erzielte Leistung geschlossen – der übliche Ansatz ist also, aus bekannter Arbeitsmenge und gemessener Zeit die Leistung zu berechnen (vgl. Abschnitt 2.2). Beispielsweise werden Aussagen über die Qualität eines Prozessors gemacht, indem man ermittelt, wieviele Taktzyklen statistisch pro Instruktion eines geeigneten, gängigen Benchmarkprogramms benötigt werden.

Beispiel (Zyklen pro Instruktion) Bei Verwendung des LINPACK-Benchmarks (siehe Abschnitt 2.4.4) erhält man für den Prozessor einer Workstation HP 9000/K460 einen Wert von durchschnittlich 1.14 Zyklen pro Gleitpunktoperation bei $n = 100$. Bei $n = 1000$ werden jedoch im Durchschnitt nur mehr 0.35 Zyklen pro Gleitpunktoperation benötigt (vgl. Tabelle 2.1 auf Seite 100)!

Die wichtigsten Ziele des *Benchmarkings* sind Antworten auf folgende Fragen: Wie „schnell" ist eine bestimmte Maschine? Welcher Durchsatz ist zu erwarten? Ist ein Computersystem für bestimmte Anwendungsbereiche geeignet? Wie fällt ein Leistungsvergleich mehrerer Computersysteme aus? Antworten auf diese Fragen sind die *Resultate des Benchmarkings*. Sie sind entweder quantitativer Art (in Form der in Abschnitt 2.2 besprochenen Leistungsdaten) oder auch qualitativer Art (z. B. beim Vergleich von Computersystemen: „System X ist leistungsfähiger als System Y").

Benchmarks stellen also einen Versuch dar, den komplexen Begriff der Leistung von Computersystemen durch (möglichst wenige) meßbare und (mehr oder weniger) standardisierte Größen zu charakterisieren, die vergleichbar sind. Im folgenden werden die Schwierigkeiten diskutiert, die durch diese extreme Reduktion einer vielschichtigen Realität auftreten können und oft zu Fehleinschätzungen führen. Weiters werden Möglichkeiten zur Vermeidung dieser Schwierigkeiten aufgezeigt.

2.3.1 Herkunft von Benchmarks

Ein praktisch brauchbarer Benchmark muß *repräsentativ* sein, d. h., er muß den Schluß von stichprobenartigen Leistungsuntersuchungen auf den gesamten Leistungsbereich eines Computersystems in einem Anwendungsgebiet ermöglichen.

Eine exakte Definition und Spezifizierung von Benchmarks (Standardisierung) ist eine notwendige Voraussetzung für die Reproduzierbarkeit und Vergleichbarkeit der Ergebnisse. Ein Programm als konkrete Realisierung eines Benchmarks sollte einem möglichst breiten Personenkreis zugänglich sein und leicht von einer Maschine auf eine andere portiert werden können. Der Vorgang des Benchmarkings sollte unkompliziert und der dafür benötigte (persönliche) Zeitaufwand relativ gering sein.

Ein Benchmark ist *skalierbar*, wenn sein Arbeitsumfang durch kleine Modifikationen im Benchmarkprogramm variiert werden kann. Auf diese Weise läßt sich eine Anpassung an verschiedene Systeme durchführen. Es ist außerdem sehr wichtig, daß der Arbeitsumfang des Benchmarks (weitestgehend) unabhängig vom untersuchten Computersystem ist. Beispielsweise sind iterative Algorithmen, bei denen die Arbeitsmenge von Eigenschaften der Gleitpunkt-Arithmetik abhängt (vgl. Abschnitt 2.1.1), nur eingeschränkt für Benchmarks geeignet.

Entscheidende Bedeutung kommt der Interpretation der Resultate des Benchmarks zu. Es ist sehr wichtig, Benchmarkresultate *deuten* zu können – z. B. zu wissen, auf welche Eigenschaften der Komponenten eines Computersystems schlechte Benchmarkresultate zurückzuführen sind.

2.3 Benchmarks

Bei der Auswahl oder Festlegung eines Benchmarks muß auch berücksichtigt werden, ob ein System nur auf sein Verhalten bei einer bestimmten Aufgabenstellung (Belastung) untersucht werden soll, oder ob eine möglichst umfassende Charakterisierung der Leistung des Systems erwünscht ist. Viele der heute üblichen Benchmarks (siehe Abschnitt 2.4) eignen sich nur für die Bewertung weniger Komponenten eines Computersystems.

Beispiel (Auswahl von Benchmarks) (van der Steen [163]) Wenn sich der Aufgabenbereich, in dem ein Computersystem eingesetzt werden soll, klar abgrenzen läßt, dann ist a priori ausreichend Information vorhanden, die bei der Auswahl eines Benchmarks verwendet werden kann. Man wird in einem solchen Fall darauf achten, als Benchmarkprogramme wesentliche und häufig verwendete Teile der „typischen" Arbeitslast des Computersystems für eine Leistungsbewertung heranzuziehen.

Ist hingegen eine möglichst allgemeine Untersuchung aller Aspekte der Leistung eines Computersystems erwünscht, dann ist eine andere Vorgangsweise angebracht. Da hier die zu leistende Arbeit nicht so genau eingegrenzt werden kann, muß darauf geachtet werden, daß die Zusammensetzung des Benchmarks die verschiedensten Komponenten des Computersystems belastet und daher eine umfassende Bewertung ermöglicht. Dazu eignet sich meist kein *einzelnes* Benchmarkprogramm. Man geht dann oft dazu über, mehrere Benchmarkprogramme, die jeweils die Untersuchung eines bestimmten Teilaspekts ermöglichen, zu einem neuen Benchmark zusammenzufassen (siehe Abschnitt 2.4).

Eine mögliche Klassifizierung unterscheidet folglich zwischen Benchmarks, die einer allgemeinen Leistungsbewertung dienen, und solchen, die nur einen kleinen, genau festgelegten Teilaspekt, wie z. B. die Durchführung von Gleitpunktoperationen, untersuchen sollen (van der Steen [163]). Weitere Klassifizierungen von Benchmarks finden sich in Abschnitt 2.3.2.

Theoretische Benchmarks

Die Verwendung von empirischen Meßergebnissen der Abarbeitung eines Programms auf einem konkreten Computersystem ist nicht der einzige mögliche Ansatz im Bereich des Benchmarkings. Das *theoretische Benchmarking* ist ein Ansatz, die in Abschnitt 2.2.1 besprochene analytische Leistungsmodellierung noch weiter auszubauen, um auch die Leistung von real noch gar nicht existierenden Maschinen in Vergleichsstudien bewerten zu können.

Meistens werden wahrscheinlichkeitstheoretische Ansätze verwendet, um das Auftreten verschieden starker Arbeitslasten zu modellieren (Warteschlangentheorie, statistisches Verhalten von Nachrichtenübermittlungen in Mehrprozessorsystemen).

Von besonderem Interesse ist das theoretische Benchmarking bei der Hardware-Entwicklung, da es schon während der Entstehung neuer Computersysteme eingesetzt werden kann. Es ermöglicht eine frühzeitige Einschätzung des zu erwartenden Preis-Leistungs-Verhältnisses (siehe Abschnitt 2.6) und eine Korrektur von Mängeln, ohne daß die untersuchten Maschinen schon real bestehen müssen. Eine weitere Anwendung des theoretischen Benchmarkings ist die Simulation von Cache-Speichern zur Bestimmung von Fehlzugriffsraten, die bei der analytischen Leistungsbewertung benötigt werden (vgl. Abschnitt 2.2.3).

Die Komplexität eines Modells für ein Computersystem muß normalerweise erhöht werden, wenn sich seine Aussagekraft steigern soll. Es ist daher oft schwierig, bei Modellen für die Leistungsanalyse von Computersystemen einen geeigneten Kompromiß zwischen Komplexität und Aussagekraft zu finden. Je besser und genauer die Einschätzung der Leistung sein soll, desto komplizierter muß das Modell gestaltet werden, weil mehr Einflüsse zu berücksichtigen sind. Zu komplizierte Modelle sind aber unhandlich und ihre Auswertung ist sehr aufwendig. Unerläßliche Vereinfachungen müssen genau auf ihren Einfluß untersucht werden – jeder Kompromiß zugunsten der Einfachheit kann zu einer (unakzeptabel großen) Über- oder Unterschätzung der Systemleistung führen.

Synthetische Benchmarks

Hat man sich dazu entschlossen, mit Hilfe von Benchmarkprogrammen an real existierenden Computern empirische Messungen vorzunehmen, ist die Entscheidung zu treffen, welche Programme dafür verwendet werden sollen. Beim *synthetischen* Benchmarking werden speziell zum Zweck der Leistungsbewertung eigene Benchmarkprogramme *entwickelt*, die die Arbeitslast einer genau umrissenen Familie von Anwenderprogrammen repräsentieren sollen. Dies kann z. B. dadurch erreicht werden, daß man die durchschnittlichen Auftrittshäufigkeiten von Operationen und Operanden dieser Anwenderprogramme ermittelt und zur Zusammensetzung der Benchmarkprogramme verwendet.

Synthetische Benchmarks sind *nicht* Teile von existierenden Anwendungsprogrammen (Hennessy und Patterson [93]). Sie dienen ausschließlich der Leistungsbewertung und erfüllen darüber hinaus keinen anderen Zweck. Meistens sind sie in einer höheren Programmiersprache implementiert. Dadurch wird eine gewisse Portabilität gewährleistet, und außerdem spricht die Zielsetzung der Repräsentativität ohnehin für die Verwendung einer höheren Programmiersprache, da die meisten Benutzer keine maschinennahe Programmierung verwenden. Es kann auch der Fall eintreten, daß ein Benchmark primär der Bewertung eines Compilers dient.

Vorteile der synthetischen Benchmarks sind der im vorhinein genau bekannte Umfang der zu erledigenden Arbeit (vgl. Abschnitt 2.1.1) und die Möglichkeit, gewünschte Belastungssituationen leicht herbeiführen zu können. Die Arbeitslast synthetischer Benchmarks kann meist innerhalb eines gewissen Bereichs so adaptiert werden, daß besondere Gegebenheiten des zu bewertenden Computersystems berücksichtigt werden und damit die Repräsentativität erhalten bleibt. Trotzdem sprechen mehrere Punkte gegen synthetische Benchmarks. Ein Nachteil der Verwendung einer höheren Programmiersprache sind die unterschiedlichen Qualitätsniveaus der Compiler und deren unbeeinflußbare Code-Optimierungen (Dowd [50]), wodurch sich die Ergebnisse entscheidend verändern können. Weiters spielt natürlich auch das verwendete Betriebssystem eine Rolle.

Der *ideale* synthetische Benchmark sollte die Anforderungen der Benutzer in allen Aspekten repräsentieren, damit sich Schwächen und Stärken des Computersystems statistisch gesehen gleich auswirken wie bei der Abarbeitung der

Anwendungsprogramme. Am besten wäre es also, die Anwendungsprogramme selbst als Benchmark zu verwenden, da diese die Aufgaben der Benutzer am genauesten repräsentieren. Das wiederum steht aber im Widerspruch zur Definition eines synthetischen Benchmarks, der einfacher in der Handhabung als die Anwendungsprogramme und möglichst weit verbreitet sein soll. *Ideales* synthetisches Benchmarking ist folglich unmöglich (Curnow [30]; siehe auch Abschnitt 2.5).

Praktische Benchmarks

Eine mögliche Alternative im Hinblick auf die Repräsentativität der Benchmarkprogramme ist – wie schon erwähnt – die Verwendung konkreter Anwendungsprogramme. Der offensichtliche Nachteil dieser Vorgangsweise besteht darin, daß Anwendungsprogramme oft so spezialisiert sind, daß sie nur für *wenige* Benutzer repräsentativ sind. Daher sind praktische Benchmarks auch nicht so weit verbreitet wie synthetische Benchmarks. Es existieren weniger Vergleichsmöglichkeiten, da den Herstellern einerseits die Voraussetzungen für Leistungsuntersuchungen mit speziellen Anwenderprogrammen fehlen und andererseits auch kein Interesse daran besteht, Benchmarkresultate zu ermitteln und allgemein bekanntzugeben, die nur für einen kleinen Kreis von Benutzern Bedeutung haben. Folglich werden auch kaum Standardisierungen praktischer Benchmarks durchgeführt. Dazu kommt, daß echte Anwendungsprogramme meist viel schwieriger zu handhaben sind als synthetische Benchmarks und daß die Portierung von einem Rechner auf einen anderen erhebliche Schwierigkeiten mit sich bringen kann. Gleichzeitig wird der Vergleich von Laufzeiten umso fragwürdiger, je mehr Veränderungen am Code notwendig sind, um das Programm auf einem anderen Computer lauffähig zu machen (Ponder [144]). Wegen ihrer Größe und der oft wenig übersichtlichen Gestaltung ist auch die Bestimmung des Arbeitsaufwandes bei praktischen Benchmarks, also echten Anwendungsprogrammen, normalerweise ungleich schwieriger als bei synthetischen Benchmarks.

Beispiel (Praktische Benchmarks) Als praktische Benchmarks werden z. B. C-Compiler, Textverarbeitungssoftware wie TEX oder Anwendungsprogramme wie SPICE (ein Programm zur Simulation von Schaltkreisen) verwendet. Diese Programme sind deswegen sehr gut geeignet, weil sie von allgemeinem Interesse und daher auch weit verbreitet sind.

Es ist auch üblich, kleine, aber arbeitsintensive Teile (*Kerne*) aus großen Anwendungsprogrammen herauszulösen und isoliert als Benchmarks zu verwenden. Die Grenzen zu synthetischen Benchmarks sind in diesem Fall oft fließend. Beispiele dafür sind der LINPACK-*Benchmark* (siehe Abschnitte 2.4.4 und 2.4.5) und die *Livermore Loops* (siehe Abschnitt 2.4.6).

2.3.2 Ziele von Benchmarks

Neben der in Abschnitt 2.3.1 getroffenen Unterscheidung nach ihrer Herkunft kann man Benchmarks auch danach in Kategorien einteilen, welche Systemkomponenten mit ihrer Hilfe bewertet werden sollen (Weicker [168], Müller-Schloer und Schmitter [139]).

CPU-Benchmarks

CPU-Benchmarks dienen der Bewertung der Prozessorleistung. Diese Beurteilung sollte so weit wie möglich unabhängig von Einflüssen anderer Komponenten des Gesamtsystems sein. Dementsprechend ist nur die für die Ausführung des Benchmarkprogramms benötigte CPU-Zeit zu messen (vgl. Abschnitt 2.1.2).

CPU-Benchmarks werden beispielsweise häufig zum Vergleichen verschiedener Rechnerarchitekturen (z. B. RISC – CISC – VLIW) verwendet. Die Leistungsbewertung kann allerdings, wie schon vorher erwähnt, von (oft nicht beeinflußbaren) Compileroptimierungen stark beeinflußt werden.

Benchmarks für Gleitpunktoperationen sind vor allem im technischen und naturwissenschaftlichen Bereich von entscheidender Bedeutung. Die Messungen werden meist für zwei Programmversionen – einfach und doppelt genau – durchgeführt.

Klassische Beispiele aus dem numerischen Bereich mit einem sehr hohen Anteil von Gleitpunktoperationen sind die *Livermore Loops* (siehe Abschnitt 2.4.6), der LINPACK-*Benchmark* (siehe Abschnitte 2.4.4 und 2.4.5) und *Whetstone* (siehe Abschnitt 2.4.13).

Benchmarks für Ganzzahloperationen sollen hauptsächlich eine Bewertung der CPU-Leistung bei Ganzzahl-Arithmetik ermöglichen. Oft werden dabei aber auch Speicherzugriffe, Sprünge und Unterprogrammaufrufe inkludiert.

Vor allem werden Programme aus nicht-numerischen Bereichen, wie der Systemprogrammierung (z. B. im Fall des *Dhrystone-Benchmarks*) oder ganzzahlige Prozesse wie z. B. das Sieb des Eratosthenes, die Ackermann-Funktion oder verschiedene Sortierprogramme, verwendet (Weicker [168]). Auch die *Stanford Integer Suite* ist hier als Beispiel anzuführen (Weicker [171]).

Betriebssystem-Benchmarks

Soll ein Benchmark in erster Linie der Bewertung der *Betriebssystemleistung* eines Rechnersystems dienen, so wird auch das Hauptgewicht auf Betriebssystemfunktionen gelegt, wie z. B. auf den Dateizugriff oder auf die Ein-/Ausgabe. In diesem Fall ist die Antwortzeit des Systems zu messen (vgl. Abschnitt 2.1.2). Beispiele für System-Benchmarks sind der *AIM-* und der *Byte-Benchmark* für UNIX-Systeme oder der *DIN-Leistungstest* für Prozeßrechnersysteme (Weicker [168]).

Speicher-Benchmarks

Speziell synthetische Benchmarks haben durch ihre meist relativ geringe Menge an Daten und Instruktionen den Nachteil, daß sie die Speicherhierarchie (zu) wenig „belasten". Befehls- und Datencaches sind bei modernen Computersystemen so groß, daß die Speicherzugriffszeiten der Benchmarks im Gegensatz zu echten Anwenderprogrammen auf Grund von unrealistisch hohen Cache-Trefferraten sehr gering sind. Bei der Ausführung von Anwendungsprogrammen kann es daher zu unliebsamen Überraschungen (dramatischem Leistungsabfall durch Speicherverzögerungen) kommen. Daher sollten zur Leistungsbewertung des Speichersystems auch „größere" Programme verwendet werden, die nicht ohne Zugriffe auf tiefere Ebenen der Speicherhierarchie auskommen.

Die in Abschnitt 2.3.1 erwähnten praktischen Benchmarks sind wegen ihres größeren Umfangs meist besser als synthetische Benchmarks dazu geeignet, die Leistung der Speicherhierarchie zu bewerten.

Ein-/Ausgabe-Benchmarks

Zur Beurteilung des Ein-/Ausgabe-Systems im Rahmen der Gesamtleistung eines Computersystems gibt es spezielle Benchmarks. Diese sind dadurch charakterisiert, daß ein Transfer großer Datenmengen von und zu Ein-/Ausgabegeräten erfolgt. Auch die Komponenten der externen Speicherperipherie zur Speicherung oder Archivierung sehr umfangreicher Datenbestände (die Tertiärspeicher der Speicherhierarchie) werden in diesem Zusammenhang oft als Teil des Ein-/Ausgabe-Systems betrachtet.

Beispiel (Selbstskalierende Ein-/Ausgabe-Benchmarks) In Chen und Patterson [26] findet man eine ausführliche Diskussion von Vor- und Nachteilen der wichtigsten Ein-/Ausgabe-Benchmarks. Es wird ein alternativer Benchmark zur Analyse der Ein-/Ausgabe-Leistung vorgeschlagen: Als wichtige Neuerung gegenüber den existierenden Benchmarks ist er *selbstskalierend*, d. h., er stellt seine Arbeitslast dynamisch auf die Leistungscharakteristik des untersuchten Systems ein.

Fünf Parameter werden zur Charakterisierung der Ein-/Ausgabe-Arbeit verwendet: Größe der gelesenen oder geschriebenen Datenmenge, durchschnittliche Größe der Datenmenge einer Ein-/Ausgabe-Aktion, Anteil der Lese- und Schreibaktionen, Anteil der Ein-/Ausgabe-Anforderungen, die ohne Unterbrechung sequentiell aufeinander folgen (und daher keinen gesonderten Initialisierungsaufwand bedeuten) und die Anzahl der Prozesse, die zur selben Zeit Ein-/Ausgabe durchführen.

Für vier dieser Parameter werden Werte vorgegeben. Anschließend wird die Veränderung des Durchsatzes des Ein-/Ausgabe-Systems in Abhängigkeit vom fünften Parameter ermittelt. Iterativ werden vom Benchmark diejenigen Parameterwerte ermittelt, für die 75 % der maximalen Leistung erreicht wird.

Obwohl durch die „Adaptivität" dieses Benchmarks besondere Eigenheiten des jeweiligen Computersystems berücksichtigt werden können, gehen die Vergleichsmöglichkeiten verschiedener Systeme dadurch verloren, daß die Leistung bei jeweils unterschiedlichen Belastungen gemessen wird. Daher wird auch ein Weg vorgeschlagen, wie aus punktuell (bei bestimmten Arbeitslasten) gemessenen Leistungswerten auf die Leistung bei beliebigen Arbeitslasten geschlossen werden kann.

2.4 Beispiele für Benchmarks

Es sei an dieser Stelle global auf das Buch von Hockney [96] verwiesen, in dem die wichtigsten Benchmarks besprochen sind. Information über Benchmarks ist auch über das Internet erhältlich. Ein guter Ausgangspunkt ist insbesondere die Website www.netlib.org/benchweb/ und, speziell für Resultate verschiedener Computersysteme, performance.netlib.org/performance/html/PDSbrowse.html.

2.4.1 EuroBen

EuroBen ist eine Sammlung mehrerer Einzelbenchmarks, die wiederum in fünf *Module* zusammengefaßt werden. Die Fortran 77-Programme,[15] aus denen er sich zusammensetzt, sind unterschiedlich umfangreich und sollen eine *stufenweise Annäherung* an die Leistungsbewertung ermöglichen. Es können skalare Prozessoren, Vektorprozessoren und auch Parallelrechner bewertet werden. EuroBen-Ergebnisse werden als Leistungswerte (in Mflop/s) geliefert.

Das *erste Modul* des Benchmarks enthält Programme für die arithmetischen Grundoperationen Addition, Subtraktion, Multiplikation und Division, die axpy-Operation und das Skalarprodukt zweier Vektoren (siehe Abschnitt 3.1.1). Diese Operationen werden in Schleifen mit $n = 4, 5, \ldots, 10000$ Durchläufen abgearbeitet. Die in Abschnitt 2.2.2 besprochenen Parameter $n_{1/2}$ und r_∞ bei Vektorprozessoren werden aus den erhaltenen Daten geschätzt. Zusätzlich werden Berechnungen mit Vektoren mit unterschiedlichen Schrittweiten sowie Auswertungen von Rekursionen durchgeführt. Das erste Modul enthält auch Testprogramme für Speicherbankkonflikte (siehe Abschnitt 1.2.7), für die Genauigkeit der wichtigsten Standardfunktionen (sin, cos, etc.), für den Zeitaufwand dieser Funktionen (gemessen in Aufrufen pro Sekunde) und ein Testprogramm für die Bewertung des Einflusses von Speicher- oder Kommunikationsverzögerungen auf die Leistung. Weiters erhält man eine Schätzung des $l_{1/2}$-Parameters (siehe Abschnitt 2.2.3).

Das *zweite Modul* enthält Programme, die verschiedene einfache, häufig verwendete Algorithmen der numerischen Mathematik implementieren. Es besteht aus der Berechnung eines Matrix-Vektor-Produkts für verschiedene Matrixgrößen, dem LINPACK-*Benchmark* (siehe Abschnitt 2.4.4), der Lösung eines dünnbesetzten linearen Gleichungssystems, Berechnungen von Eigenwerten, Programmen zur Durchführung von schnellen Fourier-Transformationen und einem Programm zur Erzeugung von gleichverteilten Zufallszahlen.

Das *dritte Modul* besteht aus Programmen zur Lösung umfangreicherer Probleme, wobei der Ein-/Ausgabe von Daten größere Bedeutung zukommt. Die dabei verwendeten Algorithmen sind teilweise dieselben wie in den beiden ersten Modulen. Dazu kommen noch mehrere Programme zur Lösung von Differentialgleichungssystemen und von Optimierungsproblemen.

Das *vierte Modul* enthält vollständige Anwendungsprogramme aus verschiedenen Bereichen numerisch intensiver Berechnungen, wie z. B. Anpassung geodätischer Netzwerke, Quantenchemie, Wettersimulation etc. Jedes der Programme des vierten Moduls soll Informationen über die Leistung bei vergleichbaren praktischen Aufgabenstellungen liefern – daher ist es Benutzer des EuroBen nur sinnvoll, jene Teile des vierten Moduls zu verwenden, die den eigenen Anwendungen entsprechen. Alternativ zum vierten Modul kann der *Perfect-Benchmark* (siehe Seite 132) verwendet werden, da er eine ähnliche Struktur besitzt.

Zum Zweck der Leistungsbewertung von Parallelrechnersystemen mit verteiltem Speicher wurde der *GENESIS-Benchmark* (siehe Abschnitt 2.4.3) als fünftes Modul in EuroBen aufgenommen.

---
[15] Teilweise sind auch C-Versionen vorhanden.

Bewertung

Alle nicht vermeidbaren maschinenabhängigen Details sind auf ein Submodul konzentriert, um die Portierung des Benchmarks möglichst einfach zu gestalten.

Bei den Aufgabenstellungen des ersten Moduls wurde besonders auf *schlechte* Vektorisierbarkeit bzw. Parallelisierbarkeit geachtet, um Information über die Leistung im ungünstigsten Fall (*worst case*) zu erhalten.

EuroBen ist sehr umfangreich und ermöglicht eine „stufenweise" Vorgangsweise bei der Leistungsbewertung. Die Ergebnisse der ersten beiden Module dienen als Grundlage der Interpretation der bei den komplexeren Problemstellungen der anderen Module (insbesondere des vierten Moduls) erzielten Resultate.

Manche Teile des Benchmarks hängen von Standardsoftware wie BLAS (siehe Abschnitt 3.1.4), LINPACK (Dongarra et al. [42]) oder EISPACK (Smith et al. [153], Garbow et al. [74]) ab. Daher ist EuroBen einer ständigen Entwicklung unterworfen und *verändert* sich mit der Zeit (!) durch ständige Verbesserung und Modernisierung dieser Softwarepakete (vor allem der BLAS-Routinen).

Obwohl EuroBen relativ umfangreich ist und viele Aspekte der Leistungsbewertung abdeckt, ist er auf den *Ein-Benutzer*betrieb ausgerichtet und kann nicht für Untersuchungen des Verhaltens eines Computersystems im *Mehrbenutzer*betrieb verwendet werden.

Dokumentation, Verfügbarkeit

Information über EuroBen liefert van der Steen [163, 164]; auf www.phys.uu.nl/~steen/euroben/reports/ sind mehrere technische Berichte erhältlich; Benchmarkresultate findet man unter www.phys.uu.nl/~steen/euroben/results.

Die Programme sind unter www.phys.uu.nl/~steen/euroben/programs/ erhältlich.

2.4.2 Flops

Der Flops-Benchmarks dient zur Bewertung der Gleitpunkteinheit (*floating-point unit*) eines Prozessors. Er ist in C implementiert und kann sowohl auf Skalar- als auch auf Vektor-Systemen verwendet werden.

Der Flops-Benchmark besteht aus sieben Modulen, die eine numerische Integration verschiedener Funktionen durchführen, und aus einem Modul, der eine Näherung für die Zahl π berechnet.

Für jedes Modul werden Leistungswerte in Mflop/s berechnet. Die eigentlichen Ergebnisse des Benchmarks bestehen aus vier Leistungswerten („Mflop/s (1)" bis „Mflop/s (4)"), in denen die Einzelergebnisse verschieden gewichtet werden.

Bewertung

Die Daten- und Codemengen des Benchmarks sind so klein, daß sie in jeden Cache passen. Der Einfluß der Speicherhierarchie wird daher bei den Leistungsergebnissen überhaupt nicht berücksichtigt.

Wie schon in Abschnitt 2.1.1 erwähnt, sind Gleitpunkt-Divisionen deutlich aufwendiger als Gleitpunkt-Additionen und -Multiplikationen. Im Flops-Benchmark sind Divisionen relativ unterrepräsentiert.

Dokumentation, Verfügbarkeit

Den Quellcode sowie die genauen Richtlinien zur Handhabung kann man über ftp://ftp.nosc.mil/pub/aburto/flops erhalten.

2.4.3 GENESIS Distributed Benchmarks

Die Benchmarksammlung *GENESIS Distributed Benchmarks* eignet sich speziell für die Bewertung von MIMD-Rechnern. Es gibt allerdings auch eine sequentielle Version zur Bewertung von Einprozessorsystemen. Der Benchmark wurde im Rahmen des europäischen Esprit-Projekts P2702 („GENESIS") zur Leistungsbewertung von Computersystemen mit verteiltem Speicher zusammengestellt und 1991 veröffentlicht (Addison et al. [3]).

Die Benchmarks sind in Fortran 77 und PVM (siehe Abschnitt 7.1.1) sowie in Fortran 90 verfügbar. Von einigen Programmen gibt es auch eine HPF-Version.

Die Programme, aus denen sich die GENESIS-Sammlung zusammensetzt, sind unterschiedlich groß. Sie reichen von synthetisch erzeugten Codefragmenten (z. B. zur Zeitmessung bei der Datenübertragung zwischen zwei Knoten oder zur Bewertung der Effizienz von Synchronisationsmechanismen) über Kerne von Anwendungscodes (wie Routinen zur Matrizenmultiplikation, LU-Faktorisierung oder QR-Zerlegung) bis zu vollständigen Anwendungsprogrammen aus dem Bereich der Quantenchromodynamik und der Molekulardynamik. Eine eindeutige Klassifizierung entsprechend der Benchmarktypen von Abschnitt 2.3.2 ist wegen der Vielfalt der GENESIS-Programme nicht möglich.

Ausgehend von Zeitmessungen der Programmabarbeitungen werden ein absoluter Leistungsindex als Verhältnis von erledigter Arbeit zu dafür benötigter Zeit (vgl. Abschnitt 2.2) und auch andere Leistungsdaten wie z. B. das Verhältnis von Rechenaufwand zu dafür benötigter Kommunikation ermittelt. Bei jedem Benchmarkprogramm wird die Arbeitsmenge durch die Anzahl der Gleitpunktoperationen der *sequentiellen* Version festgelegt. Das gilt auch im Fall der Leistungsbewertung auf Parallelrechnern. Die Motivation dafür liegt darin, daß, wie schon in Abschnitt 2.2.5 ausgeführt, in der Parallelversion eines Programms Gleitpunktoperationen unter Umständen *redundant* durchgeführt werden, um Kommunikationsaufwand einzusparen.

Bewertung

Eine Besonderheit der *GENESIS Distributed Benchmarks* ist es, daß die Leistung von Parallelrechnern in Abhängigkeit von mehreren Unbekannten (Anzahl der Prozessoren und Problemgröße) modelliert wird und daß die Ergebnisse auch für mehrere Problemgrößen in Abhängigkeit von der Anzahl der Prozessoren dargestellt werden.

Falls eine Bewertung der Hardware im Vordergrund steht, dann kann es unter Umständen irreführend sein, daß die GENESIS-Resultate nicht zwischen den im sequentiellen und im parallelen Fall wirklich ausgeführten normierten Gleitpunktoperationen unterscheiden.

Dokumentation, Verfügbarkeit

Die GENESIS Benchmarks wurden ursprünglich in Addison et al. [3] veröffentlicht. Etwas später wurden erste Erfahrungen und Benchmarkergebnisse in Addison et al. [2] beschrieben.

Der Quellcode sowie genaue Richtlinien zur Handhabung sind beim *GENESIS Benchmark Information Service (GBIS)* unter der Adresse hpcc.soton.ac.uk/RandD/genesis/genesis.html erhältlich.

2.4.4 LINPACK-Benchmark für einen Prozessor

Der sequentielle LINPACK-Benchmark dient der Bewertung der Gleitpunktleistung eines Prozessors. Die Leistungsbewertung erfolgt bei verschiedenen Problemgrößen und erlaubt es daher bis zu einem gewissen Grad, auch Einflüsse der Speicherhierarchie des Computersystems zu berücksichtigen. Weiters ist es vorgesehen, die Benchmark-Programme für ein bestimmtes Computersystem zu optimieren, um auf diese Weise abzuschätzen, welche Wirkungsgrade in der Praxis günstigstenfalls erreichbar sind.

LINPACK (Dongarra et al. [42]) ist ein Softwarepaket zur Lösung linearer Gleichungssysteme aus dem Jahr 1979, das sowohl in einer Fortran- als auch in einer C-Version existiert. Diesem Paket wurden die Routinen LINPACK/*gefa und LINPACK/*gesl entnommen und zur Erstellung eines Benchmarks verwendet, der aus der Lösung vollbesetzter Gleichungssysteme dreier Größen mittels LU-Zerlegung mit Spaltenpivotsuche (siehe Abschnitt 3.3) besteht.[16] In der vollständigen Version des Benchmarks werden drei verschieden große Gleichungssysteme gelöst: LINPACK100 löst ein 100×100-System, LINPACK300 ein 300×300-System und LINPACK1000 ein 1000×1000-System.

Bei LINPACK100 sind nur die originalen LINPACK-Unterprogramme erlaubt – Veränderungen am Code sind *nicht* zugelassen. Das Ausnutzen spezieller Eigenschaften der Hardware (wie z. B. Vektorisierungsmöglichkeiten) ist also nicht erlaubt. Nicht ausgeschlossen werden kann aber der Einfluß von Compilern, die für bestimmte Architekturen konzipiert sind und Code-Optimierungen durchführen. Es gibt sogar Compiler, die den Quellcode des LINPACK100-Benchmarks erkennen und speziell optimierten Objekt-Code zur Ausführung bringen. Die Aussagekraft der Benchmark-Resultate wird durch solche Maßnahmen, die dem Anwender meist verborgen bleiben, drastisch verringert.

---

[16]LINPACK/*gefa berechnet die Zerlegung $A = LU$ der Systemmatrix A, und LINPACK/*gesl löst das Gleichungssystem mit Hilfe dieser Zerlegung.

Bei LINPACK1000 ist jede Optimierung erlaubt. Sowohl die Implementierung als auch der Algorithmus selbst dürfen verändert werden, um eine möglichst hohe Leistung zu erreichen. Die einzige Einschränkung dabei ist die Forderung derselben relativen Genauigkeit des Lösungsvektors wie bei Verwendung der ursprünglichen LINPACK-Routinen.

Der Wert der empirischen Gleitpunktleistung (in Mflop/s) wird ermittelt, indem die Zeit T gemessen wird, die für die Durchführung der (genäherten) Arbeitsmenge W_F von $2n^3/3 + 2n^2$ Additionen und Multiplikationen für die Lösung von n Gleichungen aufgewendet wird (vgl. Beispiel (Gauß-Algorithmus) auf Seite 71). Das gilt unabhängig von der verwendeten Methode – also auch dann, wenn bei der Lösung des 1000 × 1000-Systems ein anderer Algorithmus als die LU-Zerlegung verwendet wird.

Beispiel (Arbeitsmenge des LINPACK-Benchmarks) Die formelmäßige Bestimmung der Anzahl der Gleitpunktoperationen des LINPACK Benchmarks mit Hilfe der Formel

$$W_F^{(0)} := \frac{2}{3}n^3 + 2n^2 \qquad (2.22)$$

kann auf modernen Mikroprozessoren zu einer groben Fehleinschätzung der tatsächlich durchgeführten Gleitpunktoperationen führen. Dies ist vor allem dann der Fall, wenn FMA-Instruktionen (siehe Beispiel (Multiply-and-Add-Instruktionen) auf Seite 73) zur Verfügung stehen, da der Quellcode des LINPACK Benchmarks deren Verwendung in hohem Ausmaß zuläßt, wie Tabelle 2.2 zeigt.

Tabelle 2.2: Arbeitsmenge des LINPACK-Benchmarks auf einer NEC SX-4

Problemgröße n	NEC SX-4		
	$W_F^{(0)}$ [Mflop]	$W_F^{(1)}$ [Mflop]	$W_F^{(2)}$ [Mflop]
100	0.687	0.697	0.359
1000	668.667	669.676	335.843

Die Werte $W_F^{(1)}$ und $W_F^{(2)}$ wurden mit einem Program Monitor Counter (siehe Abschnitt 2.1.2) ermittelt und bezeichnen die Gesamtanzahl der Gleitpunktoperationen der beiden Routinen LINPACK/dgefa und LINPACK/dgesl ohne bzw. mit Verwendung von FMA-Instruktionen. Es zeigt sich, daß in diesem Fall die FMA-Instruktionen sehr gut ausgenutzt werden können, da die Gesamtzahl der Gleitpunktoperationen beinahe halbiert wird.

Bewertung

Der Wert der Gleitpunktleistung, den man bei LINPACK1000 erhält, berücksichtigt wegen der größeren Datenmenge die Einflüsse der Speicherzugriffe etwas besser als LINPACK100. Er gibt einen gewissen Anhaltspunkt dafür, welcher empirische Wirkungsgrad auf dem verwendeten Computersystem erreichbar ist (siehe Abschnitt 2.2.4) und wird daher auch als *Towards Peak Performance (TPP)* bezeichnet. Trotzdem sind die Problemgrößen des LINPACK-Benchmarks auf Grund der heutzutage üblichen Kapazitäten der Cachespeicher viel zu gering, um den

2.4 Beispiele für Benchmarks

Einfluß der Speicherhierarchie eines Computersystems auf die Leistung bewerten zu können.

Die im Benchmarkprogramm verwendeten Routinen LINPACK/*gefa und LINPACK/*gesl rufen ihrerseits BLAS-Routinen (siehe Abschnitt 3.1.4) auf. Die LINPACK-Routinen sind vektororientiert, und die meiste Zeit wird in der *axpy-Routine der Level-2-BLAS verbracht. Neben der Tatsache, daß dadurch auch bei kleinen Instruktionscaches eine sehr hohe Trefferrate erreicht wird, ist ein wichtiger Kritikpunkt am LINPACK-Benchmark, daß in Wirklichkeit die Leistung dieser BLAS-Routine gemessen wird. Da die BLAS auf den meisten Computersystemen hochoptimiert verfügbar sind, wird die Aussagekraft über die reine Hardware-Leistung stark relativiert. Gute LINPACK-Benchmarkresultate mit nicht speziell optimierten, sondern in Fortran implementierten BLAS-Routinen weisen beispielsweise auf einen guten Fortran-Compiler hin.

Da die Lösung linearer Gleichungssysteme im Rahmen sehr vieler technisch-naturwissenschaftlicher Probleme auftritt, sollten derartige Aufgabenstellungen in jedem umfassenden Ansatz zur Leistungsbewertung vorkommen. Seriöse Leistungsbewertungen dürfen sich allerdings nicht ausschließlich auf den LINPACK-Benchmark stützen.

Dokumentation, Verfügbarkeit

Die wichtigsten Veröffentlichungen zum LINPACK Benchmark sind Dongarra [40, 41], Dongarra et al. [45, 46]. Außerdem werden laufend Tabellen mit den LINPACK-Mflop/s-Werten für Computer aller Arten veröffentlicht (siehe Dongarra [41] und auch Tabelle 2.1).

Quellcodes kann man auf www.netlib.org/benchmark/ oder elib.zib.de/netlib/benchmark erhalten. Sie können aber auch direkt angefordert werden, was in Dongarra [41] beschrieben ist. LINPACK100 und LINPACK1000 müssen nur kompiliert werden und können dann ausgeführt werden. Es werden keine Eingabedaten benötigt, und die Resultate werden automatisch ausgegeben.

2.4.5 LINPACK-Benchmark für Parallelrechner

Diese Variante des LINPACK-Benchmarks ist für die Bewertung der Gleitpunktleistung von Parallelrechnern gedacht.

Für Leistungsvergleiche auf Parallelrechnern darf ein beliebiger Algorithmus verwendet werden[17], z.B. der Standard-LINPACK-Algorithmus, oder auch ein geblockter Algorithmus (basierend auf Matrizenoperationen). Im Falle des LINPACK-Algorithmus wird die Schleife um die BLAS/*axpy-Operation parallel ausgeführt. Bei der geblockten Implementierung werden die Operationen mit den Teilmatrizen (den „Blöcken") parallel durchgeführt.

Entscheidend beim LINPACK-Benchmark für Parallelrechner ist es, daß *mehrere* lineare Gleichungssysteme unterschiedlicher Dimension gelöst werden. Aus

---
[17] Bei der Gauß-Elimination muß jedoch partielles Pivoting angewendet werden.

den Laufzeiten werden die zugehörigen Werte der Gleitpunktleistung berechnet. Dabei wird stets – unabhängig von der gewählten Methode – der Wert

$$W_F^{(0)} = \frac{2}{3}n^3 + 2n^2$$

für den Arbeitsaufwand verwendet. Das Residuum $\|Ax - b\|/\|A\|\|x\|$ wird zur Überprüfung der Genauigkeit der Lösung verwendet.

Bewertung

Das Lösen linearer Gleichungssysteme ist ein Problem, das sich sehr gut zur Parallelisierung und/oder Vektorisierung eignet (siehe Abschnitt 3.3.6). Daher spielen bei Leistungsbewertungen mit Hilfe des LINPACK-Benchmarks die Fähigkeiten vektorisierender oder parallelisierender Compiler eine wesentliche Rolle.

Der LINPACK-Benchmark in seiner sequentiellen Form (siehe Abschnitt 2.4.4) läßt sich nicht direkt auf (massiv) parallele Rechner umsetzen, da der Arbeitsaufwand auch bei LINPACK1000 zu gering ist. Um trotzdem Leistungsbewertungen von Parallelrechnern durchführen zu können, wurde beim parallelen LINPACK-Benchmark die Problemgröße als zusätzliche Variable eingeführt. Dadurch erhält der Benchmarkbenutzer einen besseren Eindruck über das Leistungsverhalten in Abhängigkeit von der Problemgröße. Tabelle 2.3 illustriert das für mehrere Parallelrechnersysteme: Die Spalten drei bis sechs zeigen die theoretische Maximalleistung $P_{\max}$ in Gflop/s, die beste erzielte Leistung $P_\star$ in Gflop/s, die Dimension $n_\star$ des Systems, für das die beste Leistung erzielt wurde, und die Dimension $n_{1/2}$, für die die Leistung $P_\star/2$ erreicht wurde.

Tabelle 2.3: LINPACK-Benchmark für Parallelrechner (Dongarra [41])

Computer			LINPACK-Benchmark		
Type	Prozessoren	$P_{\max}$ [Tflop/s]	$P_\star$ [Tflop/s]	$n_\star$	$n_{1/2}$
ASCI White	8192	12.29	7.23	5.18×10^5	1.79×10^5
ASCI Blue-Pacific SST	5808	3.87	2.14	4.31×10^5	4.32×10^5
IBM SP (POWER3)	2528	3.79	2.53	3.72×10^5	1.02×10^5
ASCI Red (Pentium II)	9632	3.21	2.38	3.63×10^5	0.75×10^5
ASCI Blue Mountain	5040	2.52	1.61	3.74×10^5	1.38×10^5
Hitachi SR8000	1152	2.07	1.71	1.41×10^5	0.16×10^5
CRAY T3E-1200	1488	1.79	1.13	1.49×10^5	0.28×10^5
NEC SX-5/128M8	128	1.28	1.19	1.29×10^5	0.10×10^5

Dokumentation, Verfügbarkeit

Information über den parallelen LINPACK Benchmark ist in Dongarra [41] und in Dongarra et al. [46] zu finden. In Dongarra [41] wird außerdem beschrieben, wie man die Quellcodes für den parallelen LINPACK-Benchmark anfordern kann.

2.4.6 Livermore Loops

Die Livermore Loops oder Livermore Fortran Kernels (LFK) können zur Bewertung der Gleitpunktleistung eines Prozessors verwendet werden. Sie bestehen aus 24 Fortran-Programmen bzw. Programmteilen aus verschiedenen wissenschaftlichen Anwendungsprogrammen des *Lawrence Livermore National Laboratory*, wie z. B. Cholesky-Faktorisierung, Gleichungslösung für Bandmatrizen, Verfahren der konjugierten Gradienten, etc. Einige (aber nicht alle) der Programme sind sehr gut vektorisierbar. Der Benchmark-Benutzer kann die einzelnen Kerne individuell gewichten, um das Belastungsprofil an die eigene Situation anzupassen.

Die Ergebnisse werden als Leistungswerte (in Mflop/s) geliefert. Außerdem werden die Resultate aller 24 Programme durch Bildung des geometrischen Mittels zu einem einzigen Wert zusammengefaßt (vgl. Abschnitt 2.5.2).

Bewertung

Eine Stärke der Livermore Loops ist ihre einfache Handhabung. Der LFK-Test ist ein portierbares Programm, das aus einer einzigen Datei besteht und einfach zu kompilieren ist. Die Eingabedaten werden vom Programm selbst erzeugt, und die Ergebnisse werden automatisch überprüft.

Wie bei allen in höheren Programmiersprachen implementierten Benchmark-Programmen ist es schwierig, die Einflüsse von Hardware und Compiler auf die erzielte Leistung zu trennen.

Dokumentation, Verfügbarkeit

Information über die Livermore Loops ist in McMahon [130, 131] sowie unter www.llnl.gov/asci_benchmarks/asci/limited/lfk/ zu finden. Die Quellcodes sind unter www.llnl.gov/asci_benchmarks/asci/limited/lfk/ erhältlich. Es wird kein Eingabe-File benötigt. Die Programme müssen nur kompiliert werden und können dann ausgeführt werden.

2.4.7 LLCbench

LLCbench (*Low-Level Characterization benchmarks*) ist eine Zusammenfassung von drei Einzelbenchmarks. *CacheBench* liefert Leistungsdaten über die Speicherhierarchie eines Computersystems, *BLASBench* über die Gleitpunkteinheiten bzw. die BLAS-Implementierung und *MPBench* über MPI- und PVM-Implementierungen. Die drei Teile von LLCbench sind weiter unten ausführlicher beschrieben.

Um verläßliche Ergebnisse zu erzielen, sollten die Benchmarks von LLCbench am besten auf unbelasteten Computersystemen ausgeführt werden.

Bewertung

Die Benchmarks von LLCbench erlauben es, einige für den Benutzer wichtige Leistungscharakteristika eines Computersystems empirisch zu messen. Sie sind einfach strukturiert, klar definiert und für viele verschiedene Computersysteme erhältlich.

Dokumentation, Verfügbarkeit

Ausführlichere Informationen mit Benchmarkresultaten findet man in Mucci und London [138] oder auch unter icl.cs.utk.edu/projects/llcbench/. Dort ist auch der Quellcode für LLCbench verfügbar.

CacheBench ist ein Programm, das die empirische Bewertung der Speicherhierarchie eines Computersystems, speziell mehrerer Cache-Ebenen am Prozessor und außerhalb des Prozessors, ermöglicht.

Der Benchmark basiert auf einem Beispiel in Hennessy und Patterson [93]. Es wird auf acht verschiedene Arten auf verschieden große Datenmengen im Speichersystem zugegriffen. Die Gesamtzeiten für mehrere Iterationen pro Datengröße werden gemessen, und für jede Zugriffsart wird die Bandbreite in Mbyte/s als Quotient von Datenmenge und benötigter Zeit berechnet. Zusätzlich wird die durchschnittliche Zugriffszeit pro Datenwort in ns berechnet. Die Anzahl der Iterationen wird so justiert, daß der Zeitaufwand für den Benchmark auf verschiedenen Rechnern kaum variiert. Daraus resultiert natürlich eine unterschiedliche relative Genauigkeit auf verschieden schnellen Computersystemen.

BLASBench dient dazu, die Leistung der Implementierung der BLAS (siehe Abschnitt 3.1.4) auf dem gegebenen Computersystem zu bewerten. Von einem C-Programm aus werden die drei Fortran-Routinen BLAS/*axpy (Vektoraddition), BLAS/*gemv (Matrix-Vektor Multiplikation) und BLAS/*gemm (Matrizenmultiplikation) in einfacher oder doppelter Genauigkeit aufgerufen und ihre Leistung wird bestimmt.

Außerdem wird die Leistung der Referenzimplementierung[18] der BLAS mit jener einer maschinenspezifisch optimierten Version verglichen. Auf diese Weise ist es auch möglich, die Optimierungsqualität des Compilers zu bewerten.

Die Problemgrößen werden so gewählt, daß der gesamte Speicheraufwand für jeden Testfall jeweils möglichst nahe einer Zweierpotenz ist. Für jede Problemgröße wird eine bestimmte Anzahl von Iterationen durchgeführt. Die Anzahl der Iterationen pro Problemgröße wird so justiert, daß die Tests für verschiedene Problemgrößen annähernd gleich lange dauern.

Die Ergebnisse von BLASBench werden als Gleitpunktleistung in Mflop/s und als Bandbreite in Mbyte/s angegeben. Durch einen Vergleich des letzteren Wertes mit der maximalen Bandbreite zwischen Cache und CPU kann festgestellt werden, ob der Speicherzugriff oder die Gleitpunktleistung der CPU der limitierende Faktor für die Leistung ist.

---

[18] www.netlib.org/blas/

2.4 Beispiele für Benchmarks

MPBench dient dazu, die Leistung von MPI- und PVM-Implementierungen (siehe die Abschnitte 7.1.2 und 7.1.1) auf MPPs und Clustern von Workstations zu bewerten.

Innerhalb einer Schleife, in der die zu übertragende Datenmenge variiert wird, werden sieben verschiedene MPI- und PVM-Routinen aufgerufen. Eine genaue Beschreibung, welche Nachrichtenübertragungsfunktionen getestet werden, findet man in Mucci und London [138].

Aufgrund der teilweise sehr kurzen Laufzeiten erfolgt die Zeitmessung für jeden dieser Aufrufe *außerhalb* der Schleife. Die Resultate des Benchmarks werden je nach Art des Aufrufs in Mbyte/s, in Transaktionen/s, oder in μs angegeben.

2.4.8 NAS Parallel Benchmarks (NPB)

Die *NAS Parallel Benchmarks* NPB1 und NPB2 („Source Code Release" von NPB1) wurden konzipiert, um die Leistung von Parallelrechnern zu bewerten. Mit NPB2-serial ist auch die Leistungsbewertung sequentieller Rechner möglich.

1985 wurden am *NASA Ames Research Center* einer Reihe von Programmen zur numerischen Strömungsberechnung (*Computational Fluid Dynamics, CFD*) die sieben *NAS-Kerne* (*Numerical Aerodynamic Simulation*) entnommen und auf diese Weise ein sequentieller Benchmark definiert.

1991 wurde NPB1 als sogenannter „paper-and-pencil"-Benchmark definiert. Die Idee dabei war es, Probleme nur algorithmisch (auf dem Papier) durch die Eingabedaten und die Bedingung, daß das Problem eine eindeutig bestimmte Lösung besitzt, festzulegen. Es blieb dem Programmierer überlassen, die Lösungen auf eine dem Rechner möglichst angepaßte Weise zu implementieren.

NPB1 enthält insgesamt acht Benchmarks. Fünf davon sind „Kerne" von Anwendungsprogrammen – „Embarrassingly Parallel Kernel" (ein leicht parallelisierbarer Monte-Carlo Algorithmus), „Multigrid Kernel", „Conjugate Gradient Kernel", „FT Kernel" (löst eine dreidimensionale partielle Differentialgleichung, dabei werden Fast-Fourier-Transformationen (FFT) verwendet), „Integer Sort Kernel". Die übrigen drei sind vollständige Anwendungsprogramme aus dem CFD-Bereich.

Ursprünglich gab es keine portablen, öffentlich verfügbaren Implementierungen des NPB1-Benchmarks. Später wurde jedoch NPB2 als portierbare Fortran 77-Implementierung des NPB1-Benchmarks („Source Code Release" von NPB1) veröffentlicht. NPB2 besteht allerdings nur aus fünf der ursprünglich acht Benchmarks (Multigrid Kernel, FT Kernel, die drei CFD Anwendungen). Die anderen Benchmarks wurden weggelassen, weil sie als weniger wichtig angesehen wurden. Im Gegensatz zu NPB1 sollte NPB2 nur gering oder gar nicht an den jeweiligen Rechner angepaßt werden müssen, um einschätzen zu können, welche Leistung ein „typischer" Benutzer paralleler Programme erwarten kann.

Die Ergebnisse der NAS-Benchmarks werden in drei verschiedenen Einheiten geliefert: benötigte „Wall-Clock-Time" (in Sekunden), erzielte Leistung (in Mflop/s) und erzielte Leistung pro Prozessor (in Mflop/s). Zum Vergleichen unterschiedlicher Rechner wird die „Wall-Clock-Time" empfohlen.

Bewertung

Eine Schwäche der NPB-Benchmarks, insbesondere von NPB1, ist es, daß die Resultate verschiedener Implementierungen kaum vergleichbar sind. Es ist sehr schwierig einzuschätzen, welchen Einfluß die Art der Implementierung auf die erzielte Leistung hat. Diese Situation konnte durch die Einführung von NPB2, der NPB1 nicht ersetzen, sondern ergänzen soll, verbessert werden.

Dokumentation, Verfügbarkeit

Unter science.nas.nasa.gov/Software/NPB/ findet man Information über die NAS Parallel Benchmarks. Eine große Anzahl von Benchmarkresultaten kann man unter netlib.uow.edu.au/parkbench/gbis/html/ oder www.netlib.org/cgi-bin/gbis/papiani-new-gbis-results-list-with-links.query finden.

Die Software stammt aus den NAS-Software-Archiven und ist unter der Adresse science.nas.nasa.gov/Software/Archives/ erhältlich.

2.4.9 PARKBENCH

PARKBENCH (*PARallel Kernels and BENCHmarks*) ist eine Sammlung von Benchmarks, die der Leistungsbewertung von Parallelrechnern dienen.

PARKBENCH läßt sich in vier Gruppen gliedern: „Low-Level-Benchmarks", „Kernel-Benchmarks", „Compact Applications" und HPF-Compiler-Benchmarks. Diese Gruppen werden weiter unten im Detail erläutert.

Die Ergebnisse der Benchmarks werden als Leistungswert (in Mflop/s) oder als Zeitdauer (in Sekunden) zusammengefaßt.

Bewertung

PARKBENCH ist eine sehr umfassende Sammlung von Benchmarks, mit der viele Aspekte des sehr komplexen Leistungsverhalten von Parallelrechnern gezielt untersucht werden können.

Dokumentation, Verfügbarkeit

Ausführlichere Informationen mit Benchmarkresultaten findet man in Hockney und Berry [97] oder auch unter den Adressen www.netlib.org/parkbench/ und netlib.uow.edu.au/parkbench/gbis/html/.

Den Quellcode für die PARKBENCH Benchmarks findet man auf der Website www.netlib.org/parkbench/distribution/.

Low-Level-Benchmarks werden in Single- und Multi-Prozessor-Benchmarks unterteilt. Die Low-Level-Benchmarks messen verschiedene Leistungsparameter, wie die asymptotische Ergebnisrate r_∞ in Mflop/s, die Vektorlänge $n_{1/2}$ der halben asymptotischen Ergebnisrate (sie ist ein Maß dafür, wie schnell sich mit steigender Vektorlänge n die Leistung $r(n)$ der asymptotischen Leistungsrate r_∞

2.4 Beispiele für Benchmarks

nähert), die Rechenintensität I_c (Gleitpunktoperationen pro Speicherzugriff) und $I_{1/2}$, jene Rechenintensität, mit der die Hälfte der maximalen asymptotischen Ergebnisrate erreicht wird (vgl. Abschnitte 2.2.2 und 2.2.3).

Die *Single-Prozessor-Benchmarks* von PARKBENCH bestehen aus:

- TICK1 („timer resolution") und TICK2 („timer value") zur Bestimmung der Genauigkeit der Computeruhr: TICK1 mißt das Zeitintervall zwischen zwei Schlägen (Ticks) der Uhr, und TICK2 vergleicht die absoluten Werte der Computeruhr mit denen einer externen Uhr.

- RINF1 enthält mehrere Fortran DO-Schleifen, mit deren Hilfe die Leistungsparameter r_∞ und $n_{1/2}$ ermittelt werden.

- POLY1 mißt die Datentransferleistung zwischen arithmetischen Registern des Prozessors und dessen Cache (*in-cache*) durch wiederholte Auswertung von Polynomen. Die Polynomgrade betragen bis zu 10 000.

- POLY2 mißt die Datentransferleistung zwischen Off-Chip-Memory und den arithmetischen Registern (*out-of-cache*) durch einmalige Auswertung von Polynomen mit Graden zwischen 10 000 und 100 000.

Die *Multi-Prozessor-Benchmarks* dienen der Bewertung des Kommunikationsnetzwerkes eines Parallelrechners. Sie bestehen aus den Programmen COMMS1 („Basic Message Performance"), COMMS2 („Message Exchange Performance"), COMMS3 („Saturation Bandwidth"), POLY3 („Communication Bottleneck") sowie SYNCH1 („Barrier Time and Rate").

Kernel-Benchmarks in PARKBENCH enthalten oft verwendete, rechenintensive Programme. Alle Kernel-Benchmarks von PARKBENCH sind in Fortran 77 (double precision) implementiert. Die PARKBENCH Kernel-Benchmarks sind eines der wenigen Beispiele für Benchmarks, von denen es (zumindest teilweise) auch eine HPF-Version gibt. Es gibt Matrix-Benchmarks (Matrizentransponierung, Matrizenmultiplikation, LU-Faktorisierung, QR-Faktorisierung, Tridiagonalisierung), Fourier-Transformationen (eindimensionale und dreidimensionale FFTs), PDE-Kernels (SOR, Multigrid) und andere, wie z. B. konjugierte Gradienten-Verfahren, Sortieralgorithmen, etc.

Anwendungsprogramme in PARKBENCH stammen aus wissenschaftlichen Anwendungen und bestehen jeweils aus einigen tausend Zeilen Code (in Fortran 77, Fortran 90, HPF, C, etc.).

Derzeit sind folgende Anwendungen in PARKBENCH enthalten: Das *Parallel Spectral Transform Shallow Water Model* (PSTSWM) und Teile der *NAS Parallel Benchmarks* (siehe Abschnitt 2.4.8).

HPF-Compiler-Benchmarks dienen dazu, die Leistung von HPF-Compilern anhand der von ihnen erzeugten Codes zu bewerten. Insbesondere wird die Parallelisierung von Feldzuweisungen (siehe Abschnitt 4.2.3), FORALL-Anweisungen (siehe Abschnitt 4.5), INDEPENDENT Schleifen (siehe Abschnitt 5.5.2) und intrinsischen Funktionen bzw. Funktionen aus der HPF-Bibliothek (siehe Anhang A) untersucht. Weiters ist ein Benchmark enthalten, der die Implementierung der Übergabe verteilter Felder an Unterprogramme bewertet.

2.4.10 Perfect-Benchmark

1987 wurde der *Perfect*-Club (*Performance Evaluation for Cost-Effective Transformations*) mit dem Ziel gegründet, mit Hilfe von Anwendungsprogrammen realitätsnähere Benchmarks-Bewertungen durchzuführen als mit herkömmlichen synthetischen Benchmarks. Eines der Resultate dieser Initiative war die *Perfect Benchmark Suite*, eine Sammlung von 13 relativ umfangreichen Programmen, die zur Leistungsbewertung von sequentiellen und parallelen Computersystemen verwendet werden können. 1994 wurde der Perfect-Club mit der SPEC-Initiative (siehe Abschnitt 2.4.12) vereinigt.

Die einzelnen Programme des Perfect-Benchmarks enthalten zwischen 500 und 19 000 Zeilen Fortran-Code und stammen aus Bereichen der numerischen Strömungsmechanik und aus Berechnungen der theoretischen Chemie. Bei der Implementierung ist manuelle Optimierung erlaubt, die jedoch genau zu dokumentieren ist.

Als Resultate werden CPU-Zeiten, Gesamtlaufzeiten und Leistungswerte (in Mflop/s) für jedes der 13 Programme geliefert.

Bewertung

Der Vorteil eines stärkeren Realitätsbezuges der Benchmarkprogramme ist untrennbar mit den für einen praktischen Benchmark typischen Nachteilen verbunden: Einerseits ist es wegen der Komplexität der Programme schwierig, die gemessenen Leistungswerte zu analysieren und zu interpretieren, und andererseits gestaltet sich die Portierung auf neue Rechner oft mühsam.

Dokumentation, Verfügbarkeit

Für nicht-kommerziellen Gebrauch sind die Benchmark-Codes frei verfügbar. Die Dokumentation und die Vorgangsweise zu ihrer Anforderung ist auf der Web-site www.csrd.uiuc.edu/benchmark.html zu finden.

2.4.11 SLALOM

Der SLALOM-Benchmark ist ein skalierbarer Benchmark aus dem Bereich der Computergraphik, der in verschiedenen Versionen sowohl für sequentielle Computersysteme als auch für Parallelrechner und Vektorrechner einsetzbar ist. Er ist in verschiedenen Programmiersprachen (C, Fortran 77, Pascal) erhältlich.

Der SLALOM-Benchmark besteht aus der Lösung des „radiosity" Problems, d. h., der Berechnung der Oberflächenfärbung der Gegenstände in einem geschlossenen Raum bei vorgegebener Lichtquelle. Die Oberflächen werden in Regionen (*patches*) eingeteilt, und die mathematischen Modellgleichungen werden nach den

2.4 Beispiele für Benchmarks   133

einzelnen Spektralkomponenten des reflektierten Lichtes gelöst. Optimierungen des Programmcodes sind erlaubt, solange sie keine Spezialisierungen für bestimmte Eingabedaten darstellen.

Das Resultat des Benchmarks ist die Anzahl der Regionen, für die das Problem in einer vorgegebenen Zeit (60 Sekunden) gelöst werden konnte, angegeben in „patches" bzw. „Kilopatches".

Bewertung

Der SLALOM-Benchmark verwendete erstmals (im Gegensatz zu den meisten anderen Benchmarks) das „fixed-time" Prinzip, d. h., es wird die Menge der Arbeit gemessen, die in einer vorgegebenen Zeit (in diesem Fall eine Minute) bewältigt werden kann. Dadurch ist es leichter möglich, sehr verschiedenartige Computer auf derselben Skala zu vergleichen. Nach demselben Prinzip ist der später entstandene und einfachere HINT-Benchmark (siehe Seite 136) aufgebaut.

Dokumentation, Verfügbarkeit

Information über den SLALOM-Benchmark kann unter www.scl.ameslab.gov/Projects/slalom1.html oder www.scl.ameslab.gov/Publications/SLALOM/FirstScalable.html gefunden werden.

Um den Quellcode zu erhalten, müssen die Autoren kontaktiert werden (siehe www.scl.ameslab.gov/Publications/SLALOM/FirstScalable.html).

2.4.12 SPEC-Benchmarks

Die *SPEC Benchmark Suites* sind Sammlungen von Benchmarkprogrammen, die eine umfassende Bewertung der CPU-Leistung und vieler anderer Leistungsaspekte eines Computersystems ermöglichen.

Sie sind aus einer Initiative mehrerer Computerhersteller hervorgegangen, die sich 1988 zur *System Performance Evaluation Cooperative (SPEC)* zusammenschlossen. Dieses Konsortium sammelt typische Anwendungsprogramme sowohl aus dem numerischen als auch aus dem nicht-numerischen Bereich und macht sie in standardisierter Form als Benchmark öffentlich zugänglich. Gleichzeitig werden genaue Richtlinien für die Durchführung der (Zeit-)Messungen und für die Darstellung der Ergebnisse von Leistungsbewertungen angegeben, um die Vergleichbarkeit und die Reproduzierbarkeit der Resultate zu gewährleisten.

Es gibt mehrere SPEC-Benchmarks: CPU2000 zur Bewertung der CPU-Leistung (Ganzzahl- und Gleitpunktarithmetik), JVM98 zur Bewertung der Leistung einer *Java Virtual Machine (JVM)*, SFS97 zur Bewertung des Durchsatzes und der Antwortzeit eines *NFS file servers*, WEB99 zur Bewertung der Leistung eines *WWW-Servers* und HPC96 als Anwendungsbenchmark (mit Programmen aus der Wettervorhersage).

Im folgenden wird nur CPU2000 näher erläutert. Ausführliche Informationen zu allen SPEC-Benchmarks sind unter www.specbench.org erhältlich.

Inhalt

CPU2000 ist mittlerweile die vierte Version eines SPEC-Benchmarks zur Bewertung der CPU-Leistung. Die erste Version wurde 1989 veröffentlicht, die zweite 1992 und die dritte Version 1995. Die momentan aktuelle Version stammt aus dem Jahr 2000.

CPU2000 besteht aus zwei Teilen: (1) CINT2000 besteht aus 11 C-Programmen und einem C++-Programm, die sehr rechenintensiv hinsichtlich Ganzzahlarithmetik sind. (2) CFP2000 besteht aus 6 Fortran 77, 4 Fortran 90 und 4 C-Programmen, die hauptsächlich Gleitpunkt-Operationen ausführen.

Für jedes Programm wird die „SPECratio" aus einer vordefinierten Referenzzeit (Laufzeit auf einer Referenzmaschine, momentan einer Sun Ultra5_10 mit einem 300 MHz Prozessor) und der gemessenen Laufzeit des Programms ermittelt. Die beiden Werte „SPECint2000" und „SPECfp2000" sind jeweils die geometrischen Mittelwerte über die Programme aus CINT2000 und CFP2000.

Bewertung

Die einzelnen Benchmarkprogramme müssen ab dem Zeitpunkt ihrer Aufnahme in die Sammlung „eingefroren" werden, d. h., ihr Code darf nicht mehr verändert werden, um die Vergleichbarkeit von Benchmarkresultaten zu gewährleisten. Es läßt sich also nicht verhindern, daß der Code veraltet, weil Erkenntnisse über neue Programmiertechniken nicht berücksichtigt werden können. Diesem Umstand versucht das SPEC-Konsortium durch regelmäßige Aktualisierung und Veröffentlichung neuer Versionen Rechnung zu tragen.

Veränderungen an den Benchmarkprogrammen, die für eine Portierung unumgänglich sind, sollten, soweit wie möglich, „leistungsneutral" sein und müssen genau dokumentiert werden.

Die SPEC-Regeln für den Ablauf der Leistungsbewertung sind sehr detailliert. Es wird versucht, möglichst viele Einflüsse, wie z. B. die Compileroptimierung, genau zu kontrollieren und zu berücksichtigen.

Es besteht die Gefahr, daß die erhaltene Information auf Grund der Zusammenfassung der Benchmarkresultate in nur zwei Werten (SPECint und SPECfp) zu wenig differenziert ist. Es kann wichtig sein, feiner zu differenzieren als nur global zwischen Ganzzahl- und Gleitpunkt-Aspekten zu unterscheiden, und die Meßwerte aller einzelnen Benchmarkprogramme getrennt zu betrachten.

Bei den älteren Versionen (CPU92) war die Cache-Trefferrate sowohl für Befehls- als auch für Daten-Caches meistens nicht sehr realistisch, wie Messungen (Zählungen) der Fehlzugriffe bei verschiedenen Cache-Konfigurationen zeigten (Gee et al. [75]). Es wurde jedoch danach getrachtet, diese Schwächen bei den neueren Benchmark-Versionen zu beseitigen und eine stärkere Belastung der Speicherhierarchie zu erreichen.

Mit den CPU2000-Benchmarks können keine Aussagen über das Verhalten des Computersystems im Mehrbenutzerbetrieb gemacht werden, da das Benchmarking mit nur einem aktiven Benutzerprozeß (dem Benchmarkprogramm) erfolgt. Die auf Grund der Prozeßwechsel vermehrt auftretenden Cache-Fehlzugriffe und

2.4 Beispiele für Benchmarks   135

Seiten-Fehlzugriffe erfordern spezielle Benchmarks, die erst in Planung sind. Ein weiterer Aspekt, der beim SPEC-Benchmark zur Zeit noch nicht berücksichtigt wird, ist die Ein-/Ausgabe großer Datenmengen.

Dokumentation, Verfügbarkeit

Information über die SPEC-Benchmarks ist in Dixit [38, 39], Weicker [170], Keller [116], Gee et al. [75], Dowd [50] sowie unter www.specbench.org/ erhältlich. Benchmarkresultate findet man unter rsc.anu.edu.au/~harry/COMP/BENCH/.

Die SPEC-Benchmarks sind kommerzielle Produkte. Nähere Informationen über Bestellungen, etc. findet man unter www.specbench.org/.

Aktuelle Resultate des SPEC-Benchmarks findet man unter
www.ideasinternational.com/benchmark/bench.html,
www.ideasinternational.com/benchmark/spec/specfp2000.html und
www.ideasinternational.com/benchmark/spec/specint_s2000.html.

2.4.13 Whetstone

Der *Whetstone*-Benchmark wurde 1976 veröffentlicht und ist damit einer der ältesten bekannten synthetischen Benchmarks zur Leistungsbewertung im Bereich der Gleitpunktoperationen. Er besteht aus elf Modulen und ist daher in die Kategorie „Sammlung von Einzelbenchmarks" einzuordnen.

Der Benchmark wurde ursprünglich in Algol 60 veröffentlicht, heute gibt es Versionen in verschiedenen Programmiersprachen (Fortran 77, C, Pascal, etc.).

Die Verteilung der Instruktionen und die Struktur des Benchmarks wurde entsprechend der empirisch beobachteten Verteilung von Sprachkonstrukten in 949 Anwendungsprogrammen des *National Physical Laboratory* und der *Oxford Universität* in England gewählt. Diese Programme wurden als repräsentativ für numerische Anwendungen eingestuft.

Es wurde der Begriff der *Whetstone-Instruktion* im Sinn des (heute schon veralteten) Whetstone-Algol-Compilersystems definiert und ein Benchmarkprogramm so zusammengestellt, daß bei der Ausführung dieses Programms bei Verwendung dieses Compilersystems genau eine Million dieser Whetstone-Instruktionen durchgeführt wird. Zur Bewertung wird die Ausführungszeit gemessen und die Leistung in *KWIPS* (10^3 *Whetstone-Instruktionen pro Sekunde*) beziehungsweise in *MWIPS* (10^6 *Whetstone-Instruktionen pro Sekunde*) angegeben.

Bewertung

Da der Whetstone-Benchmark einen beträchtlichen Teil seiner gesamten Rechenzeit in mathematischen Bibliotheksfunktionen (sin, cos, exp) verbringt, wird in erster Linie die Güte der Implementierung dieser Funktionen untersucht.

Der Speicherbedarf des Benchmarks ist sehr gering (ca. 2000 Byte für den Code und nur 16 Byte für Daten). Außerdem weist der Code hohe Lokalität auf (jedes der Module wird in einer Schleife mehrmals durchlaufen), wodurch eine unrealistisch hohe Cache-Trefferrate auch bei sehr kleinen Befehlscaches eintritt. Daher ist der Whetstone-Benchmark nicht geeignet, die Leistung der Speicherhierarchie eines Computersystems zu bewerten. Der Whetstone-Benchmark ist auch *nicht* zur Leistungsbewertung von Parallel- oder Vektorrechnern geeignet.

Dokumentation, Verfügbarkeit

Information über den Whetstone-Benchmark findet man in Curnow und Wichmann [31], Curnow [30], Weicker [168], Jesshope [110], Conte und Hwu [28]. Benchmarkresultate sind unter rsc.anu.edu.au/~harry/COMP/BENCH/ erhältlich.
Unter www.netlib.org/benchmark/whetstoned (Fortran 77-Version) oder www.netlib.org/benchmark/whetstonec (C-Version) findet man den Quellcode des Benchmarks.

2.4.14 Andere Benchmarks

Es gibt noch eine Reihe anderer, weniger weit verbreiteter Benchmarks sowie Benchmarks, die nicht die Gleitpunktleistung bewerten. Beispiele dafür sind:

Gleitpunktleistung (CPU): CEA-Benchmark [134], DFVLR-Kerne [163], Savage [111].

Ganzzahlleistung (CPU): Dhrystone-Benchmark [168, 167].

CPU/Speichersystem: HINT-Benchmark (www.scl.ameslab.gov/HINT/).

Betriebssystemleistung (UNIX): lmbench (www.bitmover.com/lmbench).

Interessant sind auch Ansätze, die nicht die Bewertung und Einschätzung der Hardware oder gesamter Computersysteme als Zielsetzung haben, sondern in erster Linie die Leistung von Software untersuchen.

Beispiel (NAG Numerical Library) In Mayes [128] wird das Benchmarking der NAG-Bibliothek diskutiert. Dabei werden außer dem Zeitaufwand einzelner Routinen Aspekte wie Robustheit, numerische Stabilität und Genauigkeit als wesentliche Qualitätsmerkmale bewertet. Besonders in diesem Fall bedingt aber die angestrebte Portabilität der Software oft Einschränkungen bei der Code-Optimierung.

2.5 Schwächen von Benchmarks

Die Tendenz, das Leistungsprofil von Systemen auf (zu) wenige Parameter zu reduzieren, wird durch den häufigen Einsatz von einigen wenigen Benchmarks noch zusätzlich verstärkt. Eine solche Vereinfachung kann aber z. B. im Fall von Kaufentscheidungen für Computersysteme irreführend sein.

2.5 Schwächen von Benchmarks

2.5.1 Kritik an Benchmarkresultaten

Nicht selten sagen Benchmarkresultate nur sehr wenig über das wirkliche Verhalten des Computers bei konkreten, speziellen Anwendungen aus. In wenigen Fällen wird die wirklich erreichte Leistung besser sein, als es ein Benchmarkergebnis erwarten läßt. Meistens erreicht man nur deutlich schlechtere Leistungswerte. Wenn Benchmarks als Entscheidungsgrundlage für Anschaffungen dienen, die mit sehr hohen Kosten verbunden sind, kommt einem genauen Verständnis der erhaltenen Resultate große Bedeutung zu. Für den „Benchmark-Benutzer" ist es daher sehr wichtig zu verstehen, wie und warum auf dem untersuchten Computersystem die mit einem Benchmark ermittelten Leistungswerte zustande gekommen sind.

Die wesentlichen Einflußgrößen auf die Resultate von Benchmarks sind neben der Technologie und Architektur des Prozessors die Programmiersprache, der Compiler, das Laufzeitsystem und die Speicherhierarchie.

Beispiel (Einfluß der Programmiersprache) Der Whetstone-Benchmark ist sowohl in einer Fortran- als auch in einer C-Implementierung erhältlich (Curnow und Wichmann [31]). Drei Module dieser beiden Versionen wurden mit den entsprechenden Compilern übersetzt. Auf einer HP K-460 mit dem HP Fortran 90-Compiler Version 10.20.05 bzw. mit dem HP C-Compiler Version 10.10 ergaben sich die in Tabelle 2.4 dargestellten Laufzeiten. Die Laufzeiten auf einer NEC SX-4 mit dem NEC Fortran 90-Compiler Version 7.1 bzw. mit dem NEC C-Compiler Version 7.1 sind in Tabelle 2.5 angeführt. Es zeigt sich, daß die Fortran-Version dieser Benchmark-Module erheblich kürzere Laufzeiten erzielt.

Tabelle 2.4: Whetstone-Benchmark auf einer HP K460

	HP K460					
Optimierung	Modul 2 ($n = 6000$)		Modul 6 ($n = 4000$)		Modul 11 ($n = 6000$)	
	F 90	C	F 90	C	F 90	C
0	0.04 s	1.00 s	1.10 s	26.06 s	0.86 s	3.13 s
1	0.01 s	0.61 s	1.03 s	21.30 s	0.84 s	2.86 s
2	0.01 s	0.37 s	0.29 s	6.14 s	0.85 s	2.66 s
3	0.01 s	0.37 s	0.30 s	5.86 s	0.83 s	2.67 s
4	—	0.36 s	—	5.99 s	—	2.67 s

Wie dieses Beispiel zeigt, ist sehr genau zu unterscheiden, ob primär eine Software-Bewertung durchgeführt werden soll (in diesem Fall sind die Ergebnisse des Beispiels durchaus aussagekräftig), oder ob eher eine Hardware-Bewertung im Vordergrund steht. In letzterem Fall ist zu beachten, daß Eigenheiten der Programmiersprache und speziell des Compilers das Bild deutlich verzerren können.

Auf die verschiedenen Optimierungsfähigkeiten der Compiler und deren Einfluß auf Benchmarkresultate wurde schon in Abschnitt 2.3.1 aufmerksam gemacht. Einerseits sind speziell RISC-Architekturen in ihrer Leistungsfähigkeit besonders abhängig von gut optimierenden Compilern (siehe Abschnitte 1.1.2 und 2.2.1). Andererseits sind insbesondere synthetische Benchmarks anfällig für

Tabelle 2.5: Whetstone-Benchmark auf einer NEC SX-4

NEC SX-4						
Optimierung	Modul 2 ($n = 6000$)		Modul 6 ($n = 4000$)		Modul 11 ($n = 6000$)	
	F 90	C	F 90	C	F 90	C
0	0.09 s	0.59 s	1.35 s	4.43 s	3.90 s	28.0 s
1	0.02 s	0.59 s	0.18 s	4.43 s	1.32 s	27.8 s
2	0.02 s	0.59 s	0.17 s	4.43 s	1.32 s	27.8 s

Compileroptimierungen, da durch ihre „künstliche" Zusammensetzung unter Umständen sogenannter *dead code* auftreten kann. Darunter versteht man Wertzuweisungen an Variablen, die im weiteren Verlauf des Programms nicht mehr verwendet und auch nicht ausgegeben werden. Solche Teile eines Programms werden von guten Compilern erkannt und während des Übersetzungsvorgangs weggelassen. Dadurch wird – unbemerkt vom Benutzer – die Arbeitsmenge eines Programms durch den Compiler verringert. Diese Verringerung der Arbeitsmenge wird aber bei der Berechnung von Leistungswerten nicht berücksichtigt, was zu einem *scheinbaren* Anstieg der Leistung führt (Weicker [168]).

Beispiel (Einfluß des Compilers) Drei Module der Fortran- sowie der C-Version des Whetstone-Benchmarks wurden mit allen vorhandenen Optimierungsstufen der jeweiligen Compiler (siehe Beispiel (Einfluß der Programmiersprache) auf Seite 137) übersetzt. Die Tabellen 2.4 und 2.5 zeigen sehr deutlich den Einfluß der Code-Optimierung durch den Compiler auf die Laufzeiten der drei Benchmark-Module. Es fällt auf, daß der NEC C-Compiler für die untersuchten Module offenbar keine Optimierungen durchführen konnte, während der NEC Fortran-Compiler gute Optimierungsresultate erzielt hat. Die Optimierung der beiden HP-Compiler dagegen war von vergleichbarer Qualität.

Um derartige Einflüsse bei Leistungsvergleichen berücksichtigen zu können, sollte man sicherstellen, daß die bei der Ermittlung der Benchmarkresultate verwendete Optimierungsstufe des Compilers immer genau dokumentiert wird.

Bei sehr populären Benchmarks (wie z. B. dem LINPACK-Benchmark) besteht auch die Gefahr, daß Compiler speziell auf Optimierungen dieser speziellen Benchmarks hin *programmiert* werden. Diesem Problem kann man aber durch die Verwendung mehrerer verschiedener Benchmarks relativ einfach begegnen.

Ein gewisser Teil der Laufzeit eines Benchmarkprogramms wird in aufgerufenen Teilen des Laufzeitsystems verbracht, z. B. in Routinen der mathematischen Unterprogrammbibliotheken. Je nach dem Entwicklungsstand des Laufzeitsystems und dem Anteil der Zeit, die darin verbracht wird, werden die Benchmarkresultate beeinflußt.

Nicht zuletzt kann auch die Speicherhierarchie die Benchmarkresultate sehr stark beeinflussen. Die Speicherhierarchie erlaubt kurze Zugriffszeiten auf die Daten der höchsten Ebene und hat deutlich längere Zugriffszeiten auf tiefere Ebenen (siehe Abschnitt 1.2.2). Die üblichen Benchmarkprogramme, insbesondere synthetische Benchmarks, können in Bezug auf Speicherzugriffe nicht realistisch sein, da

2.5 Schwächen von Benchmarks

sie meistens auf relativ wenige und lokal eng begrenzte Speicherbereiche zugreifen. Damit wird die Trefferrate im Daten-Cache sehr hoch und der Einfluß der Speicherhierarchie bei grösseren Problemen kann aus den Werten der Benchmarks nicht abgeschätzt werden. Aus Gründen der Einfachheit werden sie meistens in Schleifenform gehalten und die Arbeitsmenge wird durch die Anzahl der Schleifendurchläufe bestimmt. Auch bei kleinen Befehlscaches sind die Trefferraten oft sehr hoch (bis zu 100 %), so daß die tieferen Ebenen der Speicherhierarchie völlig unberücksichtigt bleiben und es folglich im Fall von realen Anwendungen durch Cache-Fehlzugriffe oft zu unliebsamen Überraschungen kommen kann. In Weicker [167] wird daher vorgeschlagen, mehrere Kopien des Benchmarkprogramms anzulegen und bei der Abarbeitung in einer Art „Multitasking-Betrieb" zwischen ihnen hin- und herzuwechseln. Dadurch wird die Code- und Datenmenge erhöht und eine realistische Trefferrate erreicht.

Manche Benchmarks bieten die Möglichkeit, die Datenmenge des Problems so zu vergrößern, daß der Datencache nicht mehr alle Daten gleichzeitig aufnehmen kann und auch auf tiefere Speicherebenen zugegriffen werden muß. Beim LINPACK-Benchmark (siehe Abschnitt 2.4.4) kann das z. B. durch die (offiziell nur in drei Stufen vorgesehene) Änderung der Dimension des Gleichungssystems erreicht werden. Die Leistungskurve in Abhängigkeit von der Datengröße hat dann Ähnlichkeit mit einer Treppenkurve, bei der die Sprungstellen die kritischen Größen für „Cache-Probleme" (die Daten passen nicht mehr in den Datencache) und in weiterer Folge für „Paging-Probleme" (die Daten passen nicht mehr in den Hauptspeicher) anzeigen (siehe Abschnitt 1.2). Wenn bei einem Benchmark die Problemgröße einstellbar ist, dann ist in der Bewertung immer zu dokumentieren, bei welcher Problemgröße konkrete Leistungswerte ermittelt wurden.

2.5.2 Das Zusammenfassen von Benchmarkresultaten

Die (Leistungs-)Daten, die durch die Verwendung von Benchmarks gewonnen werden, sollten nach Möglichkeit *reproduzierbar* sein. Dies kann nur dann erreicht werden, wenn man alle Bedingungen eines Benchmark-Laufs sehr genau dokumentiert.

Die Verwendung verschiedener Benchmarkprogramme ist sehr empfehlenswert, da man nur dadurch ein System unter verschiedenen Gesichtspunkten untersuchen kann. Hat man die Laufzeiten mehrerer Benchmarkprogramme auf verschiedenen Systemen ermittelt, stellt sich allerdings die Frage, wie man diese Werte zu Vergleichszwecken zusammenfassen kann. Verschiedene Benchmarkprogramme können durchaus zu unterschiedlichen Reihungen derselben Computersysteme führen (Hennessy und Patterson [93]).

Eine naheliegende Möglichkeit ist z. B. das Summieren der Ausführungszeiten aller Benchmarkprogramme. Dividiert man diesen Wert durch die Anzahl der Programme erhält man das *arithmetische Mittel* der Ausführungszeiten. Falls die einzelnen Programme stark unterschiedliche Ausführungszeiten haben, kann man das durch die Verwendung des *gewichteten arithmetischen Mittels* berücksichtigen. Dazu kann man die durch alle verwendeten Benchmarkprogramme insgesamt dargestellte Arbeitslast feststellen, und anschließend die einzelnen Programme entsprechend ihrem Anteil an dieser Gesamtarbeit gewichten. Für *absolute Ausführungszeiten* erhält man so durchaus verwendbare Anhaltspunke für einen Leistungsvergleich.

Die Verwendung des arithmetischen Mittels von *normierten Ausführungszeiten*[19] liefert aber keine brauchbare Aussage, da diese Mittelbildung vom verwendeten Bezugspunkt abhängt! Die Mittelbildung normierter Ausführungszeiten sollte daher nicht mit dem arithmetischen Mittel erfolgen, sondern mit dem *geometrischen Mittel*. Diese Art der Mittelbildung ist unabhängig vom Bezugspunkt der Normierung.[20] Das geometrische Mittel hat außerdem die günstige Eigenschaft, daß die Mittelbildung normierter Werte die gleichen Aussagen wie die Normierung von Mittelwerten liefert.

2.5.3 Standardisierungen

Um der Leistungsbewertung durch Benchmarks mehr Aussagekraft zu verleihen, gibt es Versuche, Standards zu entwickeln, die verschiedene Benchmarks als Bausteine enthalten. Durch die Verwendung mehrerer Programme, die jeweils andere Spezialaspekte der Leistungsbewertung abdecken, soll eine umfassende Systembewertung ermöglicht werden. Beispiele dafür, wie EuroBen, die GENESIS Distributed Benchmarks oder die SPEC-Benchmarks wurden schon in Abschnitt 2.4 angeführt.

Es bleibt trotzdem fraglich, ob jemals ein einziger Benchmark existieren wird, von dem *alle* Aspekte der Leistungsbewertung abgedeckt werden können. Daher ist es für denjenigen, der eine Auswahl zwischen mehreren Computersystemen zu treffen hat, sehr wichtig, deren Verhalten vor allem bei seinen eigenen spezifischen Anwendungen zu untersuchen. Die mit einem bestimmten Benchmark erhaltenen Leistungswerte können noch so gut sein – entscheidend ist, ob sie auch für die eigenen Anwendungen relevant sind.

2.6 Das Preis-Leistungs-Verhältnis

Bei der ökonomischen Anschaffung und Benutzung eines Computersystems wird nach dem *größten Nutzen* bei gegebenen Kosten oder nach den *geringsten Kosten* bei bestimmten Nutzen-Vorgaben gestrebt. Bei der Anschaffung und Anwendung von Computersystemen ist daher in der Praxis für den Benutzer nicht nur Information über die Leistung, sondern vor allem auch Information über die mit der Erbringung dieser Leistung durch das System verbundenen Kosten wichtig.

Oft sollen z. B. bei Neuanschaffungen mehrere zur Auswahl stehende Computersysteme anhand von Kosten und Leistung verglichen werden, oder es soll

---

[19]In Analogie zu den normierten Gleitpunktoperationen aus Abschnitt 2.1.1 wird eines der untersuchten Systeme ausgezeichnet. Man erhält normierte Ausführungszeiten, indem man die Verhältnisse der Laufzeiten zu der Laufzeit auf dem ausgezeichneten System berechnet.

[20]Diese Eigenschaft ist sogar charakteristisch für das geometrische Mittel (Fleming und Wallace [59]).

2.6 Das Preis-Leistungs-Verhältnis

ermittelt werden, ob es sich lohnt, in leistungssteigernde Maßnahmen für die Hardware eines existierenden Computersystems zu investieren anstatt Verbesserungen auf der Algorithmen- bzw. Software-Seite anzustreben. Ein Beurteilungs- und Vergleichskriterium, das Kosten *und* Leistung berücksichtigt, ist das *Preis-Leistungs-Verhältnis* (PLV) des Computersystems.

2.6.1 Definition des PLV

Das Preis-Leistungs-Verhältnis eines Computersystems ist definiert als

$$\text{PLV} := \frac{\text{„Kosten" des Computersystems}}{\text{„Leistung" des Computersystems}}.$$

Diese Kenngröße berücksichtigt zusätzlich zur Leistung des Computersystems auch den (finanziellen) Aufwand, der damit verbunden ist, diese Leistung verfügbar zu haben (unter dem Begriff „Kosten" zusammengefaßt). Je kleiner PLV ist, desto besser fällt die Bewertung aus, denn desto niedriger ist der Aufwand für eine feste Leistung, bzw. desto höher ist die Leistung bei gegebenem Preis.

Die Kosten

In die Berechnung des PLV gehen nicht nur der Preis (die Anschaffungskosten) eines Rechners ein, sondern auch alle zusätzlich anfallenden Kosten. Dazu zählen z. B. Software- und Wartungskosten, aber auch Personal- und Schulungskosten. Der Anschaffungspreis stellt oft nur einen verhältnismäßig kleinen Teil des gesamten Aufwands dar, der erforderlich ist, um die Leistung des Computersystems nutzen zu können.

Beispiel (Kosten eines Parallelrechners) Bei der Anschaffung eines Parallelrechners muß bedacht werden, daß viele bestehende sequentielle Anwenderprogramme nicht für eine Parallelisierung konzipiert wurden. Es ist aber sehr aufwendig, völlig neue, „parallele" Programme zu entwerfen. Die existierenden parallelisierenden Compiler sind in vielen Fällen nicht fähig, alle Möglichkeiten auszunutzen, um eine zufriedenstellende Leistung mit dem bestehenden Code zu erreichen. Das bedeutet, daß der Anwender selbst die Aufgabe übernehmen muß, sein Programm zu parallelisieren. Die dadurch entstehenden zusätzlichen Kosten und der Zeitaufwand, der dafür benötigt wird, daß die Leistung des neuen Systems nutzbar wird, müssen ebenfalls quantifiziert werden und bei den Gesamtkosten berücksichtigt werden.

Bei jeder Ermittlung eines PLV-Wertes muß also klar definiert sein, welche Faktoren unter dem Begriff Kosten berücksichtigt und zusammengefaßt werden sollen. Will man verschiedene Computersysteme miteinander vergleichen, dann muß auch die Definition der Kosten für alle Rechner die gleiche sein.

Die Leistung

Wie der Begriff der Kosten ist auch der Begriff der Leistung genau zu definieren. Bei Vergleichen muß die Leistung für jeden Rechner auf die gleiche Weise ermittelt werden. Da die empirische Leistung eines Computersystems von der jeweiligen Anwendung abhängig ist (wie in den vorhergehenden Abschnitten dieses

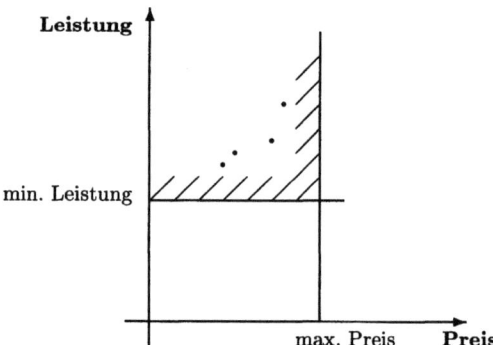

Abb. 2.16: Preis-Leistungsdiagramm mit dem kritischen Bereich (schraffiert).

Kapitels ausführlich dargestellt wurde), ist auch PLV eine *anwendungsabhängige* Kennzahl.

2.6.2 Vergleich von Computersystemen

Bei jeder Investition in eine Neuanschaffung oder Erweiterung eines Computersystems treten meistens bestimmte *Nebenbedingungen* bezüglich des Preises und der Leistung auf: Der Preis soll üblicherweise eine *obere* Grenze nicht überschreiten, und der Computer soll eine Leistung erzielen, die über einer *unteren* Schranke liegt. In einem *Preis-Leistungsdiagramm* können die in Frage kommenden Computer entsprechend ihrer Werte für Kosten und Leistung eingetragen werden (siehe Abbildung 2.16). Die Nebenbedingungen legen dann in diesem Diagramm einen kritischen (zulässigen) Bereich fest: Computersysteme, die in dem Diagramm nicht innerhalb dieses Bereiches liegen, kommen für eine Anschaffung nicht in Frage.

Hätten alle Computer im kritischen Bereich die *gleiche* Leistung (alle Punkte liegen auf einer horizontalen Geraden), wäre die Entscheidung einfach: Das System mit dem niedrigsten Preis erhielte normalerweise den Vorzug. Ebenso ist klar, daß bei gleichem Preis für alle Computer (alle Punkte liegen auf einer vertikalen Geraden) die Wahl auf jenen mit der höchsten Leistung fiele. Da normalerweise aber keiner der beiden Fälle eintritt, kann das PLV für jedes Computersystem im kritischen Bereich als Entscheidungsgrundlage dienen.

Es darf allerdings nicht übersehen werden, daß das PLV eine *relative* Kenngröße ist, aus der die absoluten Werte von Leistung und Preis nicht mehr erkennbar sind. Das PLV kann diese absoluten Werte nicht *ersetzen*, sondern es muß *zusätzlich* zu ihnen betrachtet werden. Die Anwendung des PLV ist nur innerhalb des zuvor abgesteckten kritischen Bereiches möglich und sinnvoll, da außerhalb davon wegen der zu großen Unterschiede in Preis und Leistung die Vergleichbarkeit nicht gewährleistet ist.

Beispiel (Beowulf-Cluster) Einer der wichtigsten Trends der letzten Jahre auf dem Hardware-Sektor war die Verwendung von Komponenten aus der „Massenproduktion" (Prozessoren,

2.6 Das Preis-Leistungs-Verhältnis

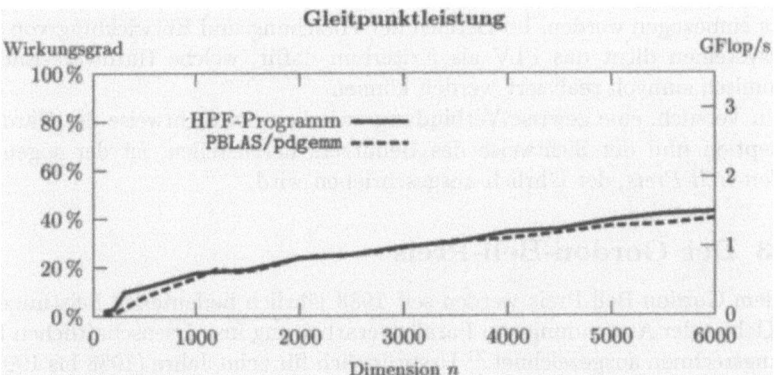

Abb. 2.17: Gleitpunktleistung verschiedener Varianten der parallelen Matrizenmultiplikation (neu entwickeltes HPF-Programm im Vergleich zur Routine der PBLAS aus SCALAPACK [15]) auf einem Beowulf-Cluster mit zehn Prozessoren ($P^1_{max} = 350$ Mflop/s, $P^{10}_{max} = 3.5$ Gflop/s).

Speicher- und Datenübertragungskomponenten, etc.) in Rechnersystemen der höchsten Leistungsklasse. Die dahinter stehende Motivation ist natürlich eine Kostensenkung, um das PLV zu verbessern.

Ein sehr wichtiges Beispiel dafür sind Hochleistungs-PC-Cluster (die sogenannten *Beowulf-Cluster*; Sterling et al. [155]), die auf Grund ihrer geringen Anschaffungskosten in letzter Zeit immer mehr an Bedeutung gewinnen (siehe auch Abschnitt 1.4.4).

Auf einem solchen Cluster mit zehn Prozessoren konnte mit einem neu entwickelten HPF-Programm zur Matrizenmultiplikation (Ehold et al. [52, 53], siehe auch Abschnitt 5.6.3) eine Gleitpunktleistung von 1.5 Gflop/s erzielt werden (siehe Abb. 2.17). Bei Gesamtkosten von ca. 15 000 Euro (Anfang 1999) für diesen PC-Cluster ergibt sich ein PLV von

$$\frac{15\,000}{1500}\left[\frac{\text{Euro}}{\text{Mflop/s}}\right] = 10 \left[\frac{\text{Euro}}{\text{Mflop/s}}\right].$$

Zum Vergleich: Auf der NEC SX-4 der Technischen Universität Wien ergibt sich ein PLV von ca. 120 Euro pro Mflops/s.

Es finden sich in der Literatur auch *analytische* Ansätze, die bei der Bewertung von Computersystemen zusätzlich zu deren Leistung auch den Preis in irgendeiner Form einbeziehen (z. B. Born und Kenevan [20], Fox et al. [64], Hennessy und Patterson [93], Sarkar [150]). Dabei werden sehr unterschiedliche Kosten- bzw. Leistungsfaktoren berücksichtigt.

Beispiel (Kosteneffektivität) In Born und Kenevan [20] wird ein modifiziertes PLV benutzt, um verschiedene Topologien von Parallelrechnern miteinander zu vergleichen. Die *Kosteneffektivität* wird als Quotient der gesamten Kosten der Prozessoren und des Netzwerkes und der *möglichen Ausnutzung* aller Prozessoren definiert. Diese „potential utilization" ist jener Anteil der gesamten Rechenzeit, welchen ein Prozessor zur Bearbeitung des gestellten Problems verwendet, während der Rest der Rechenzeit für die Kommunikation mit den übrigen Prozessoren aufgewendet wird (Nachrichten senden, empfangen oder weiterleiten). Klarerweise ist die Kosteneffektivität umso größer, je kleiner dieser Quotient ist.

Auch für Hersteller von Computersystemen ist das PLV von Bedeutung: Als Vergleichskriterium kann es bei der *Hardware-Planung und Konstruktion* eines Computers einbezogen werden. Im Bereich der Forschung und Entwicklung von Computersystemen dient das PLV als Kriterium dafür, welche Hardware-Entwürfe ökonomisch sinnvoll realisiert werden können.

Ein Versuch, eine gewisse Verbindung zwischen der Sichtweise der Hardware-Konzeption und der Sichtweise des Benutzers herzustellen, ist der sogenannte *Gordon-Bell-Preis*, der jährlich ausgeschrieben wird.

2.6.3 Der Gordon-Bell-Preis

Mit dem Gordon-Bell-Preis werden seit 1988 jährlich bedeutende Leistungen auf dem Gebiet der Anwendung von Parallelverarbeitung im wissenschaftlichen Hochleistungsrechnen ausgezeichnet.[21] Ursprünglich für zehn Jahre (1988 bis 1997) geplant, wurde der Preis auf Grund der hohen Qualität der Bewerbungen für weitere zehn Jahre (1998 bis 2007) verlängert. Er wird in drei Kategorien vergeben:

Leistung: In dieser Kategorie wird das Computersystem mit der höchsten Leistung bei einer technischen oder wissenschaftlichen Anwendung ausgezeichnet. Die Leistung kann entweder absolut in Mflop/s (basierend auf der Anzahl der tatsächlich ausgeführten Gleitpunktoperationen) oder relativ (durch Vergleich mit der Rechenzeit für die Lösung desselben Problems auf einem Referenzsystem) angegeben werden.

Compiler-Parallelisierung: In dieser Kategorie wird die automatische Parallelisierung durch Compiler bewertet. Dazu wird der erreichte parallele Geschwindigkeitsgewinn (siehe Abschnitt 2.2.5) als Verhältnis der Antwortzeit eines mit einem für den Gordon-Bell-Preis eingereichten Compiler parallelisierten Programms zu der Antwortzeit eines guten sequentiellen Programms für dieselbe Aufgabenstellung berechnet. Es ist wichtig, daß die eigentliche Parallelisierung ausschließlich durch den Compiler erfolgt.

Preis/Leistung: In der Preis/Leistungs-Kategorie wird das Computersystem ausgezeichnet, das von allen Bewerbern bei einer bestimmten Anwendung das beste (niedrigste) PLV hat.

Die genauen Regeln legen fest, daß der Quotient aus der Leistung, die wie in der Kategorie „Leistung" bestimmt wird, und des Listenpreises des preisgünstigsten Computersystems, mit dem diese Leistung erzielt wurde, zur Bewertung herangezogen wird. Bei der Bewertung des Preises werden nur diejenigen Teile des Computersystems berücksichtigt, die unmittelbar zur Bearbeitung des Programms benötigt werden.

Von eingereichten Programmen wird (insbesondere in der Preis/Leistungs-Kategorie) gefordert, daß sie „sinnvoll" anwendbar sind – meist lösen sie ein Problem aus den Naturwissenschaften oder aus der Technik. Die verwendete Hardware sollte möglichst am Markt erhältlich sein. Durch diese Forderungen wird versucht, die Praxisrelevanz des Gordon-Bell-Preises zu gewährleisten.

---
[21] Auch in Europa gibt es einen vergleichbaren Wettbewerb, den *Mannheim SuParCup* (siehe http://www.supercomp.de/).

2.6 Das Preis-Leistungs-Verhältnis

Beispiel (Gordon-Bell-Preise 1998-2000) Beim Wettbewerb des Jahres 1998 ging der erste Preis in der Kategorie „Leistung" an ein Forscherteam von verschiedenen Laboratorien in den USA. Sie konnten auf einer Cray T3E mit 1024 Prozessoren eine Leistung von 657 Gflop/s mit einer Anwendung zur Berechnung magnetischer Eigenschaften von Metallen erreichen. Der zweite Preis wurde für eine Leistung von 605 Gflop/s auf dem ASCI-Red System der Sandia National Laboratories[22] bei elektronischen Strukturberechnungen verliehen.

In der Kategorie „Preis/Leistung" wurde der erste Preis für Berechnungen in der Quantenchromodynamik auf zwei verschiedenen Computern mit jeweils 8 192 bzw. 12 288 Prozessoren verliehen. Die Jury bewertete das System mit 79.7 Gflop/s pro einer Million US $, was einem PLV von ca. 11.3 Euro pro Mflop/s entspricht. Der zweite Preis in dieser Kategorie wurde für 64.9 Gflop/s pro einer Million US $ verliehen. Dieser Wert wurde bei Simulationen zur Wellenausbreitung mit einem Beowulf-Cluster, bestehend aus 70 Knoten mit jeweils einem DEC Alpha 21164A Prozessor und 128 MB Speicher, erreicht. Das entsprechende Preis-Leistungs-Verhältnis liegt bei ca. 13.9 Euro pro Mflop/s.

Zum Vergleich: An der Technischen Universität Wien konnte Anfang 1999 mit einer parallelen Variante der Matrizenmultiplikation (Ehold et al. [52, 53], siehe auch Abschnitt 5.6.3) auf einem Beowulf-Cluster ein Preis-Leistungs-Verhältnis von ca. 10 Euro pro Mflop/s erreicht werden (siehe Beispiel (Beowulf-Cluster) auf Seite 142).

1999 erreichten die Sieger in der Kategorie „Leistung" bis zu 1.18 Tflop/s auf 5832 Prozessoren der ASCI Blue Pacific bei Simulationen von Turbulenzen in der Strömungsmechanik. In der Kategorie „Preis/Leistung" wurden von den Siegern ca. 6.3 Euro pro Mflop/s erreicht. Im Jahr 2000 wurde der erste Preis in der Kategorie „Leistung" für eine erreichte Leistung von 1.34 Tflop/s vergeben, während die Sieger in der Kategorie „Preis/Leistung" auf einem Beowulf-Cluster über 163 Gflop/s, umgerechnet ca. 0.8 Euro pro Mflop/s, erreichten (siehe www.sc2000.org/awards/index.htm oder auch www.anu.edu.au/pad/media/releases2000/bunyipprize.html).

Genaue Informationen über die Gordon-Bell-Preisträger von 1998 findet man in [83], für die Jahre 1997 und 1996 kann man in Karp et al. [115] bzw. unter www.lanl.gov/external/science/awards.html (für 1997) und unter www.tc.cornell.edu/er96/media/1996/gordonbell.html (für 1996) nachlesen. Auf www.sc2000.org/bell/pastawrd.htm ist eine Gesamtübersicht über die Preisträger von 1987 – 1999 vorhanden.

---

[22] www.sandia.gov

Kapitel 3

Algorithmen

Es wurde schon in Kapitel 2 deutlich gemacht, daß oft ein sehr großer Unterschied zwischen der maximalen Gleitpunktleistung $P_{\max}$ und der real erzielten Leistung von Computersystemen auftreten kann. Um dieses unbefriedigende Leistungsverhalten zu verbessern, ist es wichtig zu untersuchen, *warum* die potentielle Rechnerleistung nur mangelhaft genutzt wird und wie sich das *ändern* läßt.

In diesem Kapitel werden verschiedene Ansätze beschrieben, wie die Diskrepanz zwischen analytisch und empirisch ermittelten Leistungswerten eines Computersystems durch Veränderungen des *Algorithmus* und durch Verbesserungen von dessen *Implementierung* verringert werden kann. Es wird also *nicht* der Weg eingeschlagen, die Leistung durch eine Veränderung der Hardware-Komponenten des Systems zu verbessern. Vielmehr sollen Algorithmen und Software so gut wie möglich an eine *vorgegebene* Hardware angepaßt werden, um mit dieser Hardware einen zufriedenstellenden Wirkungsgrad im Sinn von Abschnitt 2.2.4 zu erzielen.

Die in diesem Kapitel behandelten Algorithmen lösen einfache Probleme aus der Linearen Algebra. Wegen des einfachen Aufbaues dieser Algorithmen und wegen ihrer kompakten Darstellung in Schleifenform lassen sich wichtige Leistungsaspekte sowie Parallelisierungsmöglichkeiten relativ anschaulich darstellen. Darüber hinaus treten die hier behandelten Problemstellungen sehr oft als Teilaufgaben sehr viel komplexerer Aufgaben auf, so daß der effizienten Implementierung von Algorithmen zu ihrer Lösung besondere Bedeutung zukommt.

Notation Mit $A(i,j)$ wird im folgenden das Element aus der i-ten Zeile und der j-ten Spalte einer Matrix A bezeichnet. $A(i,:)$ steht (in Anlehnung an die Fortran- und MATLAB-Notation) für *alle* Elemente von A mit festem erstem Index i – also für die i-te Zeile von A. Analog bezeichnet $A(:,j)$ die j-te Spalte von A, und $A(:,:)$ ist die gesamte Matrix A. Weiters wird aus Fortran auch die allgemeine Schreibweise $a:b:c$ für einen Indexbereich übernommen, der die Indizes

$$a + (k-1)c, \quad k = 1, 2, \ldots \left\lfloor \frac{b-a+c}{c} \right\rfloor$$

umfaßt. a ist die Untergrenze, b die Obergrenze des Bereiches, und c ist das Inkrement. Das Weglassen einer oder mehrerer Parameter des Indexbereiches hat exakt dieselbe Bedeutung wie in Fortran 95 (siehe auch Kapitel 4).

3.1 Grundoperationen der Linearen Algebra

Die im folgenden kurz besprochenen Operationen bilden Grundbausteine aller Matrix/Vektor-orientierten Berechnungen. Sie kommen daher in sehr vielen Bereichen des wissenschaftlichen Hochleistungsrechnens vor.

3.1 Grundoperationen der Linearen Algebra

3.1.1 Vektor-Vektor-Operationen

Mit $x = (x(1), \ldots, x(n))^\top$, $y = (y(1), \ldots, y(n))^\top$, $z = (z(1), \ldots, z(n))^\top$ und $w = (w(1), \ldots, w(n))^\top$ werden im folgenden vier Vektoren aus dem $\mathbb{R}^n$ bezeichnet, α ist eine reelle Zahl.

Das *Skalarprodukt* (*innere Produkt*) zweier Vektoren x und y ist definiert als

$$x^\top y = \sum_{i=1}^{n} x(i)y(i).$$

Das *äußere Produkt* eines Spaltenvektors x mit einem Zeilenvektor $y^\top$ ergibt eine Matrix $A \in \mathbb{R}^{n \times n}$ mit $A(i,j) = x(i)y(j)$:

$$xy^\top = \begin{pmatrix} x(1)y(1) & \cdots & x(1)y(n) \\ \vdots & & \vdots \\ x(n)y(1) & \cdots & x(n)y(n) \end{pmatrix}.$$

Als *allgemeine Triade* bezeichnet man die Operation $w = z^\top x + y$:

$$w(i) = z(i)x(i) + y(i), \quad i = 1, 2, \ldots, n.$$

Die *axpy-Operation*[1] (*verkettete Triade*) stellt einen Spezialfall der allgemeinen Triade dar und berechnet $w = \alpha x + y$:

$$w(i) = \alpha x(i) + y(i), \quad i = 1, 2, \ldots, n. \tag{3.1}$$

Die axpy-Operation erfordert bei skalarer Ausführung für jede der n Teiloperationen (3.1) zwei Gleitpunktoperationen (eine Multiplikation und eine Addition) oder eine FMA-Operation, zwei Lade- und eine Speicheroperation. Auf Computersystemen, die weder spezielle Vektorinstruktionen noch besondere Möglichkeiten für das Erreichen einer besonders großen Speicherbandbreite zur Verfügung haben, ist die bei der Ausführung der axpy-Operation erreichbare Leistung dadurch begrenzt, daß i. a. pro Taktzyklus nur eine Speicheroperation durchgeführt werden kann.

3.1.2 Matrix-Vektor-Operationen

Das wichtigste Beispiel für eine Matrix-Vektor-Operation ist die Multiplikation einer Matrix $A \in \mathbb{R}^{m \times n}$ mit einem Vektor $x \in \mathbb{R}^n$. Diese Operation ist eigentlich ein Spezialfall der Multiplikation zweier Matrizen (siehe Abschnitt 3.1.3); umgekehrt kann man die Multiplikation zweier Matrizen auf mehrere Matrix-Vektor-Multiplikationen zurückführen.

Es gibt zwei verschiedene Arten der Berechnung von $y = Ax \in \mathbb{R}^m$:

---

[1] Diese Bezeichnung steht für „*a x plus y*". Die einfach genaue Implementierung der axpy-Operation wird als *saxpy* und die doppelte genaue Version als *daxpy* bezeichnet.

Skalarprodukte der Zeilen von A mit x – die i-te Komponente von y wird als Skalarprodukt der i-ten Zeile von A mit x berechnet:

$$y = \begin{pmatrix} A(1,:)x \\ \vdots \\ A(m,:)x \end{pmatrix}. \qquad (3.2)$$

Linearkombination der Spalten von A:

$$y = \sum_{i=1}^{n} A(:,i)x(i). \qquad (3.3)$$

3.1.3 Matrix-Matrix-Operationen

Das wichtigste Beispiel für eine Matrix-Matrix-Operation ist die *Matrizenmultiplikation*: Ausgehend von den Matrizen $A \in \mathbb{R}^{m \times l}$ und $B \in \mathbb{R}^{l \times n}$ wird die Matrix $C \in \mathbb{R}^{m \times n}$ mit $C = A \cdot B$ berechnet.

Für die Elemente $C(i,j)$ des Produktes der Matrizen A und B erhält man aus der Definition der Matrizenmultiplikation die Gleichungen:

$$C(i,j) = \sum_{k=1}^{l} A(i,k)B(k,j), \quad i = 1, 2, \ldots, m, \quad j = 1, 2, \ldots, n. \qquad (3.4)$$

Implementierungsmöglichkeiten der Matrizenmultiplikation werden in Abschnitt 3.2 ausführlich behandelt.

3.1.4 BLAS

Da die Operationen der Linearen Algebra aus den Abschnitten 3.1.1, 3.1.2 und 3.1.3 wichtiger Bestandteil fast aller numerischer Problemlösungen in Naturwissenschaften und Technik sind, werden sie und wichtige Varianten in den BLAS (*Basic Linear Algebra Subprograms*) in einheitlicher und maschinenunabhängiger Form zur Verfügung gestellt.[2] Es wurde ein Satz von Prozeduren definiert und standardisiert, der auf den verschiedenen Computersystemen optimal implementiert werden kann, indem die jeweilige Hardware-Struktur berücksichtigt wird. Auf den meisten modernen Computersystem gibt es speziell optimierte Implementierungen der BLAS. Wenn solche vom Hersteller nicht zur Verfügung gestellt werden, kann der Benutzer mit Hilfe besonderer Softwareprodukte optimierte BLAS-Routinen selber automatisiert erzeugen lassen (Bilmes et al. [14], Whaley und Dongarra [174], Whaley et al. [175]).

Durch die Standardisierung der BLAS ist die *Portabilität* von Software gewährleistet, in der die Grundoperationen der Linearen Algebra durch BLAS-Aufrufe realisiert werden. Die Optimierung bezüglich der jeweiligen Hardware sichert eine hohe *Leistung* und größtmögliche Effizienz, so daß mit Algorithmen, die sich

---

[2] siehe www.netlib.org/blas

3.1 Grundoperationen der Linearen Algebra

der BLAS-Routinen bedienen, auf den entsprechenden Computersystemen ein sehr hoher Wirkungsgrad erreicht werden kann. Die BLAS unterstützen also Bemühungen, portable Software zu entwickeln, die imstande ist, einen sehr weiten Bereich von Hochleistungsrechnern effizient zu nutzen.

Es gibt drei Kategorien von BLAS-Unterprogrammen:

Level-1-BLAS (Lawson et al. [121]) enthalten Unterprogramme für Vektor-Vektor-Operationen, d. h., Operationen, die mit einem einzigen Schleifenniveau implementiert werden können. Bezeichnet man mit n die Länge der an der Operation beteiligten Vektoren, dann liegt der Arbeitsaufwand dieser Berechnungen ebenso wie die bearbeitete Datenmenge in der Größenordnung $O(n)$ (wenn man die Gleitpunktoperationen mit einzelnen Vektorelementen, also mit Skalaren, zählt).

Beispiel (Level-1-BLAS) Zu den BLAS-Operationen dieser Stufe zählen die Rotation eines Vektors, die Multiplikation eines Vektors mit einem Skalar, die axpy-Operation, das Skalarprodukt zweier Vektoren, die Berechnung einer Norm eines Vektors, etc.

Level-2-BLAS (Dongarra et al. [44]) implementieren Matrix-Vektor-Operationen. In diesem Fall treten *zwei* ineinander geschachtelte Schleifen auf, und es werden $O(n^2)$ arithmetische Operationen auf $O(n^2)$ Daten (Skalaren) durchgeführt.

Beispiel (Level-2-BLAS) Zu den BLAS-Operationen dieser Stufe zählen die Multiplikation einer Matrix mit einem Vektor, das äußere Produkt zweier Vektoren mit anschließender Addition einer Matrix, etc.

Level-3-BLAS (Dongarra et al. [43]) setzen sich aus Unterprogrammen für Matrix-Matrix-Operationen zusammen, bei deren Implementierung *drei* ineinander geschachtelte Schleifen auftreten. Das Verhältnis von arithmetischen Operationen zu den erforderlichen Speicherzugriffen fällt hier am günstigsten aus: Bei jeder Operation dieser Art kommen $O(n^3)$ arithmetische Operationen auf $O(n^2)$ verwendete (skalare) Datenelemente (Demmel et al. [36]). Mit steigender Problemgröße n *sinkt* die Anzahl der pro arithmetischer Operation benötigten Speicherzugriffe wie $1/n$.

Beispiel (Level-3-BLAS) Wichtige Beispiele dieser Stufe der BLAS sind die Matrizenmultiplikation, Matrizenmultiplikationen mit anschließender Addition einer weiteren Matrix (BLAS/*gemm), sowie die Lösung eines linearen Gleichungssystems mit einer Dreiecksmatrix (BLAS/*trsm).

Für Vektor- und Parallelrechnerarchitekturen ist besonders die modulare Verarbeitung von Matrix-Vektor-Operationen und Matrix-Matrix-Operationen (BLAS-Stufen 2 und 3) wichtig für das Erreichen eines hohen Wirkungsgrades (siehe Abschnitt 2.2.4). Optimierte BLAS (die viele Computer-Hersteller anbieten, oder mittels ATLAS selbst generiert werden können) sollten daher immer als Bausteine für komplexere Algorithmen verwendet werden.

3.1.5 Geblockte Algorithmen

Bedingt durch die Art der Speicherung von Feldern in Fortran (siehe Abschnitt 4.2.1) ist es beim Zugriff auf mehrdimensionale Felder am günstigsten, den am weitesten *links* befindlichen Index des Feldes am schnellsten variieren zu lassen, weil man dadurch die kleinste Schrittweite (*stride*) des Zugriffs (idealerweise $stride = 1$) und damit die beste örtliche Lokalität der Referenzen erreicht (siehe Abschnitt 1.2.2). Das entspricht in Fortran einem *spaltenweisen* Zugriff auf Matrizen. Besonders die Leistung von hierarchisch aufgebauten Speichersystemen ist in dieser Beziehung sehr empfindlich, da deren Konzept auf dem Prinzip der Lokalität der Referenzen basiert. Auf Computersystemen mit Speicherverschränkung bedeutet eine Schrittweite $stride > 1$ zwar nicht unbedingt eine Vergrößerung der Speicherzugriffszeiten, aber auch hier gibt es bestimmte Werte für die Schrittweite, die einen deutlichen Leistungsabfall bewirken (Dowd [50], siehe auch Abschnitt 1.2.7).

Im Fall von ineinander geschachtelten Schleifen kann die Schrittweite des Speicherzugriffs durch die Reihenfolge der Schleifen beeinflußt werden, was in den Abschnitten 3.2 und 3.3 an Beispielen deutlich gemacht wird. Aber oft bewirkt eine Vertauschung der Schleifenreihenfolge gleichzeitig mit einer Verbesserung des Zugriffs auf eine Datenstruktur eine Vergrößerung der Schrittweite des Zugriffs und daher eine Verschlechterung des Zugriffs auf eine andere Datenstruktur.

Beispiel (Schleifenvertauschungen) (Dowd [50])

```
    DO i = 1, m                    DO j = 1, n
      DO j = 1, n                    DO i = 1, m
        b(j,i) = a(i,j)                b(j,i) = a(i,j)
      END DO                         END DO
    END DO                         END DO
```

Beide Programmstücke weisen dem Feld b die Transponierte der im Feld a gespeicherten Matrix zu. Sie unterscheiden sich in der Reihenfolge der beiden Schleifen und dadurch in der Art des Zugriffs auf die beiden Felder.

Im linken Fall erfolgen die *Lesezugriffe* (auf das Feld a) mit Schrittweite m, die *Schreibzugriffe* (auf das Feld b) mit Schrittweite 1.

Durch die im rechten Programmstück durchgeführte Vertauschung der beiden Schleifen erhält man *Lesezugriffe* auf a mit Schrittweite 1, andererseits vergrößert sich die Schrittweite der *Schreibzugriffe* auf b auf n.

Welche der beiden Schleifenreihenfolgen in diesem Fall die bessere Leistung bringt, ist einerseits von den konkreten Werten m und n abhängig, andererseits auch davon, ob sich eine große Schrittweite des Speicherzugriffs bei *Lese*- oder bei *Schreib*operationen stärker auswirkt.

Man muß daher nach einer Methode suchen, die Struktur des Zugriffs für *alle* beteiligten Datenstrukturen zu verbessern, nicht nur für eine. Dabei ist es wichtig, daß Algorithmen, die mehrdimensionale Datenstrukturen (speziell Matrizen) bearbeiten, so gestaltet werden, daß die Datenzugriffe auf eine Speicherhierarchie abgestimmt sind. Die erforderlichen Daten (Matrixelemente) sollten so oft wie möglich im Cache verfügbar sein und dann auch so oft wie möglich wiederverwendet werden. Dadurch sinkt die Anzahl der Zugriffe auf den Hauptspeicher, was eine Leistungssteigerung bewirkt (siehe Kapitel 1 und 2).

3.1 Grundoperationen der Linearen Algebra

Die entscheidende Grundidee ist es, Matrizenoperationen nicht auf einzelne Zeilen- oder Spaltenoperationen zurückzuführen, sondern auf Operationen mit Teilmatrizen (*Blöcken* von Teilen von Zeilen und Spalten). Man nennt solche Algorithmen dementsprechend *Blockalgorithmen*. Der blockweise Zugriff auf Daten vergrößert die örtliche Lokalität der Referenzen, weil die verwendeten Daten im Speicher nicht „so weit auseinander" liegen.

Die Größe der einzelnen Blöcke kann frei gewählt werden – günstig ist es normalerweise, die Blöcke möglichst groß zu wählen, mit der Einschränkung, daß alle gleichzeitig benötigten Blöcke der beteiligten Matrizen gerade noch im Cache Platz finden. Die Matrizenoperation wird Schritt für Schritt auf Teilmatrizen ausgeführt, und im besten Fall werden die Elemente von Teilmatrizen, die aus dem Cache ausgelagert werden, im späteren Verlauf der Berechnungen nicht mehr benötigt. Zumindest aber werden sie so oft wie möglich verwendet, bevor sie aus den hohen Ebenen der Speicherhierarchie „herausfallen". Dadurch läßt sich die Anzahl der zeitaufwendigen Lade- und Speicheroperationen deutlich reduzieren.

Ein weiterer Vorteil der Blockalgorithmen ist die Möglichkeit der Verwendung von Level-3-BLAS-Routinen für die Durchführung von Operationen auf den Teilmatrizen. Dadurch kann beim Vorhandensein von hochoptimierten BLAS eine hohe Leistung erreicht werden (siehe Abschnitt 3.1.4).

3.1.6 Das Aufrollen von Schleifen

Anstatt den Laufindex einer Schleife in Einerschritten zu erhöhen und die Operation(en) innerhalb der Schleife einmal pro Durchlauf auszuführen, kann man auch den Schleifenindex in konstanten Schritten $s > 1$ erhöhen und dadurch in einem Schleifendurchlauf s Operationen mit s aufeinanderfolgenden Indizes durchführen. Man bezeichnet diese Modifikation als *Aufrollen einer Schleife* bzw. *Loop-unrolling* (Dongarra und Hinds [48]). Den Parameter s nennt man die *Tiefe des Aufrollens*.

Beispiel (Schleifenaufrollen der Tiefe 3) Ausgehend von der Schleife

```
DO i = 1, n
   a(i) = i**2
END DO
```

erhält man bei Aufrollen der Tiefe 3 folgende Schleifenkonstruktion:

```
n1 = mod(n,3)
DO i = 1, n1
   a(i) = i**2
END DO

DO i = n1+1, n, 3
   a(i) = i**2
   a(i+1) = (i+1)**2
   a(i+2) = (i+2)**2
END DO
```

Bei mehrfach ineinander geschachtelten Schleifen kann man zwischen *einfachem* Aufrollen, *doppeltem* Aufrollen, etc., unterscheiden; je nachdem, wieviele der Schleifen aufgerollt werden.

Das Aufrollen einer Schleife verringert einerseits den Kontrollaufwand für die Abarbeitung der Schleife (die Anzahl der Schleifendurchläufe wird kleiner), andererseits kann man dadurch das Verhältnis von Gleitpunktoperationen zu Speicheroperationen deutlich vergrößern und damit die Leistung steigern (Robert [146]). Es bieten sich auch mehr Möglichkeiten für das Überlappen von Instruktionen zu verschiedenen Schleifeniterationen, was sich z. B. bei superskalaren Architekturen positiv auswirkt (siehe Abschnitt 1.1.3). Dazu kommt, daß das Aufrollen einer Schleife einen geblockten Zugriff auf den Speicher bewirkt und daß daher dadurch auch die Lokalität der Referenzen verbessert wird.

Die Auswirkungen des Aufrollens von Schleifen auf die tatsächlich erreichte Leistung sind natürlich stark von der Hardware und vom Compiler abhängig. Bei Vektorprozessoren beispielsweise hat diese Technik nicht immer eine leistungssteigernde Wirkung, da eine aufgerollte Schleife i. a. weniger Möglichkeiten zur Vektorisierung bietet.

Gute Compiler sind heute in der Lage, selbständig zu bestimmen, welche Schleifen für das Aufrollen geeignet sind und wie groß die optimale Tiefe des Aufrollens ist. Der Benutzer braucht sich üblicherweise nicht (mehr) um diese Art der Leistungsoptimierung zu kümmern.

3.2 Die Matrizenmultiplikation

Die Multiplikation zweier Matrizen ist elementarer Bestandteil vieler Algorithmen der Linearen Algebra und dadurch auch sehr vieler Aufgabenstellungen des wissenschaftlichen Hochleistungsrechnens. Eine spezielle Form der Matrizenmultiplikation tritt z. B. bei direkten Verfahren zur Lösung linearer Gleichungssysteme auf (vgl. Abschnitt 3.3.5). Aufgrund der relativ hohen arithmetischen Komplexität von $O(n^3)$ Gleitpunktoperationen für die meistens verwendeten Algorithmen zur Matrizenmultiplikation (vgl. Abschnitt 2.1.1) kommt einer effizienten Implementierung dieser Operation zentrale Bedeutung zu.

Im folgenden wird zuerst ein Spezialfall betrachtet, nämlich die Multiplikation einer Matrix mit einem Vektor (den man als $n \times 1$ Matrix sehen kann). Danach wird näher auf die Multiplikation zweier allgemeiner Matrizen eingegangen.

3.2.1 Matrix-Vektor-Multiplikation

Eine Implementierung des „Skalarprodukt-Algorithmus" (3.2) kann folgendermaßen aussehen:

```
DO i = 1, m
   DO j = 1, n
      y(i) = y(i) + a(i,j)*x(j)
   END DO
END DO
```

3.2 Die Matrizenmultiplikation

Der „Linearkombinations-Algorithmus" (3.3) kann z. B. wie folgt implementiert werden:

```
DO j = 1, n
  DO i = 1, m
    y(i) = y(i) + a(i,j)*x(j)
  END DO
END DO
```

Rein äußerlich unterscheiden sich die beiden Algorithmen nur in der Reihenfolge der beiden Schleifen. Dementsprechend werden sie auch benannt: Der „Skalarprodukt-Algorithmus" heißt *ij-Form*, der „Linearkombinations-Algorithmus" ist die *ji-Form*. Auch bei der Matrizenmultiplikation in Abschnitt 3.2.2 und bei der Lösung linearer Gleichungssysteme in Abschnitt 3.3 ergeben sich durch verschiedene Schleifenanordnungen mehrere Algorithmen mit sehr unterschiedlichen Eigenschaften (vor allem auch hinsichtlich der Leistung).

Die wesentlichen Unterschiede zwischen *ij-* und *ji-*Form des Matrix-Vektor-Produktes liegen in der Art der Berechnung von y und im Zugriff auf A:

Die **ij-Form** berechnet mit einer Abarbeitung der inneren Schleife ein Skalarprodukt zweier Vektoren der Länge n und greift dabei jeweils auf eine Zeile von A (*zeilenweise auf A*) zu. Bei *jeder* Abarbeitung der inneren Schleife werden *alle* Elemente von x benötigt, und es wird das *Endergebnis* für *ein* Element von y berechnet. Auf jedes Element von y muß folglich nur bei *einer* Abarbeitung der inneren Schleife zugegriffen werden.

Die **ji-Form** führt mit einer Abarbeitung der inneren Schleife eine axpy-Operation mit Vektoren der Länge m aus und greift dabei jeweils auf eine Spalte von A (*spaltenweise auf A*) zu. Bei einer Abarbeitung der inneren Schleife wird nur *ein* Element von x benötigt (der Zugriff auf x erfolgt also „konzentriert"), dafür wird nur ein *Zwischenergebnis* für *alle* Elemente von y berechnet. Es muß daher bei *jeder* Abarbeitung der inneren Schleife auf *alle* Elemente von y zugegriffen werden. Das Endergebnis von y liegt erst nach dem letzten Durchlauf der äußeren Schleife vor.

Ein Leistungsvergleich der beiden Algorithmen ist von der Art der Speicherung der Daten abhängig – wie schon erwähnt, ist z. B. in Fortran spaltenweiser Zugriff günstiger als zeilenweiser Zugriff. Auf Vektorrechnern ist außerdem darauf zu achten, daß die bearbeiteten Vektoren möglichst große Länge haben (siehe Abschnitt 2.2.2). Die Vektorlängen hängen aber von den konkreten Werten für die Dimensionen m und n von A ab. Ohne genauere Kenntnis der Anwendung kann daher keine Entscheidung für einen der beiden Algorithmen getroffen werden.

Matrix-Vektor-Multiplikation auf Parallelrechnern

Bei der Entwicklung von Algorithmen für Parallelrechner ist vor allem auf eine möglichst große *Lokalität der Berechnungen* (als Verallgemeinerung des Begriffs der Lokalität der Referenzen aus Abschnitt 1.2.2) zu achten. Es ist im Hinblick auf die erreichbare Leistung wichtig, daß ein möglichst großer Anteil der Berechnungen *lokal* auf den Prozessoren erfolgen kann, d. h., daß die Beeinträchtigung der Leistung durch Kommunikationsaufwand so gering wie möglich ist.

ji-Form: Auf einem Parallelrechner könnte eine Durchführung der ji-Form folgendermaßen aussehen:

Die Multiplikationen der i-ten Spalte $A(:,i)$ von A mit dem Element $x(i)$ des Vektors x werden gemäß folgender Partitionierung der Indexmenge auf die vorhandenen Prozessoren $P_1, \ldots, P_p$ verteilt:

$$\{1, 2, \ldots, n\} = \bigcup_{i=1}^{p} J_i, \tag{3.5}$$

wobei $J_i \neq \{\}$ für $i = 1, 2, \ldots, p$ und $J_{i_1} \cap J_{i_2} = \{\}$ für $i_1 \neq i_2$.

Dem Prozessor P_i werden die Spalten $A(:,k)$ und die Elemente $x(k)$ für $k \in J_i$ zugeordnet und er berechnet lokal den Teil

$$y'_i = \sum_{k \in J_i} x(i) A(:,i)$$

der Linearkombination. Wenn die Mächtigkeiten der Mengen J_i der Partitionierung (3.5) annähernd gleich sind, dann ist in diesem Teil der Berechnung die Ausgeglichenheit der Lastverteilung (siehe Abschnitt 2.2.5) gesichert. Diese Ausgewogenheit kann beispielsweise in HPF durch die Wahl geeigneter Datenverteilungen sichergestellt werden (siehe Abschnitt 5.3).

Anschließend müssen die Teilergebnisse y'_i über alle Prozessoren aufsummiert werden:

$$y = \sum_{i=1}^{p} y'_i.$$

Das kann z. B. mit Hilfe der vordefinierten Funktion SUM aus Fortran (siehe Abschnitt 4.3.1) bewerkstelligt werden. Dieser Teil der Berechnung erfordert Kommunikation zwischen den Prozessoren, und die Last kann hier *nicht* gleichmäßig auf die Prozessoren verteilt werden.

ij-Form: Diese Variante ist besser für die Implementierung auf Parallelrechnern geeignet:

Die Skalarprodukte von Zeilen von A mit dem Vektor x können völlig unabhängig voneinander von verschiedenen Prozessoren ausgeführt werden. Die Zeilen von A werden gemäß der Partitionierung

$$\{1, 2, \ldots, m\} = \bigcup_{i=1}^{p} I_i \tag{3.6}$$

den Prozessoren $P_1, P_2 \ldots, P_p$ zugeordnet. Dabei gilt wieder $I_i \neq \{\}$ für $i = 1, 2, \ldots, p$ und $I_{i_1} \cap I_{i_2} = \{\}$ für $i_1 \neq i_2$.

P_i muß also auf $A(k,:)$ für $k \in I_i$ zugreifen können und berechnet

$$y(k) = A(k,:)x, \quad k \in I_i.$$

Im Gegensatz zur ji-Form muß hier jeder Prozessor auf den *gesamten* Vektor x zugreifen. Bei einem physisch verteilten Speicher sollte daher in jedem lokalen Speicher eine Kopie von x vorhanden sein. Das bedeutet zwar einen etwas größeren Speicheraufwand gegenüber der ij-Form, dafür ergibt sich aber der Vorteil, daß die Matrix-Vektor-Multiplikation nach der Berechnung der Skalarprodukte beendet ist, und daß dabei *keine* Kommunikation zwischen den Prozessoren erforderlich ist. Allerdings sind die Komponenten des Ergebnisvektors bei einem Parallelrechner mit verteiltem Speicher über die Prozessoren verstreut. Wenn der ganze Ergebnisvektor y in einem einzigen Prozessor benötigt wird, dann ist eine Datenübertragung zwischen den Prozessoren erforderlich.

Zweidimensionale Datenverteilung: Die dritte (und allgemeinste) Möglichkeit der Durchführung der Matrix-Vektor-Multiplikation auf einem Parallelrechner ergibt sich aus der gleichzeitigen Partitionierung *beider* Indexmengen

$$\{1, 2, \ldots, m\} = \bigcup_{r=1}^{R} I_r \qquad (3.7)$$

$$\{1, 2, \ldots, n\} = \bigcup_{s=1}^{S} J_s$$

mit denselben Einschränkungen wie für (3.5) und (3.6). Diese Partitionierung entspricht einer zweidimensionalen Verteilung der Matrix A. Für $R = 1$ erhält man die Datenverteilung, die zur vorher besprochenen parallelen ji-Form führt, und für $S = 1$ ergibt sich die parallele ij-Form.

Unter der Annahme, daß genau $p = RS$ Prozessoren zur Verfügung stehen, wird mit P_{rs} jener Prozessor bezeichnet, der auf die Elemente $A(i,j)$ für $i \in I_r$, $j \in J_s$ und $x(j)$ für $j \in J_s$ zugreift. P_{rs} berechnet ein Matrix-Vektor-Produkt aus „seinen" Blöcken von A bzw. x, wobei die ij-Form oder die ji-Form verwendet werden kann. Die Ergebnisse dieser Einzelprodukte müssen über die Prozessoren $P_{r:}$ aufsummiert werden, um die Komponenten $y(i)$ für $i \in I_r$ zu berechnen.

Man beachte, daß die Rechenlast dann ausgeglichen auf die Prozessoren verteilt ist, wenn die Mengen I_r bzw. die Mengen J_s in (3.7) jeweils (möglichst) gleiche Mächtigkeiten haben.

Welcher der Algorithmen am besten verwendet wird, hängt auch stark davon ab, wie einfach die jeweilige Zuordnung der Daten zu den Prozessoren bzw. die Verteilung der Daten auf die Prozessoren (im Fall eines Parallelrechners mit verteiltem Speicher) herzustellen ist. Die Matrix-Vektor-Multiplikation tritt normalerweise im Rahmen eines komplexeren Algorithmus auf, so daß z.B. der Aufwand für die Herstellung der Datenverteilung für die ij-Form größer sein kann als die gegenüber der ji-Form erreichbare Leistungssteigerung.

3.2.2 Matrix-Matrix-Multiplikation

Die arithmetische Komplexität (siehe Abschnitt 2.1.1) der im folgenden angeführten Algorithmen für die Matrizenmultiplikation beläuft sich bei Verwendung der Bezeichnungen aus Abschnitt 3.1.3 auf $mn(l-1)$ Additionen und mnl Multiplikationen. Es sind $ml + ln + mn$ Gleitpunktzahlen beteiligt. Daraus ergibt sich, daß für große Matrizen der Rechenaufwand (die arithmetische Komplexität) verglichen mit dem Aufwand für Speicherzugriffe (charakterisiert durch die Anzahl der beteiligten Daten) überwiegt.

Die Produktbildung zweier Matrizen kann auf Vektor-Vektor-Operationen oder auf Matrix-Vektor-Operationen (siehe Abschnitte 3.1.1 und 3.1.2) zurückgeführt werden. Man kann sie aber auch als Zusammensetzung mehrerer Operationen mit Teilmatrizen (*Blöcken*) darstellen. Diese Sichtweise und deren algorithmische Realisierung hat den Vorteil größerer Lokalität des Datenzugriffsverhaltens (siehe Abschnitt 3.2.5).

Je nachdem, welcher Gesichtspunkt im Vordergrund steht, werden in den folgenden Darstellungen die Algorithmen bis auf die Ebene der Elementoperationen (mit den Elementen $A(i,j)$), bis auf die Ebene von Zeilen- oder Spaltenoperationen (mit den Zeilen $A(i,:)$ oder Spalten $A(:,j)$) oder nur bis auf die Ebene von (Teil-) Matrixoperationen bzw. Level-3-BLAS-Operationen (mit den Teilmatrizen $A(i_1:i_2, j_1:j_2)$) aufgelöst.

3.2.3 Die ijk-Form

Ein erster algorithmischer Ansatz zur Berechnung des Produktes zweier Matrizen ergibt sich aus (3.4):

```
DO i = 1, m
  DO j = 1, n
    DO k = 1, l
      c(i,j) = c(i,j) + a(i,k)*b(k,j)
    END DO
  END DO
END DO
```

Wegen der Reihenfolge der Laufvariablen der drei ineinander verschachtelten Schleifen wird dieser Algorithmus *ijk-Form* der Matrizenmultiplikation genannt (in Analogie zur Benennungsweise der Algorithmen für die Matrix-Vektor-Multiplikation aus Abschnitt 3.2.1). Um diese Bezeichnung einheitlich zu gestalten, soll an dieser Stelle festgehalten werden, daß i als *Zeilenindex von A*, j als *Spaltenindex von B* und k als *Spaltenindex von A* und *Zeilenindex von B* auftritt.

Wie in Abschnitt 3.2.1 kann auch bei der Matrizenmultiplikation die Reihenfolge der ineinander geschachtelten Schleifen verändert werden. Die Anweisung in der innersten Schleife bleibt wieder unverändert. Wichtige Unterschiede zwischen den sechs auf diese Weise entstehenden Algorithmen bestehen einerseits in der Art des Zugriffs auf die einzelnen Matrizen und andererseits in den Operationen, die durch die innerste Schleife ausgeführt werden (Dongarra et al. [47]). Diese Unterschiede erweisen sich als wesentlich in Bezug auf die Leistung und auf die

Möglichkeiten der Parallelisierung. Wie die ijk-Form wird jede der fünf weiteren Formen nach der Reihenfolge der Laufvariablen der Schleifen benannt.

Die ijk-Form ist der übliche „Zeilen mal Spalten"-Algorithmus: Das Element $C(i,j)$ wird als Skalarprodukt der i-ten Zeile von A mit der j-ten Spalte von B berechnet. Daher ist folgende kompaktere Schreibweise möglich:

```
DO i = 1, m
   DO j = 1, n
      c(i,j) = c(i,j) + a(i,:)*b(:,j)
   END DO
END DO
```

3.2.4 Verschiedene Formen der Matrizenmultiplikation

Bezeichnet man mit

$$C^k(i,j) = \sum_{q=1}^{k} A(i,q)B(q,j), \quad i = 1,2,\ldots,m, \quad j = 1,2,\ldots,n, \quad k = 1,2,\ldots,l,$$

die bei der Matrizenmultiplikation auftretenden Zwischensummen für die Elemente von C, und initialisiert man zusätzlich

$$C^0(i,j) = 0, \quad i = 1,2,\ldots,m, \quad j = 1,2,\ldots,n,$$

so läßt sich ein iterativer Algorithmus für die Matrizenmultiplikation formulieren (siehe auch Frommer [66]):

$$C^k(i,j) = C^{k-1}(i,j) + A(i,k)B(k,j), \tag{3.8}$$

für $i = 1, 2, \ldots, m,\ j = 1, 2, \ldots, n,\ k = 1, 2, \ldots, l$. Die Elemente der Ergebnismatrix C ergeben sich zu

$$C(i,j) = C^l(i,j).$$

Es wird hier deutlich, daß die Endergebnisse der Elemente der Matrix C erst für $k = l$ vorliegen – je nachdem, in welcher der drei Schleifen der Index k variiert, wird, wie in (3.8) ersichtlich, jedes Element von C entweder *sofort fertig* berechnet oder es werden laufend *Aktualisierungen* gewisser Teile von C durchgeführt. Wenn k in der innersten Schleife variiert, dann werden in der innersten Schleife Endergebnisse für die Elemente von C berechnet. Auf jedes Element $C(i,j)$ muß dann nur während *einer* Abarbeitung der innersten Schleife zugegriffen werden – davor und danach erfolgt *kein* Zugriff darauf. Ist die k-Schleife eine der beiden äußeren Schleifen, dann erfolgt der Zugriff auf Teile von C über einen längeren Zeitraum hinweg immer wieder. Dieses laufende Aktualisieren von Teilen von C bedingt unter Umständen mehrfache Lade- und Speichervorgänge für ein und dasselbe Element $C(i,j)$.

Die verschiedenen Formen unterscheiden sich aber auch in der Art des Zugriffs auf die Matrizen A und B:

ijk-Form: Hier wird während einer Abarbeitung der innersten Schleife zeilenweise auf A und spaltenweise auf B zugegriffen. Die innerste Schleife berechnet das Skalarprodukt der i-ten Zeile von A mit der j-ten Spalte von B. Dadurch wird jeweils ein Element von C fertig berechnet (der Index k variiert in der innersten Schleife), und die Berechnung schreitet zeilenweise in C fort. Ist eine Zeile von C ermittelt, dann wird in der nächsten fortgesetzt.

jik-Form: Dieser Algorithmus greift mit der innersten Schleife wieder zeilenweise auf A und spaltenweise auf B zu. Eine Abarbeitung der innersten Schleife berechnet wie vorher das Skalarprodukt der i-ten Zeile von A mit der j-ten Spalte von B, wodurch wieder ein Element von C ermittelt wird. Die *ijk*-Form und die *jik*-Form werden daher in Golub und Ortega [81] auch als „Skalarprodukt-Algorithmen" bezeichnet. Der Unterschied zur ijk-Form besteht in der Reihenfolge der Berechnung der Elemente von C: Die *jik*-Form schreitet spaltenweise in C fort.

ikj-Form: Dabei wird in der innersten Schleife auf nur ein Element von A zugegriffen (*elementweiser* Zugriff auf A), auf B wird zeilenweise zugegriffen:

```
DO i = 1, m
  DO k = 1, l
    c(i,:) = c(i,:) + a(i,k)*b(k,:)
  END DO
END DO
```

Die innerste Schleife stellt in diesem Fall eine axpy-Operation dar, bei der ein skalares Vielfaches der k-ten Zeile von B zur momentanen i-ten Zeile von C addiert wird. Der Unterschied zu den beiden bisher besprochenen Formen besteht darin, daß eine Abarbeitung der innersten Schleife nur Aktualisierungen der Elemente von C durchführt. Für einen festen Index k werden die Zwischensummen $C^k(i,j)$ der i-ten Zeile von C ermittelt. Die Berechnung der i-ten Zeile von C ist erst nach der vollständigen Abarbeitung der mittleren Schleife ($k = l$) abgeschlossen.

jki-Form: Bei dieser Variante wird in der innersten Schleife spaltenweise auf A und elementweise auf B zugegriffen:

```
DO j = 1, n
  DO k = 1, l
    c(:,j) = c(:,j) + a(:,k)*b(k,j)
  END DO
END DO
```

Die innerste Schleife stellt wieder eine axpy-Operation dar. Nun wird ein skalares Vielfaches der k-ten Spalte von A zur momentanen j-ten Spalte von C addiert – die Zwischensummen $C^k(i,j)$ werden also spaltenweise ermittelt. Die Berechnung der j-ten Spalte von C ist nach einer vollständigen Abarbeitung

3.2 Die Matrizenmultiplikation

der mittleren Schleife ($k = l$) abgeschlossen. Golub und Ortega [81] bezeichnen ikj- und jki-Form wegen der durch die innersten Schleifen ausgeführten Operationen als „Linearkombinations-Algorithmen".

kij-Form: Dieser Algorithmus greift in der innersten Schleife ebenso wie die ikj-Form elementweise auf A und zeilenweise auf B zu:

```
DO k = 1, l
    c(:,:) = c(:,:) + a(:,k)*b(k,:)
END DO
```

Die axpy-Operation, die die innerste Schleife darstellt, ist dieselbe wie bei der ikj-Form. Der Unterschied zur ikj-Form besteht aber darin, daß in jedem Durchlauf der äußersten Schleife die Zwischensummen $C^k(i,j)$ *aller* Elemente von C berechnet werden. Weil in einem Durchlauf der äußersten Schleife jedes Element von C aktualisiert wird, muß jedesmal auf die *gesamte* Matrix C zugegriffen werden, wodurch im Vergleich zu den vorigen Algorithmen deutlich mehr Speicherzugriffe auftreten können. Das Endergebnis liegt für alle Elemente erst nach dem letzten Durchlauf der äußersten Schleife ($k = l$) vor (im Gegensatz zur ikj-Form, die bei jedem Durchlauf der äußersten Schleife jeweils eine Zeile der Ergebnismatrix schon *vollständig* berechnet.)

kji-Form: Diese Variante ist vergleichbar mit der jki-Form. Mit der innersten Schleife wird spaltenweise auf A und elementweise auf B zugegriffen, die durch sie dargestellte axpy-Operation ist dieselbe wie bei der jki-Form. Wieder liegt der Unterschied darin, daß die beiden inneren Schleifen nur die Zwischensummen $C^k(i,j)$ für alle Elemente von C berechnen, und daß daher das endgültige Ergebnis für jedes Element des Matrizenproduktes erst nach dem letzten Durchlauf der äußersten Schleife ($k = l$) vorliegt.

Wegen des innerhalb der äußersten Schleife auftretenden äußeren Produktes der k-ten Spalte von A mit der k-ten Zeile von B werden kij-Form und kji-Form auch als „Äußere-Produkt-Algorithmen" bezeichnet (Golub und Ortega [81]).

Aufgrund der in Abschnitt 3.1.5 schon erwähnten Vorteile für spaltenweisen Zugriff auf Matrizen läßt sich oft mit der jki-Form oder der kji-Form die beste Leistung erzielen. Die ijk-Form und die jik-Form verwenden gleichzeitig zeilen- und spaltenweisen Zugriff auf die Matrizen und sind deswegen ohne weitere Vorkehrungen, die die Lokalität der Referenzen verbessern, weniger günstig (Haunschmid et al. [91]). Die tatsächlich erzielte Leistung ist jedoch wieder von der verwendeten Hardware und vom Compiler abhängig.

Beispiel (Matrizenmultiplikation in HPF) HPF-Implementierungen der verschiedenen Formen der Matrizenmultiplikation zeigten auf 9 Prozessoren eines PC-Clusters das in Abb. 3.1 dargestellte Leistungsverhalten. Die beteiligten Matrizen wurden in beiden Dimensionen blockweise verteilt (siehe Abschnitt 5.3.4). Es wurde, wie bei allen in diesem Kapitel beschriebenen Experimenten, die Version 3.0 des PGI HPF-Compilers[3], *pghpf 3.0*, verwendet.

---
[3]siehe www.pgroup.com

Das folgende Codefragment, dessen Anweisungen in Kapitel 5 erklärt werden, zeigt die verwendete Implementierung der *ijk*-Variante. Die übrigen in Abb. 3.1 angeführten Varianten entstehen durch Permutierungen der Schleifenindizes.

```
!HPF$ DISTRIBUTE(BLOCK,BLOCK) ONTO proc :: a, result
!HPF$ ALIGN b(:,i) WITH a(i,:)

result = zero
!HPF$ INDEPENDENT
DO i = 1, n
!HPF$ INDEPENDENT
   DO j = 1, n
!HPF$ INDEPENDENT
      DO k = 1, n
         result(i,j) = result(i,j) + a(i,k)*b(k,j)
      ENDDO
   ENDDO
ENDDO
```

Beispiel (Speicherzugriffe) Auch bei der Verwendung spezieller HPF-Konstrukte darf nicht vergessen werden, daß in Fortran grundsätzlich der spaltenweise Zugriff dem zeilenweisen Zugriff vorzuziehen ist. Abb. 3.2 zeigt die Leistung von vier Varianten der parallelen Matrizenmultiplikation in HPF auf 9 Prozessoren eines PC-Clusters bei zweidimensionaler blockweiser Verteilung der beteiligten Matrizen (siehe Abschnitt 5.3.4). Die ersten beiden Varianten rufen die vordefinierte (parallele) Funktion MATMUL innerhalb einer DO-Schleife auf:

```
!HPF$ DISTRIBUTE(BLOCK,BLOCK) ONTO proc :: a
!HPF$ ALIGN b(:,i) WITH a(i,:)            !HPF$ ALIGN b(i,:) WITH a(:,i)
!HPF$ ALIGN result(:,i) WITH a(i,:)       !HPF$ ALIGN result(i,:) WITH a(:,i)

!HPF$ INDEPENDENT                         !HPF$ INDEPENDENT
DO i = 1, n                               DO i = 1, n
   result(:,i) = matmul(a,b(:,i))            result(i,:) = matmul(a(i,:),b)
ENDDO                                     ENDDO
```

Die anderen beiden Varianten verwenden das FORALL-Konstrukt (siehe Abschnitt 4.5):

```
!HPF$ DISTRIBUTE(BLOCK,BLOCK) ONTO proc :: a, result
!HPF$ ALIGN b(:,i) WITH a(i,:)

!HPF$ INDEPENDENT
FORALL(i=1:n) result(:,i) = matmul(a(i,:),b)

!HPF$ INDEPENDENT
FORALL(i=1:n) result(i,:) = matmul(a(i,:),b)
```

In beiden Fällen wird die Ergebnismatrix sowohl spaltenweise als auch zeilenweise berechnet.

3.2.5 Maßnahmen zur Leistungsverbesserung

Dieser Abschnitt illustriert, daß Techniken zur Leistungssteigerung die Lesbarkeit und Einfachheit des Programmcodes deutlich verschlechtern können (z. B. verglichen mit den in Abschnitt 3.2.4 angeführten Codefragmenten).

3.2 Die Matrizenmultiplikation

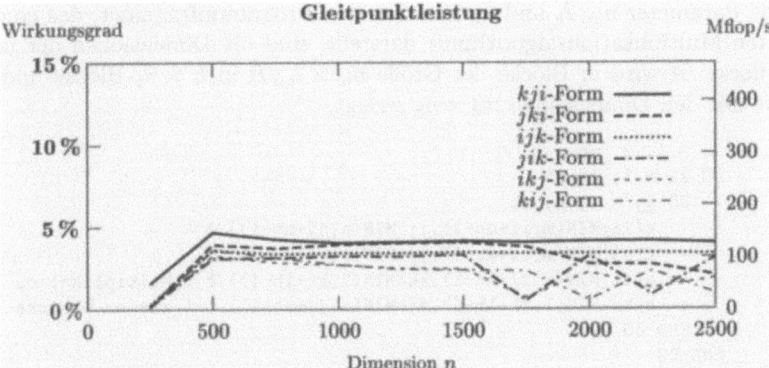

Abb. 3.1: Gleitpunktleistung verschiedener paralleler Varianten der Matrizenmultiplikation auf 9 Prozessoren eines Beowulf-Clusters ($P^1_{max} = 350$ Mflop/s, $P^9_{max} = 3.15$ Gflop/s). Eine mit ATLAS erzeugte `dgemm`-Routine liefert auf *einem* Prozessor eine deutlich höhere Leistung.

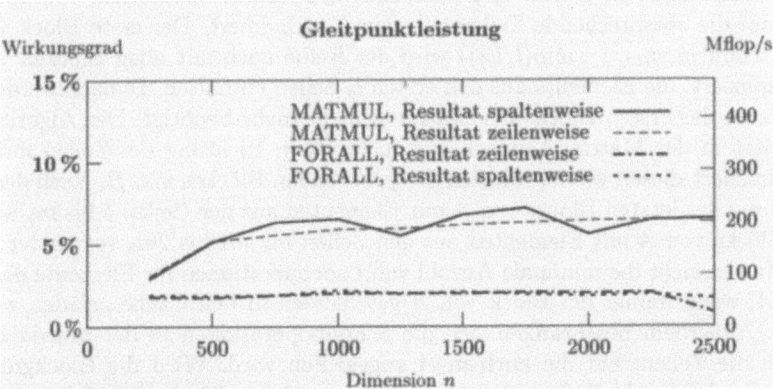

Abb. 3.2: Gleitpunktleistung verschiedener Varianten der Matrizenmultiplikation auf 9 Prozessoren eines Beowulf-Clusters ($P^1_{max} = 350$ Mflop/s, $P^9_{max} = 3.15$ Gflop/s). Man beachte die bemerkenswert niedrigen Leistungswerte, speziell der FORALL-Variante.

Blockung

Die in Abschnitt 3.1.5 besprochene Blockung läßt sich sehr gut auf Algorithmen für die Matrizenmultiplikation anwenden. Die Matrizen A und B werden in Blöcke unterteilt und anschließend wird die Multiplikation von zwei Blockmatrizen, deren „Elemente" ganze Blöcke sind, durchgeführt. Die Multiplikation zweier Blöcke erfolgt unverändert elementweise. Im Gegensatz zu den ungeblockten Algorithmen aus Abschnitt 3.2.4 verwenden geblockte Algorithmen ganze Teilmatrizen von C und A bzw. B so oft wie möglich, und verbessern (vergrößern) dadurch das Verhältnis von arithmetischen Operationen und Speicheroperationen (Robert [146]).

Die Parameter m_b, l_b und n_b im folgenden Programmfragment, das einen geblockten Multiplikationsalgorithmus darstellt, sind die Dimensionen der jeweiligen Blöcke: A wird in Blöcke der Größe $m_b \times l_b$, B in $l_b \times n_b$-Blöcke und C in Blöcke mit den Dimensionen $m_b \times n_b$ zerlegt.

```
DO ii = 1, m, mb
  DO kk = 1, l, lb
    DO jj = 1, n, nb
      c(ii:MIN(m,ii+mb-1),jj:MIN(n,jj+nb-1)) &
    = c(ii:MIN(m,ii+mb-1),jj:MIN(n,jj+nb-1)) &
    + a(ii:MIN(m,ii+mb-1),kk:MIN(l,kk+lb-1)) &  ! Multiplikation
    * b(kk:MIN(l,kk+lb-1),jj:MIN(n,jj+nb-1))    ! zweier Bloecke
    END DO
  END DO
END DO
```

Der dargestellte Algorithmus läuft folgendermaßen ab:

Es werden jeweils eine Teilmatrix von A mit m_b Zeilen und l_b Spalten und eine Teilmatrix von B mit l_b Zeilen und n_b Spalten miteinander multipliziert und auf die entsprechende Teilmatrix von C aufaddiert. Der erste Block von A ($A(1 : \min(m, m_b), 1 : \min(l, l_b))$) wird der Reihe nach mit allen Blöcken von B multipliziert, die Elemente aus den ersten l_b Zeilen enthalten. Danach werden die Elemente des ersten Blocks der Matrix A nicht mehr benötigt. Der Algorithmus schreitet in der Matrix A zum nächsten Block in Richtung der Zeilen fort und multipliziert diesen wieder mit den entsprechenden Blöcken von B. Nach der Verwendung des letzten Blocks von A mit Elementen aus den Zeilen 1 bis m_b werden die Blöcke von A mit Elementen aus den Zeilen $m_b + 1$ bis $2m_b$ verwendet, usw.

Man erreicht die minimale Anzahl von Ladeoperationen für Elemente der Matrix A, wenn immer ein Block von A geschlossen in den Cache geladen werden kann. Außerdem beschränken sich die Schreiboperationen in der Matrix C auf genau die Zeilen, auf die auch in A zugegriffen wird. Wird die Blockgröße so gewählt, daß auch die mit dem gerade verwendeten Block von A berechneten Zeilen von C im Datencache Platz finden, dann kann die stark verbesserte Lokalität der Referenzen genutzt werden und eine Leistungssteigerung durch die Verringerung der zeitaufwendigen Speicherzugriffsoperationen erreicht werden (siehe Abschnitt 1.2).

Analog zu den Grundformen der Algorithmen für die Matrizenmultiplikation aus Abschnitt 3.2.4 gibt es sechs mögliche Anordnungen für die drei inneren Schleifen (die im obigen Programmfragment in der kompakten Blockschreibweise der innersten Anweisung zusammengefaßt sind) und ebenfalls sechs mögliche Anordnungen der (neu hinzugekommenen) drei äußeren Schleifen. Insgesamt ergeben sich also 36 mögliche Varianten der geblockten Matrizenmultiplikation, deren Benennung analog zur Bezeichnungsweise in Abschnitt 3.2.4 erfolgt.

Blockung mit Kopieren

Ein geblockter Multiplikationsalgorithmus mit *Kopieren* weist jeden Block der Matrix A einem Hilfsfeld zu, das genauso wie der Block dimensioniert ist – es ist

3.2 Die Matrizenmultiplikation

also *kleiner* als die Matrix A – und führt die Berechnungen mit diesem Hilfsfeld durch, so daß die Schrittweite beim Zugriff auf keinen Fall größer als die Zeilenzahl des Blocks ist. Ohne diese Vorkehrung würde direkt auf das Feld zugegriffen werden müssen, in dem die Matrix A gespeichert ist – die dabei auftretenden Schrittweiten des Speicherzugriffs können viel größer sein (im schlechtesten Fall so groß wie die Zeilenzahl von A).

Zusätzlich kann der Block beim Kopieren transponiert werden, um in der innersten und damit am öftesten durchlaufenen Schleife einen etwaigen zeilenweisen Zugriff auf den Block durch einen spaltenweisen Zugriff zu ersetzen und dadurch die Schrittweite so klein wie möglich zu halten.

Beispiel (Geblockte ijk-ijk Variante mit Kopieren und Transponieren) Das folgende Programmfragment stellt eine geblockte Variante der Matrizenmultiplikation mit Kopieren und Transponieren dar:

```
DO ii = 1, m, mb
  DO jj = 1, n, nb
    DO kk = 1, l, lb
      DO k = kk, MIN(l,kk+lb-1)
        DO i = ii, MIN(m,ii+mb-1)
          aa(k-kk+1,i-ii+1) = a(i,k)         ! Kopieren und
        END DO                               ! Transponieren
      END DO
      c(ii:MIN(m,ii+mb-1),jj:MIN(n,jj+nb-1)) &
    = c(ii:MIN(m,ii+mb-1),jj:MIN(n,jj+nb-1)) &
    + aa(1:MIN(l-kk+1,lb),1:MIN(m-ii+1,mb)) &  ! Multiplikation
    * b(kk:MIN(l,kk+lb-1),jj:MIN(n,jj+nb-1))   ! zweier Bloecke
    END DO
  END DO
END DO
```

Schleifenaufrollen

Anstatt den Laufindex einer Schleife der Matrizenmultiplikation in Einerschritten zu erhöhen und pro Durchlauf eine Zuweisung an ein Element von C auszuführen, kann der Schleifenindex in konstanten Schritten $s > 1$ erhöht werden. Dadurch werden in einem Schritt Zuweisungen an s verschiedene Elemente von C ausgeführt. Dieses schon in Abschnitt 3.1.6 diskutierte Aufrollen der Schleifen bringt oft eine deutliche Leistungssteigerung. Moderne optimierende Compiler führen das Aufrollen von Schleifen selbsttätig durch.

Das Programmfragment auf Seite 164 stellt eine geblockte ikj-jik-Matrizenmultiplikation mit Kopieren, Transponieren und doppeltem Schleifenaufrollen[4] der Tiefe 2 dar. Ein entscheidender Vorteil des Aufrollens von Schleifen besteht in der Verbesserung des Verhältnisses von arithmetischen Operationen zu Speicheroperationen: Es kommen jetzt in der innersten Schleife (über k) auf *vier* FMA-Operationen (siehe Abschnitt 2.1.1) *vier* Lade-Operationen, während bei der jik-Form ohne Aufrollen in der innersten Schleife auf *eine* FMA-Operation *zwei* Lade-Operationen kommen.

---
[4]Es werden die j- und die i-Schleife aufgerollt.

```
DO ii = 1, m, mb
  idepth = 2
  ispan = MIN(m-ii+1,mb)
  ilen = idepth*(ispan/idepth)
  DO kk = 1, l, lb
    kspan = MIN(l-kk+1,lb)
    DO i = ii, ii + ispan - 1
      DO k = kk, kk + kspan - 1
        aa(k-kk+1,i-ii+1) = a(i,k)        ! Kopieren und
      END DO                               ! Transponieren
    END DO
    DO jj = 1, n, nb
      jdepth = 2
      jspan = MIN(n-jj+1,nb)
      jlen = jdepth*(jspan/jdepth)
      DO j = jj, jj + jlen - 1, jdepth
        DO i = ii, ii + ilen - 1, idepth
          t11 = 0
          t21 = 0
          t12 = 0
          t22 = 0
          DO k = kk, kk + kspan - 1
            t11 = t11 + aa(k-kk+1,i-ii+1)*b(k,j)   ! Aufrollen
            t21 = t21 + aa(k-kk+1,i-ii+2)*b(k,j)
            t12 = t12 + aa(k-kk+1,i-ii+1)*b(k,j+1)
            t22 = t22 + aa(k-kk+1,i-ii+2)*b(k,j+1)
          END DO
          c(i,j)     = c(i,j)     + t11              ! Aufrollen
          c(i+1,j)   = c(i+1,j)   + t21
          c(i,j+1)   = c(i,j+1)   + t12
          c(i+1,j+1) = c(i+1,j+1) + t22
        END DO
      END DO
    END DO
  END DO
END DO
```

3.2.6 Matrix-Matrix-Multiplikation auf Parallelrechnern

Die in Abschnitt 1.4 getroffene Unterscheidung in Parallelrechner mit gemeinsamem oder verteiltem Speicher wirkt sich auch auf den Entwurf von Algorithmen aus. Während bei einem gemeinsamen Speicher im Prinzip alle Daten für jeden Prozessor ohne nennenswerte Zeitverzögerung verfügbar sind (Einschränkungen ergeben sich nur durch die Notwendigkeit, daß jeder Prozessor nur auf den aktuellen Zustand der Information zugreifen darf), ist bei Algorithmen für Parallelrechner mit verteiltem Speicher die Ausgangsverteilung der Daten auf die einzelnen Prozessoren zu beachten.

HPF ist stark darauf ausgerichtet, *datenparallele* Programmierung bzw. die Programmierung von Parallelrechnern mit verteiltem Speicher zu unterstützen (siehe Kapitel 5). Daher liegt das Hauptaugenmerk der folgenden Diskussion auf Algorithmen für Parallelrechner mit verteiltem Speicher.

3.2 Die Matrizenmultiplikation

Die Ausgangsverteilung der Daten der Matrizenmultiplikation, also der Elemente der Matrizen A und B, auf die einzelnen Prozessoren des Parallelrechners ist von grundlegender Wichtigkeit für die erreichbare Leistung. Auch wenn der verteilte Speicher als ein gemeinsamer virtueller Adreßraum von allen Prozessoren ansprechbar ist, braucht ein Prozessor für den Zugriff auf „weiter entfernte" Daten i. a. länger als für Zugriffe auf lokal vorhandene Daten. Noch drastischer wirkt sich die Datenverteilung auf die Leistung von Parallelrechnern aus, bei denen auch der Adreßraum aufgeteilt ist, und der Datenaustausch zwischen zwei Prozessoren folglich nur über explizite Datenübertragung möglich ist (siehe Abschnitt 1.4.4). Algorithmen sollten daher so organisiert sein, daß soweit wie möglich nur *lokale* Kommunikation erforderlich ist, weil diese weit weniger Zeit erfordert als *globale* Kommunikation. Bei der Wahl der Datenverteilung ist aber nicht nur auf die Minimierung der Kommunikation, sondern auch nach auf die Ausgeglichenheit der Lastverteilung über die Prozessoren zu achten. Oft ist die Bestimmung einer optimalen Datenverteilung nicht einfach, weil z. B. die Auswirkungen von Unausgeglichenheiten der Lastverteilung auf die reale Leistung nicht exakt quantifiziert werden können oder weil der Kommunikationsaufwand stark von der konkreten Hardware abhängt (Robert [146]).

Einer Aufteilung der Matrizen auf die Prozessoren eines Parallelrechners entspricht folgende Partitionierung der Indexmengen:

$$\begin{aligned} \{1,2,\ldots,m\} &= \bigcup_{r=1}^{R} I_r \\ \{1,2,\ldots,n\} &= \bigcup_{s=1}^{S} J_s \\ \{1,2,\ldots,l\} &= \bigcup_{t=1}^{T} K_t. \end{aligned} \qquad (3.9)$$

Dabei gilt

$$\begin{aligned} I_r &\neq \{\}, \quad r = 1,2,\ldots,R, \\ J_s &\neq \{\}, \quad s = 1,2,\ldots,S, \\ K_t &\neq \{\}, \quad t = 1,2,\ldots,T \end{aligned}$$

und

$$\begin{aligned} I_{r_1} \cap I_{r_2} &= \{\} \quad \text{für } r_1 \neq r_2, \\ J_{s_1} \cap J_{s_2} &= \{\} \quad \text{für } s_1 \neq s_2, \\ K_{t_1} \cap K_{t_2} &= \{\} \quad \text{für } t_1 \neq t_2. \end{aligned}$$

P_{rst} bezeichnet einen Prozessor, der in seinem lokalen Speicher die Elemente $A(i,k)$ für $i \in I_r$, $k \in K_t$ und die Elemente $B(k,j)$ für $k \in K_t$, $j \in J_s$

enthält.[5] Auf P_{rst} können bei Verwendung der ijk-Form lokal die Zwischenresultate $\tilde{C}(i,j)_{K_t}$ für $i \in I_r, j \in J_s$ berechnet werden. Anschließend müssen jedoch die Endresultate

$$C(i,j) = \sum_{t=1}^{T} \tilde{C}(i,j)_{K_t}$$

über alle Prozessoren, die Teilresultate derselben Elemente berechnet haben (das sind die Prozessoren $P_{rs:}$), summiert werden, was z. B. wieder durch die geeignete Verwendung der in Fortran vordefinierten Funktion SUM (siehe Abschnitt 4.3.1) bewerkstelligt werden kann, aber auf jeden Fall Kommunikation zwischen den Prozessoren erfordert.

Der Prozessor P_{rst} berechnet demnach die Zwischenresultate für $|I_r||J_s|$ Elemente von C zur „Stufe $|K_t|$".[6] Zu diesem Zweck muß er $|I_r||J_s||K_t|$ Multiplikationen und $|I_r||J_s|(|K_t|-1)$ Additionen ausführen. Man kann daher die (statische) Lastverteilung auf die Prozessoren durch die Mächtigkeiten der einzelnen Mengen der Partitionierung (3.9) steuern. Ausgeglichenheit der Lastverteilung wird dadurch erreicht, daß die Mengen I_r, $r = 1, 2, \ldots, R$, J_s, $s = 1, 2, \ldots, S$ und K_t, $t = 1, 2, \ldots, T$ aus (3.9) jeweils annähernd gleiche Mächtigkeiten haben.

Grundsätzlich wird bei der Matrizenmultiplikation eine *blockweise* Aufteilung von A und B auf die Prozessoren sinnvoll sein. Diese Verteilung erhält man dann, wenn die Mengen I_r, J_s und K_t in (3.9) nur *aufeinanderfolgende* Indizes enthalten. Die lokalen Berechnungen in den Prozessoren liefern dann i. a. Zwischenresultate für zusammenhängende Blöcke der Ergebnismatrix. Diese Zwischenresultate verschiedener Prozessoren müssen aufaddiert werden, um das endgültige Ergebnis zu erhalten. In dieser Phase ist natürlich wieder Kommunikation zwischen den Prozessoren erforderlich.

Wichtige Spezialfälle

Die Ausgangsmatrizen können aber auch so auf die Prozessoren aufgeteilt werden, daß in jedem Prozessor das *Endergebnis* eines Blocks von C berechnet wird. Während der Berechnung von C ist in diesem Fall *keine* Kommunikation zwischen den Prozessoren erforderlich. Durch die Wahl $T = 1$ in (3.9) ergibt sich nämlich folgende Datenverteilung: Jeder Prozessor enthält eine Menge von (ganzen) Zeilen von A und eine Menge von (ganzen) Spalten von B und kann mit Skalarprodukten einen Block von C vollständig berechnen, so daß keine Kommunikation während der Ermittlung von C auftritt. Allerdings ist die Ergebnismatrix C in diesem Fall über alle Prozessoren „verstreut". Durch geeignete Replizierung von Zeilen oder Spalten (verschiedene Indexmengen I_{r_1} und I_{r_2} bzw. J_{s_1} und J_{s_2} sind dann nicht disjunkt) kann Kommunikation bei der Ermittlung von C vermieden werden.

Weitere Spezialfälle ergeben sich für $R = 1$, wodurch A in Gruppen von Spalten partitioniert wird und für $S = 1$, wodurch B in Gruppen von Zeilen

---

[5]Insgesamt müssen also RST Prozessoren vorhanden sein.
[6]$|M|$ bedeutet in diesem Zusammenhang die *Mächtigkeit* der Menge M, d.h., die Anzahl der Elemente von M.

3.2 Die Matrizenmultiplikation

partitioniert wird. Falls $R = S = 1$ ist, dann wird C über äußere Produkte von Spalten von A mit Zeilen von B berechnet.

Welche Art der Ausgangsdatenverteilung man bei der Durchführung der Matrizenmultiplikation am besten verwendet, hängt stark davon ab, wie einfach sie herzustellen ist. Da die Matrizenmultiplikation meist als Teilaufgabe eines komplexeren Verfahrens auftritt, ist es oft zu aufwendig, die jeweils optimale Verteilung herzustellen.

Der Algorithmus von Cannon

Ein Algorithmus für Parallelrechner mit verteiltem Speicher mit einer sehr regelmäßigen Kommunikationsstruktur geht auf Cannon [22] zurück: Der Algorithmus ist auf ein quadratisches Gitter von $N \times N$ Prozessoren ausgerichtet, wobei jeder Prozessor mit seinem linken und rechten sowie seinem oberen und unteren Nachbarn direkt verbunden ist. Die Prozessoren an den Rändern haben mit den entsprechenden Prozessoren der gegenüberliegenden Seite Verbindungen, so daß sich die Topologie eines Torus ergibt. Die Matrizen A und B werden daher der Einfachheit halber ebenfalls als quadratisch angenommen ($A, B \in \mathbb{R}^{n \times n}$). Modifikationen des Algorithmus für andere Verbindungstopologien, wie z. B. verallgemeinerte Würfelstrukturen findet man in Demmel et al. [36].

A und B werden in $n/N \times n/N$-Blöcke aufgeteilt,[7] und jeder dieser Blöcke wird in einem Prozessor des Gitters gespeichert. Der Algorithmus läuft in Schritten $k = 1, 2, \ldots, N$ ab:

- In jedem Schritt wird mittels Datenübertragung zwischen benachbarten Prozessoren die Datenverteilung so verändert, daß sich die beiden Blöcke

$$A(i(n/N) : (i+1)(n/N), k(n/N) : (k+1)(n/N))$$

und

$$B(k(n/N) : (k+1)(n/N), j(n/N) : (j+1)(n/N))$$

auf demselben Prozessor „begegnen" und daher dort *lokal* miteinander multipliziert werden können.

- In N derartigen aufeinanderfolgenden Schritten wird in einem festen Prozessor des Gitters der Block

$$C(i(n/N) : (i+1)(n/N), j(n/N) : (j+1)(n/N))$$

der Resultatmatrix durch fortlaufendes Aufaddieren des Produktes der zusammentreffenden Blöcke von A und B berechnet.

Die zwischen einzelnen Berechnungsschritten liegende Kommunikation zwischen den Prozessoren besteht aus Verschiebungen der Blöcke von A und B im Prozessorgitter: Die Blöcke von A werden (zyklisch fortgesetzt) in Richtung der Zeilen

---

[7] Vereinfachend wird angenommen, daß n durch N teilbar ist.

des Prozessorgitters nach rechts verschoben und die Blöcke von B werden (ebenfalls zyklisch fortgesetzt) in Richtung der Spalten des Prozessorgitters nach oben bewegt. Beginnend mit einer geeigneten Ausgangsverteilung der Blöcke über das Gitter wird dadurch erreicht, daß ein Prozessor immer zwei korrespondierende Blöcke enthält (die vorher erwähnten Blöcke von A und B, die miteinander zu multiplizieren sind). Die in diesem Algorithmus auftretende Kommunikation ist sehr regelmäßig und hat außerdem den Vorteil, daß sie immer nur zwischen *benachbarten* Prozessoren auftritt, also *lokal* bleibt.

Beispiel (Parallele Matrizenmultiplikation) Abb. 3.3 zeigt die Leistung der besten drei *reinen* HPF-Varianten der parallelen Matrizenmultiplikation auf 10 Prozessoren eines PC-Clusters bei zweidimensionaler blockweiser Verteilung der beteiligten Matrizen.

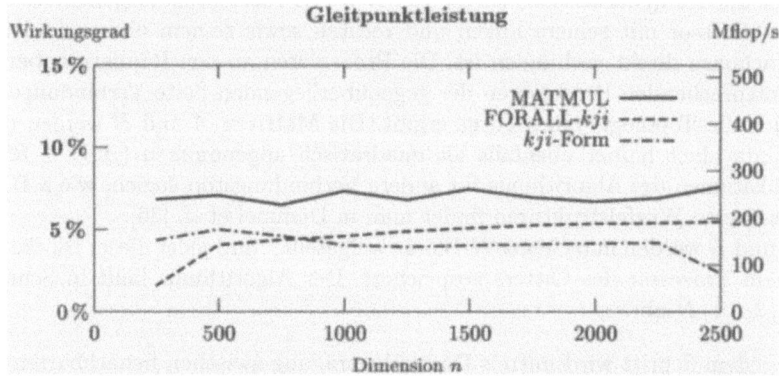

Abb. 3.3: Gleitpunktleistung verschiedener paralleler Varianten der Matrizenmultiplikation in HPF auf 10 Prozessoren eines Beowulf-Clusters ($P_{\max}^1 = 350$ Mflop/s, $P_{\max}^{10} = 3.5$ Gflop/s).

3.3 Die Lösung linearer Gleichungssysteme

Die numerische Lösung des linearen Gleichungssystems

$$Ax = b, \quad A \in \mathbb{R}^{n \times n}, \quad x, b \in \mathbb{R}^n \tag{3.10}$$

mit dem unbekannten Vektor x ist ebenfalls ein zentrales Problem in vielen Anwendungsbereichen der Numerischen Mathematik.

Die Struktur der Matrix A ist von den Problemen abhängig, aus denen das lineare Gleichungssystem resultiert. A kann *voll besetzt* sein, d. h., wenige Elemente $A(i,j)$ sind Null, es kann aber auch für sehr viele Elemente $A(i,j) = 0$ erfüllt sein (A heißt dann *schwach besetzt*). Effiziente Algorithmen müssen natürlich eine spezielle Struktur von A (z. B. nur wenige von Null verschiedene Elemente) ausnutzen. Die Leistungsfähigkeit verschiedener Lösungsmethoden ist deshalb stark von der Struktur der Matrix A abhängig.

3.3 Die Lösung linearer Gleichungssysteme

Direkte Lösungsmethoden ermitteln (unter der Annahme exakter Arithmetik) eine *exakte* Lösung von (3.10). Die Abweichung einer auf einem Computersystem ermittelten Lösung von dieser exakten Lösung ist eine Folge der Eigenschaften der Computerarithmetik. Die direkten Methoden basieren auf der Transformation des Gleichungssystems (3.10) auf ein äquivalentes System mit Dreiecksmatrix. Die Ermittlung der Lösung eines Systems mit Dreiecksmatrix ist mit verhältnismäßig wenig Arbeitsaufwand ($O(n^2)$) durchführbar (Frommer [66]). Wie man in Abschnitt 3.3.1 sieht, fällt der größere Teil der Arbeit bei den direkten Methoden zur Lösung eines linearen Gleichungssystems, der auch für die asymptotische Komplexität $O(n^3)$ der Verfahren verantwortlich ist, bei der Transformation von (3.10) auf zwei äquivalente Systeme mit Dreiecksmatrix an.

Iterative Methoden (Greenbaum [85], Saad [148], Barrett et al. [11]) erzeugen eine Folge von Näherungslösungen von (3.10), deren Konvergenz gegen die exakte Lösung unter bestimmten Voraussetzungen gewährleistet ist. Sobald die Näherungslösung eine vorgegebene Genauigkeitsforderung erfüllt, wird die Iteration abgebrochen.

Direkte Methoden sind i. a. besser für voll besetzte Matrizen geeignet, während iterative Methoden, deren Grundoperationen normalerweise Matrix-Vektor-Produkte sind, vorwiegend bei schwach besetzten Matrizen Anwendung finden. Die folgenden Betrachtungen beschränken sich auf voll besetzte Matrizen und auf direkte Methoden zur Lösung von (3.10).

3.3.1 LU-Zerlegung

Soferne die Matrix A des Systems (3.10) keine besondere Struktur aufweist und auch nicht schwach besetzt ist, verwendet man zur Lösung von (3.10) üblicherweise die *LU-Zerlegung* der Matrix A mit anschließender Rücksubstitution. Voraussetzung für die erfolgreiche Durchführung dieses Verfahrens ist die Regularität von A.

Im ersten Teil des Verfahrens wird die gegebene Matrix A in zwei Dreiecksmatrizen L und U faktorisiert:

$$A = L \cdot U, \quad L, U \in \mathbb{R}^{n \times n}. \tag{3.11}$$

L ist eine *untere* (*lower*) und U eine *obere* (*upper*) Dreiecksmatrix, d. h., $L(i,j) = 0$ für $j > i$ und $U(i,j) = 0$ für $j < i$. Durch die Transformation des Ausgangssystems (3.10) mit Hilfe der Zerlegung (3.11)

$$Ax = b \Leftrightarrow L^{-1} \cdot (Ax) = L^{-1} b \Leftrightarrow Ux = b'$$

erhält man zwei lineare Gleichungssysteme

$$\begin{aligned} Lb' &= b \\ Ux &= b' \end{aligned}$$

mit den Dreiecksmatrizen L und U, die hintereinander im zweiten Teil des Verfahrens durch schrittweise *Rücksubstitution* (Golub und Van Loan [82]) gelöst werden, um die Lösung x des Gleichungssystems (3.10) zu erhalten.

3.3.2 Schleifenreihenfolgen

Der *rechtsgerichtete* Algorithmus zur Lösung von (3.10) arbeitet A in einer äußeren Schleife spaltenweise von links nach rechts ab und „eliminiert" in jeder Stufe die Subdiagonalelemente der gerade bearbeiteten Spalte. Mittels Zeilenumformungen, die die Lösung des Systems nicht verändern, wird erreicht, daß diese Subdiagonalelemente Null werden. Die Bezeichnung *rechtsgerichtet* bezieht sich darauf, daß in diesem Algorithmus die Zugriffe immer auf Elemente von A erfolgen, die sich *rechts* von der Spalte befinden, die gerade eliminiert wird.

$A^{(k)}$ bezeichne den Zustand der Matrix A, der im Eliminationsprozeß in der Stufe k bearbeitet wird. Die ersten $k-1$ Spalten von $A^{(k)}$ weisen unterhalb der Diagonale nur mehr Nullen auf und müssen nicht mehr bearbeitet werden. Damit gilt $A^{(1)} = A$.

$A^{(k+1)}$ entsteht aus $A^{(k)}$, indem in $A^{(k)}$ die Zeilen $k+1, k+2, \ldots, n$ durch geeignete Linearkombinationen mit der k-ten Zeile ersetzt werden, so daß ihre Elemente in der k-ten Spalte verschwinden. Die Berechnung von $A^{(k+1)}$ erfolgt in zwei Schritten:

Schritt 1: Skalierung der Subdiagonalelemente der k-ten Spalte von $A^{(k)}$:

$$L(i,k) = \frac{A^{(k)}(i,k)}{A^{(k)}(k,k)}, \quad i = k+1, k+2, \ldots, n. \tag{3.12}$$

Es läßt sich leicht bestätigen (Frommer [66]), daß die hier auftretenden Quotienten die Subdiagonalelemente der k-ten Spalte der Matrix L aus (3.11) sind.

Schritt 2: Aktualisierung der verbleibenden Teilmatrix von $A^{(k)}$:

$$A^{(k+1)}(i,j) = A^{(k)}(i,j) - L(i,k)A^{(k)}(k,j), \quad i,j = k+1, k+2, \ldots, n.$$

Da die eliminierten Elemente aus der k-ten Spalte von $A^{(k)}$ nicht mehr benötigt werden, können sie mit den Elementen von L aus Schritt 1 überschrieben werden. Die im Schritt 2 der k-ten Stufe der Elimination berechnete $(k+1)$-te Zeile von $A^{(k+1)}$ wird im späteren Verlauf des Algorithmus nicht mehr verändert. Diese Zeile ist also schon eine fertige Zeile der Matrix U aus (3.11), welche bei diesem Algorithmus folglich *zeilenweise* ermittelt wird.

Die Zahlen $A^{(k)}(i,k)$, $i = k, k+1, \ldots, n$ gehen also in die Berechnung der k-ten Spalte von L ein (im Schritt 1), und die Zahlen $A^{(k)}(k,j)$, $j = k, k+1, \ldots, n$ sind die Elemente der k-ten Zeile von U, die ungleich Null sind. Nach dem Durchlauf für $k = n-1$ enthält $A^{(n)}$ unterhalb der Diagonale die untere Dreiecksmatrix L, deren Diagonalelemente 1 sind,[8] und die $A^{(n)}(i,k)$ für $i \leq k$ sind die Elemente der oberen Dreiecksmatrix U aus (3.11) (Frommer [66]).

Da während des Ablaufes dieses Algorithmus die Ausgangsmatrix A laufend überschrieben werden kann, kommt man ohne zusätzliche Datenstrukturen für L und U aus:

---

[8]Daher brauchen die Diagonalelemente von L nicht explizit abgespeichert werden.

3.3 Die Lösung linearer Gleichungssysteme

```
DO k = 1, n-1
  ! Stufe k der Elimination
  DO l = k+1, n                          ! Schritt 1
    a(l,k) = a(l,k)/a(k,k)
  END DO
  DO j = k+1, n                          ! Schritt 2
    DO i = k+1, n
      a(i,j) = a(i,j) - a(i,k)*a(k,j)
    END DO
  END DO
END DO
```

Der Algorithmus wird, in Analogie zu den Bezeichnungsweisen aus den Abschnitten 3.2.1 und 3.2.4, nach der Art der Schleifenschachtelung als kji-Form bezeichnet. Um wieder die Einheitlichkeit der Benennung zu gewährleisten, muß die Bedeutung der Laufvariablen bei der LU-Zerlegung festgelegt werden: Die Laufvariable i ist der *Zeilenindex* von A und die Laufvariable j der *Spaltenindex* von A. Die Laufvariable k dient als *Stufenindex* im Eliminationsprozeß.

Wie bei der Matrizenmultiplikation ist es auch bei der LU-Zerlegung möglich, die Reihenfolge der drei ineinander geschachtelten Schleifen zu verändern. In diesem Fall muß jedoch darauf geachtet werden, daß die in der Anweisung der innersten Schleife benötigten Zahlen $A^{(k)}(i,j)$, $L(i,k)$ und $A^{(k)}(k,j)$ rechtzeitig berechnet werden. Die entstehenden sechs verschiedenen Formen unterscheiden sich wieder in der Art des Zugriffs auf A, L und U. Außerdem sind bei den verschiedenen Schleifenreihenfolgen die Art der Berechnung von L und U und die durch die innerste Schleife dargestellten Operationen unterschiedlich (Frommer [66], Golub und Ortega [81], Robert [146]). Daraus resultieren Leistungsunterschiede der verschiedenen Varianten.

3.3.3 Komplexität der LU-Zerlegung

Die arithmetische Komplexität (siehe Abschnitt 2.1.1) der LU-Zerlegung kommt folgendermaßen zustande (Golub und Ortega [81]):

Bei der Durchführung von Schritt 1 auf Seite 170 sind

$$K_{div}(n) = n^2/2 - n/2 \quad \text{Divisionen}$$

auszuführen. Schritt 2 besteht aus

$$K_{add}(n) = n^3/3 - n^2/2 + n/6 \quad \text{Additionen und}$$
$$K_{mult}(n) = n^3/3 - n^2/2 + n/6 \quad \text{Multiplikationen.}$$

Die bei der vollständigen Lösung von (3.10) zusätzlich ausgeführten Gleitpunktoperationen für die Umformungen der rechten Seite b und für die Rücksubstitution nach der Berechnung der LU-Zerlegung sind

$$K_{add}(n) = n^2 - n \quad \text{Additionen,}$$
$$K_{mult}(n) = n^2 - n \quad \text{Multiplikationen und}$$
$$K_{div}(n) = n \quad \text{Divisionen.}$$

Man erkennt, daß der Hauptteil der Arbeit (vor allem für große Werte von n) in der Berechnung der LU-Zerlegung liegt, also im ersten Teil der Lösung des Gleichungssystems. Daher kommt leistungsstarken Algorithmen für die LU-Zerlegung und deren effizienter Implementierung besondere Bedeutung zu. Für die Abschätzung des Zeitaufwandes der Lösung linearer Gleichungssysteme auf Basis der arithmetischen Komplexität ist es entscheidend, wie der Zeitaufwand für eine Gleitpunkt-Addition bzw. Gleitpunkt-Multiplikation im Verhältnis zum Aufwand für eine Gleitpunkt-Division ausfällt (vgl. Abschnitt 2.1.1).

3.3.4 Pivotstrategien

Schritt 1 des auf Seite 170 angeführten Algorithmus zur LU-Zerlegung von A läuft nur dann korrekt ab, wenn in jeder Stufe k die Bedingung

$$A^{(k)}(k,k) \neq 0 \tag{3.13}$$

erfüllt ist. Denn nur dann sind die Elemente $L(i,k)$ definiert und die Elimination kann durchgeführt werden.

Es kann durchaus der Fall eintreten, daß (3.13) während des Ablaufs des Algorithmus nicht erfüllt ist, auch wenn die Matrix A *nicht* singulär ist.

Sogar wenn die Bedingung (3.13) zwar erfüllt ist, die $A^{(k)}(k,k)$ betragsmäßig aber sehr klein werden, dann ergeben sich betragsmäßig relativ große $L(i,k)$ und es können in den weiteren Berechnungen große Rundungsfehler auftreten, die zu sehr ungenauen Endergebnissen führen. Ohne besondere Zusatzvorkehrungen ist der dargestellte Algorithmus also *numerisch instabil* (Golub und Ortega [81]).

Die Einführung von *Pivotstrategien* sichert einerseits den korrekten Ablauf des Eliminationsvorganges und verbessert gleichzeitig die numerische Stabilität. Diese Strategien gewährleisten die Durchführbarkeit der LU-Zerlegung dadurch, daß eine modifizierte Matrix A' bearbeitet wird, die aus A durch eine Permutation von Zeilen oder Spalten hervorgeht und für die die Bedingung (3.13) immer erfüllt ist. Wenn A nicht singulär ist, dann läßt sich das durch Zeilen- oder Spaltenpermutationen immer erreichen (Golub und Ortega [81]).

Spaltenpivotsuche

Bei der *Spaltenpivotsuche* wird in jeder Stufe k das betragsgrößte Element (das *Pivotelement*) in der k-ten Spalte von $A^{(k)}$ (ab dem Element $A^{(k)}(k,k)$) bestimmt und gegebenenfalls die zugehörige Zeile mit der k-ten Zeile vertauscht. Dadurch erreicht man, daß in (3.12) immer $|L(i,k)| \leq 1$ gilt.

Bei Verwendung der Spaltenpivotsuche wird die LU-Zerlegung für eine Matrix berechnet, die aus A durch eine Permutation der Zeilen hervorgeht:

$$A' = P \cdot A = L \cdot U \Leftrightarrow A = P^{-1} \cdot L \cdot U. \tag{3.14}$$

P ist dabei eine Matrix, die die Permutation der Zeilen beschreibt. Wie man in (3.14) sieht, wird die obere Dreiecksmatrix U und damit die Lösung von (3.10) dadurch *nicht* verändert, wenn die Zeilenpermutationen laufend auch an der rechten Seite b des Gleichungssystems durchgeführt werden.

Zeilenpivotsuche

Bei der *Zeilenpivotsuche* wird das betragsgrößte Element in der k-ten Zeile von $A^{(k)}$ (ab dem Element $A^{(k)}(k,k)$) bestimmt und anschließend werden die entsprechenden Spalten von A vertauscht.

Totalpivotsuche

Schließlich gibt es auch noch die Möglichkeit der *Totalpivotsuche*,[9] bei der das betragsgrößte Element der gesamten unteren $(n-k+1) \times (n-k+1)$-Teilmatrix von $A^{(k)}$ gesucht wird, das dann durch Zeilen- *und* Spaltenvertauschungen an die Stelle des Elementes $A^{(k)}(k,k)$ gebracht wird. Diese Pivotstrategie bringt zwar die theoretisch besten numerischen Eigenschaften (Demmel [35]), wird aber wegen ihres viel höheren Aufwandes in der Praxis kaum verwendet.

Die Entscheidung zwischen Spalten- oder Zeilenpivotsuche hängt stark davon ab, welche der sechs Formen der LU-Zerlegung verwendet wird, weil für vier von diesen Algorithmen überhaupt nur eine der beiden Möglichkeiten durchführbar ist. Bei *kij*- und *kji*-Form, die grundsätzlich beide Arten der Pivotsuche erlauben würden, ist die Art des Datenzugriffs und damit der Leistungsaspekt ausschlaggebend (Frommer [66]).

3.3.5 Geblockte LU-Zerlegung

Das Prinzip der Blockung (siehe Abschnitt 3.1.5) läßt sich auch auf die LU-Zerlegung anwenden. Aus dem ungeblockten Algorithmus wird ein geblockter Algorithmus, wenn an die Stelle des Elementes $A^{(k)}(k,k)$ ein $n_b \times n_b$-Teilblock von $A^{(k)}$ tritt (n sei durch n_b teilbar). Die Wahl von n_b hängt von den Parametern des verwendeten Speichersystems ab.

Das Grundprinzip läßt sich anhand einer Zerlegung von A in vier Blöcke

$$A_{11} \in \mathbb{R}^{n_b \times n_b}, A_{21} \in \mathbb{R}^{(n-n_b) \times n_b}, A_{12} \in \mathbb{R}^{n_b \times (n-n_b)}, A_{22} \in \mathbb{R}^{(n-n_b) \times (n-n_b)}$$

erläutern. Analog werden L und U aus (3.11) in vier Blöcke entsprechender Dimensionen aufgeteilt, so daß

$$A = \begin{pmatrix} A_{11} & A_{12} \\ A_{21} & A_{22} \end{pmatrix},$$

$$L = \begin{pmatrix} L_{11} & 0 \\ L_{21} & L_{22} \end{pmatrix} \text{ und}$$

$$U = \begin{pmatrix} U_{11} & U_{12} \\ 0 & U_{22} \end{pmatrix}.$$

---
[9] Zeilen- bzw. Spaltenpivotsuche wird im Gegensatz dazu auch als *partielles Pivoting* bezeichnet.

Durch Vergleichen entsprechender Teile in der Faktorisierung (3.11) erhält man folgende Gleichungen für die einzelnen Blöcke:

$$A_{11} = L_{11} \cdot U_{11} \qquad (3.15)$$
$$A_{21} = L_{21} \cdot U_{11} \qquad (3.16)$$
$$A_{12} = L_{11} \cdot U_{12} \qquad (3.17)$$
$$A_{22} = L_{21} \cdot U_{12} + L_{22} \cdot U_{22}. \qquad (3.18)$$

Aus diesen Gleichungen ergibt sich eine geblockte LU-Zerlegung als direkte Verallgemeinerung des ungeblockten Algorithmus:

1. Man berechnet die Matrizen L_{11}, U_{11} und L_{21} aus den Gleichungen (3.15) und (3.16) – das entspricht einer LU-Zerlegung des ersten Spaltenblocks (bestehend aus den Blöcken A_{11} und A_{21}). Dazu kann z. B. jede der Algorithmusvarianten verwendet werden, die in Abschnitt 3.3.2 erwähnt wurden.

2. U_{12} wird aus der Gleichung (3.17) durch die Lösung eines Gleichungssystems mit Dreiecksmatrix ermittelt: $U_{12} = L_{11}^{-1} \cdot A_{12}$.

3. A_{22} wird mit Hilfe von Gleichung (3.18) aktualisiert: $A'_{22} = A_{22} - L_{21} \cdot U_{12}$.

4. Zuletzt wird die LU-Zerlegung $L_{22} \cdot U_{22}$ von A'_{22} ermittelt. Dazu kann A'_{22} wiederum in vier Blöcke aufgeteilt werden, um dieselben vier Schritte auf der kleineren Matrix A'_{22} durchzuführen. Wenn A'_{22} selbst schon ein $n_b \times n_b$-Block ist, dann ist nur mehr seine LU-Zerlegung zu ermitteln, z. B. mit Hilfe eines der Algorithmen aus Abschnitt 3.3.2.

Ein Algorithmus für eine allgemeine Blockpartitionierung von A mit Blockgröße n_b, der die Spaltenblöcke von links nach rechts abarbeitet, führt also in jeder Stufe $k = 1, 2, \ldots, n/n_b$ drei Berechnungsschritte aus:

Schritt 1: Ungeblockte LU-Zerlegung des Diagonalblocks und der darunter liegenden Blöcke (von $A^{(k)}((k-1)n_b + 1 : n, (k-1)n_b + 1 : kn_b))$.

Schritt 2: Aktualisierung der rechts vom Diagonalblock liegenden Blöcke und damit Berechnung dieses Teiles von U:

$A^{(k)}((k-1)n_b + 1 : kn_b, kn_b + 1 : n)$ wird durch die Lösung X von

$$T \cdot X = A^{(k)}((k-1)n_b + 1 : kn_b, kn_b + 1 : n)$$

ersetzt, wobei T die in Schritt 1 berechnete untere Dreiecksmatrix in $A^{(k+1)}((k-1)n_b + 1 : kn_b, (k-1)n_b + 1 : kn_b)$ ist.

Schritt 3: Aktualisierung von $A^{(k)}(kn_b + 1 : n, kn_b + 1 : n)$, der verbleibenden Teilmatrix, durch Subtraktion von

$$A^{(k+1)}(kn_b + 1 : n, (k-1)n_b + 1 : kn_b) \cdot A^{(k+1)}((k-1)n_b + 1 : kn_b, kn_b + 1 : n).$$

3.3 Die Lösung linearer Gleichungssysteme

Auf die gleiche Art kann man weitere geblockte Algorithmen durch andere Partitionierungen von A gewinnen (Golub und Ortega [81]). Die Matrix-Matrix-Operationen, die in den geblockten Algorithmen auftreten, ermöglichen die Verwendung von Level-3-BLAS-Operationen (siehe Abschnitt 3.1.4), wodurch ein besserer Wirkungsgrad als bei den Level-2-BLAS-Operationen der ungeblockten Algorithmen erzielt wird.

3.3.6 LU-Zerlegung auf Parallelrechnern

Auch bei der LU-Zerlegung ist die Verteilung der Eingangsdaten (der Matrix A) auf die Prozessoren des Parallelrechners entscheidend für die erzielte Leistung.

Es ist in diesem Fall günstig, A *zyklisch nach Zeilen (Spalten)* auf die Prozessoren zu verteilen. Beim Vorhandensein von p Prozessoren $P_1, \ldots, P_p$ enthält dabei der Prozessor P_i die Zeilen (Spalten) j, für die $j \equiv i \bmod p$ gilt. Das läßt sich dadurch erreichen, daß in der Partitionierung (3.9) die Mengen I_r, $r = 1, 2, \ldots, p$ die Indizes $r : n : p$ enthalten und $T = 1$ gilt (für eine zyklische Verteilung nach Zeilen) bzw. $R = 1$ gilt und die Mengen K_t, $t = 1, 2, \ldots, p$ die Indizes $t : n : p$ enthalten (für eine zyklische Verteilung nach Spalten).

Im Ablauf des Eliminationsvorganges wird jeder Prozessor nach jener Stufe k inaktiv, bei der die Zeilen (Spalten), die er enthält, zum letzten Mal verändert werden. Bei einer blockweisen Datenverteilung (wie für die Matrizenmultiplikation in Abschnitt 3.2.6) würde das für die meisten Prozessoren viel *früher* passieren als bei einer zyklischen Datenverteilung – mit anderen Worten: Die Lastverteilung ist bei zyklischer Datenverteilung ausgeglichener. Im Vergleich zur blockweisen Datenverteilung steigt allerdings der Kommunikationsaufwand (Robert [146]).

Abb. 3.4 zeigt die Gleitpunktleistung der Routine pdgesv aus der Unterprogrammbibliothek SCALAPACK [15][10], die eine parallele LU-Faktorisierung durchführt. SCALAPACK verwendet grundsätzlich eine *block-zyklische* Datenverteilung (siehe Abschnitt 5.3.4).

Es lassen sich aus allen sechs Formen der LU-Zerlegung parallele Algorithmen gewinnen, die allerdings unterschiedliche Leistungscharakteristika aufweisen. Ob die Verteilung nach Zeilen oder Spalten vorteilhafter ist, hängt davon ab, welche Form der LU-Zerlegung gewählt wird.

Parallele kij-Variante

Als Beispiel wird im folgenden eine parallele *kij*-LU-Zerlegung behandelt. Wegen des zeilenweisen Zugriffs auf A in der innersten Schleife ist als Ausgangsverteilung der Eingangsdaten eine zyklische Speicherung nach *Zeilen* geeignet. Mit $P(k)$ wird im folgenden jener Prozessor bezeichnet, der die k-te Zeile von A enthält. Es gilt also

$$P(k) = P_i \quad \text{mit } i \equiv k \bmod p.$$

Für jede Stufe k der Elimination muß jeder Prozessor einen Kommunikationsschritt durchführen: Falls er die k-te Zeile von $A^{(k)}$ enthält, dann muß er sie an

---
[10]siehe www.netlib.org/scalapack

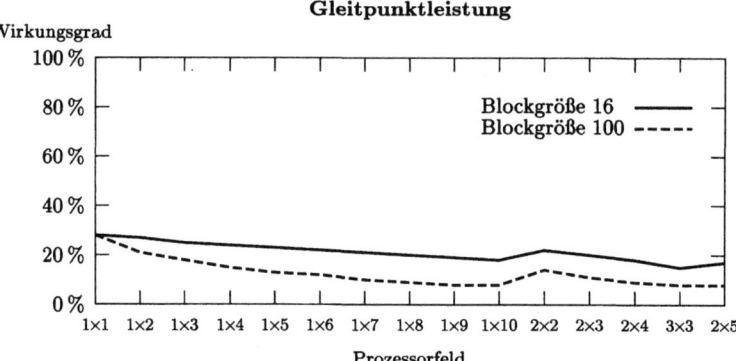

Abb. 3.4: Parallele LU-Faktorisierung einer 2000 × 2000 Matrix mit dem Programm SCALA-PACK/pdgesv auf $p = 1, 2, \ldots, 10$ Prozessoren eines PC-Clusters.

alle übrigen Prozessoren versenden, ansonsten empfängt er sie von $P(k)$. Danach berechnet jeder Prozessor lokal mit Hilfe der Zeilen von $A^{(k)}$, die er enthält, die entsprechenden Elemente $L(i, k)$ und die entsprechenden Zeilen von $A^{(k+1)}$.

In dieser Form des Algorithmus kann die Stufe $k + 1$ der Elimination erst dann begonnen werden, wenn der Prozessor $P(k + 1)$ seine Berechnungen der Stufe k abgeschlossen hat und die $(k + 1)$-te Zeile von $A^{(k+1)}$ an alle anderen Prozessoren verschicken kann. Dieser Datenaustausch und die damit verbundene Kommunikation erfordert eine gewisse Synchronisation der einzelnen Prozessoren.

Nach der Beendigung des Algorithmus sind natürlich L und U ebenfalls zyklisch nach Zeilen auf die Prozessoren verteilt. Da diese Verteilung von L und U für weitere Berechnungen, wie z. B. die Durchführung der Rücksubstitution, möglicherweise nicht erwünscht ist, kann weitere Kommunikation erforderlich sein, um andere Verteilungen auf die Prozessoren herzustellen.

Asynchrone Varianten

Um eine effiziente Parallelisierung zu erreichen, muß danach getrachtet werden, nicht mehr als die unbedingt notwendigen Synchronisierungen durchzuführen. Die für einen korrekten Ablauf der LU-Zerlegung auf einem Parallelrechner einzig notwendigen Einschränkungen in der Reihenfolge der Durchführung der Teiloperationen bestehen darin, daß für jede Zeile $A^{(k)}(i, :)$ folgende Bedingungen erfüllt sein müssen:

Bedingung 1: Schritt 1 der k-ten Stufe (siehe Seite 170) muß abgeschlossen sein, *bevor* Schritt 2 der k-ten Stufe (siehe Seite 170) begonnen wird.

Bedingung 2: Schritt 2 der $(k+1)$-ten Stufe kann erst begonnen werden, *nachdem* Schritt 2 der k-ten Stufe abgeschlossen wurde.

Bei der Verwendung anderer ijk-Formen lassen sich analoge Bedingungen für die Spalten von $A^{(k)}$ formulieren (Robert [146]).

3.3 Die Lösung linearer Gleichungssysteme

Potentielle Inaktivitätszeiten eines Prozessors, die dadurch entstehen, daß er mit den Berechnungen der Stufe $k+1$ erst dann beginnen kann, wenn er von Prozessor $P(k+1)$ die $(k+1)$-te Zeile von $A^{(k+1)}$ empfangen hat, können mit Hilfe von *asynchronen* Varianten der Algorithmen minimiert werden: Man geht von der nicht unbedingt notwendigen Einschränkung ab, daß zu jedem festen Zeitpunkt alle Prozessoren an derselben Stufe k des Eliminationsvorganges arbeiten. Wenn Prozessor $P(k+1)$ in der Stufe k als *erstes* die $(k+1)$-te Zeile von $A^{(k+1)}$ berechnet und diese *sofort* an alle anderen Prozessoren verschickt, noch *bevor* er den Rest seiner Berechnungen der Stufe k durchführt, dann ist gewährleistet, daß alle anderen Prozessoren so bald wie möglich alle nötigen Daten zur Verfügung haben, um selber mit ihren Berechnungen fortzusetzen. Dabei bleiben beide vorher erwähnten Reihenfolgebedingungen erfüllt.

Voraussetzung für die Realisierung asynchroner Varianten sind klarerweise geeignete Hardware-Vorrichtungen, die jedem Prozessor gleichzeitig mit der Durchführung von Berechnungen den Empfang der $(k+1)$-ten Zeile ermöglichen. Auch die Zwischenspeicherung von eintreffenden Daten muß möglich sein, da nicht gewährleistet ist, daß in einer asynchronen Variante jede empfangene Zeile sofort verarbeitet werden kann. Man kann sich jedoch leicht überlegen, daß zu einem festen Zeitpunkt die von verschiedenen Prozessoren bearbeiteten Stufen der Elimination höchstens um die Anzahl p der Prozessoren differieren können (Frommer [66]).

Die durch die erforderliche Kommunikation bedingte Inaktivitätszeit in den Prozessoren wird bei dieser Strategie dadurch verringert, daß die von allen anderen Prozessoren benötigten Zeilen *sobald wie möglich* versendet werden und daher auch sobald wie möglich verfügbar sind. Man bezeichnet diese Vorgangsweise, die durch möglichst große Überlappung von Kommunikation und Berechnung die durch Kommunikation bedingte Verzögerung verringert, als *send-ahead*-Strategie.

Pivotstrategien auf Parallelrechnern

Die Realisierung von Pivotstrategien auf Parallelrechnern bringt zusätzlichen Kommunikationsaufwand mit sich, falls Zeilenpivotsuche bei zyklischer Abspeicherung nach Spalten bzw. Spaltenpivotsuche bei zyklischer Abspeicherung nach Zeilen verwendet wird (Frommer [66]). Bei der Bestimmung des betragsgrößten Elements sind in diesen Fällen die zu betrachtenden Elemente der k-ten Zeile bzw. Spalte zyklisch auf die Prozessoren verteilt, und der Größenvergleich von Elementen muß zwischen verschiedenen Prozessoren erfolgen, z. B. mit Hilfe der vordefinierten Fortran-Funktion MAXLOC (siehe Seite 203). Ungünstige Kombinationen von Pivotstrategie und Abspeicherungsschema von A verhindern asynchrone Varianten, weil dann zur Bestimmung des Pivotelements alle Prozessoren die $(k-1)$-te Stufe der Elimination beendet haben müssen, und kein Prozessor mit der k-ten Stufe beginnen kann, bevor das Pivotelement bestimmt ist.

Ist das Pivotelement ermittelt, dann kann die Vertauschung der Spalten bzw. Zeilen entweder *explizit* erfolgen oder nur *implizit* durchgeführt werden, indem die Permutationen in einem Permutationsvektor vermerkt werden. Die explizite

Vertauschung von Zeilen bzw. Spalten zwischen $P(k)$ und dem Prozessor mit dem Pivotelement verursacht abermals zusätzlichen Kommunikationsaufwand. Es sind außerdem nur zwei Prozessoren daran beteiligt, während alle anderen Prozessoren während dieser Zeit inaktiv sind. Wird die Vertauschung implizit durchgeführt, dann kann man diesen zusätzlichen Aufwand vermeiden. Es übernimmt dann einfach derjenige Prozessor die Aufgaben von $P(k)$, der die Spalte bzw. Zeile mit dem ermittelten Pivotelement enthält. Der Vorteil des geringeren Kommunikationsaufwandes bei einer impliziten Vertauschung kann allerdings durch eine unter Umständen stärkere Unausgeglichenheit der Lastverteilung wieder aufgehoben werden. Es ist nämlich möglich, daß die durch die zyklische Ausgangsverteilung von A beabsichtigte Lastverteilung durch die nicht explizit ausgeführten Vertauschungen völlig verloren geht. Im schlechtesten Fall entspricht die effektive Lastverteilung jener einer blockweisen Datenverteilung.

Bei der Verwendung von Zeilenpivotsuche bei zyklischer Abspeicherung nach Zeilen bzw. Spaltenpivotsuche bei zyklischer Abspeicherung nach Spalten wird das Pivotelement lokal in einem Prozessor bestimmt und anschließend den anderen Prozessoren mitgeteilt. Die entsprechenden Vertauschungen von Teilen von Spalten bzw. Zeilen können dann gleichzeitig innerhalb jedes einzelnen Prozessors durchgeführt werden. Diese Kombinationen von Pivotstrategie und Abspeicherungsschema sind mit deutlich weniger Kommunikationsaufwand verbunden. Eine gewisse Unausgeglichenheit der Lastverteilung entsteht allerdings dadurch, daß während der Ermittlung des Pivotelements nur ein Prozessor aktiv ist, alle anderen aber untätig sind. Andererseits sind nun wieder asynchrone Algorithmen möglich, so daß diese Unausgeglichenheit durch Überlappung von Berechnung und Kommunikation bis zu einem gewissen Grad „verdeckt" werden kann.

Die beste Kombination aus Schleifenreihenfolge, Abspeicherungsschema und Pivotstrategie hängt natürlich immer von den Eigenschaften des verwendeten Parallelrechners ab (Verhältnis von Rechenleistung und Kommunikationsleistung, Unterstützung asynchroner Methoden, etc.).

3.3.7 Cholesky-Zerlegung

Ist die Matrix A des Systems (3.10) *symmetrisch* und *positiv definit*, dann ergeben sich verglichen mit der LU-Zerlegung aus Abschnitt 3.3.1 in zweifacher Hinsicht besondere algorithmische Vereinfachungen:

1. Aufgrund der Symmetrie braucht nur mehr *ein* Dreiecksfaktor berechnet und abgespeichert zu werden.

2. Aufgrund der positiven Definitheit kann die numerische Stabilität eines Faktorisierungsalgorithmus *ohne* Pivoting gewährleistet werden, was natürlich die Parallelisierung beträchtlich vereinfacht (vgl. Abschnitt 3.3.6).

Die resultierende Zerlegung,
$$A = RR^\top, \qquad (3.19)$$
wobei $R \in \mathbb{R}^{n \times n}$ eine untere Dreiecksmatrix ist, wird als *Cholesky-Zerlegung* oder *Cholesky-Faktorisierung* bezeichnet.

3.3 Die Lösung linearer Gleichungssysteme

Ähnlich wie bei der LU-Zerlegung kann man verschiedene Algorithmusvarianten mit unterschiedlichen Schleifenreihenfolgen unterscheiden (siehe z. B. Golub und Van Loan [82]). Alle Varianten benötigen $n^3/3$ Gleitpunktoperationen zur Berechnung der Zerlegung (3.19).

Beispiel (Parallele Cholesky-Faktorisierung) Abb. 3.5 zeigt die Leistung verschiedener reiner HPF-Varianten der parallelen Cholesky-Faktorisierung auf 10 Prozessoren eines PC-Clusters mit block-zyklischer Verteilung der Ausgangsmatrix. Selbst bei der besten Variante werden nur 2 % der Maximalleistung von 3.5 Gflop/s ausgenützt.

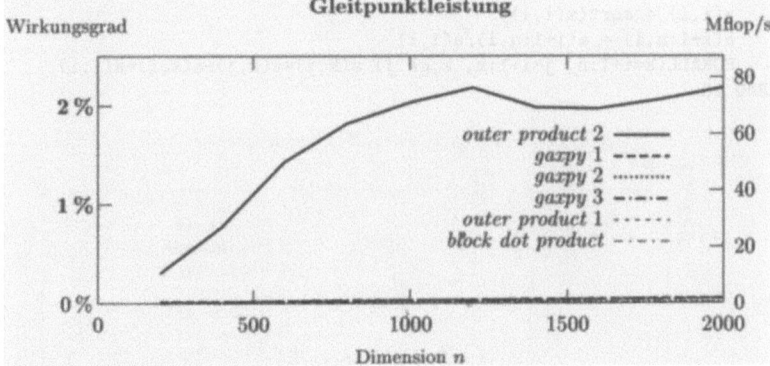

Abb. 3.5: Gleitpunktleistung verschiedener reiner HPF-Varianten der parallelen Cholesky-Faktorisierung auf 10 Prozessoren eines Beowulf-Clusters ($P_{\max}^{10} = 3.5$ Gflop/s).

Die folgenden drei Codefragmente stellen die Implementierungen der Varianten *gaxpy 1-3* dar:

```
DO i = 1, n
   b(i:n) = a(i:n,i)
   DO j = 1, i-1
      b(i:n) = b(i:n) - a(i,j)*a(i:n,j)
   END DO
   a(i:n,i) = b(i:n)/SQRT(b(i))
END DO

DO i = 1, n-1
   IF (i>1) THEN
      b(i:n,i:i) = MATMUL( a(i:n,1:(i-1)), TRANSPOSE(a(i:i,1:(i-1))) )
      a(i:n,i) = a(i:n,i) - b(i:n,i)
   END IF
   a(i:n,i) = a(i:n,i) / SQRT(a(i,i))
END DO

DO i = n, 1, -1
   a(i,i) = sqrt(a(i,i) - SUM(a(i,1:i-1)*a(i,1:i-1)))
   b(1:i-1) = a(i,1:i-1)
   DO k = 1, i-1
      a(i+1:n,i) = a(i+1:n,i) - b(k)*a(i+1:n,k)
   END DO
   a(i+1:n,i) = a(i+1:n,i)/a(i,i)
END DO
```

Die beiden *outer product*-Varianten wurden folgendermaßen implementiert:

```
DO i = 1, n-1
   a(i,i) = SQRT(a(i,i))
   a(i+1:n,i) = a(i+1:n,i)/a(i,i)
   DO j = i+1, n
      a(j:n,j) = a(j:n,j) - a(j:n,i)*a(j,i)
   END DO
END DO

DO i = 1, n-1
   a(i,i) = sqrt(a(i,i))
   a(i+1:n,i) = a(i+1:n,i)/a(i,i)
   FORALL(k=i+1:n, j=i+1:n, k.ge.j) a(k,j)=a(k,j)-a(k,i)*a(j,i)
END DO
```

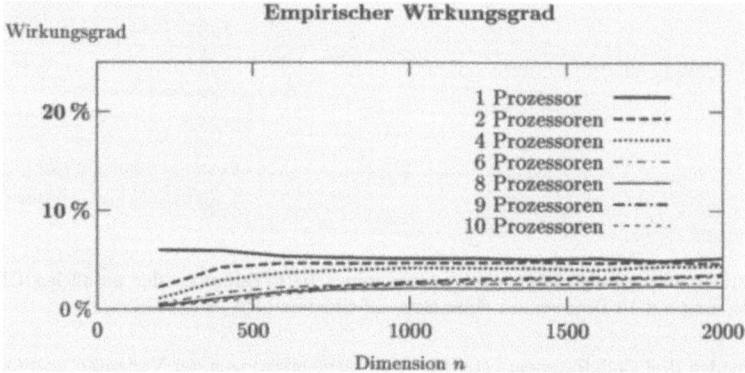

Abb. 3.6: Wirkungsgrad der reinen HPF-Variante *outer product 2* der parallelen Cholesky-Faktorisierung auf $p = 1, 2, \ldots, 10$ Prozessoren eines Beowulf-Clusters ($P_{max}^p = p \cdot 350$ Mflop/s).

Die *block dot product*-Variante verwendete folgendes Codefragment:

```
DO i = 1, n
   x = a(i,i)
   DO k = i-1, 1, -1
      x = x - a(k,i)*a(k,i)
   END DO
   IF (x .le. 0.) WRITE(*,*) ' Cholesky failed'
   x = sqrt(x)
   DO k = i+1, n
      c(k) = a(k,i)
   END DO
   DO j = i+1, n
      b(j) = a(i,j)
      DO k = 1, i-1
         b(j) = b(j) - c(k)*a(k,j)
      END DO
      a(i,j) = b(j)/x
   END DO
   a(i,i) = x
END DO
```

3.3 Die Lösung linearer Gleichungssysteme

Abb. 3.6 zeigt, wie sich die Leistung der besten Variante aus Abb. 3.5 in Abhängigkeit von der Prozessorenzahl verändert. Es ist bemerkenswert, daß auf *einem* Prozessor die beste Leistung erzielt wird, d. h., daß die untersuchten Parallelisierungsvarianten *keinen* Geschwindigkeitsgewinn ermöglichen.

Beispiel (Parallele Cholesky-Faktorisierung) Abb. 3.7 zeigt, daß die Einbindung sequentieller BLAS-Routinen für lokale Berechnungen in die HPF-Routinen für die parallele Cholesky-Faktorisierung (siehe Abschnitt 5.6.3) signifikante Leistungssteigerungen ermöglicht.

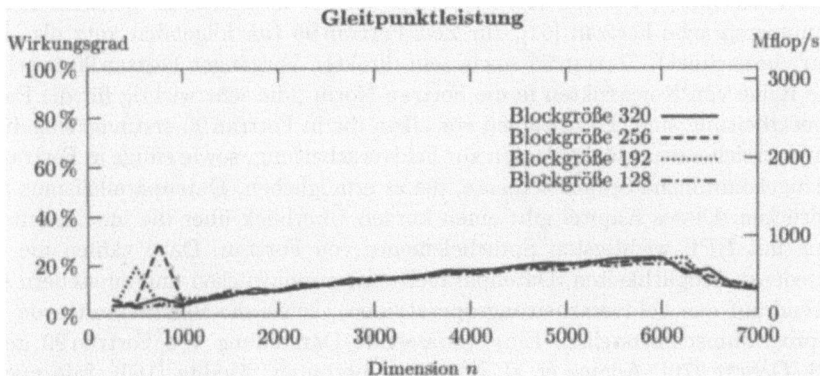

Abb. 3.7: Gleitpunktleistung einer HPF+BLAS Variante der parallelen Cholesky-Faktorisierung auf 9 Prozessoren eines Beowulf-Clusters ($P_{max}^9 = 3.15\,\text{Gflop/s}$) bei block-zyklischer Datenverteilung.

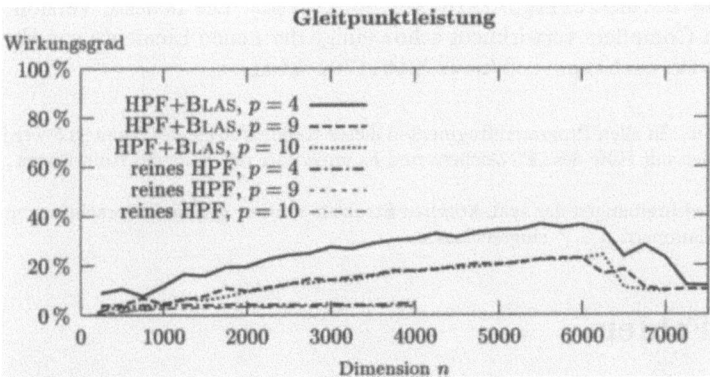

Abb. 3.8: Gleitpunktleistung verschiedener paralleler Varianten der Cholesky-Faktorisierung (reiner HPF-Code verglichen mit optimiertem HPF+BLAS-Code) auf $p = 4, 9, 10$ Prozessoren eines Beowulf-Clusters ($P_{max}^p = p \cdot 350\,\text{Mflop/s}$).

Abb. 3.8 zeigt einen Leistungsvergleich zwischen reinem HPF-Code und optimiertem HPF+BLAS-Code für verschiedene Prozessorzahlen.

Kapitel 4

Fortran 95

High Performance Fortran (HPF) beruht auf der international genormten Programmiersprache Fortran [61], zur Zeit Fortran 95 (im folgenden kurz als „Fortran" bezeichnet). Fortran 95 sowie sein direkter Vorgänger Fortran 90 brachten eine Reihe von Konstrukten in die Fortran-Norm , die sehr wichtig für die Parallelverarbeitung sind. Dazu zählen vor allem die in Fortran 90 erstmals eingeführten weitreichenden Möglichkeiten zur Feldverarbeitung, sowie einige in Fortran 95 hinzugekommmene Sprachelemente, die es ermöglichen, Datenparallelismus auszudrücken. Dieses Kapitel gibt einen kurzen Überblick über die im Zusammenhang mit HPF wichtigsten Sprachelemente von Fortran. Dazu zählen die verschiedenen Möglichkeiten, Datenparallelismus auszudrücken und zu steuern (basierend auf den Feldverarbeitungsoperationen), sowie die Beschreibung von Unterprogrammschnittstellen. Eine umfassende Darstellung von Fortran 90 geben z. B. Gehrke [76], Adams et al. [1] oder Überhuber, Meditz [160]. Information über die (nicht sehr umfangreichen) Erweiterungen in Fortran 95 (verglichen mit Fortran 90) findet man z. B. in Adams et al. [1] und Counihan [29].

Fortran 95 war nur eine relativ geringfügige Erweiterung von Fortran 90. Es wird jedoch mittlerweile eine umfangreichere Überarbeitung von Fortran konzipiert („Fortran 2000"), deren Veröffentlichung für das Jahr 2004 geplant ist (siehe www.nag.co.uk/sc22wg5/IS1539-1_200x.html). Die neueste Version des NAG Fortran-Compilers verwirklicht schon einige der neuen Elemente von Fortran 2000 (siehe www.techexpo.com/news/21011701.html).

Notation In allen Programmfragmenten dieses Kapitels sowie des Kapitels 5 werden Fortsetzungszeilen mit Hilfe des „&"-Zeichens und Kommentare mit Hilfe des Rufzeichens „!" gekennzeichnet.

In Beschreibungen der syntaktischen Struktur werden *optionale* Sprachelemente immer in eckige Klammern „[...]" eingeschlossen.

4.1 Felder

Felder (*arrays*) sind Datenverbunde von Komponenten (*Elementen*), die in Typ und Typparameter übereinstimmen. Man spricht daher auch davon, daß das Feld selbst vom gleichen Typ ist wie seine Komponenten. Feldelemente sind *Skalare*[1]. Das bedeutet insbesondere, daß ein Feld keine weiteren Felder als Elemente enthalten kann.

---

[1] Als *Skalare* gelten in Fortran alle Datenobjekte, die keine Felder sind, also von vordefiniertem oder selbstdefiniertem Typ sind und *nicht* das Attribut DIMENSION (siehe Abschnitt 4.1.2) tragen.

4.1 Felder

Die einzelnen Komponenten eines Feldes werden mit Hilfe eines *Index* identifiziert. Als Indexmenge wird ein Unterbereich (eine lückenlose Folge) oder ein kartesisches Produkt von Unterbereichen des ganzzahligen Datentyps benutzt. Besteht die Indexmenge nur aus *einem* Unterbereich

$$[ugr, ogr] \subset \text{INTEGER-Zahlen} \quad (ugr < ogr),$$

so wird das Feld als *eindimensional* bzw. als *Vektor* bezeichnet. Es ist eine Folge der Länge $ogr - ugr + 1$:

$$v_{ugr}, v_{ugr+1}, \ldots, v_{ogr-1}, v_{ogr}.$$

Ist die Indexmenge das kartesische Produkt

$$[ugr_1, ogr_1] \times [ugr_2, ogr_2] \times \cdots \times [ugr_n, ogr_n]$$

der Bereiche $[ugr_i, ogr_i]$, $i = 1, 2, \ldots, n$, so heißt das Feld *n-dimensional*. Zweidimensionale Felder werden üblicherweise in Matrixform notiert:

$$\begin{pmatrix} a_{ugr_1\,ugr_2} & a_{ugr_1\,(ugr_2+1)} & \cdots & a_{ugr_1\,ogr_2} \\ a_{(ugr_1+1)\,ugr_2} & \vdots & & \vdots \\ \vdots & \vdots & & \vdots \\ a_{ogr_1\,ugr_2} & a_{ogr_1\,(ugr_2+1)} & \cdots & a_{ogr_1\,ogr_2} \end{pmatrix},$$

wobei die in der Mathematik gebräuchliche Annahme $ugr_1 = ugr_2 = 1$ einen bevorzugten Sonderfall darstellt (siehe Abschnitt 4.1.2).

Felder können in Fortran maximal sieben Dimensionen haben ($1 \leq n \leq 7$). Die Anzahl der Elemente in jeder Dimension wird durch die Sprachdefinition nicht begrenzt. Man beachte jedoch, daß es rechnerbedingte Einschränkungen geben kann (z. B. auf Grund der Speicherkapazität).

Die Form (*shape*) eines Feldes ist bestimmt durch die Anzahl seiner Dimensionen (*rank*[2]) und die Anzahl der Elemente in den einzelnen Dimensionen (*Ausdehnung*, *extent*). Die *Größe* (*size*) eines Feldes ist die Gesamtzahl seiner Elemente, also gleich dem Produkt aller Ausdehnungen.

Die Anzahl der Dimensionen eines Feldes ist konstant; die Ausdehnungen sind im Normalfall ebenso konstant. In Fortran gibt es jedoch auch *dynamische Felder*, d. h., Felder, denen während des Programmablaufs verschiedene Ausdehnungen zugeordnet werden können (siehe Abschnitt 4.3.3).

4.1.1 Die Darstellung von Literalen

In Fortran können nur eindimensionale Felder (Vektoren) als Literale[3] dargestellt werden. Literale höherer Dimension können durch Umformen eindimensionaler

---
[2] ACHTUNG: Der in der Fortran-Norm [61] verwendete Terminus *rank* hat *nichts* mit dem mathematischen Begriff *Rang* einer Matrix (*rank of a matrix*) zu tun!
[3] Als *eigentliche Konstanten* oder *Literale* werden unbenannte Konstanten bezeichnet.

Literale gebildet werden. Das geschieht mit der vordefinierten Funktion RESHAPE (siehe Überhuber, Meditz [160]).

Die Literale werden als Werteliste geschrieben. Die einzelnen Werte werden durch Kommata getrennt und zwischen den Begrenzern „(/" und „/)" eingeschlossen:

   (/ $wert_1$ [, $wert_2$]... /)

Die einzelnen Werte $wert_1$, $wert_2$, ... in der Werteliste können entweder Ausdrücke, d. h., im einfachsten Fall Konstanten oder Variablen, oder aber sogenannte *implizite Schleifen* (vgl. Abschnitt 4.2.3) sein. In jedem Fall müssen Typ und Typparameter aller Einzelwerte übereinstimmen.

Beispiele (Einfache Feldliterale)

   (/ 70, 18, -5, 7, 8, 1 /)
   (/ 64.47, 57.957, 945.442 /)
   (/ .TRUE., .TRUE., .FALSE. /)
   (/ 45.145_genau, 347.456_genau /)

Die Beispiele beschränken sich auf Skalare, es können aber auch Felder (Variablen, Konstanten, Ausdrücke) in die Werteliste eingesetzt werden. In diesem Fall werden die Elemente des zu bildenden Feldes mit den Elementen des in der Werteliste angegebenen Feldes belegt, und zwar jeweils ihrer Reihenfolge (siehe Abschnitt 4.2.1) entsprechend.

4.1.2 Die Vereinbarung von Feldern

Felder sind die Zusammenfassung mehrerer skalarer Datenobjekte des gleichen Typs unter einem Namen. Sie können mit Hilfe des Attributs DIMENSION vereinbart werden. Ihm folgt, in runde Klammern eingeschlossen, eine Beschreibung der Form des Feldes. Im einfachsten Fall ist das eine Liste, deren Einträge die Anzahl der Elemente (die Ausdehnung) in jeder Dimension angeben:

   typname, DIMENSION ($ausd_1, \ldots, ausd_n$) :: *feldliste*

Wenn die Ausdehnung eines Feldes in der Vereinbarung explizit angegeben wird, spricht man von einem Feld mit expliziter Form (*explicit shape array*). Im einfachsten Fall geschieht das, indem man für jede Dimension die jeweilige Elementanzahl einträgt.

Wie bereits erwähnt, werden die Elemente eines Feldes durch einen

$$index \in [ugr_1, ogr_1] \times [ugr_2, ogr_2] \ldots$$

identifiziert. Bei der einfachsten Schreibweise werden die Indexuntergrenzen ugr_i vom Compiler als 1 angenommen, so daß die Indexobergrenze gleich der Anzahl der Elemente in der jeweiligen Dimension ist. Die Indexgrenzen können durch Konstanten oder durch Initialisierungsausdrücke angegeben werden.

4.1 Felder

Beispiele (Vereinbarung von Feldern)

```
COMPLEX, DIMENSION(20)      ::  feld0   ! eindimensional,    20 Elemente
INTEGER, DIMENSION(10,10)   ::  feld1   ! zweidimensional,  100 Elemente
REAL,    DIMENSION(5,5,5)   ::  feld2   ! dreidimensional,  125 Elemente
INTEGER, DIMENSION(j,k)     ::  feld3   ! zweidimensional, j*k Elemente
```

Ein Feld, bei dem mindestens eine der Ausdehnungen eine Variable ist, darf nur als Formalparameter eines Unterprogramms oder als Funktionsresultat vorkommen oder lokal in einem Unterprogramm vereinbart sein. Im letzteren Fall spricht man von einem *automatischen Feld* (siehe Abschnitt 4.3.3).

Die unteren Indexgrenzen müssen nicht 1 sein; der Programmierer kann sowohl Ober- als auch Untergrenzen beliebig festsetzen. Die Beschreibung der Form eines n-dimensionalen Feldes hat allgemein folgendes Aussehen:

$$([ugr_1 :] \, ogr_1, [ugr_2 :] \, ogr_2, \ldots , [ugr_n :] \, ogr_n)$$

Beispiele (Vereinbarung von Feldern)

```
REAL, DIMENSION(-4:0,-10:-6,5)  ::  feld2a    ! 5x5x5-Feld
REAL, DIMENSION(1995:2000,12)   ::  einkommen ! 6x12-Feld
```

Das so vereinbarte Feld `feld2a` hat so wie das Feld `feld2` aus dem vorigen Beispiel in jeder Dimension die Ausdehnung 5, die Indizes bewegen sich aber in den ersten beiden Dimensionen zwischen anderen Grenzen: Das erste Element des Feldes `feld2a` hat den Index $(-4, -10, 1)$, das letzte Element hat den Index $(0, -6, 5)$.

Wenn eine Obergrenze ogr_i kleiner als die zugehörige Untergrenze ugr_i ist, so ist die Ausdehnung des Feldes in der betreffenden Dimension i Null, ebenso die Größe des gesamten Feldes, d. h., das Feld enthält *keine* Elemente.

Schließlich können auch Felder vereinbart werden, deren Ausdehnungen nicht von vornherein feststehen, sondern erst während der Ausführung des Programms bestimmt werden. Solche Felder können als Feldzeiger, als dynamische Felder (siehe Abschnitt 4.3.3) oder als Formalparameter eines Unterprogramms verwendet werden. Es werden bei ihrer Vereinbarung nur die Anzahl ihrer Dimensionen, jedoch keine Indexgrenzen angegeben. Statt der Indexgrenzen wird in jeder Dimension ein Doppelpunkt geschrieben.

Beispiel (Feld ohne explizite Indexangabe)

```
INTEGER, DIMENSION(:,:) :: ganzzahl_matrix
```

Ein derart vereinbartes Feld, das als Formalparameter verwendet wird, übernimmt seine Ausdehnung von einem anderen Datenobjekt, nämlich von dem ihm zugeordneten Aktualparameter. Man spricht deshalb von einem *Feld mit übernommener Form* (*assumed shape array*).

Das Attribut DIMENSION hat, im Gegensatz zu anderen Programmiersprachen, keine Auswirkungen auf den Datentyp. Felder sind in Fortran nur Strukturierungsmethoden, und ein Feld besitzt den Datentyp seiner Elemente.

4.2 Belegung und Verknüpfung von Feldern

4.2.1 Die Speicherung von Feldern

Die rechnerinterne Art der Speicherung von Feldern ist für den Programmierer im allgemeinen belanglos. In manchen Fällen, z. B. bei der Ein- und Ausgabe ganzer Felder oder für die Entwicklung effizienter Programme, ist es aber dennoch wichtig, die Abspeicherungsmethode zu kennen. Insbesondere kann aufbauend auf diesem Wissen die *Lokalität der Referenzen* (*locality of references*) vieler Algorithmen optimiert werden, was zu bedeutenden Leistungssteigerungen führen kann (siehe Kapitel 3 oder Überhuber [158]).

Aus technischen Gründen werden Felder rechnerintern meist in einer eindimensionalen Anordnung (als *lineare Felder*) abgespeichert. Um das Speicherungskonzept von Feldern in einer maschinenunabhängigen Form zu beschreiben, wird im folgenden ein einfaches *Speicherungsmodell* entwickelt. Dabei können nicht alle Besonderheiten spezieller Speichertechniken und Implementierungen konkreter Fortran-Systeme berücksichtigt werden.[4]

Die Elemente eines Feldes haben eine (gedachte) *Reihenfolge* (*Feldelementreihenfolge*, *array element order*), die durch ihre Indizes festgelegt ist. Hat ein Feldelement den Index $(i_1, i_2, \ldots, i_n)$, so ist das nächste Element jenes mit dem Index $(i_1 + 1, i_2, \ldots, i_n)$. Ist in der ersten Dimension das letzte Element mit dem Index $(ogr_1, i_2, \ldots, i_n)$ erreicht (wobei ogr_1 die obere Indexgrenze in der ersten Dimension bedeutet), so folgt ihm das Element mit dem Index $(1, i_2 + 1, \ldots, i_n)$ (sofern $i_2 < ogr_2$ gilt).

Beispiel (Reihenfolge der Matrix-Elemente) Ist gemäß

```
REAL, DIMENSION(3,4) :: a
```

eine 3 × 4 - Matrix definiert, d. h., ein zweidimensionales Feld mit der Ausdehnung 3 in der ersten und der Ausdehnung 4 in der zweiten Dimension, so haben seine Elemente die Reihenfolge

$$\begin{array}{ccccccc}
a(1,1) & & a(1,2) & & a(1,3) & & a(1,4) \\
a(2,1) & & a(2,2) & & a(2,3) & & a(2,4) \\
a(3,1) & & a(3,2) & & a(3,3) & & a(3,4)
\end{array}$$

Matrizen (zweidimensionale Felder) werden in Fortran also *spaltenweise* gespeichert.[5]

Ein Feld mit der Indexerstreckung (siehe Abschnitt 4.1.2)

$$(ugr_1 : ogr_1, ugr_2 : ogr_2, \ldots, ugr_n : ogr_n)$$

---

[4]Die Implementierung der Parameterweitergabe von Teilfeldern (siehe Abschnitt 4.3.4) kann beispielsweise auf verschiedene Arten erfolgen. Man darf sich dabei nicht darauf verlassen, daß aus der Sicht des Unterprogramms eine Speicherung vorliegt, die dem hier zugrundegelegten Speicherungsmodell entspricht.

[5]Im Englischen spricht man von *column major order* im Gegensatz zur zeilenweisen Speicherung (*row major order*), die bei vielen anderen Programmiersprachen, z. B. C oder Pascal, verwendet wird.

4.2 Belegung und Verknüpfung von Feldern

umfaßt insgesamt
$$K = k_1 \cdot k_2 \cdots k_n$$
Elemente, wobei
$$k_j := ogr_j - ugr_j + 1$$
die Ausdehnung des Feldes in der j-ten Dimension ist (sofern $ogr_j \geq ugr_j$ gilt; andernfalls ist $k_j := 0$). Die *Speicherabbildungsfunktion*

$$\begin{aligned} p(i_1, i_2, \ldots, i_n) = 1 \; &+ \; (i_1 - ugr_1) + \\ &+ \; (i_2 - ugr_2) \cdot k_1 + \\ &+ \; (i_3 - ugr_3) \cdot k_1 \cdot k_2 + \\ &\quad \cdots \\ &+ \; (i_n - ugr_n) \cdot k_1 \cdot k_2 \cdots k_{n-1} \end{aligned}$$

liefert die Position des Feldelementes mit dem Index $(i_1, i_2, \ldots, i_n)$ relativ zum Anfang des Feldes.

Beispiel (Speicherabbildungsfunktion) Bei der Matrix

    `REAL, DIMENSION(12,1970:2002) :: temperatur`

lautet die Speicherabbildungsfunktion
$$p(i_1, i_2) = 1 + (i_1 - 1) + (i_2 - 1970) \cdot 12,$$
während im Fall der Matrix

    `REAL, DIMENSION(1970:2002,12) :: niederschlag`

die Funktion
$$\bar{p}(i_1, i_2) = 1 + (i_1 - 1970) + (i_2 - 1) \cdot 33$$
die Position eines Feldelements liefert. Die Werte für Temperatur und Niederschlag im November 1975 sind gemäß
$$p(11, 1975) = 71 \quad \text{und} \quad \bar{p}(1975, 11) = 336$$
auf der 71sten bzw. 336sten Position der jeweils $K = 12 \cdot 33 = 396$ Elemente umfassenden Felder `temperatur` und `niederschlag` gespeichert.

Wenn Daten mit Programmen anderer Programmiersprachen ausgetauscht werden sollen, ist die durch die Speicherabbildungsfunktion ausgedrückte Art der Speicherung zu beachten.

Beispiel (C) In C wird die Speicherabbildungsfunktion

$$\begin{aligned} p(i_1, i_2, \ldots, i_n) = 1 \; &+ \; (i_1 - ugr_1) \cdot k_2 \cdot k_3 \cdots k_n + \\ &+ \; (i_2 - ugr_2) \cdot k_3 \cdots k_n + \\ &\quad \cdots \\ &+ \; (i_{n-1} - ugr_{n-1}) \cdot k_n + \\ &+ \; (i_n - ugr_n) \end{aligned}$$

verwendet, die im Fall von zweidimensionalen Feldern (Matrizen) eine *zeilenweise* Speicherung bewirkt.

Will man von einem C-Programm aus ein Fortran-Programm (z. B. aus einem Software-Paket wie LAPACK [6] oder aus einer Software-Bibliothek wie der IMSL) zur Lösung eines linearen Gleichungssystems $Ax = b$ verwenden, so muß man – aus der Sicht des C-Programms – die transponierte Matrix $A^\top$ als Parameter übergeben.

4.2.2 Der Zugriff auf Felder

Feldzugriffe können auf ganze Felder, auf Teilfelder oder auch nur auf einzelne Feldelemente erfolgen. Ein Zugriff auf das ganze Feld erfolgt über den Namen des Feldes. Ein einzelnes Element eines Feldes (eine *indizierte Variable*) wird durch Angabe des Feldnamens, gefolgt von einem Index, ausgewählt. Der Index eines Elements eines n-dimensionalen Feldes wird als n-Tupel $(i_1, \ldots, i_n)$ geschrieben. Feldelemente werden durch Angabe ihres Index eindeutig identifiziert.

Der Index muß innerhalb der Grenzen der Indexerstreckung in der zugehörigen Vereinbarung bleiben. Auf Indexpositionen können auch Ausdrücke (Formeln) mit skalarem, ganzzahligem Ergebnis stehen.

Beispiel (Zugriff auf Feldelemente)

```
INTEGER              :: i, j, k
REAL, DIMENSION(100)     :: vektor
REAL, DIMENSION(100,100) :: matrix
...
vektor(10) = vektor(i*j) + matrix(j,j+1)
vektor(k)  = SIN(matrix(k,k))/3.
matrix     = SQRT(ABS(matrix))  ! elementweiser Zugriff auf ganzes Feld
```

Die Auswertung des Ausdrucks `SQRT(ABS(matrix))` kann man sich so vorstellen, daß zunächst jene Matrix ermittelt wird, deren Elemente aus den Beträgen der Elemente von `matrix` bestehen. Anschließend wird wieder elementweise die Quadratwurzelfunktion angewendet (siehe Abschnitt 4.2.4).

Teilfelder

Ein *Teilfeld* (*array section*) ist ein Ausschnitt eines Feldes und daher selbst wieder ein Feld. Im Gegensatz zur Bestimmung eines einzelnen Feldelementes, wo in jeder Dimension nur die Angabe eines einzelnen skalaren Indexwertes nötig ist, muß in mindestens einer der n Dimensionen ein *Indexbereich* angegeben werden, um ein Teilfeld zu bilden. Entlang einer solchen Dimension werden auf diese Art mehrere Feldelemente ausgewählt:

feldname (*bereich*$_1$, $\ldots$, *bereich*$_n$)

Als Indexbereich *bereich*$_i$ kann im einfachsten Fall ein ganzzahliger skalarer Ausdruck verwendet werden (analog zum Fall der Auswahl eines Elementes).

Ein Indexbereich im eigentlichen Sinn kann zunächst durch Angaben einer Bereichsober- und -untergrenze in der jeweiligen Dimension festgelegt werden. Alle Elemente, die in dieser Dimension einen Indexwert aus dem ausgewählten Bereich aufweisen, gehören zum angesprochenen Teilfeld. Zusätzlich kann eine Schrittweite angegeben werden, was bewirkt, daß nicht alle Indexwerte im Bereich berücksichtigt werden, sondern nur jene, deren Differenz zur Indexuntergrenze ein Vielfaches dieser Schrittweite beträgt. Die allgemeine Form eines Indexbereiches *bereich*$_i$ sieht folgendermaßen aus:

$([ugrenze_i] : [ogrenze_i] \, [: schritt_i])$

4.2 Belegung und Verknüpfung von Feldern

Wird die Indexuntergrenze *ugrenze$_i$* weggelassen, nimmt der Compiler die Indexuntergrenze des Mutterfeldes in dieser Dimension – im einfachsten Fall 1 – an, für eine weggelassene Indexobergrenze *ogrenze$_i$* wird die Indexobergrenze des Mutterfeldes verwendet.[6] Die angegebenen Indexgrenzen für das Teilfeld müssen innerhalb der Indexgrenzen des Mutterfeldes liegen.

Entfallen sowohl die Obergrenze als auch die Untergrenze, so wird der gesamte Indexbereich des Mutterfeldes in der betreffenden Dimension angesprochen. Der Doppelpunkt, der Ober- und Untergrenze trennt, muß jedoch auch in diesem Fall geschrieben werden.

Beispiel (Zugriff auf Teilfelder)
```
REAL, DIMENSION(10,10,10) :: feld4
REAL, DIMENSION(5,10)     :: feld5
REAL, DIMENSION(5)        :: feld6
...
feld5 = feld4(6,3:7,1:10)
feld5 = feld4(1:10:2,:,10)
feld6 = feld4(6:,4,3)
```

Wird keine Schrittweite *schritt* angegeben, so wird *schritt* = 1 angenommen, d. h., in der betreffenden Dimension werden die Elemente des Mutterfeldes mit den Indizes *ugrenze, ugrenze+1, ..., ogrenze* angesprochen. Die Schrittweite darf negativ sein, sie muß aber verschieden von Null sein.[7]

Beispiel (Änderung der Reihenfolge)
```
REAL, DIMENSION(100) :: reihe_steigend, reihe_fallend
...
reihe_fallend = reihe_steigend(100:1:-1)
```

Eine weitere Möglichkeit zur Angabe eines Indexbereichs ist der *Vektorindex* (*vector subscript*). Er besteht aus einem eindimensionalen, feldförmigen, ganzzahligen Ausdruck (das ist im einfachsten Fall ein Feldliteral, das definitionsgemäß eindimensional ist). Wenn *bereich$_i$* der Vektorindex (/*wert* [, *wert*] ... /) ist, werden aus dem Mutterfeld diejenigen Elemente ausgewählt, deren Index in der betreffenden Dimension gleich dem Wert eines Elementes im Vektorindex ist.

Beispiel (Zugriff mittels Vektorindex)
```
CHARACTER, DIMENSION(10) :: mutterfeld =                        &
                        ( (/'M','U','T','T','E','R','F','E','L','D'/) )
CHARACTER, DIMENSION(6)  :: teilfeld
...
teilfeld = mutterfeld( (/6,5,4,4,5,6/) )
                        ! Wert: (/'R','E','T','T','E','R'/)
```

---

[6]Die Indexobergrenze in der letzten Dimension eines Teilfeldes darf nicht weggelassen werden, wenn das Mutterfeld ein Formalparameterfeld mit übernommener Form (siehe Abschnitt 4.3.4) ist.

[7]Wenn bei positiver Schrittweite die Obergrenze eines Indexbereiches kleiner als die Untergrenze oder bei negativer Schrittweite die Obergrenze größer als die Untergrenze ist, dann hat das angesprochene Teilfeld Größe Null.

Daß einzelne Indizes des Mutterfeldes – wie im Beispiel – mehrmals auftreten, ist auf der rechten Seite einer Zuweisung erlaubt. *Nicht* möglich ist das allerdings auf der linken Seite einer Zuweisung, da sonst der Wert der entsprechenden Elemente nicht eindeutig bestimmt wäre.

Beispiel (Syntaxfehler)
```
feld7(3, (/2,0,0,1/) ) = (/1,9,8,4/)     ! nicht erlaubt
```

Ein mittels Vektorindex beschriebenes Teilfeld darf *nicht* als Ziel eines Zeigers verwendet werden.[8]

Teilfelder dürfen nicht in derselben Weise wie selbständige Felder behandelt werden; man kann Elemente in ihnen *nicht* durch gleichsam „relative" Koordinaten ansprechen.[9]

Beispiel (Teilfelder)
```
feld8(2:4)(2:3)       ! kein erlaubter Ausdruck (Syntaxfehler)
feld8(3:4)            ! richtig
```

4.2.3 Die Wertzuweisung

Man kann Feldern elementweise Werte zuweisen (wobei zu beachten ist, daß das Feld als *ganzes* erst definiert ist, d. h., in einem Ausdruck verwendet werden darf, wenn *jedes* seiner Elemente definiert ist).

Beispiel (elementweise Wertzuweisung)
```
INTEGER, DIMENSION(6) :: prim
...
prim(1) = 2
prim(2) = 3
...
prim(6) = 13
```

Eindimensionalen Feldern können auch Feldliterale zugewiesen werden.

Beispiel (Wertzuweisung durch ein Literal)
```
prim = (/ 2, 3, 5, 7, 11, 13 /)
```

Felder höherer Dimension können mit Hilfe der vordefinierten Funktion RESHAPE (siehe Überhuber, Meditz [160]) konstruiert werden. Durch sie werden eindimensionale Felder wie das obige in mehrdimensionale Felder „umgeformt".

Weiters besteht die Möglichkeit, alle Elemente eines Feldes mit ein und demselben Skalar zu belegen, indem der Skalar dem Feld zugewiesen wird.

---

[8] Ein mittels Vektorindex beschriebenes Teilfeld darf auch nicht als interne Datei oder als Aktualparameter verwendet werden, dessen Formalparameter durch das Unterprogramm umdefiniert wird.

[9] Eine Ausnahme von dieser Einschränkung tritt in Unterprogrammen auf, denen Teilfelder als Parameter übergeben werden.

4.2 Belegung und Verknüpfung von Feldern

Beispiel (Belegung eines Feldes mit einem Skalar)
```
REAL, DIMENSION(100,100) :: a
...
a = 0.
```

Weisen die Elemente eines Feldes Gesetzmäßigkeiten auf, so kann das Feld auch mit Hilfe *impliziter Schleifen* mit Werten belegt werden (für Details siehe z. B. Überhuber, Meditz [160]).

Beispiel (Wertzuweisung mit impliziter Schleife)
```
INTEGER             :: i
REAL, DIMENSION(6)  :: wurzel
...
wurzel = (/ (SQRT (REAL (i)), i = 2, 7 /)
```

4.2.4 Operatoren

Ein wesentliches Merkmal von Fortran ist es, daß *alle* vordefinierten (unären und binären) Operatoren sowie viele vordefinierte Funktionen nicht nur skalare Ausdrücke, sondern auch Felder (d. h., ganze Felder, Teilfelder, durch implizite Schleifen konstruierte Felder, Feldliterale oder Funktionsaufrufe mit einem Feld als Ergebnis) als Operanden zulassen. Die Operation bzw. Funktion wird in einem solchen Fall *elementweise* durchgeführt, d. h., jedes Element des einen Operanden wird mit dem entsprechenden Element des zweiten Operanden verknüpft. Das Resultat ist ein Feld, dessen Elemente die Werte dieser Verknüpfungen haben. Zu den Anforderungen an die „Verträglichkeit" der Typen der Operanden tritt die Forderung nach „Konformität" der Operanden: Im Fall von Feldern muß ihre Form übereinstimmen, damit gegenseitige Zuweisungen möglich sind.

Eine Ausnahme bilden Skalare, die mit jedem Feld konform sind: Wird ein Feld mit einem Skalar verknüpft, so ist das Resultat ebenfalls ein Feld, dessen Elemente die Werte der Verknüpfungen des Skalars mit den einzelnen Feldelementen haben.

Beispiele (Verknüpfung konformer Felder)
```
REAL, DIMENSION(5,10) :: a, b
REAL, DIMENSION(5)    :: v
...
a*b                    ! 5x10-Matrix mit den Elementen a(i,j)*b(i,j)
a + 3.14               ! Matrix mit den Elementen a(i,j) + 3.14
1./v                   ! Vektor mit den Elementen 1./v(i)
b(:, 3) = v            ! Spalte 3 von b wird durch v ersetzt
a(2:5,4:7) - b(1:4,7:10) ! ergibt eine 4x4-Matrix mit den Elementen
                       ! a(i+2,j+4) - b(i+1,j+7) mit i, j = 0,...,3
a = 0.                 ! a(i,j) = 0.;  i = 1,...,5, j = 1,...,10
```

ACHTUNG: Die Operation a*b bewirkt die *elementweise* Produktbildung, also *keine* Matrizenmultiplikation (im Sinne der Linearen Algebra). Für die Matrizenmultiplikation gibt es die vordefinierte Funktion MATMUL.

Wenn sich bei einer Zuweisung zwischen (Teil-)Feldern Ziel und Quelle überschneiden, verhält sich das Ergebnis, als würde das Resultat des Ausdrucks (auf der rechten Seite der Zuweisung) vorerst in einer Hilfsvariablen gespeichert und die Zuweisung erst anschließend stattfinden.

Beispiel (Überschneidung bei Teilfeld-Zuweisung)

```
c(2:4) = c(1:3)    ! Die Elemente c(2) bis c(4) erhalten die Werte,
                   ! die c(1) bis c(3) vor der Zuweisung hatten
```

4.3 Die Verarbeitung von Feldern

Die meisten Algorithmen der Numerischen Datenverarbeitung operieren mit Matrizen. Fortran trägt diesem Umstand insofern Rechnung, als es viele Sprachelemente enthält, die Felder *als Ganzes* verarbeiten können. Ohne Sprachelemente, die Manipulationen mit ganzen Feldern ermöglichen, wäre man gezwungen, z. B. Matrizenoperationen mit Hilfe von Schleifen elementweise durchzuführen, wobei die Elementoperationen nacheinander ausgeführt würden.

Auf konventionellen Rechnersystemen wird sich daran auch durch die in Fortran gegebenen Möglichkeiten im Grunde nichts ändern, da die Hardware herkömmlicher Rechner im wesentlichen nur zur sequentiellen Abarbeitung von Einzelbefehlen elementarster Art geeignet ist und Fortran-Compiler für solche Anlagen gezwungen sind, die feldorientierten Befehle in entsprechende Einzelanweisungen für die Elemente aufzugliedern. Die *array features* von Fortran stellen dann lediglich eine bequemere Notation für den Programmierer zur Verfügung, ohne die Effizienz der Programme zu beeinflussen.

Auf Parallelrechnern hingegen können die in der Programmiersprache angelegten Möglichkeiten entfaltet werden,[10] da in Parallelrechenanlagen in einem einzigen Befehlszyklus mehrere Operationen gleichzeitig ablaufen können (siehe Kapitel 1).

Neben der grundlegenden Eigenschaft, daß Felder und Skalare in vordefinierten Operationen und Funktionen meist gleichberechtigt sind, gibt es in Fortran eine Reihe von „Spezialitäten" für die Feldverarbeitung, die in diesem Abschnitt behandelt werden.

4.3.1 Elementweise Operationen auf Feldern

Im Abschnitt 4.2.4 wurde gezeigt, daß vordefinierte Operationen sowie Zuweisungen nicht nur auf Skalare, sondern in gleicher Weise auch auf Felder angewendet werden können. Bei zweiwertigen Operatoren dürfen zwei Felder jedoch nur dann miteinander verknüpft werden, wenn sie *konform* sind, d. h., dieselbe Form aufweisen. Die entsprechende Operation wird dann auf die einander entsprechenden Elemente der Felder angewendet. Ein Feld darf jedoch stets mit einem Skalar verknüpft werden.

---

[10]Die kausale Reihenfolge ist allerdings die, daß das Aufkommen der Parallelrechner erst derartige Sprachentwicklungen angeregt hat.

4.3 Die Verarbeitung von Feldern

Beispiel (Konforme Felder) Die Felder a, b und c, die in der folgenden Deklaration vereinbart werden, haben unterschiedliche Indexbereiche, aber *gleiche Form* (es handelt sich bei allen drei Feldern um 10×10-Matrizen).

```
REAL, DIMENSION(10,10)        :: a
REAL, DIMENSION(0:9,17:26)    :: b
REAL, DIMENSION(-5:4,1993:2002) :: c
```

Beispiel (Verknüpfung konformer Felder) Unter Voraussetzung der obigen Deklarationen für a, b und c sind folgende Anweisungen gültig:

```
a = b*c                    ! elementweise Multiplikation
a = MATMUL(b,c)            ! Matrizenmultiplikation
a = 3.*b + SIN(a) + 2.74
```

Die Verknüpfung 3.*b bewirkt ein elementweises Multiplizieren der Elemente von b mit dem Skalar 3 und hat die entsprechende 10×10-Matrix als Resultat. SIN(a) ist eine 10×10-Matrix mit den Elementen $\sin a_{ij}$. Auch konforme *Teil*felder können verknüpft werden:

```
c(0:4,1997:2001) = a(:5,:5) + b(5:,5:9)
a(:,1) = EXP(c(:,1995))
```

Nicht nur vordefinierte Operatoren, sondern auch viele vordefinierte Funktionen können auf Felder angewendet werden. Dabei gelten folgende Regeln: Sofern mehr als ein Feld als Formalparameter angegeben wird, müssen alle diese Felder in der Form übereinstimmen. Das Resultat vieler vordefinierter Funktionen, die Felder als Parameter zugewiesen erhalten, ist ebenfalls ein Feld mit der gleichen Form wie die der Parameter.

Beispiel (Trigonometrische Polynome) Die trigonometrische Summe

$$s_{12} = \frac{a_0}{2} + \sum_{k=1}^{12}(a_k \cdot \cos kx + b_k \cdot \sin kx)$$

kann in Fortran mit Hilfe der vordefinierten Funktion SUM z.B. auf folgende Art ausgewertet werden:

```
REAL                :: x, a_0, s_12
REAL, DIMENSION(12) :: a
REAL, DIMENSION(12) :: b, x_k
...
x_k = (/ k*x, k = 1, 12 /)        ! implizite Schleife
...
s_12 = a_0/2. + SUM(a*COS(x_k) + b*SIN(x_k))
```

Die *bedingte* Summation

$$\overline{s_{12}} = \frac{a_0}{2} + \sum_{a_k^2+b_k^2>0,01}(a_k \cdot \cos kx + b_k \cdot \sin kx)$$

kann durch einen sogenannten *maskierten* Aufruf von SUM erreicht werden:

```
s_12_b = a_0/2. + SUM(a*COS(x_k) + b*SIN(x_k), MASK=(a**2+b**2)>0.01)
```

4.3.2 Auswahl mit Feld-Bedingungen

Bedingte Anweisungen ermöglichen es, Anweisungen in Abhängigkeit von den Werten Boolescher Ausdrücke auszuführen oder zu überspringen. Die Bedingungen (Boolesche Ausdrücke), die in herkömmlichen IF-Anweisungen der Steuerung des Programmablaufs dienen, dürfen nur *skalare* logische Ausdrücke sein.

Beispiel (Elementweises Logarithmieren) Das elementweise Logarithmieren einer ganzen Matrix $A \in \mathbb{R}^{n \times n}$ ist nur möglich, wenn alle Elemente $a_{ij} > 0$ erfüllen.

```
REAL, DIMENSION(n,n) :: a, a_log
...
a_log = LOG(a)                    ! syntaktisch korrekt
```

Wenn beim Logarithmieren mindestens ein Element der Matrix a nicht positiv ist, wird dieses Programm mit einer Fehlermeldung abgebrochen. Abhilfe kann durch eine IF-Anweisung nur in Form einer Schleifenschachtelung

```
DO i = 1, n
   DO j = 1, n
      IF (a(i,j) > 0.) a_log(i,j) = LOG(a(i,j))
   END DO
END DO
```

oder durch ein globales Vermeiden des Logarithmierens mit Hilfe der logischen ALL-Verknüpfung geschaffen werden:

```
IF (ALL(a > 0.)) a_log = LOG(a)
```

Hier werden die Logarithmen nur berechnet, wenn *alle* Elemente $a_{ij} > 0$ erfüllen.

Für derartige Fälle gibt es in Fortran spezielle Steuerkonstrukte für Feldzuweisungen: die WHERE-Anweisung sowie den ein- und zweiseitigen WHERE-Block. Die Bedingung, die dort zur Steuerung dient (man spricht auch vom *Maskieren* der auszuführenden Zuweisungen), *muß* ein logischer *Feld*ausdruck sein.

Die WHERE-Anweisung

Die WHERE-Anweisung hat Ähnlichkeit mit der IF-Anweisung. Sie gestattet die *maskierte* Ausführung genau einer Zuweisung an eine Feldvariable und hat die Form

　　WHERE (*logischer_feldausdruck*) *feldvariable* = *feldausdruck*

Dabei muß das Resultat des logischen Feldausdrucks dieselbe Form haben wie die Feldvariable. Für jene Elemente der Feldvariablen, denen ein Element des logischen Feldausdrucks mit dem Wert .TRUE. entspricht, wird der Feldausdruck auf der rechten Seite ausgewertet und die Zuweisung an die entsprechenden Elemente der Feldvariablen vollzogen, für die anderen Elemente nicht; sie bleiben unverändert und werden nicht (re)definiert. Es findet auf diese Weise eine *Maskierung* der Feldvariablen statt.

Beispiel (Elementweises Logarithmieren) Mit Hilfe der WHERE-Anweisung kann man die Ausführung des Logarithmierens und die anschließende Zuweisung maskieren:

4.3 Die Verarbeitung von Feldern

```
WHERE (a > 0.) a_log = LOG(a)
```
Diese Anweisung ist äquivalent zu der im obigen Beispiel formulierten Programmvariante mit Doppelschleife.

Es ist nicht unbedingt erforderlich, daß im logischen Feldausdruck dasselbe Feld vorkommt wie in jenem Feldausdruck, der der Variablen zugewiesen wird (wie im obigen Beispiel); nur die Formen beider Ausdrücke müssen übereinstimmen.

Beispiel (Gauß-Algorithmus) Der folgende Programmausschnitt stammt aus einem Unterprogramm zur Lösung linearer Gleichungssysteme mittels LU-Zerlegung (vgl. Abschnitt 3.3.1):

```
REAL,    DIMENSION(n,n) :: a
LOGICAL, DIMENSION(n,n) :: eliminieren
...
eliminieren = .TRUE.
...
DO i = 1, n-1
   ...
   eliminieren(:,i) = .FALSE.
   eliminieren(i,:) = .FALSE.
   WHERE (eliminieren) a = a - SPREAD(a(:,i), DIM = 2, NCOPIES = n) * &
                               SPREAD(a(i,:), DIM = 1, NCOPIES = n)
END DO
```

Der ein- und zweiseitige WHERE-Block

Der WHERE-Block in seiner einseitigen und zweiseitigen Form ist ähnlich aufgebaut wie der entsprechende ein- bzw. zweiseitige IF-Block:

> WHERE (*logischer_feldausdruck*)
>   *feldzuweisungen*
> [ELSEWHERE
>   *feldzuweisungen*]
> END WHERE

Die Blockform erlaubt es, mehrere Feldzuweisungen in Abhängigkeit von der durch den logischen Feldausdruck formulierten Bedingung auszuführen. Alle Anweisungen in einem WHERE-Block müssen *vor*definierte Zuweisungen für Felder sein.

Im Feldausdruck sind Funktionsaufrufe nur dann erlaubt, wenn sie zur Maskierung sinnvoll sind. Das trifft auf Funktionen zu, die *elementweise* vollzogen werden (siehe Abschnitt 4.3.1), nicht aber auf solche, die Felder als *Einheit* manipulieren.

Bei der Verarbeitung wird zunächst der logische Feldausdruck ausgewertet. Für jene Elemente der in den Feldzuweisungen des ersten Blocks auf der linken Seite vorkommenden Feldvariablen, für die der Ausdruck .TRUE. ergibt, werden die vorgeschriebenen Auswertungen und Zuweisungen vollzogen, für die anderen nicht. Anschließend wird der zweite Zuweisungsblock für jene Elemente der Felder in den Zuweisungen abgearbeitet, für die der logische Ausdruck .FALSE. ergab.

Weil die Bedingung *zu Beginn* der Abarbeitung des WHERE-Blocks ausgewertet wird, hat es für dessen weiteren Verlauf keine Bedeutung, wenn Objekte, die im logischen Feldausdruck vorkommen, in einer der Feldzuweisungen verändert werden.

Man beachte den fundamentalen Unterschied zum zweiseitigen IF-Block: Beim zweiseitigen WHERE-Block kann es vorkommen, daß jeweils ein Teil von *beiden* Alternativen ausgeführt wird. Beim zweiseitigen IF-Block handelt es sich dagegen um einander ausschließende Alternativen.

Programme, die Felder in beiden Blöcken von Feldzuweisungen der zweiseitigen WHERE-Anweisung verändern, verursachen damit eine Art von *Nebeneffekt*. Um derartige Programme verstehen zu können, muß man den genauen (internen) Ablauf der Abarbeitung der WHERE-Blöcke kennen:

Zunächst wird *logischer_feldausdruck* ausgewertet und das Resultat (ein Feld *maske*, das aus .TRUE. und .FALSE.-Werten besteht) intern abgespeichert. Anschließend werden die *feldzuweisungen* des ersten Anweisungsblocks sequentiell der Reihe nach abgearbeitet, wie wenn sie einzelne (maskierte) WHERE-Anweisungen wären. Dann werden die *feldzuweisungen* des zweiten Anweisungsblocks sequentiell ausgewertet, wie wenn sie einzelne WHERE-Anweisungen mit dem Maskenausdruck (.NOT. *maske*) wären.

4.3.3 Speicherverwaltung

Die Speicherverwaltung ist eine der Aufgaben des Betriebssystems eines Computers. Es geht dabei um die Zuweisung und Überwachung aller vom System benutzten Speicherbereiche. Hierfür werden üblicherweise systeminterne Tabellen angelegt, die als Grundlage der Verwaltung von belegten und freien Speicherbereichen dienen (siehe Abschnitt 1.2.7).

Im Normalfall braucht man sich als Programmierer nicht um die Speicherverwaltung zu kümmern. Speziell im Zusammenhang mit (großen) Feldern kann jedoch eine bewußte Einflußnahme von Bedeutung für die Effizienz sein.

Jedes Datenobjekt besteht aus einem externen Objekt (dem Bezeichner im Programmtext) und einem internen Objekt (Referenz und gespeicherte Werte). Der *Gültigkeitsbereich (scope)* bezieht sich auf den Bezeichner und gibt jenen Bereich des Programms an, in dem das zu ihm gehörende Objekt angesprochen und benutzt werden kann. Der *Existenzbereich (Bindungsbereich, Lebensdauer)* bezieht sich auf den internen Teil des Datenobjekts und gibt jenes Zeitintervall an, in dem für dieses Datenobjekt Speicherplatz fest reserviert ist. Es handelt sich beim Existenzbereich also um einen Begriff, der zur *Laufzeit* eines Programms eine Rolle spielt. Die in einer Programmiersprache zulässigen Existenzbereiche und ihre gegenseitige Lage bestimmen wesentlich, welchen Aufwand man bei der Speicherverwaltung treiben muß.

Der Zusammenhang zwischen Gültigkeitsbereich und Existenzbereich eines Datenobjekts muß nicht sehr eng sein. In Fortran umfaßt der Gültigkeitsbereich einer Variablen z. B. die Geltungseinheit, in der sie deklariert ist, sowie alle Geltungseinheiten, für die diese Deklaration gültig ist. Der Existenzbereich kann mit

4.3 Die Verarbeitung von Feldern

der Gesamtlaufzeit des Programms übereinstimmen, z. B. bei Verwendung des SAVE-Attributs (siehe Überhuber, Meditz [160]).

Man unterscheidet statische und dynamische Existenzbereiche:

Statische Existenzbereiche: Die entsprechenden Objekte belegen zur gesamten Laufzeit eines Programms Speicherplatz, wie z. B. Variablen mit SAVE-Attribut. Derartige Datenobjekte können daher nicht neu geschaffen bzw. wieder entfernt werden.

Dynamische Existenzbereiche: In diesem Fall wird *nicht* während der gesamten Programm-Laufzeit Speicherplatz für das Datenobjekt freigehalten.

Dynamische Existenzbereiche können entweder *automatisch* (die Lebensdauer eines Objekts entspricht der Lebensdauer der Programmeinheit bzw. des internen Unterprogramms, das die Deklaration des Datenobjekts enthält) oder vom Programmierer *gesteuert* verwaltet werden (die Lebensdauer eines Datenobjekts wird durch eine ALLOCATE- bzw. DEALLOCATE-Anweisung explizit festgelegt).

Automatische Felder

Wird in einem Unterprogramm eine *lokale* Feldvariable (im Unterschied zu einem Formalparameter) benötigt, deren Größe sich von Aufruf zu Aufruf ändern kann[11] (etwa in Abhängigkeit von einem Feld mit übernommener Form) und deren Werte nach der Abarbeitung des Unterprogramms nicht mehr verwendet werden, so vereinbart man ein *automatisches Feld* (*automatic array*). Die Größe automatischer Objekte hängt von nichtkonstanten Ausdrücken ab, die vor dem Beginn der Ausführung des Unterprogramms ausgewertet werden und für die folgendes gilt:

- Variablen eines Ausdrucks, der ein automatisches Feld bestimmt, müssen in derselben Geltungseinheit und *vor* der Vereinbarung des Feldes deklariert worden sein.

- Wird in einem solchen Ausdruck eine Abfragefunktion aufgerufen, die sich auf einen Typparameter oder eine Indexgrenze eines Datenobjekts bezieht, welches im selben Vereinbarungsteil wie das automatische Feld deklariert wird, so muß der Typparameter bzw. die Indexgrenze im selben Vereinbarungsteil und noch *vor* der Vereinbarung des automatischen Feldes festgelegt worden sein.

- Analog müssen die Indexgrenzen des Mutterfeldes eines Feldelements, dessen Wert in der Vereinbarung eines automatischen Feldes verwendet wird, bereits *vor* der Vereinbarung dieses automatischen Feldes deklariert worden sein.

---

[11] Eine Größenänderung innerhalb eines Aufrufs ist nicht möglich, weil die Festlegung der Größe eines Datenobjekts Hand in Hand mit der Reservierung neuen Speicherplatzes geht. Die Größe eines automatischen Objekts ändert sich darum während einer Abarbeitung des Unterprogramms auch dann nicht, wenn die Objekte, die seine Größe definieren, ihre Werte ändern oder undefiniert werden.

Beispiel (Wertetausch) Für das Vertauschen der Werte von zwei (Feld-)Variablen benötigt man einen Hilfsspeicher, der sofort nach der letzten Zuweisung wieder freigegeben werden kann.

```
SUBROUTINE tausche_vektoren(u, v)
   REAL, DIMENSION(:), INTENT(INOUT) :: u, v
   REAL, DIMENSION(SIZE(u))          :: speicher  ! automatisches Feld
   speicher = u
   u = v
   v = speicher
END SUBROUTINE tausche_vektoren
```

Die obere Grenze SIZE(u) in der Deklaration von speicher ist ein Ausdruck, der zur Laufzeit des Programms – genauer: bei jedem Aufruf des Unterprogramms tausche_vektoren – ausgewertet wird. Bei jeder „Abarbeitung" der Deklaration von speicher kann für dieses Feld eine unterschiedliche Anzahl von Elementen festgelegt werden.

ACHTUNG: Das Unterprogramm tausche_vektoren dient nur der Verdeutlichung des Konzepts der automatischen Felder. Es sind keine Vorsichtsmaßnahmen für den Fall eines fehlerhaften Aufrufs getroffen worden, z.B. mit aktuellen Parametern u und v unterschiedlicher Größe!

Der Existenzbereich eines automatischen Feldes ist identisch mit der Abarbeitung jenes Unterprogramms, in dem es deklariert ist. Durch Ausführung der END-Anweisung des Unterprogramms wird der Speicher des automatischen Feldes freigegeben. Wenn das Unterprogramm wieder aufgerufen wird, kann auf die alten Werte des vorhergegangenen Aufrufs nicht zugegriffen werden.

Eine Erweiterung des Existenzbereiches mittels SAVE-Attribut ist nicht möglich: Automatische Felder dürfen *nicht* mit dem SAVE-Attribut versehen werden.

Dynamische Felder

In Fortran gibt es für den Programmierer auch die Möglichkeit, den dynamischen Existenzbereich von Feldern und deren Indexgrenzen selbst zu steuern. In der Vereinbarung eines derartigen *dynamischen Feldes* im Spezifikationsteil des betreffenden (Unter-)Programms werden wie üblich Typ, Typparameter, Name und Anzahl der Dimensionen angegeben. Lediglich das hinzugefügte Attribut ALLOCATABLE und die fehlenden Indexbereiche (an deren Stelle Doppelpunkte gesetzt werden) sind Merkmale für die Vereinbarung eines dynamischen Feldes. Formale Parameter von SUBROUTINE- und FUNCTION-Unterprogrammen sowie Ergebnisvariable von FUNCTION-Unterprogrammen kommen als dynamische Felder *nicht* in Frage.

Beispiel (Dynamische Matrix) In einem Programm tritt ein lineares Gleichungssystem $Ax = b$ auf, dessen Größe man nicht a priori festlegen kann, weil die Anzahl der Gleichungen von bestimmten Daten und vorausgegangenen Berechnungen abhängt. Mit

```
REAL, DIMENSION(:,:), ALLOCATABLE :: A
REAL, DIMENSION(:),   ALLOCATABLE :: b, x
```

werden die Matrix A und die Vektoren b und x als dynamische Felder vereinbart.

4.3 Die Verarbeitung von Feldern

Steht im Verlauf der Ausführung der betreffenden Programmeinheit (also zur Laufzeit) fest, wie die Indexbereiche der einzelnen Dimensionen (die Ausdehnungen des Feldes) sein sollen, wird mit Hilfe einer ALLOCATE-Anweisung eine explizite Speicherplatzanforderung vorgenommen:

ALLOCATE (*feldspezifikationsliste* [, STAT = *status*])

In der *feldspezifikationsliste* wird die Form der einzelnen Felder festgelegt:

feldname ([*untergrenze* :] *obergrenze* [, ...])

Die Statusvariable *status* muß ganzzahlig sein und darf nicht zu einem dynamischen Objekt gehören. Bei erfolgreicher Speicherzuordnung nimmt sie den Wert Null an, ansonsten (etwa wenn dem Feld bereits Arbeitsspeicher zugewiesen wurde) einen systemabhängigen positiven Wert. Wenn keine Statusvariable angegeben ist und ein Fehler bei der Ausführung der ALLOCATE-Anweisung auftritt, wird der Programmablauf mit einer Fehlermeldung abgebrochen. Wenn keine *untergrenze* für den Index innerhalb einer Dimension angegeben wird, nimmt der Compiler den Wert 1 an.

Beispiel (Dynamische Matrix) Sobald die Anzahl n der linearen Gleichungen feststeht, kann durch

```
ALLOCATE(A(n,n), b(n), x(n), STAT = alloc_fehler)
IF (alloc_fehler > 0) PRINT *, "Fehler beim ersten ALLOCATE in 'sub_1'"
```

eine konkrete Speicherzuweisung veranlaßt werden.

Jene Objekte, die die Ausdehnung eines dynamischen Feldes festlegen, können nach der Allokation verändert werden, ohne daß sich das auf die Feldgröße auswirkt. Keine Ausdehnungsangabe in einem ALLOCATE-Befehl darf von einer anderen im selben Befehl abhängen.

Wird ein dynamisches Feld nicht mehr benötigt, so kann der Speicherplatz, den es belegt, durch die DEALLOCATE-Anweisung freigegeben werden:

DEALLOCATE (*feldliste* [, STAT = *status*])

Die Freigabe von nicht mehr benötigtem Speicherplatz ist vor allem bei größeren Datenmengen ratsam. Jedes Feld in der *feldliste* muß ein dynamisches Feld sein, für das eine Allokation vollzogen wurde. Für die Statusvariable gilt dasselbe wie im ALLOCATE-Befehl. Die Anwendung der DEALLOCATE-Anweisung auf ein Feld, das zu diesem Zeitpunkt keinen Speicherplatz belegt, stellt einen Programmfehler dar.

ACHTUNG: *Zeiger, die auf deallokierte Felder weisen, werden undefiniert und sollten explizit disassoziiert oder neu assoziiert werden.*

Beispiel (Dynamische Matrix) Wenn die dynamischen Felder A, b und x nicht mehr benötigt werden, können die entsprechenden Speicherbereiche wieder freigegeben werden:

```
DEALLOCATE(A, b, x, STAT = dealloc_fehler)
IF (dealloc_fehler > 0) PRINT *, "Fehler beim ersten DEALLOCATE in 'sub_1'"
```

Nach Ausführung einer DEALLOCATE-Anweisung kann dem Feld mit einer neuen ALLOCATE-Anweisung wieder Speicherplatz zugeordnet werden.

Ein dynamisches Feld existiert nur nach erfolgreicher Ausführung einer ALLOCATE-Anweisung, solange es nicht gelöscht wird, d. h., der Existenzbereich (die Lebensdauer) eines dynamischen Feldes ist durch die Phasen zwischen ALLOCATE- und DEALLOCATE-Anweisungen (bzw. dem Ende der Programmausführung) gegeben.

Nur in seinem Existenzbereich (wenn Speicherplatz reserviert ist) kann ein dynamisches Feld auch *definiert* werden, d. h., mit Werten versehen werden.

Beispiel (Dynamische Matrix)

```
REAL, DIMENSION(:,:), ALLOCATABLE :: A
...                    ! A existiert noch nicht
...                    ! Wertzuweisungen an A sind NICHT moeglich
ALLOCATE(A(n,n))       ! A existiert ab jetzt
...                    ! Wertzuweisungen sind moeglich
DEALLOCATE(A)          ! A hoert auf zu existieren
...
ALLOCATE(A(k,k))       ! A existiert ab jetzt wieder
```

Ein dynamisches Feld, das in einem Unterprogramm vereinbart oder zugänglich ist, verläßt seinen Existenzbereich nicht, wenn eine RETURN-Anweisung oder die END-Anweisung des Unterprogramms ausgeführt wird, ohne daß der Speicher des dynamischen Feldes vorher mit einer DEALLOCATE-Anweisung freigegeben wurde. Es ändert sich jedoch der *Definitionsstatus* des dynamischen Feldes. Wenn es vorher definiert war, so ist es jetzt undefiniert. Wenn das Unterprogramm wieder aufgerufen wird, so kann auf die alten Werte *nicht* zugegriffen werden, obwohl die Speicherreservierung noch aufrecht ist. Diese Änderung des Definitionsstatus beim Verlassen eines Unterprogramms kann durch das SAVE-Attribut vermieden werden.

Beispiel (Dynamische Matrix) In einem externen Unterprogramm wird der dynamischen Matrix A durch eine ALLOCATE-Anweisung Speicher zugeordnet.

```
SUBROUTINE lin_alg(p_1, p_2, p_3)
   ...
   REAL, DIMENSION(:,:), ALLOCATABLE :: A
   ...                                      ! Bereich 1
   ALLOCATE(A(n,n))
   ...                                      ! Bereich 2
END SUBROUTINE lin_alg
```

Wenn das Unterprogramm lin_alg zweimal aufgerufen wird

```
   ...
   CALL lin_alg(a_p_1, a_p_2, a_p_3)   ! 1. Aufruf
   ...
   CALL lin_alg(a_p_4, a_p_5, a_p_6)   ! 2. Aufruf
   ...
```

ergibt sich folgender Statusverlauf von A:

4.3 Die Verarbeitung von Feldern

1. Aufruf:
   Bereich 1: A ist nicht existent und nicht definierbar
   Bereich 2: A ist existent und definierbar
2. Aufruf:
   Bereich 1: A ist existent und *neu* definierbar
   Bereich 2: wird *nicht* erreicht, weil die unzulässige ALLOCATE-Anweisung zu einem Programmabbruch führt.

Um die Schwierigkeiten mit *Mehrfach*-Allokationen oder der irrtümlichen Verwendung von nichtexistenten dynamischen Feldern vermeiden zu können, gibt es in Fortran die vordefinierte Funktion ALLOCATED, die den Existenzstatus eines dynamischen Feldes liefert.

Beispiel (Dynamische Matrix) Ersetzt man die ALLOCATE-Anweisung im Unterprogramm lin_alg durch

```
IF (.NOT. ALLOCATED(A)) ALLOCATE(A(n,n))
```

so tritt beim zweiten Aufruf kein Abbruch mehr ein. Es ist allerdings dafür Sorge zu tragen, daß n definiert ist und den gewünschten Wert hat.

4.3.4 Felder als Parameter

Wenn ein Feld einem Unterprogramm als Parameter übergeben wird, müssen i. a. entsprechende Formal- und Aktualparameter konform sein, d. h., bezüglich der Anzahl der Dimensionen und der Ausdehnung in den Dimensionen übereinstimmen. Um das zu erreichen, kann der Programmierer in der Vereinbarung des Formalparameters explizite Indexgrenzen festlegen, so daß der Compiler noch vor dem Programmablauf feststellen kann, ob Übereinstimmung gegeben ist.

Beispiel (Mittelwert) In manchen Anwendungsfällen ist die Form eines Feldes (Anzahl der Dimensionen und jeweilige Ausdehnung) fest und kann starr vereinbart werden.

```
FUNCTION jahresmittel(wert_pro_monat) RESULT (wert_jahr)
   REAL, DIMENSION(12), INTENT(IN)   :: wert_pro_monat
   REAL,                INTENT(OUT)  :: wert_jahr
   wert_jahr = SUM(wert_pro_monat)/12.
END FUNCTION jahresmittel
```

Man kann aber auch die Ausdehnung des Feldes als Parameter übergeben.

Beispiel (Mittelwert) Speziell in jenen Fällen, wo die Ausdehnung eines Feldes (bzw. Unter- und Obergrenzen) eine konkrete Bedeutung besitzt, kann man eigene Parameter verwenden und diese extra an das Unterprogramm übergeben.

```
FUNCTION mittelwert(anzahl, daten) RESULT (mittel_arith)
   INTEGER,                    INTENT(IN)   :: anzahl
   REAL, DIMENSION(anzahl),    INTENT(IN)   :: daten
   REAL,                       INTENT(OUT)  :: mittel_arith
   mittel_arith = SUM(daten)/anzahl
END FUNCTION mittelwert
```

Größere Flexibilität gewinnt man durch die sogenannten *Felder mit übernommener Form* (*assumed shape arrays*). Das sind Formalparameter-Felder, die so vereinbart werden, daß sie automatisch die Form des Aktualparameters annehmen. Die Syntax des in der Vereinbarung des formalen Parameters anzugebenden Attributs eines Feldes mit übernommener Form lautet:

DIMENSION ([*untergrenze*] : [, ...])

Für die Ausdehnung in jeder Dimension des Feldes wird ein Doppelpunkt gesetzt.

Beispiel (Mittelwert) Die flexibelste und am wenigsten fehleranfällige Variante erhält man durch Verwendung eines Feldes mit übernommener Form.

```
FUNCTION vektor_mittel(vektor) RESULT (mittel_arith)
    REAL, DIMENSION(:), INTENT(IN)   :: vektor
    REAL,               INTENT(OUT)  :: mittel_arith
    mittel_arith = SUM(vektor)/SIZE(vektor)
END FUNCTION vektor_mittel
```

In jeder Dimension kann in der Vereinbarung des formalen Parameters eine Index*unter*grenze festgelegt werden. Die Index*ober*grenze in der betreffenden Dimension des Formalparameter-Feldes ergibt sich dann aus der explizit spezifizierten unteren Grenze und der vom Aktualparameter-Feld *übernommenen* Ausdehnung d in der betreffenden Dimension als

$$obergrenze := untergrenze + d - 1.$$

Werden keine Indexuntergrenzen angegeben, so richten sie sich nicht etwa nach denen des Aktualparameters, sondern werden mit dem Wert 1 festgelegt.

Beispiel (Indexgrenzen) Die Deklaration

```
REAL, DIMENSION(3:,:)  ::  a_formal
```

vereinbare ein Formalparameter-Feld, und

```
REAL, DIMENSION(-2:3,10)  ::  a_aktual
```

den dazugehörigen Aktualparameter. Dann hat Feld `a_formal` die gleiche Form wie `a_aktual`, jedoch lautet der Index des ersten Elements (3,1) und jener des letzten Elements (8,10).

4.3.5 Funktionen mit Feldresultaten

Funktionen können nicht nur Skalare, sondern auch Felder als Resultate haben. Dazu muß lediglich das Ergebnis (also der Funktions- bzw. Resultatname) als Feld mit der gewünschten Form vereinbart werden. Die Indexgrenzen des Funktionsresultates müssen ausdrücklich durch Ausdrücke angegeben werden, außer das Funktionsresultat ist ein Zeiger. Damit der Compiler „weiß", daß das Resultat einer Funktion kein Skalar ist, muß die Schnittstelle solcher Funktionen explizit gemacht werden (vgl. Abschnitt 4.4).

Beispiel (Äußeres Produkt) Eine Implementierung der Berechnung des äußeren Produkts zweier Vektoren durch ein FUNCTION-Unterprogramm könnte z. B. so aussehen:

4.3 Die Verarbeitung von Feldern

```
FUNCTION aeusseres_produkt(u,v) RESULT (matrix_rg_1)
   REAL, DIMENSION(:), INTENT(IN)        :: u, v
   REAL, DIMENSION(LBOUND(u):UBOUND(u),LBOUND(v):UBOUND(v)),   &
         INTENT(OUT)                     :: matrix_rg_1
   matrix_rg_1 = SPREAD(u, DIM = 2, NCOPIES = SIZE(v))*        &
                 SPREAD(v, DIM = 1, NCOPIES = SIZE(u))
END FUNCTION aeusseres_produkt
```

4.3.6 Vordefinierte Unterprogramme

Schon Fortran 90 hat eine große Menge an vordefinierten Unterprogrammen enthalten (siehe z. B. Überhuber, Meditz [160]), von denen z. B. SUM oder MATMUL schon früher erwähnt wurden.

Eine Neuerung, die direkt aus der Version 1 bzw. 1.1 von HPF in den neuen Fortran 95-Standard übernommen wurde und daher den Einfluß der HPF-Bewegung demonstriert, ist die Erweiterung der Funktionalität der beiden bereits in Fortran 90 vordefinierten FUNCTION-Unterprogramme MAXLOC und MINLOC. Durch die Einführung eines optionalen Parameters DIM kann nicht nur die Stelle des absoluten Maximums bzw. Minimums eines Feldes bestimmt werden, sondern auch die Position relativer Maxima bzw. Minima entlang einer vorgegebenen Dimension.

MAXLOC(ARRAY [, DIM][, MASK])

Lokalisiert das erste Auftreten entweder des größten Elementes eines ganzen Feldes ARRAY oder des größten Elementes entlang einer vorgegebenen Dimension des Feldes ARRAY, wobei die bei der Maximumbildung berücksichtigten Elemente durch MASK identifiziert werden.

KATEGORIE   Transformationsfunktion
PARAMETER

    ARRAY   INTEGER- oder REAL-Feldgröße (*kein* Skalar)

    [DIM]   INTEGER-Skalar mit $1 \leq$ DIM $\leq n$, wobei n die Anzahl der Dimensionen von ARRAY ist. Der entsprechende Aktualparameter darf kein optionaler Formalparameter sein.

    [MASK]   LOGICAL, konform mit ARRAY

ERGEBNIS

    Typ: INTEGER

    Fall 1: Wenn DIM fehlt, dann ist das Ergebnis ein eindimensionales Feld der Größe n (Indizes des größten Elementes von ARRAY).

    Fall 2: Ist DIM präsent, so ist das Ergebnis ein Feld mit $n-1$ Dimensionen und den Ausdehnungen

$$(d_1, \ldots, d_{DIM-1}, d_{DIM+1}, \ldots, d_n),$$

wobei $(d_1, \ldots, d_n)$ die Form von ARRAY spezifiziert.

Wert: Fall 1: Ist DIM nicht angegeben, so wird die Stelle des ersten Auftretens des größten Feldelementes in ARRAY geliefert (genauso wie beim ursprünglichen Fortran 90 FUNCTION-Unterprogramm).

Fall 2: DIM ist präsent. Ist ARRAY ein eindimensionales Feld, so ist MAXLOC(ARRAY, DIM[, MASK]) ein Skalar, der die Stelle des ersten Auftretens des größten Feldelementes angibt, wobei nur diejenigen Elemente von ARRAY betrachtet werden, für die das entsprechende Element von MASK .TRUE. ist.

Ist ARRAY ein mehrdimensionales Feld, so wird die Stelle des ersten Auftretens des größten Feldelementes entlang der Dimension DIM bestimmt, wobei wiederum nur die Elemente berücksichtigt werden, für die das entsprechende Element von MASK .TRUE. ist. Der Wert des Feldelementes

$$(s_1, \ldots, s_{DIM-1}, s_{DIM+1}, \ldots, s_n)$$

des Funktionswertes von MAXLOC(ARRAY, DIM[, MASK]) ist also gleich dem Wert von
MAXLOC(ARRAY($s_1, \ldots, s_{DIM-1}, :, s_{DIM+1}, \ldots, s_n$), [MASK = MASK($s_1, \ldots, s_{DIM-1}, :, s_{DIM+1}, \ldots, s_n$)]).

Beispiel (Vektor) Ist c = (/30, 20, -7, 4, -9/), dann ist

    MAXLOC(c) gleich [1] ,
    MAXLOC(c, MASK = c.LT.0) gleich [3]   und
    MAXLOC(c, DIM = 1) gleich 1 .

Beispiel (Matrix) a sei das Feld

$$\begin{bmatrix} 1 & 9 & -4 \\ 4 & 5 & 11 \end{bmatrix},$$

dann ist

    MAXLOC(a, DIM = 1) gleich [2 1 2] und

    MAXLOC(a, DIM = 2) gleich $\begin{bmatrix} 2 \\ 3 \end{bmatrix}$.

MINLOC(ARRAY [, DIM][, MASK])

Lokalisiert das erste Auftreten entweder des kleinsten Elementes eines ganzen Feldes ARRAY oder des kleinsten Elementes entlang einer vorgegebenen Dimension des Feldes ARRAY, wobei die bei der Minimumbildung berücksichtigten Elemente durch MASK identifiziert werden.

Die Spezifikation von MINLOC ist völlig analog zu jener von MAXLOC.

Beispiel (Vektor) Ist c = (/30, 20, -7, 4, -9/), dann ist

    MINLOC(c) gleich [5] ,
    MINLOC(c, MASK = c.GT.0) gleich [4]   und
    MINLOC(c, DIM = 1) gleich 5 .

Beispiel (Matrix) a sei das Feld
$$\begin{bmatrix} 1 & 9 & -4 \\ 4 & 5 & 11 \end{bmatrix},$$
dann ist

`MINLOC(a, DIM = 1)` gleich $[1\ 2\ 1]$ und

`MINLOC(a, DIM = 2)` gleich $\begin{bmatrix} 3 \\ 1 \end{bmatrix}$.

4.4 Unterprogrammschnittstellen

Beim Aufruf eines Unterprogramms benötigt man nicht nur Informationen über seine algorithmische Wirkungsweise, sondern beispielsweise auch über Anzahl und Eigenschaften seiner Parameter oder darüber, ob es sich um eine Funktion handelt. Die Gesamtheit aller Informationen, die es gestatten, die Form des Aufrufs zu bestimmen, nennt man die *Schnittstelle* (*interface*) des Unterprogramms.[12]

Je nach Art der Geltungseinheit, von der aus das Unterprogramm aufgerufen wird, und je nach Art des Unterprogramms selbst sind ihr diese Informationen automatisch zugänglich oder nicht. Die Schnittstelle eines *internen* Unterprogramms beispielsweise ist innerhalb der umgebenden Programmeinheit stets bekannt. Man sagt: Die Schnittstelle ist *explizit*. Ein *externes* Unterprogramm hingegen kann separat vom Hauptprogramm übersetzt werden, ja, es kann sogar in einer anderen Programmiersprache (z. B. auch in Assembler) geschrieben sein. Fortran hat daher im allgemeinen keine Möglichkeit, auf den Quelltext eines externen Unterprogramms zuzugreifen. Gleiches gilt für ein Unterprogramm, das als Formalparameter verwendet wird, da es keinen Quelltext *hat*. In diesen beiden Fällen kann die aufrufende Programmeinheit die Schnittstelle des Unterprogramms nicht kennen; sie ist *implizit*. Der Programmierer hat jedoch die Möglichkeit, dem Compiler Informationen über die Schnittstelle solcher Unterprogramme bereitzustellen. Das ist zwar nur in bestimmten Fällen wirklich vorgeschrieben (vgl. die Abschnitte 4.4.2, 5.4 und 5.6), aber stets ratsam, damit bei der Übersetzung entsprechende Überprüfungen vorgenommen werden können. Das empfehlenswerteste – wenn auch nicht das einzige – Mittel dazu ist der sogenannte *Schnittstellenblock*, eine spezielle Sequenz von nicht ausführbaren Anweisungen, die im folgenden beschrieben wird. Wenn bei Unterprogrammen mit impliziter Schnittstelle kein Schnittstellenblock angegeben wird und der Compiler daher die Schnittstelle nicht kennt, werden Fehler bei der Parameterübergabe – wenn überhaupt – erst während der Programmlaufzeit erkannt und können zu fehlerhaften Resultaten oder zu „Abstürzen", also vorzeitigen (unkontrollierten) Programmabbrüchen, führen.

---

[12] Die Schnittstelle eines Unterprogramms ist nicht nur für den Compiler, sondern auch für den Anwender eine nützliche Information. (Unter-)Programme, die mehreren Benutzern zugänglich gemacht werden sollen, sollten stets eine Schnittstellenbeschreibung in Form von vorangestellten Kommentarzeilen aufweisen. Die Schnittstellenbeschreibung sollte eine allgemeine Funktionsbeschreibung des Unterprogramms sowie eine Beschreibung seiner Parameter und ihrer Eigenschaften enthalten.

4.4.1 Explizite Schnittstellen

Die Schnittstelle eines internen Unterprogramms, eines Modulunterprogramms oder einer vordefinierten Funktion ist für eine Geltungseinheit, die Zugriff darauf hat, stets explizit. Für selbstdefinierte Unterprogramme wird sie durch deren FUNCTION- oder SUBROUTINE-Anweisung und durch die Vereinbarungen für Formalparameter und ggf. für das Funktionsresultat festgelegt.

4.4.2 Implizite Schnittstellen

Externe Unterprogramme sowie als Formalparameter verwendete Unterprogramme haben implizite Schnittstellen. In diesen beiden Fällen kann die implizite Schnittstelle durch einen *Schnittstellenblock* explizit gemacht werden. Diese Vorgangsweise ist in manchen Fällen sogar vorgeschrieben, z. B. wenn das betreffende Unterprogramm eine der folgenden Eigenschaften hat (für weitere solcher Eigenschaften siehe z. B. Adams et al. [1]):

- Das Unterprogramm hat optionale Formalparameter,

- das Unterprogramm ist eine Funktion und hat entweder ein Feld oder einen Zeiger als Resultat,

- das Unterprogramm hat ein Feld mit übernommener Form, einen Zeiger oder eine Zielvariable als Formalparameter,

- das Unterprogramm definiert einen Operator oder eine Zuweisung, oder

- das Unterprogramm wird mit seinem generischen Namen aufgerufen.

In den meisten anderen Fällen ist die Angabe eines Schnittstellenblocks in Fortran nicht strikt vorgeschrieben, beispielsweise bei einem externen Unterprogramm, das keine der obigen Bedingungen erfüllt.[13]

Es ist aber immer empfehlenswert, implizite Schnittstellen explizit zu machen, damit der Compiler die Korrektheit des Unterprogrammaufrufs überprüfen kann.

4.4.3 Schnittstellenblöcke

Die einfachste Form eines Schnittstellenblocks hat die syntaktische Form

```
INTERFACE
   [ unterprogramm_ anweisung
   [ vereinbarungsteil]
     end_ anweisung]
END INTERFACE
```

---

[13] Zusätzlich zu den hier angeführten Fällen schreibt allerdings HPF in manchen Situationen eine explizite Schnittstelle vor (siehe die Abschnitte 5.4 und 5.6).

Dabei bedeutet *unterprogramm_anweisung* eine FUNCTION- oder SUBROUTINE-Anweisung, der *vereinbarungsteil* ist jener des zu beschreibenden Unterprogramms, und *end_anweisung* ist die passende END FUNCTION- oder END SUBROUTINE-Anweisung.

Das Innere eines Schnittstellenblocks ist ein Duplikat des Prozedurkopfes der zu beschreibenden Unterprogramme, wobei der Prozedurrumpf (die ausführbaren Anweisungen sowie DATA- und FORMAT-Anweisungen) weggelassen werden muß. Die Namen der angeführten Formalparameter dürfen von denen der Formalparameter in der eigentlichen Unterprogrammdefinition verschieden sein, nur ihre Eigenschaften müssen übereinstimmen. Für den Schnittstellenblock sind nur jene Vereinbarungen und Spezifikationen wesentlich, die Information über Eigenschaften der Formalparameter und eines allfälligen Funktionsresultats angeben. Andere Spezifikationen, z. B. Vereinbarungen lokaler Datenobjekte, dürfen weggelassen werden.

Beispiel (Zylindervolumen) Will man das FUNCTION-Unterprogramm, das der Volumsberechnung eines Hohlzylinders dient, mit Schlüsselwort-Parametern oder mit optionalen Parametern (siehe Überhuber, Meditz [160]) aufrufen, so muß die aufrufende Programmeinheit einen Schnittstellenblock enthalten:

```
INTERFACE
    REAL FUNCTION hohlzylinder_volumen(radius_innen, radius_aussen, hoehe)
    REAL, INTENT(IN), OPTIONAL :: radius_innen      ! optionaler
                                                    ! Eingangsparameter
    REAL, INTENT(IN)           :: radius_aussen, hoehe
                                 ! nicht-optionale Eingangsparameter
    END FUNCTION hohlzylinder_volumen
END INTERFACE
```

Die Namen der formalen Parameter des Schnittstellenblocks müssen *nicht* mit jenen der Deklaration des FUNCTION-Unterprogramms übereinstimmen. Im vorliegenden Fall ist also z. B. auch der folgende Schnittstellenblock möglich:

```
INTERFACE
    REAL FUNCTION hohlzylinder_volumen (r_innen, r_aussen, h)
    REAL, INTENT(IN), OPTIONAL :: r_innen
    REAL, INTENT(IN)           :: r_aussen, h
    END FUNCTION hohlzylinder_volumen
END INTERFACE
```

Schlüsselwort-Parameter in einem Aufruf *müssen* allerdings die Parameternamen des zugehörigen Schnittstellenblocks verwenden, also z. B.

```
    zyl_vol = hohlzylinder_volumen (h = 31.54, r_aussen = 29.8)
```

4.5 FORALL

Mit der FORALL-Anweisung können simultan ausführbare Zuweisungen an Felder oder an Teilbereiche von Feldern beschrieben werden. Derartige Operationen sind typisch für datenparallele Berechnungen. Die mit der FORALL-Anweisung erreichbare Funktionalität ist zwar in vielen Bereichen ähnlich den in den vorangegangenen Abschnitten beschriebenen Feldoperationen, sie erlaubt aber auch die

Durchführung allgemeinerer Zuweisungen. Insbesondere können innerhalb einer FORALL-Anweisung auch benutzerdefinierte Unterprogramme aufgerufen werden, wenn sie frei von Nebeneffekten sind. Derartige Unterprogramme werden durch das PURE-Präfix gekennzeichnet (siehe Abschnitt 4.6).

4.5.1 Die FORALL-Anweisung

Die Feldoperationen von Fortran sind dadurch eingeschränkt, daß der Operand auf der rechten Seite einer Zuweisung konform mit dem Operanden auf der linken Seite sein muß (siehe Abschnitt 4.2.4). Um diese Einschränkung zu lockern, wurde aus früheren HPF-Versionen (siehe Abschnitt 5.1) eine Anweisung für *elementweise* Feldzuweisungen, die FORALL-Anweisung, in die Fortran-Norm übernommen.

Die Funktionalität der FORALL-Anweisung umfaßt jene der Feldzuweisungsoperationen, ermöglicht aber eine kompaktere und einfachere Ausdrucksweise. Darüber hinaus können einige Operationen ausgedrückt werden, die alleine durch die Verwendung allgemeiner Indexbereiche *nicht* dargestellt werden können.

Syntaxregeln für FORALL-Anweisungen

[*label:*] FORALL (*forall-indexbereich-liste* [, *skalar-maske*]) *zuweisung*

- Die Elemente der *forall-indexbereich-liste* sind von der Form

$$index = ugr : ogr \,[: inkr].$$

Jeder *index* muß eine skalare INTEGER-Variable sein, in den Ausdrücken *ugr*, *ogr* und *inkr* einer *forall-indexbereich-liste* darf kein *index* dieser *forall-indexbereich-liste* referenziert werden, und *inkr* darf nie den Wert Null haben. Fehlt die explizite Angabe des Wertes *inkr* bei einem Element der *forall-indexbereich-liste*, dann wird *inkr* = 1 gesetzt.

Eine FORALL-Anweisung ist nicht korrekt, wenn das Ergebnis der Auswertung eines beliebigen Ausdrucks in der *forall-indexbereich-liste* oder in der *skalar-maske* von der Auswertung eines anderen Ausdrucks in diesen Teilen beeinflußt wird oder selbst die Auswertung eines anderen Ausdrucks in diesen Teilen beeinflußt.

- Die *skalar-maske* darf von *index*-Werten abhängen. Es sind daher sehr weitreichende Möglichkeiten für Maskierungen vorhanden.

- Jedes in einer *skalar-maske* aufgerufene Unterprogramm muß das Präfix PURE haben (siehe Abschnitt 4.6). Auch jedes in einer *zuweisung* einer FORALL-Anweisung aufgerufene Unterprogramm muß das Präfix PURE haben (siehe Abschnitt 4.6).

- Der Gültigkeitsbereich eines *index* ist die FORALL-Anweisung selbst.

4.5 FORALL

Die Menge der *gültigen* Werte für *index* ist durch

$$ugr + (k-1)inkr, \quad k = 1, 2, \ldots, \left\lfloor \frac{ogr - ugr + inkr}{inkr} \right\rfloor$$

gegeben. Diese Menge wird vor dem Beginn der eigentlichen Ausführung der FORALL-Anweisung bestimmt. Ist

$$\left\lfloor \frac{ogr - ugr + inkr}{inkr} \right\rfloor \leq 0,$$

dann wird die FORALL-Anweisung nicht ausgeführt.

Die Zuweisungen der FORALL-Anweisung können nur an Speicherplätze erfolgen, die durch gültige Werte der *index*-Variablen in der *zuweisung* ausgewählt werden. Es dürfen allerdings innerhalb einer FORALL-Anweisung keine mehrfachen Zuweisungen an denselben Speicherplatz erfolgen – eine derartige Anweisung ist nicht korrekt.

Die Ausführung von FORALL-Anweisungen

Für die Parallelverarbeitung ist es wichtig, genau über die Synchronisationspunkte einer FORALL-Anweisung Bescheid zu wissen. Bei der Ausführung einer FORALL-Anweisung werden der Reihe nach folgende Schritte durchgeführt:

1. Auswertung der *ugr*-, *ogr*- und *inkr*-Ausdrücke in der *forall-indexbereich-liste* in beliebiger Reihenfolge. Die Menge der *gültigen Kombinationen* von *index*-Werten ist dann das kartesische Produkt der Mengen, die durch diese Elemente der Liste definiert werden.

2. Auswertung der *skalar-maske*-Ausdrücke für alle gültigen Kombinationen von *index*-Werten. Die Maskenelemente können in jeder beliebigen Reihenfolge ausgewertet werden. Die Menge der *aktiven Kombinationen* von *index*-Werten ist jene Teilmenge der gültigen Kombinationen, für die die Auswertung der Maske den Wert .TRUE. ergibt. Tritt die *skalar-maske* nicht auf, wird genauso vorgegangen, wie wenn sie mit konstantem Wert .TRUE. vorhanden wäre.

3. Auswertung aller rechten Seiten der Ausdrücke innerhalb der *zuweisung* für alle aktiven Kombinationen von *index*-Werten *in beliebiger Reihenfolge*.

4. Durchführung der Zuweisung der berechneten Ausdrücke an die entsprechenden Variablen bzw. Speicherplätze für alle aktiven Kombinationen von *index*-Werten.

Die einzelnen Zuweisungen können in jeder beliebigen Reihenfolge erfolgen.
Es ist nicht erlaubt, in einer FORALL-Anweisung einem atomaren[14] Datenobjekt mehr als einen Wert zuzuweisen.

---

[14] Ein Datenobjekt heißt *atomar*, wenn es keine Teilobjekte enthält. Eine skalare INTEGER-Variable ist ein Beispiel für ein atomares Datenobjekt; ein INTEGER-Feld ist ein Beispiel für ein nicht-atomares Datenobjekt.

Beispiel (FORALL) Die Anweisung

```
FORALL (i = 1:10) a(indx(i)) = b(i)
```

ist genau dann korrekt, wenn das Feld `indx` keinen Wert mehrfach enthält.

Es ist zu beachten, daß dadurch das Verhalten der FORALL-Anweisung eingeschränkt wird, nicht aber ihre Syntax. Syntaktische Einschränkungen, um dieses Verhalten zu erzwingen, wären entweder unvollständig (d. h., sie würden undefiniertes Verhalten erlauben) oder zu weitreichend (d. h., sie würden Programme aus formalen Gründen ausschließen, obwohl ihr Verhalten zulässig wäre). Aus diesem Grund ist eine Überprüfung dieser Einschränkung durch den Compiler üblicherweise *nicht* möglich.

Im folgenden werden Beispiele angeführt, die hauptsächlich die Unterschiede der FORALL-Anweisung zu den schon in Fortran 90 vorhandenen Möglichkeiten zur Feldverarbeitung verdeutlichen sollen.

Beispiel (Unterschied zwischen DO und FORALL) Das erste Beispiel erläutert den Unterschied zwischen DO-Schleifen und FORALL-Anweisungen: Die Anweisung

```
FORALL (i = 2:4) x(i) = x(i-1) + x(i) + x(i+1)
```

bewirkt *simultane* Zuweisungen an die Elemente von x. Falls z. B.

```
x = [1.0, 20.0, 300.0, 4000.0, 50000.0],
```

dann ist nach der Ausführung der Anweisung

```
x = [1.0, 321.0, 4320.0, 54300.0, 50000.0].
```

Dasselbe Ergebnis erzielt die Anweisung (vgl. Abschnitt 4.2.4)

```
x(2:4) = x(1:3) + x(2:4) + x(3:5).
```

Im Gegensatz dazu werden die Zuweisungen an die Elemente von x in einer DO-Schleife *hintereinander* durchgeführt:

```
DO i = 2, 4
   x(i) = x(i-1) + x(i) + x(i+1)
END DO
```

Nach der Abarbeitung dieser Schleife ergibt sich also bei obiger Vorbelegung:

```
x = [1.0, 321.0, 4621.0, 58621.0, 50000.0].
```

Die nächsten Beispiele vergleichen die FORALL-Anweisung mit den Feldverarbeitungsoperationen von Fortran 90. Teilweise bieten diese die gleiche Funktionalität mit vergleichbarem Aufwand, teilweise ist eine FORALL-Anweisung allerdings deutlich einfacher ist als die äquivalenten Feldoperationen. Schließlich sind auch Fälle angeführt, in denen die FORALL-Anweisung neue Funktionalität bietet, die mit den Feldverarbeitungsoperationen von Fortran 90 gar nicht erreichbar ist.

4.5 FORALL

Beispiel (Maskierung) Die folgende Anweisung bewirkt, daß der Kehrwert jedes Elementes des INTEGER-Feldes y, das ungleich Null ist, dem entsprechenden Element von x zugewiesen wird. Mit Elementen von y, die Null sind, wird keine Berechnung durchgeführt, und den entsprechenden Elementen von x wird kein Wert zugewiesen:

```
FORALL (i = 1:n, j = 1:n, ABS(y(i,j)) > EPSILON(0.d0)) x(i,j) = 1.0/y(i,j)
```

Die dazu äquivalente Fortran 90-Anweisung, bei der die Aufgabe der *skalar-maske* durch eine zusätzliche WHERE-Anweisung (siehe Abschnitt 4.3.2) übernommen wird, lautet:

```
WHERE (ABS(y(1:n,1:n)) > EPSILON(0.d0)) x(1:n,1:n) = 1.0 / y(1:n,1:n)
```

Beispiel (Permutation, Transposition) Eine Permutation der Dimensionen kann durch

```
FORALL (i = i:n, j = 1:n, k = 1:n) a(i,j,k) = b(k,j,i)
```

klarer ausgedrückt werden als ohne die Verwendung von FORALL. Als Alternative müßte RESHAPE verwendet werden:

```
a = RESHAPE(b,order=(/3,2,1/))
```

Einen wichtigen Spezialfall davon stellt das *Transponieren* von Matrizen dar:

```
FORALL (j = 1:m, k = 1:n) x(k,j) = y(j,k)
FORALL (k = 1:n)          x(k,1:m) = y(1:m,k)
```

Beide Anweisungen bewirken, daß das Feld x mit der transponierten Matrix der im Feld y gespeicherten Matrix belegt wird. In der ersten Anweisung betrifft die *zuweisung* einzelne Elemente, während x in der zweiten Anweisung zeilenweise belegt wird.
In Fortran 90 (ohne Verwendung der FORALL-Anweisung) müßte für eine derartige Operation ein vordefiniertes Unterprogramm verwendet werden:

```
x(1:n,1:m) = TRANSPOSE(y(1:m,1:n))
```

Beispiel (Konformität) Mit Hilfe der FORALL-Anweisung können die Konformitätsbedingungen von Feldoperationen umgangen werden. Um das äußere Produkt zweier Vektoren zu einer Matrix zu addieren (eine Operation, die z.B. bei der LU-Faktorisierung auftritt – siehe Abschnitt 3.3.1) ist in Fortran 90 die Verwendung der vordefinierten Funktion SPREAD erforderlich:

```
a(r+1:m,r+1:n) = a(r+1:m,r+1:n) - (SPREAD(a(r+1:m,r),2,n-r)    &
                                 * SPREAD(a(r,r+1:n),1,m-r))
```

Viel verständlicher wird der Code mit einer FORALL-Anweisung:

```
FORALL (i = r+1:m, j = r+1:n) a(i,j) = a(i,j) - a(i,r)*a(r,j)
```

Beispiel (Index-Abhängigkeit) Indexabhängige Ausdrücke lassen sich nur umständlich ohne FORALL ausdrücken. Die Anweisung

```
FORALL (i = 1:m, j = i:n) even(i,j) = (MOD(i+j,2) == 0)
```

weist einem Element des logischen Feldes **even** den Wert .TRUE. zu, wenn $(i+j)$ gerade ist, ansonsten den Wert .FALSE.. Eine dazu äquivalente Anweisung ohne Verwendung von FORALL könnte z. B. folgendermaßen aussehen:

```
even = (MOD (SPREAD( (/ (i, i=1,m) /),2,n ) +                    &
             SPREAD( (/ (j, j=1,n) /),1,m),2)==0)
```

Die folgenden Operationen können gar nicht alleine mit Feldoperationen (ohne die Verwendung der FORALL-Anweisung) ausgedrückt werden.

Beispiel (Feld-Reduktionsoperationen) Durch die Anweisung

```
FORALL (k = 1:4) x(k) = SUM(x(1:5:k))
```

werden vier Summen von Teilfeldern von **x** berechnet.[15] Ausgehend vom Feld

$$x = [1.0, 2.0, 3.0, 4.0, 5.0]$$

erhält man durch die Ausführung dieser FORALL-Anweisung

$$x = [15.0, 9.0, 5.0, 6.0, 5.0].$$

Feldoperationen reichen alleine *nicht* aus, um eine derartige Operation durchzuführen.

Beispiel (Operationen mit nicht-rechteckigen Feldausschnitten) Durch die Anweisung

```
FORALL (i = 1:n) a(i,i) = x(i)           ! Diagonale eines Feldes
```

wird den Diagonalelementen von **a** der Vektor **x** zugewiesen. Ohne Verwendung von FORALL würde die Realisierung dieser Operation beispielsweise die Verwendung von EQUIVALENCE- oder WHERE-Anweisungen erfordern.

Analog können mit Hilfe der FORALL-Anweisung z. B. Operationen mit dem Dreieck oberhalb der Diagonale eines zweidimensionalen Feldes auf sehr einfache Weise durchgeführt werden:

```
FORALL (i = 1:n, j = 1:n, j >= i) ... a(i,j) ...   ! Dreieck oberhalb
                                                   ! der Diagonale
```

Beispiel (Irreguläre Feldzugriffe) Elemente eines Feldes können in beliebiger Art und Weise ausgewählt werden, um ein anderes Feld beliebiger Form zu bilden. Durch

```
FORALL (i = 1:l, j = 1:m, k = 1:n) ... a(ivec(i,j,k),jvec(i,j,k)) ...
```

wird ein dreidimensionales irreguläres „Teilfeld" des zweidimensionalen Feldes **a** gebildet. Mit den Feldoperationen aus Fortran 90 könnten nur ein- oder zweidimensionale Teilfelder von **a** angesprochen werden.

Beispiel (Operationen mit Funktionsaufrufen)

```
FORALL (i = 1:m, j = 1:n) c(i,j) = DOT_PRODUCT(a(i,:),b(:,j))
```

---

[15] SUM ist als vordefiniertes Unterprogramm von Fortran PURE und darf daher innerhalb der FORALL-Anweisung aufgerufen werden (siehe Abschnitt 4.6).

4.5 FORALL

ist eine Variante der Matrizenmultiplikation (vgl. Abschnitt 3.2.4). Ohne FORALL müßte der Aufruf der Funktion DOT_PRODUCT zur Berechnung eines Elementes c(i,j) innerhalb von zwei DO-Schleifen (über i und j) erfolgen.

Beispiel (Parallele Matrizenmultiplikation in HPF) In Abb. 4.1 ist die Leistung der vordefinierten (parallelen) Funktion MATMUL mit jener der besten (selbst kodierten) FORALL-Variante verglichen (vgl. Beispiel (Parallele Matrizenmultiplikation) auf Seite 168). Die Experimente wurden mit dem PGHPF-Compiler, Version 3.0, auf 9 Prozessoren eines PC-Clusters bei zweidimensionaler blockweiser Datenverteilung (siehe Abschnitt 5.3.4) durchgeführt.

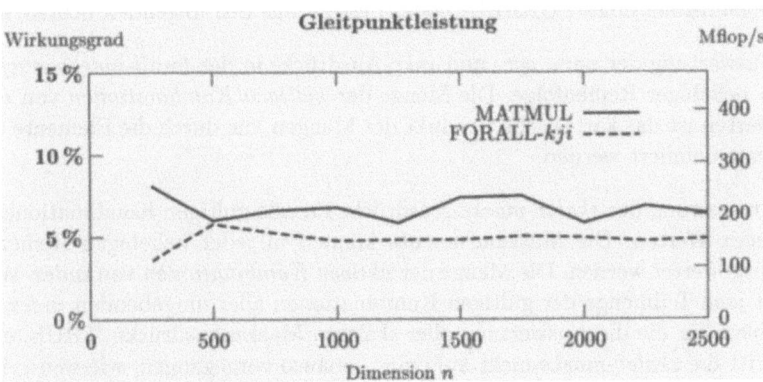

Abb. 4.1: Gleitpunktleistung verschiedener Varianten der Matrizenmultiplikation auf 9 Prozessoren eines Beowulf-Clusters ($P_{max}^9 = 3.15$ Gflop/s).

4.5.2 Der FORALL-Block

Der FORALL-*Block* ist eine Verallgemeinerung der FORALL-Anweisung. Er ermöglicht die Kontrolle mehrerer (maskierter) Zuweisungen bzw. ineinander verschachtelter FORALL-Anweisungen durch eine einzige *forall-indexbereich-liste*. Jedes Unterprogramm, das innerhalb eines FORALL-Blocks aufgerufen wird, muß wiederum PURE sein (siehe Abschnitt 4.6).

Syntaxregeln für FORALL-Blöcke

[*label:*] FORALL (*forall-indexbereich-liste* [, *skalar-maske*])
  [*zuweisung*]
  [*where-anweisung*]
  [*where-block*]
  [*forall-anweisung*]
  [*forall-block*]
  ...
END FORALL

Befindet sich innerhalb eines FORALL-Blocks eine FORALL-Anweisung oder ein weiterer FORALL-Block, dann darf kein im äußeren FORALL-Block verwendeter *index* innerhalb neu definiert werden. Der gültige Wertebereich für jeden *index* ergibt sich analog zum Fall der FORALL-Anweisung in Abschnitt 4.5.1. Der Gültigkeitsbereich eines *index* ist der FORALL-Block selbst.

Die Ausführung von FORALL-Blöcken

Die Ausführung eines FORALL-Blocks besteht aus den folgenden Schritten:

1. Auswertung der *ugr*-, *ogr*- und *inkr*-Ausdrücke in der *forall-indexbereich-liste* in beliebiger Reihenfolge. Die Menge der *gültigen Kombinationen* von *index*-Werten ist das kartesische Produkt der Mengen, die durch die Elemente dieser Liste definiert werden.

2. Auswertung der *skalar-maske*-Ausdrücke für alle gültigen Kombinationen von *index*-Werten. Die Maskenelemente können in jeder beliebigen Reihenfolge ausgewertet werden. Die Menge der *aktiven Kombinationen* von *index*-Werten ist jene Teilmenge der gültigen Kombinationen aller umgebenden *index*-Variablen, für die die Auswertung aller skalaren Maskenausdrücke .TRUE. ergibt. Tritt die *skalar-maske* nicht auf, wird genauso vorgegangen, wie wenn sie mit konstantem Wert .TRUE. vorhanden wäre.

3. Auswertung der einzelnen Anweisungen innerhalb des FORALL-Blocks *in der Reihenfolge ihres Auftretens*. Jede Anweisung wird für alle aktiven Kombinationen der *index*-Werte durchgeführt:

    (a) Im Fall einer *zuweisung* werden alle Ausdrücke auf der rechten Seite für alle aktiven Kombinationen von *index*-Werten in beliebiger Reihenfolge ausgewertet. Danach werden die berechneten Ausdrücke in beliebiger Reihenfolge den entsprechenden Variablen bzw. Speicherplätzen auf der linken Seite zugewiesen.

    (b) Im Fall einer WHERE-Anweisung oder eines WHERE-Blocks werden zuerst alle Maskierungsausdrücke in beliebiger Reihenfolge für alle aktiven Kombinationen von *index*-Werten ausgewertet. Danach erfolgt die Durchführung der Zuweisungen der WHERE-Anweisung bzw. die Durchführung der Anweisungen innerhalb des WHERE-Zweiges des Blocks. Schließlich werden die Anweisungen im ELSEWHERE-Zweig ausgeführt, falls ein solcher existiert. In beiden Fällen wird jedoch nur an Feldelemente zugewiesen, die sowohl durch aktive Kombinationen von *index*-Werten als auch durch die Maskierungsausdrücke der WHERE-Anweisung bzw. des WHERE-Blocks ausgewählt werden.

    (c) Im Fall einer FORALL-Anweisung oder eines FORALL-Blocks werden zuerst die *ugr*-, *ogr*- und *inkr*-Ausdrücke in der *forall-indexbereich-liste* für alle aktiven Kombinationen von *index*-Werten des äußeren FORALL-Blocks ausgewertet. Die Menge der gültigen Kombinationen von *index*-

Werten für den inneren FORALL-Block entsteht als Vereinigung der Mengen, die für jede aktive Kombination der äußeren *index*-Werte definiert werden, wobei die äußeren *index*-Variablen in den für den inneren FORALL-Block erzeugten Kombinationen berücksichtigt werden. Die *skalarmaske* wird dann für alle gültigen Kombinationen von *index*-Werten des inneren FORALL-Blocks ausgewertet. Man erhält so die Menge der aktiven Kombinationen von *index*-Werten für den inneren FORALL-Block. Tritt in der inneren FORALL-Anweisung bzw. im inneren FORALL- Block keine *skalar-maske* auf, dann wird genauso vorgegangen, wie wenn sie mit konstantem Wert .TRUE. vorhanden wäre.

Jede Anweisung im inneren FORALL-Block wird dann für jede aktive Kombination von *index*-Werten (des inneren FORALL-Blocks) ausgeführt. Gegebenenfalls ist dieser Ablauf rekursiv fortzusetzen.

Jede *zuweisung* eines FORALL-Blocks unterliegt denselben Einschränkungen wie die *zuweisung* in einer einfachen FORALL-Anweisung (siehe Abschnitt 4.5.1):[16] An ein und dasselbe Feldelement darf in einer Anweisung nicht öfter als einmal ein Wert zugewiesen werden. *Verschiedene* Anweisungen innerhalb eines FORALL-Blocks dürfen hingegen ein und demselben Feldelement Werte zuweisen, und jede solche Zuweisung darf die Ausführung einer späteren Anweisung beeinflussen, da die einzelnen Anweisungen innerhalb eines FORALL-Blocks ja *sequentiell* abgearbeitet werden.

Aus demselben Grund können einzelne Anweisungen in einem FORALL-Block die Ergebnisse der Berechnungen von lexikalisch früher auftretenden Anweisungen verwenden, einschließlich der Berechnungen, die für andere Werte der *index*-Variablen durchgeführt wurden. Allerdings darf keine Zuweisung einen Wert verwenden, der für eine unterschiedliche Kombination der *index*-Variablen in *derselben* Anweisung zugewiesen wurde.

Abhängigkeiten in FORALL-Blöcken

Ein FORALL-Block ist gleichbedeutend mit dem wiederholten „Kopieren" einer FORALL-Anweisung vor jeder Anweisung innerhalb dieses Blocks, wenn man davon absieht, daß die Ausdrücke in der FORALL-Anweisung nur einmal und nicht vor jeder der Anweisungen des Blocks ausgewertet werden. *Geschachtelte* FORALL-Anweisungen sind jedoch Ausnahmen von dieser Regel – ihre syntaktischen und funktionellen Eigenschaften unterscheiden sich grundlegend von denen einfacher FORALL-Anweisungen. Grenzen und Schrittweiten innerhalb eines geschachtelten FORALL-Blocks können von *index*-Variablen der jeweils äußeren FORALL-Anweisungen abhängen. Diese Variablen dürfen innerhalb nicht neu definiert werden (auch nicht vorübergehend, da es sonst keine Möglichkeit gäbe, mehrfache Zuweisungen an dasselbe Feldelement zu verhindern).

Genaugenommen tritt in einem FORALL-Block eine *zwei*malige Synchronisierung pro Anweisung auf: einmal nach der Auswertung der rechten Seite und

---

[16] Außerdem müssen diese Einschränkungen auch bei jeder Zuweisung eines WHERE-Blocks, der innerhalb eines FORALL-Blocks geschachtelt ist, beachtet werden.

anderer Ausdrücke (vor der Durchführung der Zuweisungen), und einmal vor dem Beginn der Ausführung der nächsten Anweisung (nach der Durchführung der Zuweisungen). In der Praxis sollte der Compiler durch geeignete Analysen in der Lage sein, überflüssige Synchronisationen zu vermeiden. Um den Compiler dabei zu unterstützen und dafür erforderliche Information zu übermitteln, stellt HPF eine eigene Anweisung zur Verfügung (siehe Abschnitt 5.5.2).

Beispiele (FORALL-Blöcke)

- Der FORALL-Block

    ```
    FORALL (i = 2:n-1, j = 2:n-1)
      a(i,j) = a(i,j-1) + a(i,j+1) + a(i-1,j) + a(i+1,j)
      b(i,j) = a(i,j)
    END FORALL
    ```

    ist äquivalent zu den beiden Fortran-Anweisungen

    ```
    a(2:n-1,2:n-1) = a(2:n-1,1:n-2) + a(2:n-1,3:n) +            &
                     a(1:n-2,2:n-1) + a(3:n,2:n-1)
    b(2:n-1,2:n-1) = a(2:n-1,2:n-1)
    ```

    Dem Feld b werden in beiden Fällen die „neuen" Werte von a zugewiesen, d. h., die Werte, die a *nach* der Ausführung der ersten Anweisung im FORALL-Block enthält.

- ```
    FORALL (i = 1:n-1)
      FORALL (j = i+1:n)
        a(i,j) = a(j,i)
      END FORALL
    END FORALL
    ```

    Durch diesen FORALL-Block wird die Transponierte der Dreiecksmatrix, die durch die Elemente unterhalb der Hauptdiagonale von a gebildet wird, den entsprechenden Elementen oberhalb der Hauptdiagonale zugeordnet. Um eine derartige Operation nur mit Hilfe von Feldoperationen auszuführen, müssen zusätzlich Maskierungsausdrücke verwendet werden.

- ```
    FORALL (i = 1:5)
      WHERE (a(i,:) /= 0)
        a(i,:) = a(i-1,:) + a(i+1,:)
      ELSEWHERE
        b(i,:) = a(6-i,:)
      END WHERE
    END FORALL
    ```

    Dieses Beispiel zeigt, daß, analog zu der Ausführung von WHERE-Blöcken (siehe Abschnitt 4.3.2), auch hier die Zuweisungen im WHERE-Zweig die Berechnungen im ELSEWHERE-Zweig beeinflussen können.

4.6 PURE-Unterprogramme

Der Aufruf eines Unterprogramms bewirkt im allgemeinen eine Änderung des „Programmzustandes": Durch den Aufruf eines FUNCTION-Unterprogramms wird dessen Resultatsparameter verändert, und ein SUBROUTINE-Unterprogramm verändert alle seine formalen Parameter, die als INTENT(OUT) oder

4.6 PURE-Unterprogramme

als INTENT(INOUT) (siehe Überhuber, Meditz [160]) deklariert sind. Diese Veränderungen erfolgen gleichsam „definitionsgemäß" und sind daher zu erwarten. Jede darüber hinausgehende durch den Aufruf eines Unterprogramms bewirkte *unerwartete* oder *versteckte* Änderung des Zustands eines Programms wird als *Nebeneffekt* bezeichnet (das schließt auch Ein-/Ausgabeoperationen ein).

PURE-Unterprogramme, d. h., mit dem PURE-Präfix versehene Unterprogramme, sind dadurch ausgezeichnet, daß sie *frei von Nebeneffekten* sind. Daher bleibt die Eindeutigkeit und Determiniertheit der Auswirkungen eines Aufrufes eines PURE-Unterprogramms auch dann erhalten, wenn mehrere derartige Aufrufe nicht streng sequentiell hintereinander, sondern in nicht genau festgelegter Reihenfolge (z. B. simultan) in datenparallelen Operationen erfolgen (wie z. B. für jedes Element eines Feldes im Rahmen einer FORALL-Anweisung). Das PURE-Präfix dient daher der Kennzeichnung von Unterprogrammen, die datenparallel ausgeführt werden dürfen.

Es gibt mehrere Situationen, in denen keine beliebigen Unterprogramme, sondern nur PURE-Unterprogramme zugelassen sind:

- innerhalb einer FORALL-Anweisung oder eines FORALL-Blocks: Auf Grund der Freiheit von Nebeneffekten können mehrere Aufrufe in nicht genau festgelegter Reihenfolge erfolgen, ohne zu nicht-deterministischen Situationen im Programmablauf zu führen;

- innerhalb eines PURE-Unterprogramms und

- als Aktualparameter beim Aufruf eines PURE-Unterprogramms.

Unterprogramme dürfen nur dann mit dem PURE-Präfix versehen werden, wenn sie bestimmten syntaktischen Einschränkungen gehorchen und dadurch garantiert ist, daß sie keinerlei unvorhersehbare Veränderungen von Werten, Zeigerassoziierungen oder Datenabbildungen ihrer Argumente bzw. von globalen Datenstrukturen bewirken und daß sie auch keine externe Ein-/Ausgabe durchführen. Veränderungen von Werten bzw. Zeigerassoziierungen dürfen nur Variablen betreffen, die mit INTENT(OUT) oder mit INTENT(INOUT) vereinbart wurden.

Man beachte, daß PURE-Unterprogramme nur durch *syntaktische* Einschränkungen charakterisiert werden, die durch den Compiler überprüft werden können. Bei getrennter Compilierung eines externen Unterprogramms erhält der Compiler die Information durch die Verwendung des PURE-Präfix in einer expliziten Schnittstelle. Die Information einer Unterprogrammschnittstelle muß natürlich mit der eigentlichen Definition des entsprechenden Unterprogramms konsistent sein. Im konkreten Fall bedeutet das, daß ein in der Definition als PURE gekennzeichnetes Unterprogramm in einem Schnittstellenblock als PURE gekennzeichnet werden kann, aber nicht muß. Umgekehrt darf kein Unterprogramm, das in seiner Definition nicht als PURE vereinbart wird, in einem Schnittstellenblock als PURE gekennzeichnet werden.

4.6.1 Syntaxregeln für das PURE-Präfix

Die Syntaxregeln für FUNCTION- bzw. für SUBROUTINE-Vereinbarungsanweisungen (siehe Überhuber, Meditz [160]) werden dahingehend modifiziert, daß vor den Schlüsselwörtern FUNCTION bzw. SUBROUTINE zusätzlich das Schlüsselwort PURE angeführt werden kann.

Beispiel (PURE-Präfix)

```
INTERFACE
   PURE FUNCTION f(x)
      REAL, DIMENSION(3)            :: f
      REAL, DIMENSION(3), INTENT(IN) :: x
   END FUNCTION f
END INTERFACE
```

4.6.2 Einschränkungen

Die in diesem Abschnitt angeführten syntaktischen Einschränkungen gewährleisten, daß bei der Ausführung eines Unterprogramms keine Nebeneffekte auftreten können. Um das Unterprogramm mit dem Präfix PURE versehen zu können, dürfen außer den erwünschten und explizit deklarierten keine unerwünschten oder unvorhersehbaren, außerhalb des Unterprogramms sichtbaren Veränderungen von Variablen durchgeführt werden. Es muß sichergestellt werden, daß sich der Aufruf eines PURE-FUNCTION-Unterprogramms nur auf seinen Funktionswert auswirkt bzw. daß ein PURE-SUBROUTINE-Unterprogramm nur formale Argumente mit den Attributen INTENT(OUT) oder INTENT(INOUT) nach außen sichtbar verändert.

Im Rahmen von HPF sind im Zusammenhang mit der Datenabbildung weitere Einschränkungen für die Verwendung des PURE-Präfix erforderlich, die in Abschnitt 5.5.1 angeführt werden.

Regeln für die Parameter von PURE-Unterprogrammen

- Im Vereinbarungsteil und in den Schnittstellenblöcken eines PURE-Unterprogramms *müssen* alle formalen Parameter mit dem INTENT-Attribut versehen werden und dadurch als Eingangs-, Ausgangs- oder transiente Parameter gekennzeichnet werden. Diese Einschränkung spezifiziert das Verhalten, das durch die weiteren Regeln sichergestellt wird. Sie ist daher technisch nicht unbedingt notwendig, wurde aber aus Konsistenzgründen hinzugefügt.

   Eine Ausnahme davon bilden formale Zeigerparameter: Sie dürfen kein INTENT-Attribut haben (vgl. Überhuber, Meditz [160]); die weiteren Einschränkungen stellen aber sicher, daß auch sie sich so verhalten, wie wenn sowohl für das Zeigerargument selbst als auch für das Ziel des Zeigers das Attribut INTENT(INOUT) (im Fall eines SUBROUTINE-Unterprogramms) bzw. das Attribut INTENT(IN) (im Fall eines FUNCTION-Unterprogramms) vereinbart worden wäre.

4.6 PURE-Unterprogramme

- Eine lokale Variable in einem PURE-Unterprogramm darf nicht das SAVE-Attribut haben. Dadurch blieben interne Variablenbelegungen zwischen zwei Aufrufen des Unterprogramms erhalten, was zu Nebeneffekten führen könnte.

- Formalparameter mit dem Attribut INTENT(IN), globale Variablen und Datenobjekte, die mit einer globalen Variablen speicherassoziiert sind, dürfen in einem PURE-Unterprogramm nicht verändert werden. Im Fall eines formalen oder globalen Zeigers gilt das nicht nur für die Zeigervariable selbst, sondern auch für deren Ziel. Folglich dürfen in einem PURE-FUNCTION-Unterprogramm Zuweisungen nur an lokale Variablen und an die formale Ergebnisvariable erfolgen.

    Ein globales Datenobjekt oder eine formale INTENT(IN)-Variable dürfen auch nicht das *Ziel* einer Zeigerzuweisung sein (d. h., sie dürfen nicht als rechte Seite einer Zeigerzuweisung an einen lokalen Zeiger oder an eine formale Ergebnisvariable verwendet werden), da in diesem Fall deren Wert über den Zeiger verändert werden könnte.

Regeln für den Aufruf anderer Unterprogramme

- Formalparameter mit INTENT(IN) und globale Variablen dürfen in einem PURE-Unterprogramm nicht als Aktualparameter für einen Aufruf eines anderen Unterprogramms verwendet werden, wenn der entsprechende Formalparameter des aufgerufenen Unterprogramms mit INTENT(OUT) bzw. INTENT(INOUT) vereinbart ist oder ein formaler Zeiger ist, weil in diesem Fall solche Variablen durch den Unterprogrammaufruf verändert werden könnten.

- Jedes Unterprogramm, das in irgendeiner Form (auch im Rahmen einer definierten Operation oder einer Zuweisung) innerhalb eines PURE-Unterprogramms aufgerufen wird, muß selbst ein PURE-Unterprogramm sein. Tritt bei einem Aufruf eines PURE-Unterprogramms ein Unterprogramm als Aktualparameter auf, dann muß dieses ebenfalls ein PURE-Unterprogramm sein.

    Diese Einschränkung stellt sicher, daß alle Unterprogramme, die von einem PURE-Unterprogramm aus aufgerufen werden, selbst frei von Nebeneffekten sind. Dadurch werden Nebeneffekte vermieden, die durch den Aufruf von Unterprogrammen ohne das PURE-Präfix innerhalb eines PURE-Unterprogramms entstehen könnten.

Regeln für die Ein-/Ausgabe

- Ein PURE-Unterprogramm darf keine Ein-/Ausgabeoperationen auf externe Dateien durchführen, da deren Reihenfolge bei gleichzeitiger Ausführung mehrerer Aufrufe des Unterprogramms nicht eindeutig festgelegt wäre.

    Ein-/Ausgabe auf interne Dateien ist erlaubt, solange dabei keine globalen Variablen oder Formalparameter mit INTENT(IN) verändert werden.

- In einem PURE-Unterprogramm dürfen weder PAUSE-Anweisungen noch STOP-Anweisungen vorkommen.

Eine PAUSE-Anweisung ist i. a. mit externer Eingabe verbunden und ist daher nicht gestattet. Eine STOP-Anweisung beendet die Programmausführung, was ein einigermaßen drastischer „Nebeneffekt" ist.

Zusammenfassung

Aus der Sicht des Programmierers lassen sich alle obigen Einschränkungen wie folgt zusammenfassen: Ein PURE-Unterprogramm darf keine Operation enthalten, die *möglicherweise* zu einer Wert- oder Zeigerzuweisung an eine globale Variable oder an einen Formalparameter mit dem INTENT(IN)-Attribut führen könnte. Weiters darf es weder Ein-/Ausgabeoperationen noch Unterbrechungen des Programmablaufes (z. B. durch STOP-Anweisungen) durchführen.

Die angeführten Einschränkungen für ein PURE-Unterprogramm stellen die minimalen Erfordernisse dar, die es ermöglichen, daß der Compiler *statisch* anhand des Programmcodes überprüfen kann, ob das Unterprogramm frei von Nebeneffekten ist. Es wurde versucht, bei der Definition von PURE-Unterprogrammen größtmögliche Funktionalität und Flexibilität zu erhalten.

Es ist allerdings leider *nicht* ausreichend, daß ein Unterprogramm nur *in der Praxis* frei von Nebeneffekten ist. Ein Unterprogramm, das z. B. eine Zuweisung an eine globale Variable in einem Zweig enthält, der bei keinem Aufruf der Funktion ausgeführt wird, kann trotzdem *nicht* als PURE-Unterprogramm bezeichnet werden. Der Grund für die Strenge der Definition in diesem Bereich liegt darin, daß, wie schon vorher erwähnt, statische Überprüfbarkeit der PURE-Bedingungen durch den Compiler ermöglicht werden soll (HPF-Forum [102]).

Es muß an dieser Stelle bemerkt werden, daß die vorgestellte Definition von PURE-Unterprogrammen gewisse Konstruktionen zuläßt, deren Verwendung die parallele Ausführung mehrerer Exemplare eines Unterprogramms (z. B. in einer FORALL-Anweisung) *behindert*, wenn nicht sogar *verhindert* (d. h., eine Sequentialisierung der Abarbeitung erzwingt). Beispiele dafür sind der *Zugriff* auf globale Daten (insbesondere auf *verteilte* globale Daten) oder die Verwendung von Zeigern oder Datenstrukturen mit Zeigerkomponenten als Argument- bzw. Ergebnisparameter (einschließlich rekursiv aufgebauter Datenstrukturen wie Listen oder Bäume). In der momentanen Definition von PURE-Unterprogrammen sind derartige Konstruktionen im Sinne höherer Flexibilität der Programmierung zwar nicht verboten, der Programmierer sollte sich aber der potentiellen Leistungsverschlechterung bei ihrer Verwendung bewußt sein.

Vordefinierte FUNCTION-Unterprogramme (sowohl aus Fortran als auch aus HPF-Bibliothek, siehe Anhang A) sind PURE, ohne daß das PURE-Präfix explizit vereinbart werden müßte. Von den vordefinierten SUBROUTINE-Unterprogrammen besitzt nur MVBITS (siehe Überhuber, Meditz [160]) das PURE-Präfix.

Beispiele (PURE-Unterprogramme)

- Das wichtigste Anwendungsgebiet von PURE-Unterprogrammen sind FORALL-Anweisungen und -Blöcke (siehe Abschnitt 4.5), in denen allgemeinere Unterprogramme wegen der nicht genau festgelegten Reihenfolge der Aufrufe nicht zugelassen werden können.

4.6 PURE-Unterprogramme

```
! Vordefinierte Funktionen sind PURE
    FORALL (i = 1:n) a(i,i) = LOG(ABS(a(i,i)))
```

Folgende selbstdefinierte Funktion polynom ist PURE und darf daher in der FORALL-Anweisung aufgerufen werden:

```
REAL PURE FUNCTION polynom(x)
    REAL, INTENT(IN) :: x
    polynom(x) = 1.0 + 2.0*x*x + 4.0*x*x*x
END FUNCTION
...
FORALL (i = 1:n) a(i) = polynom(a(i+1))
```

- Die *zuweisung* in einer FORALL-Anweisung kann auch eine Feldzuweisung sein. Das Resultat eines PURE-FUNCTION-Unterprogramms kann daher auch ein Feld sein. Derartige Funktionen ermöglichen zeilenweise oder spaltenweise Operationen auf Feldern:

```
INTERFACE
    REAL PURE FUNCTION f(x)
        REAL, DIMENSION(3)              :: f
        REAL, DIMENSION(3), INTENT(IN) :: x
    END FUNCTION f
END INTERFACE
...
REAL a(3,16,16)
...
FORALL (i = 1:16, j = 1:16) a(:,i,j) = f(a(:,i,j))
```

- Unterprogrammaufrufe innerhalb einer FORALL-Anweisung ermöglichen sogar eine eingeschränkte *Programmparallelität* (vgl. auch Abschnitt 5.5.2): Bedingte Verzweigungen innerhalb eines PURE-Unterprogramms, die von Argumenten oder Indizes einer FORALL-Anweisung abhängen, stellen eine Alternative zu einer Abfolge von maskierten FORALL- oder WHERE-Anweisungen und deren potentiellem Synchronisationsaufwand dar:

```
REAL PURE FUNCTION f(x,i)
    REAL,    INTENT(IN) :: x        ! Feldelement
    INTEGER, INTENT(IN) :: i        ! Feldindex
    IF (x > 0.0) THEN               ! bedingte Verzweigung
                                    ! (argumentabhaengig)
        f = x*x
    ELSE IF (i == 1 .OR. i == n) THEN  ! bedingte Verzweigung
                                    ! (indexabhaengig)
        f = 0.0
    ELSE
        f = x
    ENDIF
END FUNCTION
...
REAL a(n)
INTEGER k
...
FORALL (k = 1:n) a(k) = f(a(k),k)
```

- Der interne Kontrollfluß von PURE-Unterprogrammen kann ziemlich komplex ausfallen (es dürfen allerdings, wie erwähnt, weder STOP- noch PAUSE-Anweisungen vorkommen). Es bieten sich weitreichende Möglichkeiten, komplexe Schachtelungen von FORALL-Blöcken in PURE-Unterprogramme zu verlagern. Das folgende Programmfragment implementiert einen iterativen Algorithmus , der für jedes Element eines Feldes durchgeführt wird. Es kann der Fall eintreten, daß bei verschiedenen Aufrufen des PURE-Unterprogramms in Abhängigkeit von den Eingangsdaten unterschiedlicher Berechnungsaufwand anfällt (vgl. auch Abschnitt 2.1.1).

```
INTEGER PURE FUNCTION iteration(x)
   COMPLEX, INTENT(IN) :: x
   COMPLEX             :: xtemp
   INTEGER             :: i
   i = 0
   xtemp = -x
   DO WHILE (ABS(xtemp) < 2.0 .AND. i < 1000)
      xtemp = xtemp*xtemp - x
      i = i + 1
   END DO
   iteration = i
END FUNCTION
...
FORALL (i=1:n, j=1:m) ix(i,j) = iteration(CMPLX(a+i*da,b+j*db))
```

Kapitel 5
High Performance Fortran – HPF

Um die Leistungskapazität moderner Computer-Systeme – insbesondere von Parallelrechnern – voll ausschöpfen zu können, muß dem Compiler mehr Information über ein Programm zur Verfügung gestellt werden, als es mit den Mitteln von Fortran (oder C) möglich ist. Beispielsweise ist es wünschenswert, explizit angeben zu können, in welchen Teilen eines Programms Parallelverarbeitung möglich ist, wie die Daten auf den Speicher bzw. auf die Teilspeicher eines Parallelrechners aufgeteilt werden sollen und wie die Daten innerhalb des einem Prozessor zugeordneten Teilspeichers anzuordnen sind.

Aus solchen Überlegungen ergibt sich die Motivation, neue Programmiersprachen zu entwickeln oder bestehender Sprachen durch spezielle Anweisungen für Parallelrechner zu erweitern: Man braucht geeignete „Werkzeuge" zur Implementierung leistungsfähiger und auf Parallelrechner abgestimmter Algorithmen.

High Performance Fortran (HPF) ist eine Programmiersprache für datenparallele Anwendungen. Ursprünglich für Parallelrechner mit verteilten Speichern gedacht, werden auf Grund der Entwicklung der Hardwaretechnologie (siehe Kapitel 1) auch Aspekte der Programmierung von symmetrischen Mehrprozessormaschinen mit gemeinsamem Speicher (*symmetric multiprocessors,* SMPs), von Clustern von SMPs und Maschinen mit verteiltem gemeinsamem Speicher (*distributed shared memory*) immer wichtiger.

Eines der größten Hindernisse für die breite Verwendung von Parallelrechnern mit verteiltem Speicher ist die Schwierigkeit, sie zu programmieren. Es müssen die Daten partitioniert werden, explizite Datenübertragung muß organisiert werden, etc. Alle diese Tätigkeiten sind sehr zeitaufwendig und vor allem auch sehr fehleranfällig. Darüber hinaus ist es mit großem Aufwand verbunden, flexible und portable Programme zu erzeugen.

HPF verlagert einen großen Teil dieser unangenehmen und fehleranfälligen Aufgaben vom Programmierer zum Compiler. Es besteht aus einer Menge von Erweiterungen der Fortran-Norm. Die zentrale Idee ist es, HPF-Direktiven in ein Fortran-Programm einzufügen, die (unter anderem) die Verteilung der Daten über einen physisch verteilten Speicher spezifizieren, so daß dieser Speicher für den Programmierer wie ein gemeinsamer Speicher (*virtueller gemeinsamer Speicher*) erscheint. Der HPF-Compiler übernimmt selbst die Daten-Partitionierung gemäß diesen Direktiven. Darüber hinaus werden auch die Berechnungen auf den einzelnen Prozessoren durch den Compiler so organisiert, wie es die bestmögliche Lokalität der Datenreferenzen erfordert. Das schließt auch die Organisation der Kommunikation und das Einfügen entsprechender Instruktionen in den Programmcode und in einen vom Compiler erzeugten Zwischencode (*intermediate code*) ein.

HPF ist *architekturunabhängig* konzipiert. Implementierungen sind für die verschiedensten Arten von Parallelrechnerarchitekturen – Systeme mit verteiltem oder gemeinsamem Speicher, MIMD- oder SIMD-Rechner, Vektorrechner, Cluster von Workstations, etc. – möglich. Da HPF-Anweisungen nur in Form von Kommentaren in Fortran-Programmen auftreten, kann ein HPF-Programm auch auf Einprozessorsystemen mit normkonformen Fortran-Compilern verwendet werden.

5.1 Die Entwicklung von HPF

Die Definition der Sprache HPF wurde vom *High Performance Fortran Forum* (*HPFF*), einem Zusammenschluß mehrerer Interessensgruppen aus dem industriellen und dem akademischen Bereich, entwickelt. Im HPF-Forum sind die meisten Hersteller von Parallelrechnern, verschiedene Compilerhersteller, sowie akademische Forschungsgruppen, die im Bereich des Parallelrechnens tätig sind, vertreten. Dieses Forum trat zwischen 1992 und 1997 in zahlreichen Treffen zusammen, entwickelte das HPF-Konzept, und legte die HPF-Sprachdefinition fest.

HPF 1.0

Die erste Version der HPF-Sprachdefinition, HPF 1.0 [102], wurde 1993 fertiggestellt. Das darin enthaltene Konzept der Datenverteilungsanweisungen wurde stark durch Vorläufersprachen wie Fortran D, Fortran 90D (Fox et al. [63], Wu und Fox [179]), Vienna Fortran (Zima et al. [181], Chapman et al. [24, 25]), Distributed Fortan 90 (Merlin [132]) oder Pandore (André et al. [7]) beeinflußt. Beiträge zur Entwicklung von HPF kamen auch von den verschiedensten Fortrandialekten der Hardware-Hersteller, wie von Convex, Cray (Pase et al. [142]), Digital (DEC HPF [34]), IBM (Sanz [149]), MasPar (MasPar [126]) oder aus CM Fortran der Thinking Machines Corporation.

Eine Reihe von weiteren Quellen für die Entwicklung des HPF-Konzeptes sind in der Sprachdefinition von HPF 1.0 angeführt. Es wurde dort auch eine offizielle Teilmenge der Sprache, *Subset-HPF*, definiert, um die Entwicklung der ersten HPF-Compiler zu erleichtern. Beispielsweise enthielt Subset-HPF nicht volles Fortran 90 als Basis, sondern nur Fortran 77 und einen Teil von Fortran 90. Die ersten HPF-Implementierungen, die ab 1994 verfügbar waren, konzentrierten sich alle auf Subset-HPF und unterstützten nicht den vollen Sprachumfang von HPF 1.0.

Bei der Entwicklung von HPF 1.0 wurde eine Reihe weiterer Sprachelemente in Betracht gezogen, die aber dann aus Zeitmangel, aus Mangel an breiter Zustimmung im HPF-Forum oder aber im Bestreben, die neue Sprache nicht zu umfangreich werden zu lassen, nicht in die Norm aufgenommen wurden. Diese Elemente wurden separat dokumentiert (HPF-Forum [101]), um bei späteren Weiterentwicklungen des HPF-Konzeptes darauf zurückgreifen zu können.

Genauere Information über HPF 1.0 findet man auch in dem Buch von Koelbel et al. [117] oder in Merlin und Hey [133].

5.1 Die Entwicklung von HPF   225

HPF 1.1

In einer zweiten Runde von Treffen des HPF-Forums im Jahr 1994 wurden Korrekturen, Klarstellungen und Interpretationen der Spezifikation von HPF 1.0 durchgeführt. Das Resultat dieser Aktivitäten war die Version 1.1 der HPF-Definition (HPF-Forum [103]).

HPF 2.0

Zwischen Anfang 1995 und Anfang 1997 erarbeitete das HPF-Forum die aktuelle Version HPF 2.0 [104], die die Basis dieses Buchs bildet.
  Von vielen Anwendern wurde eine Weiterentwicklung von HPF 1.1 gefordert, um die Verwendbarkeit von HPF über datenparallele Anwendungen hinaus zu erweitern. Dabei wurden Sprachelemente für allgemeinere Datenverteilungen, Funktionsparallelismus, Kontrolle der Lokalität der Berechnungen, parallele Ein- und Ausgabe oder Anweisungen für die Unterstützung von Kommunikationsoptimierungen durch den Compiler in Betracht gezogen. Die Compilerhersteller waren aber nicht gewillt, den Sprachumfang deutlich zu erweitern. Sie befürchteten dadurch Verzögerungen in der Verfügbarkeit ihrer Produkte und folglich eine Gefährdung der Verbreitung von HPF. Das Endresultat dieser Entwicklung, die Version 2.0 der Sprachdefinition (HPF-Forum [104]), hat daher nur einen ähnlichen Umfang wie Subset-HPF und umfaßt nicht einmal alle Sprachelemente von HPF 1.0. Im Unterschied zu Subset-HPF basiert HPF 2.0 aber nicht nur auf Fortran 77, angereichert mit einigen wenigen Fortran 90 Elementen, sondern auf dem vollen Sprachumfang der jeweils aktuellen Fortran-Norm (momentan Fortran 95 [61]).
  Einige Sprachelemente von HPF 1.0 erwiesen sich als von so grundlegender Bedeutung, daß sie in die Fortran 95-Norm übernommen wurden, wie z. B. die FORALL-Anweisung (siehe Abschnitt 4.5) oder das PURE-Präfix (siehe Abschnitt 4.6). Einige andere Sprachelemente von HPF 1.0 wurden als weniger bedeutend eingestuft und nicht in HPF 2.0 aufgenommen. Sie wurden gemeinsam mit einigen neuen Erweiterungen zu den *Approved Extensions* („anerkannten Erweiterungen") zusammengefaßt, die in Kapitel 6 überblicksmäßig behandelt werden. Ein normkonformer HPF-Compiler ist nicht verpflichtet, diese Erweiterungen zu unterstützen. Es ist anzunehmen, daß sie nur dann von kommerziellen HPF-Compilern nach und nach unterstützt werden, wenn entsprechende Nachfrage von Seiten der Benutzer besteht. Diejenigen anerkannten Erweiterungen, die sich in der Praxis als relevant und nützlich erweisen, werden möglicherweise Eingang in künftige Versionen der HPF-Norm finden.
  Es muß hier grundsätzlich angemerkt werden, daß die aktuell verfügbaren HPF-Compiler manchmal (noch) nicht den vollen Umfang der Norm implementieren, wie eine Übersicht auf www.ac.upc.es/HPFSurvey/Welcome.html zeigt. In der Praxis können daher in manchen Fällen leichte Abweichungen von dem in diesem Kapitel beschriebenen Sprachkonzept auftreten.
  Die Sprachspezifikation [104] des HPF Forums enthält die aktuelle formale Definition von HPF („HPF-Norm") und bildet die Grundlage der Kapitel 5, 6 und des

Anhangs A. Die Unterlagen verschiedener HPF-Kurse sind am Internet erhältlich (z. B. HPF-Kurse [100]).

5.2 Die Konzeption von HPF

Die zentralen Ziele von HPF sind:

- Unterstützung *datenparalleler* Programmierung;

- *Portabilität* über verschiedenste Computerarchitekturen;

- *hohe Leistung* auf Parallelrechnern mit uneinheitlichen Speicherzugriffszeiten (NUMA-Architekturen, siehe Abschnitt 1.4.3) ohne Leistungseinbußen auf anderen Architekturen;

- Verwendung der *internationalen Fortran-Norm* (zur Zeit Fortran 95 [61], im folgenden kurz als „Fortran" bezeichnet) als Basissprache, und

- Kompatibilität mit (und Schnittstellen zu) anderen Programmiersprachen (z. B. C) und anderen Programmiermodellen (wie etwa der expliziten Nachrichtenübertragung mittels MPI [137, 154], siehe Abschnitt 7.1).

Weiters wurde angestrebt, die praktische Implementierung von HPF-Compilern rasch zu ermöglichen, die Sprache konsistent weiterzuentwickeln und Beiträge zu zukünftigen Normungsaktivitäten für Fortran und C zu leisten.

Das Erreichen hoher Leistung auf verschiedensten Rechnerarchitekturen erfordert Sprachelemente zur Steuerung der Code-Optimierung durch den Compiler. HPF beruht auf dem Modell der *datenparallelen Programmierung* (siehe z. B. Perrin und Darte [143]). Wie der Name ausdrückt, ergibt sich in diesem Modell die Parallelität durch die Aufteilung der zu bearbeitenden Daten auf verschiedene Prozessoren. Alle Prozessoren führen auf ihren lokalen Daten die gleichen Operationen aus. Falls benötigte Daten nicht lokal verfügbar sind, muß explizite Datenübertragung zwischen den Prozessoren erfolgen.

Die erreichbare Leistung datenparalleler Programme wird entscheidend durch möglichst kurze Zugriffszeiten auf die Daten und daher durch die Daten*verteilung* beeinflußt. Die Zugriffszeit auf Daten hängt sowohl von der Position der Information im Speicher als auch von der Position des anfordernden Prozessors in der Struktur eines Parallelrechners ab (siehe Kapitel 1). Eine der wesentlichen Neuerungen von HPF sind daher Sprachelemente für die *Steuerung* der Datenverteilung.

Es gibt in HPF außerdem gewisse Möglichkeiten, eingeschränkte Formen von Funktionsparallelismus zu realisieren (siehe die Abschnitte 4.6, 5.5.2 und 6.2).

5.2.1 HPF und Fortran

Bezogen auf Fortran lassen sich die neuen Merkmale von HPF in vier Kategorien einteilen:

Neue Anweisungen in HPF betreffen vor allem die Steuerung der Datenverteilung (siehe Abschnitt 5.3) und die Steuerung datenparalleler Berechnungen (siehe Abschnitt 5.5).

Neue Unterprogramme und eine HPF-Unterprogrammbibliothek werden definiert (siehe Anhang A). Diese umfaßt System-Abfragefunktionen und folgende im Bereich des (parallelen) Hochleistungsrechnens wichtige Funktionen: Bit-Manipulationsfunktionen (*bit manipulation functions*), Feld-Sortierfunktionen (*array sort functions*), Feld-Reduktionsfunktionen (*array reduction functions*), Feld-Streufunktionen (*array combining scatter functions*) sowie Präfix- und Suffix-Feldfunktionen (*array prefix and suffix functions*).

Die Syntaxregeln von HPF legen fest, daß der Großteil der neuen Anweisungen die äußere Form von Kommentaren hat[1] (siehe Abschnitt 5.2.3), und in der Form von Compilerdirektiven in den Fortran-Code eingefügt wird. Die HPF-Direktiven stellen entweder *Empfehlungen* für den Compiler dar (*vorschreibende* Anweisungen) oder sie bieten dem Compiler zusätzliche, zur Übersetzungszeit normalerweise nicht zur Verfügung stehende *Information* über Eigenschaften des Programms (*beschreibende* Anweisungen). Beschreibende Anweisungen haben keinen Einfluß auf die Resultate der Programmabarbeitung, sie können aber die erzielte Leistung verändern.

In der HPF-Sprachdefinition des HPF-Forums [104] ist *nicht* gefordert, daß ein HPF-Compiler die HPF-Direktiven des Programmierers „befolgt". In der Praxis kann man jedoch davon ausgehen, daß die *vorschreibenden* Anweisungen, solange sie konform mit der Sprachdefinition [104] sind, befolgt werden. Ob die Information *beschreibender* Anweisungen vom Compiler zu einer Leistungssteigerung verwendet werden kann, hängt sehr stark von der Ausgereiftheit und der Qualität des Compilers ab.

Ausnahmen bezüglich der syntaktischen Form sind das EXTRINSIC-Präfix (siehe Abschnitt 5.6) und die neuen Unterprogramme (siehe Anhang A), die nicht in Kommentarform auftreten. Sie werden als echte Erweiterungen von Fortran vorgeschlagen, da sie die Semantik eines Programms und damit die Resultate der Programmabarbeitung verändern können.

Einschränkungen von HPF beziehen sich auf die Verwendung von Abfolge- und Speicherassoziierung in Fortran, die teilweise nicht kompatibel mit den Möglichkeiten der Datenverteilung in HPF ist: „Sequentielle Felder" (Felder, für die Abfolge- oder Speicherassoziierung verwendet wird), müssen als solche gekennzeichnet werden und dürfen nicht explizit verteilt oder ausgerichtet werden (siehe Abschnitt 5.7). Abgesehen von dieser Einschränkung umfaßt HPF alle Sprachelemente von Fortran.

---

[1] Falls die Erweiterungen des Sprachumfanges von Fortran durch HPF in zukünftige Fortran-Normen aufgenommen werden, braucht nur die Kommentarkennzeichnung entfernt werden.

5.2.2 Das Programmiermodell von HPF

Um die beim Entwurf von HPF gesteckten Ziele zu erreichen, müssen die Operationsprinzipien von Parallelrechnern (siehe Abschnitt 1.4) berücksichtigt werden. Gestützt auf die Anweisungen zur *Datenverteilung* und *Datenausrichtung* (siehe Abschnitt 5.3) ermöglicht HPF datenparallele Programmierung mit Hilfe

- der Feldoperationsanweisungen, der FORALL-Anweisung und des PURE-Präfixes aus Fortran (siehe Kapitel 4),

- der teils aus Fortran übernommenen, teils neu hinzugekommenen Unterprogramme für Feldoperationen (siehe Anhang A),

- der INDEPENDENT-Anweisung für DO-Schleifen und für FORALL-Schleifen (siehe Abschnitt 5.5.2).

Alle diese Sprachelemente gestatten dem Anwender eine *hardwareunabhängige* datenparallele Programmierung. Zufriedenstellende Leistung läßt sich aber oft nicht ausschließlich durch hardware*un*abhängige Programmierung erzielen. Es besteht daher in HPF die Möglichkeit, maschinenspezifisch und dadurch besonders effizient implementierte Grundoperationen bzw. einem anderen Programmiermodell folgende Programmteile mit Hilfe von EXTRINSIC-Unterprogrammen in ein HPF-Programm einzubinden (siehe Abschnitt 5.6).

Geringer Kommunikationsaufwand ist, wie schon in den vorigen Kapiteln erwähnt, von großer Bedeutung für die bei Parallelverarbeitung erreichbare Leistung. Die während der Ausführung eines HPF-Programms erforderliche Kommunikation zwischen den Prozessoren eines Parallelrechners kann stark durch die HPF-Anweisungen zur Datenverteilung beeinflußt werden (siehe Abschnitt 5.3). Die Erzeugung des für die explizite Steuerung der Kommunikation erforderlichen Programmcodes bleibt allerdings dem Compiler überlassen. Hier wird eines der Probleme des HPF-Konzeptes deutlich: Der Sprung von dem vom Programmierer erstellten Quellcode eines Programms zu dem daraus vom Compiler erzeugten Maschinencode ist oft sehr groß. Daher ist es sehr schwierig (und manchmal überhaupt unmöglich), eindeutige Beziehungen zwischen den Codes dieser beiden Ebenen herzustellen. Besonders die Abschätzung der Auswirkungen von Änderungen des Quellcodes auf die Leistung des Maschinencodes kann dadurch sehr erschwert werden.[2]

5.2.3 Die syntaktische Struktur von HPF

HPF-Anweisungen unterscheiden sich von Fortran-Anweisungen dadurch, daß sie durch eine der drei Zeichenketten

!HPF$

CHPF$

*HPF$

---

[2]Es gibt allerdings Bestrebungen, verschiedenste Tools mit der entsprechenden Funktionalität zu entwickeln; siehe z. B. www.par.univie.ac.at/~tf/aurora/project4/index.html.

5.2 Die Konzeption von HPF

eingeleitet werden, die sie für Fortran-Compiler als Kommentarzeilen erscheinen lassen und für HPF-Compiler als HPF-Anweisungen kennzeichnen. Die äußere Form von HPF-Anweisungszeilen muß den Regeln für Kommentarzeilen der Fortran-Norm [61] genügen. Wie schon erwähnt, sind von dieser Regelung das EXTRINSIC-Präfix und die HPF-Unterprogramme ausgenommen, die alle ohne einleitende Kommentarkennzeichnung zu verwenden sind.

Eine HPF-Anweisung darf nicht als Kommentar an eine andere Anweisung in derselben Zeile anschließen.

HPF-Sprachelemente

Es gibt drei Arten von HPF-Sprachelementen:

- *Vereinbarungsanweisungen*

  PROCESSORS-Anweisungen (siehe Abschnitt 5.3.2)

  DISTRIBUTE-Anweisungen (siehe Abschnitt 5.3.4)

  ALIGN-Anweisungen (siehe Abschnitt 5.3.5)

  TEMPLATE-Anweisungen (siehe Abschnitt 5.3.6)

  INHERIT-Anweisungen (siehe Abschnitt 5.4.3)

  SEQUENCE-Anweisungen (siehe Abschnitt 5.7)

  Eine Vereinbarungsanweisung von HPF darf nur dort auftreten, wo gemäß der Fortran-Norm [61] ein Vereinbarungsblock erlaubt ist.

  Die meisten dieser Anweisungen können auch als *kombinierte Vereinbarungsanweisungen* auftreten, wie später in diesem Abschnitt erläutert wird.

- *Ausführbare Anweisungen*

  INDEPENDENT-Anweisungen (siehe Abschnitt 5.5.2)

  Eine ausführbare Anweisung von HPF darf nur dort auftreten, wo gemäß der Fortran-Norm [61] ausführbare Sprachelemente erlaubt sind.

- *Präfix-Erweiterungen* zu den FUNCTION- und SUBROUTINE-Anweisungen aus Fortran in Form des EXTRINSIC-Präfixes (siehe Abschnitt 5.6).

Die anerkannten Erweiterungen von HPF sehen darüber hinaus noch eine Reihe weiterer Sprachelemente vor (siehe Kapitel 6).

Vereinbarungsanweisungen in der Attributform

Analog zu Fortran können fast alle Vereinbarungsanweisungen in HPF in zwei möglichen Formen auftreten: Entweder in der *Anweisungsform* (als *explizite Vereinbarungsanweisung*) oder in der *Attributform* mit Verwendung der „: :"-Notation (als *kombinierte Vereinbarungsanweisung*) (vgl. Überhuber, Meditz [160] oder die Fortran-Norm [61]).

Die Attributform erlaubt es, mehrere Attribute in einer einzigen Anweisung zusammenzufassen und wird daher als *kombinierte Vereinbarungsanweisung* bezeichnet. Jede kombinierte Vereinbarungsanweisung hat die Form

attr-liste :: *obj-liste*

- *attr-liste* ist eine Menge von Attributen aus der Menge

  { DISTRIBUTE ..., ALIGN ..., PROCESSORS, TEMPLATE, DIMENSION ..., INHERIT }.

  Im Gegensatz zu Fortran ist es in HPF *nicht* erforderlich, daß irgendein Attribut ein Typbezeichner ist. Jedes Element der *attr-liste* darf höchstens einmal in derselben kombinierten Vereinbarungsanweisung auftreten. Wenn das DIMENSION-Attribut in der *attr-liste* auftritt, dann kann es nur auf Objekte angewendet werden, die vom Typ PROCESSORS (siehe Abschnitt 5.3.2) oder TEMPLATE (siehe Abschnitt 5.3.6) sind.

- *obj-liste* ist eine Menge von entsprechenden Objekten, für die die Attribute aus der *attr-liste* vereinbart werden.

Unabhängig davon, ob eine explizite oder eine kombinierte Vereinbarungsanweisung vorliegt, spielen die HPF-Schlüsselwörter PROCESSORS und TEMPLATE die Rolle von *Typbezeichnern* bei der Deklaration von abstrakten Prozessorfeldern und Templates (siehe Abschnitt 5.3.1). Die HPF-Schlüsselwörter DISTRIBUTE, ALIGN und INHERIT dagegen sind *typunabhängige* Attribute. Attribute, die sich auf Objekte von verschiedenem Typ (z. B. Prozessoranordnungen, Templates, Objekte vom Typ REAL etc.) beziehen, können in einer HPF-Anweisung *ohne* Anführung des Typbezeichners kombiniert werden. Dimensionsvereinbarungen können entweder direkt nach dem Objektnamen oder in einem DIMENSION-Attribut getroffen werden. Die Angabe nach dem Objektnamen hat gegebenenfalls höhere Priorität.

Beispiele (Kombinierte Vereinbarungsanweisungen)

- `!HPF$ TEMPLATE, DIMENSION(64,64) :: a, b, c(32,32), d`

  a, b und d sind in diesem Fall Templates (siehe Abschnitte 5.3.1 und 5.3.6) mit den Dimensionen 64 × 64, c hat die Dimensionen 32 × 32.

- Kombinierte Vereinbarungsanweisungen dienen meist der Zusammenfassung mehrerer Anweisungen. Die drei Vereinbarungsanweisungen[3]

  ```
  !HPF$ TEMPLATE a(32,32), b(32,32), c(32,32)
  !HPF$ DISTRIBUTE(BLOCK,BLOCK) ONTO p :: a, b, c
  !HPF$ DYNAMIC a, b, c
  ```

  können zu einer einzigen kombiniert werden:

---

[3]Die DYNAMIC-Anweisung ist Teil der anerkannten Erweiterungen von HPF (siehe Abschnitt 6.1.1).

```
!HPF$ TEMPLATE, DISTRIBUTE(BLOCK,BLOCK) ONTO p,           &
!HPF$ DIMENSION(32,32), DYNAMIC              :: a, b, c
```

- Die Reihenfolge der Attribute spielt in einer kombinierten Vereinbarungsanweisung keine Rolle. Die folgenden beiden Anweisungen haben dieselbe Bedeutung:

```
!HPF$ DYNAMIC, DISTRIBUTE(BLOCK,BLOCK) :: x, y
!HPF$ DISTRIBUTE(BLOCK,BLOCK), DYNAMIC :: x, y
```

Auch die folgenden beiden Anweisungen sind gleichbedeutend:

```
!HPF$ DYNAMIC, ALIGN WITH muster :: x, y, z
!HPF$ ALIGN WITH muster, DYNAMIC :: x, y, z
```

5.3 Datenverteilung und Datenausrichtung

Wie in den Kapiteln 1 und 2 schon ausgeführt, hängt die Leistung moderner Computersysteme stark von der Lokalität der Datenzugriffe ab. Diese Lokalität kann durch die Linearisierung mehrdimensionaler Datenstrukturen bei der Abbildung auf den Speicher (siehe Abschnitt 4.2.1) verloren gehen.

Um günstige Datenlokalität zu ermöglichen, stellt HPF Anweisungen für die *Verteilung* von Datenstrukturen (*data distribution*) auf Speicherregionen bzw. auf die Elemente einer Prozessoranordnung (eines *abstrakten Prozessorfeldes*) und für die *Ausrichtung* der Verteilung von Datenobjekten nach schon bestehenden Verteilungen (*data alignment*) zur Verfügung. Diese Anweisungen sollen die Optimierung der Speicherplatzzuweisung durch den Compiler unterstützen. Ziel ist es, die Daten so anzuordnen, daß die Berechnungen ein Minimum an Kommunikation zwischen den physischen Prozessoren erfordern.

5.3.1 Das Modell der Datenabbildung

Der (Gesamt-)Speicher eines Parallelrechners wird in einzelne Speicherregionen aufgeteilt. Eine solche Speicherregion wird als *abstrakter Prozessor* bezeichnet,[4] die Gesamtheit aller abstrakten Prozessoren heißt *abstraktes Prozessorfeld*. Die einzelnen Datenobjekte (typischerweise Felder oder Feldelemente) werden verschiedenen Elementen eines abstrakten Prozessorfeldes zugeordnet.

Der Vorgang der Zuordnung von Datenobjekten zu Speicherregionen erfolgt im HPF-Modell mehrstufig (siehe Abbildung 5.1):

Ausrichtung (*alignment*): Mehrere Datenstrukturen (Felder) werden relativ zueinander *ausgerichtet*, d. h., es wird festgelegt, daß ihre Datenobjekte die gleiche Verteilung auf ein abstraktes Prozessorfeld haben sollen.

---
[4]Es erfolgt also durch die Bezeichnungsweise eine gewisse Identifikation einer Speicherregion mit einer funktionellen Einheit, die auf diese Region zugreifen kann. Trotzdem sind die abstrakten Prozessoren von ihrer Realisierung, den *physischen Prozessoren*, zu unterscheiden. Die Anzahl von physischen Prozessoren kann z. B. *geringer* sein als die der abstrakten Prozessoren (siehe Abschnitt 5.3.2).

Verteilung (*distribution*): Die zueinander ausgerichteten Datenstrukturen werden auf ein abstraktes Prozessorfeld *verteilt*, d. h., jedes ihrer Datenobjekte wird einem bestimmten abstrakten Prozessor zugeordnet.

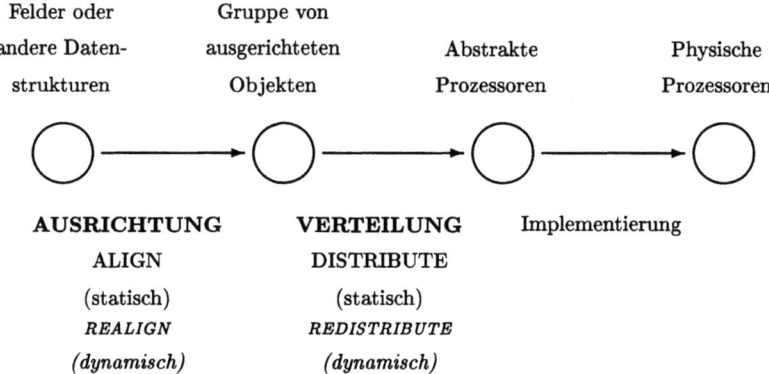

Abb. 5.1: Modell der Zuordnung von Datenobjekten zu physischen Prozessoren

Die im Rahmen eines Programmablaufes noch durchzuführende dritte Stufe – die Zuordnung von Elementen eines abstrakten Prozessorfeldes zu den physischen Prozessoren des Parallelrechners – wird durch HPF *nicht* geregelt. Diese Flexibilität ist in verschiedenen Fällen sinnvoll. Erzeugt der HPF-Compiler z. B. einen MPI-Code, dann wird es dadurch möglich, jedem abstrakten Prozessor einen MPI-*Prozeß* zuzuordnen. Mehrere dieser MPI-Prozesse können unter Umständen auf nur *einem* physischen Prozessor ausgeführt werden.

Ausrichtung

Eine wesentliche Neuerung gegenüber Fortran besteht darin, daß der Compiler durch die HPF-Anweisungen darüber informiert werden kann, welche Datenobjekte auf demselben Prozessor eines Parallelrechners vorhanden sein sollten. Dahinter verbirgt sich wieder das Prinzip der *Datenlokalität*: Bessere Leistung wird erzielt, wenn möglichst viele der für eine datenparallele Operation benötigten Daten lokal verfügbar sind.

Wenn zwei Datenobjekte durch ALIGN-Anweisungen (siehe Abschnitt 5.3.5) demselben abstrakten Prozessor zugeordnet werden, dann sollte durch die Implementierung gewährleistet sein, daß sie auch demselben physischen Prozessor zugeordnet werden. Durch diese Anweisungen läßt sich z. B. auch berücksichtigen, daß mehrere Prozessoren auf dasselbe Datenobjekt zugreifen müssen: Es wird einfach festgelegt, daß dieses Datenobjekt auf *mehreren* abstrakten Prozessoren vorhanden sein soll. Dadurch wird zwar die Aktualisierung des Objekts

5.3 Datenverteilung und Datenausrichtung

nach einem Schreibzugriff komplizierter, dafür kann aber ein Lesezugriff schneller ausgeführt werden.

Die Ausrichtung einer Datenstruktur ist ein *Attribut* der Struktur im Sinn von Fortran. Ist eine Datenstruktur *A* nach einer anderen Datenstruktur *B* ausgerichtet, die selbst wiederum nach der Struktur *C* ausgerichtet ist, dann wird das als direkte Ausrichtung von *A* nach *C* betrachtet, bei der *B* nur als „Vermittler" zum Zeitpunkt der Deklaration fungiert. Daher wird *A* in diesem Fall als *unmittelbar nach B ausgerichtet*, aber als *endgültig nach C ausgerichtet* bezeichnet. Eine Datenstruktur, die nicht explizit nach einer anderen Struktur ausgerichtet ist, wird als *endgültig nach sich selbst ausgerichtet* bezeichnet.

Diese Beziehungen der Ausrichtung zwischen verschiedenen Datenstrukturen bilden einen „Ausrichtungsbaum": Jede Datenstruktur ist ist zwar unmittelbar nach ihrem Vorgänger, aber endgültig nach der Wurzel des Baumes ausgerichtet. Daher kann dieser Baum sofort gemäß den endgültigen Ausrichtungsbeziehungen „komprimiert" werden, und die Verteilung aller Datenstrukturen eines bestimmten Ausrichtungsbaumes auf das abstrakte Prozessorfeld ist durch die Verteilung der Wurzel dieses Ausrichtungsbaumes bestimmt.

Templates

Jeder Datenstruktur in der Wurzel eines Ausrichtungsbaumes ist ein *Template* zugeordnet. Darunter ist ein mehrdimensionaler abstrakter Indexraum zu verstehen, der typischerweise dieselbe Form wie die Datenstruktur hat, dessen Elemente aber keinen Inhalt haben und der daher keinen Speicherplatz belegt. Er besteht gleichsam nur aus indizierten Positionen und wird durch einen Namen, die Anzahl der Dimensionen sowie die Ausdehnung in jeder Dimension festgelegt.

Es ist manchmal wünschenswert, einen gesamten, großen Indexraum zur Verfügung zu haben, nach dem mehrere kleinere Felder ausgerichtet werden können, ohne dafür ein eigenes großes (Daten-)Feld deklarieren zu müssen. Ein Template ist ein solches abstraktes Objekt, nach dem Datenobjekte ausgerichtet werden können, und der selbst auf ein abstraktes Prozessorfeld verteilt werden kann. Er dient daher gleichsam als „Zwischenobjekt" bei der Abbildung von realen Datenobjekten auf abstrakte Prozessoren und bildet eine gemeinsame Grundlage für die Ausrichtung dieser Datenobjekte. Die Deklaration eines Templates erfolgt mit Hilfe der TEMPLATE-Anweisung (siehe Abschnitt 5.3.6).

Mit dem *Template eines Feldes* ist der Template jener Datenstruktur gemeint, nach der das Feld endgültig ausgerichtet ist. Genaugenommen wirkt die Verteilungsstufe des HPF-Modells auf den Template eines Feldes:[5]

- Der Vorgang der Verteilung zerlegt den Template in einer bestimmten Art und Weise und stellt eine Zuordnung zwischen diesen Teilen und einer Menge von abstrakten Prozessoren her.

---

[5] Wegen der i. a. engen Beziehung zwischen Objekten in der Wurzel der Ausrichtungsstruktur und den Templates wird aber vereinfachend auch von der „Verteilung einer Datenstruktur" gesprochen. Diese Sprechweise wiederum wird als Vereinfachung für die „Verteilung der Objekte einer Datenstruktur" verwendet.

- Die Ausrichtung stellt eine Zuordnung zwischen Datenstrukturen und dem Template her.

Datenabbildung

Die Kombination von Ausrichtung und Verteilung bestimmt also die Zuordnung zwischen den einzelnen Objekten einer Datenstruktur und den abstrakten Prozessoren – der gesamte Vorgang wird als *Abbildung* der Datenstruktur (*mapping*) auf ein abstraktes Prozessorfeld bezeichnet.

Eine Datenstruktur, für die im Programm keine explizite Spezifikation ihrer Abbildung auf ein abstraktes Prozessorfeld vorhanden ist, wird nach keiner anderen Struktur, sondern endgültig nach sich selbst ausgerichtet. Die in einem solchen Fall vorgesehene Verteilung der Datenstruktur ist von der Implementierung abhängig. In der Praxis werden derartige Datenstrukturen von vielen HPF-Compilern *vervielfacht* (*replicated*) abgebildet, d. h., jedem abstrakten Prozessor wird eine Kopie der gesamten Datenstruktur zugeordnet.

5.3.2 Die PROCESSORS-Anweisung

Die PROCESSORS-Anweisung ist eine Vereinbarungsanweisung und darf daher nur im Vereinbarungsteil einer Programmeinheit auftreten. Sie wird zur Deklaration einer oder mehrerer Anordnungen von abstrakten Prozessoren in Form von Prozessorfeldern (siehe Abschnitt 5.3.1) verwendet. Jedes abstrakte Prozessorfeld ist durch seinen Namen und durch seine Form, d. h., die Anzahl der Dimensionen und die Ausdehnung in jeder Dimension, bestimmt. Die Ausdehnung eines Prozessorfeldes darf entlang keiner Dimension Null sein – es gibt daher kein „leeres" Prozessorfeld.

Haben zwei Prozessorfelder dieselbe Form, d. h., die gleiche Anzahl von Dimensionen und die gleiche Ausdehnung entlang jeder Dimension, dann beziehen sich entsprechende Elemente der beiden Prozessorfelder auf denselben abstrakten Prozessor.

Durch die HPF-Implementierung sollte aus Effizienzgründen gewährleistet sein, daß zwei Datenobjekte, die zu einem bestimmten Zeitpunkt des Programmablaufes auf denselben abstrakten Prozessor abgebildet werden, auch demselben physischen Prozessor zugeordnet werden.

Syntaxregeln für PROCESSORS-Anweisungen

!HPF$ PROCESSORS *proz-anord*[(*form-vereinbarungs-liste*)]

- *proz-anord* ist der Name des abstrakten Prozessorfeldes.

- Die Anzahl der Elemente der *form-vereinbarungs-liste* gibt die Anzahl der Dimensionen der *proz-anord* an, und die einzelnen Elemente dieser Liste legen die Ausdehnung der *proz-anord* entlang der jeweiligen Dimension fest.

5.3 Datenverteilung und Datenausrichtung

Jeder HPF-Compiler muß eine PROCESSORS-Anweisung akzeptieren, die gleich viele abstrakte Prozessoren vereinbart wie physisch vorhanden sind. Die HPF-Unterprogramme NUMBER_OF_PROCESSORS und PROCESSORS_SHAPE (siehe Anhang A) dienen dazu, die Anzahl und Anordnung der zur Programmausführung verfügbaren physischen Prozessoren zu ermitteln. Diese Information kann dann zur Vereinbarung abstrakter Prozessorfelder verwendet werden.

Beispiele (PROCESSORS)

- Deklaration eines zweidimensionalen Prozessorfeldes proc_1 mit konstanten Ausdehnungen:

    `!HPF$ PROCESSORS proc_1(1970:2001,1:12)`

- Deklaration eines eindimensionalen Prozessorfeldes proc_2 sowie eines zweidimensionalen Prozessorfeldes proc_3, das aus (höchstens) gleich vielen abstrakten Prozessoren besteht wie physisch vorhanden sind (falls die Anzahl der physisch vorhandenen Prozessoren durch 5 teilbar ist):

    ```
    !HPF$ PROCESSORS proc_2(NUMBER_OF_PROCESSORS()),            &
    !HPF$            proc_3(5,NUMBER_OF_PROCESSORS()/5)
    ```

Fehlt die *form-vereinbarungs-liste*, dann wird eine *skalare* Prozessoranordnung vereinbart, d. h., eine Prozessoranordnung, die nur aus einem einzelnen abstrakten Prozessor besteht. Eine derartige Konstruktion kann z. B. dann sinnvoll sein, wenn bestimmte Daten nur auf einem einzigen Knoten eines Parallelrechners (z. B. auf dem „master"-Knoten) benötigt werden, oder auch dann, wenn bestimmte Daten einem *beliebigen* physischen Prozessor zugeordnet werden sollen, aber nicht unbedingt repliziert werden sollen.

Jeder HPF-Compiler muß PROCESSORS-Anweisungen für skalare Prozessoranordnungen akzeptieren; ihre genaue Umsetzung (ob sie *einem* physischen Prozessor zugeordnet werden oder ob sie vervielfacht werden) ist jedoch abhängig von der jeweiligen Implementierung.

Beispiel (PROCESSORS) Folgende Anweisung deklariert eine skalare Anordnung:

`!HPF$ PROCESSORS skalar_proc`

Die PROCESSORS-Anweisung kann man auch in der **Attributform** verwenden:

`!HPF$ PROCESSORS :: ` *proz-anord*`[(`*form-vereinbarungs-liste*`)] [, ... ]`

Die Form des abstrakten Prozessorfeldes kann in diesem Fall auch durch die Verwendung des DIMENSION-Attributes angegeben werden. Treten für eine *proz-anord* ein DIMENSION-Attribut *und* eine explizite *form-vereinbarungs-liste* auf, dann hat die *form-vereinbarungs-liste* höhere Priorität.

Beispiel (PROCESSORS) Es kann manchmal auch zweckmäßig sein, eine nichtskalare Prozessoranordnung zu vereinbaren, deren Prozessoranzahl nicht mit der Anzahl der vorhandenen physischen Prozessoren übereinstimmt (siehe auch Abschnitt 5.3.1). Ein HPF-Compiler ist jedoch nicht verpflichtet, auch eine solche PROCESSORS-Anweisung zu akzeptieren – ihre Handhabung ist abhängig von der HPF-Implementierung.

```
!HPF$ PROCESSORS, DIMENSION(3,3,3) :: proc_4, proc_5(4,4)
```

Durch diese Anweisung wird proc_4 als 3 × 3 × 3-Feld von abstrakten Prozessoren vereinbart; proc_5 jedoch als 4×4-Feld. Eine derartige Anweisung ist aber unter Umständen *nicht* portabel, da, wie vorher erwähnt, keine HPF-Implementierung *gleichzeitig* abstrakte Prozessorfelder der Gesamtgrößen 27 und 16 akzeptieren muß.

5.3.3 „*" in ALIGN- und DISTRIBUTE-Anweisungen

Der Stern „*" wurde bei der Definition von HPF dazu gewählt, um bestimmte Spezialfälle von Ausrichtung oder Verteilung auszudrücken. In diesem Abschnitt werden die grundlegenden Möglichkeiten der Verwendung dieses Zeichens in ALIGN- oder DISTRIBUTE-Anweisungen vorgestellt. In den Abschnitten 5.3.4 und 5.3.5 wird auf Details eingegangen.

Die syntaktischen Regeln für DISTRIBUTE- und ALIGN-Anweisungen sehen grundsätzlich drei unterschiedliche Funktionen für den Stern „*" vor:

- Ein einzelner Stern in einer Liste innerhalb runder Klammern, deren Einträge durch Beistriche getrennt sind, drückt entweder aus, daß mehrere Elemente eines Datenfeldes (alle Elemente entlang einer bestimmten Dimension) auf denselben abstrakten Prozessor abgebildet werden (*collapsed mapping*) oder daß jedes Element eines Datenfeldes auf mehrere abstrakte Prozessoren abgebildet wird (*replicated mapping*). Konkrete Anwendungsfälle werden in den Abschnitten 5.3.4 und 5.3.5 behandelt.

- Der Stern in einem ganzzahligen Ausdruck (z. B. zur Auswahl eines Ausrichtungsbereiches in einer ALIGN-Anweisung – siehe Abschnitt 5.3.5) repräsentiert den üblichen Operator für Ganzzahlmultiplikation.

- Ein Stern vor einer öffnenden Klammer „(" oder nach den HPF-Schlüsselwörtern WITH oder ONTO ist nur in Anweisungen möglich, die sich auf Formalparameter eines Unterprogramms beziehen.

  Er war in HPF 1 zur Kennzeichnung *beschreibender* (*descriptive*) Anweisungen vorgesehen, d.h., er deutete an, daß der betreffende Anweisungsteil eine Versicherung über die *gegenwärtige* Abbildung eines Formalparameters (zum Zeitpunkt des Eintritts in ein Unterprogramm) darstellt. Eine beschreibende Anweisung war im Gegensatz zu vorschreibenden Anweisungen also *keine* Forderung, die bezeichnete Abbildung herzustellen, sondern sie versicherte dem Compiler, daß an der Unterprogrammschnittstelle keine Änderung der Abbildung erforderlich ist. Diese Anweisung war als Unterstützung bei der Code-Optimierung gedacht.

  Diese Verwendung des Sterns ist nur mehr aus Gründen der Kompatibilität mit HPF 1 möglich und wurde außerdem in ihrer Bedeutung leicht verändert: In HPF 2.0 muß der Compiler auf jeden Fall überprüfen, ob eine auf diese Art spezifizierte Datenabbildung wirklich vorliegt, und es muß eine Warnung ausgegeben werden, wenn das nicht zutrifft.

5.3 Datenverteilung und Datenausrichtung

Von der Verwendung dieser Konstruktion wird allerdings abgeraten, da sie durch die Neuregelung der Datenabbildung an Unterprogrammschnittstellen in HPF 2.0 redundant ist (siehe Abschnitt 5.4).

5.3.4 Die DISTRIBUTE-Anweisung zur Datenverteilung

Die DISTRIBUTE-Anweisung dient dazu, die Verteilung einer Datenstruktur oder eines Templates auf ein abstraktes Prozessorfeld festzulegen. DISTRIBUTE ist eine Vereinbarungsanweisung und darf daher nur im Vereinbarungsteil einer Programmeinheit auftreten. DISTRIBUTE kann als Attribut in Verbindung mit anderen Attributen in einer kombinierten Vereinbarungsanweisung auftreten.

Syntaxregeln für die DISTRIBUTE-Anweisung

!HPF$ DISTRIBUTE *distr-objekt* [*][(*distr-format-liste*)] [ONTO [*][*proz-anord*]]

- *distr-objekt* bezeichnet das Objekt, das zu verteilen ist (entweder eine Datenstruktur oder einen Template). Ein *distr-objekt* darf allerdings kein Subobjekt eines Objekts[6] sein, und kein *distr-objekt* darf mit einer ALIGN-Anweisung ausgerichtet werden (d. h., nicht als *ausr-objekt* in einer ALIGN-Anweisung auftreten – siehe Abschnitt 5.3.5). Wenn entweder vor der *distr-format-liste* oder vor der *proz-anord* ein „*" auftritt, dann muß das *distr-objekt* ein Formalparameter sein (vgl. Abschnitte 5.3.3 und 5.4).

- Nach dem *distr-objekt* tritt entweder ein Stern „*" oder eine *distr-format-liste* oder beides auf. Um die syntaktische Eindeutigkeit zu gewährleisten, dürfen *nur in der Attributform* der DISTRIBUTE-Anweisung (siehe Abschnitt 5.2.3) beide gleichzeitig entfallen.

- Die *distr-format-liste* ist eine Liste von Verteilungsformaten, deren Länge gleich der Anzahl der Dimensionen des *distr-objekt* sein muß. Sie besteht aus Elementen der Form

    BLOCK[(*int-ausdr*)]   oder   CYCLIC[(*int-ausdr*)]   oder   *,

  wobei *int-ausdr* einen positiven ganzzahligen Ausdruck bezeichnet.

- In der optionalen Erweiterung mit ONTO treten der Stern „*" oder ein zuvor vereinbartes abstraktes Prozessorfeld *proz-anord* oder beide auf. Es dürfen aber nicht beide gleichzeitig entfallen. Wenn eine ONTO-Erweiterung mit einer *proz-anord*, aber keine *distr-format-liste* auftritt, dann muß die Anzahl der Dimensionen des *distr-objekt* gleich der Anzahl der Dimensionen von

---

[6] *Subobjekte* sind Teile von benannten Datenobjekten, die selbst (unabhängig vom Gesamtobjekt oder anderen Teilen des Gesamtobjekts) referenziert und definiert werden können. Dazu zählen Feldelemente, Teilfelder, Komponenten (selbstdefinierter) Datenstrukturen und Teile von Zeichenketten.

proz-anord sein. Wenn sowohl eine *distr-format-liste* als auch eine ONTO-Erweiterung mit einer *proz-anord* auftreten, dann muß die Anzahl der Elemente aus der *distr-format-liste*, die kein „*" sind, gleich der Anzahl der Dimensionen von *proz-anord* sein.

- Die nach dem Schlüsselwort ONTO angeführte *proz-anord* bezeichnet das Ziel der Verteilung, also jenes abstrakte Prozessorfeld, auf das die Elemente der *distr-objekt-liste* verteilt werden sollen. Fehlt der Teil „ONTO [*][*proz-anord*]" vollständig, dann muß der Teil „[*][(*distr-format-liste*)]" auftreten, und es wird eine von der Implementierung abhängige Prozessoranordnung gewählt.

Beispiel (DISTRIBUTE) Durch die Anweisungen

```
      REAL, DIMENSION(1000)       :: a, b, c, d
!HPF$ PROCESSORS proc(32)
!HPF$ DISTRIBUTE(BLOCK) ONTO proc :: a, b
!HPF$ DISTRIBUTE(BLOCK)           :: c, d
```

werden die Felder a und b gleich verteilt (d. h., korrespondierende Elemente werden demselben abstrakten Prozessor zugewiesen), weil sie gleich groß sind, das gleiche Verteilungsformat haben und auf dieselbe explizit vereinbarte Prozessoranordnung proc verteilt werden.

Die Felder c und d hingegen haben nicht unbedingt dieselbe Verteilung, weil sie, abhängig von der Implementierung, auf unterschiedliche abstrakte Prozessorfelder verteilt werden können und folglich korrespondierende Elemente verschiedenen abstrakten Prozessoren zugewiesen werden können. Durch die Verwendung der ALIGN-Anweisung (siehe Abschnitt 5.3.5) könnte allerdings die Forderung ausgedrückt werden, daß die beiden Felder gleich auf abstrakte Prozessoren abgebildet werden sollen, ohne daß die explizite Deklaration einer eigenen Prozessoranordnung notwendig ist.

Weitere Beispiele für die Verwendung der DISTRIBUTE-Anweisung bzw. der verschiedenen Verteilungsformate sind ab Seite 241 angeführt.

Analog dazu kann die DISTRIBUTE-Anweisung auch in der **Attributform** auftreten (vgl. Abschnitt 5.2.3):

!HPF$ DISTRIBUTE [[*][(*distr-format-liste*)]] [ONTO [*][*proz-anord*]] :: *distr-objekt-liste*

Die Verwendung der Attributform ist äquivalent zu einer Serie von identischen Anweisungen für jedes Element der *distr-objekt-liste*. Fehlt bei einer derartigen kombinierten Vereinbarungsanweisung der Teil „[*][(*distr-format-liste*)]" komplett, dann muß der Teil „ONTO [*][*proz-anord*]" auftreten. Der Compiler kann in diesem Fall für jedes Element der *distr-objekt-liste* ein beliebiges Verteilungsformat wählen.

Beispiel (DISTRIBUTE) Die Anweisung

```
!HPF$ DISTRIBUTE ONTO proc :: a, b, c
```

ist äquivalent zu den drei Anweisungen

5.3 Datenverteilung und Datenausrichtung

```
!HPF$ DISTRIBUTE ONTO proc :: a
!HPF$ DISTRIBUTE ONTO proc :: b
!HPF$ DISTRIBUTE ONTO proc :: c
```

Das Verteilungsformat wird nicht spezifiziert und ist daher implementierungsabhängig. Für den Compiler besteht in diesem Fall die Möglichkeit, die Zugriffsarten des Programms auf die drei Felder zu berücksichtigen und alle drei *unterschiedlich* auf das abstrakte Prozessorfeld proc zu verteilen.

Zu beachten ist, daß gemäß der HPF-Norm [104] in einem solchen Fall diese Anweisung in der Attributform erfolgen *muß*. Die Form

```
!HPF$ DISTRIBUTE a ONTO proc            ! nicht HPF-konform
```

erfüllt nicht die vorher dargestellten Syntaxregeln für die Anweisungsform der DISTRIBUTE-Anweisung, obwohl sie in der Praxis von manchen HPF-Compilern akzeptiert wird.

Ein Stern „*" vor der *distr-format-liste* bzw. direkt vor dem HPF-Schlüsselwort ONTO (falls keine *distr-format-liste* auftritt) kann im Zusammenhang mit Formalparametern verwendet werden und bedeutet, daß die Anweisung bezüglich des Verteilungsformates beschreibend bzw. transkriptiv ist (siehe Abschnitt 5.4).

Ein Stern „*" nach dem HPF-Schlüsselwort ONTO kann ebenfalls nur bei Formalparametern verwendet werden und bedeutet, daß die Anweisung bezüglich der Prozessoranordnung beschreibend bzw. transkriptiv ist (siehe Abschnitt 5.4).

Arten der Datenverteilung

Die Art der Datenverteilung wird in einer DISTRIBUTE-Anweisung durch die Elemente der *distr-format-liste* festgelegt. Im folgenden wird das zu verteilende Datenobjekt *distr-objekt* mit D bezeichnet, und das abstrakte Prozessorfeld *proz-anord*, auf das die Verteilung erfolgt, sei durch P gegeben.

Korrespondierende Dimensionen: Den Dimensionen von D, denen Elemente in der *distr-format-liste* entsprechen, die kein Stern „*" sind, werden von links nach rechts fortschreitend die entsprechenden Dimensionen von P zugeordnet. Man erhält auf diese Weise *korrespondierende Dimensionen* von D und P.

Weiters bezeichnet d die Ausdehnung von D entlang einer bestimmten Dimension und p die Ausdehnung von P entlang der korrespondierenden Dimension. Aus Gründen der Einfachheit wird angenommen, daß die Indizes entlang aller Dimensionen mit 1 beginnen.

Verteilungsformate: Entlang einer Dimension von D bietet HPF grundsätzlich zwei Möglichkeiten der Verteilung: *blockweise* oder *zyklische* Verteilung. Für den Fall, daß ein Datenfeld auf eine Prozessoranordnung mit niedrigerer Dimension abgebildet werden soll, kann auch eine „Kontraktion" des Datenfeldes mittels eines Sterns an der entsprechenden Stelle ausgedrückt werden (*collapsed mapping*). Allgemeinere Verteilungsformate sind in den anerkannten Erweiterungen von HPF enthalten (siehe Abschnitt 6.1.2).

Beginnend auf Seite 241 werden einige konkrete Beispiele angeführt, die die verschiedenen Möglichkeiten der Datenverteilung veranschaulichen. Die exakte

Definition der möglichen Einträge einer *distr-format-liste* sowie die Klärung von „Grenzfällen" kann mit Hilfe der Funktionen[7]

$$f_1(j,k) := \left\lfloor \frac{j+k-1}{k} \right\rfloor$$

für $j, k \geq 0$, und

$$f_2(j,k) := j - k\, f_1(j,k).$$

erfolgen:

BLOCK(m) bedeutet, daß das Element mit dem Index j entlang der betrachteten Dimension von D auf den abstrakten Prozessor mit dem Index $f_1(j,m)$ entlang der korrespondierenden Dimension von P abgebildet wird (*Blockverteilung*). Auf diesem abstrakten Prozessor ist es das $(m+f_2(j,m))$-te Element. Das erste Element von D entlang dieser Dimension, das auf den abstrakten Prozessor k abgebildet wird, hat die Position $1 + m(k-1)$ in D.

Ein derartiges Verteilungsformat ist nur entlang einer Dimension zulässig, die die Bedingung $mp \geq d$ erfüllt. Für $mp < d$ ist BLOCK(m) nicht definiert.

BLOCK bedeutet definitionsgemäß dasselbe wie BLOCK($f_1(d,p)$).

CYCLIC(m) bedeutet, daß das Element mit dem Index j entlang der betrachteten Dimension von D auf den abstrakten Prozessor mit dem Index

$$1 + ((f_1(j,m) - 1) \bmod p)$$

entlang der korrespondierenden Dimension von P abgebildet wird (*blockzyklische* Verteilung). Das erste Element von D entlang dieser Dimension, das auf den abstrakten Prozessor k abgebildet wird, hat die Position $1 + m(k-1)$ in D.

Falls $mp \geq d$ impliziert CYCLIC(m) dieselbe effektive Datenverteilung wie BLOCK(m). Ein Unterschied besteht allerdings darin, daß in diesem Fall die Angabe BLOCK(m) eine zusätzliche Versicherung für den Compiler darstellt, daß sich die Verteilung nicht zyklisch über die Prozessoranordnung fortsetzt. Diese Eigenschaft kann vom Compiler bei der Vereinbarung CYCLIC(m) bei nicht konstantem m zur Übersetzungszeit *nicht* festgestellt werden. Der Compiler erhält für $mp \geq d$ durch die Angabe des Verteilungsformates BLOCK(m) folglich *mehr* Information als durch die Vereinbarung CYCLIC(m) und hat daher auch potentiell mehr Optimierungsmöglichkeiten.

CYCLIC bedeutet definitionsgemäß dasselbe wie CYCLIC(1) und wird als *zyklische* Verteilung bezeichnet.

BLOCK und CYCLIC implizieren nur im Fall $p \geq d$ dieselbe Datenverteilung. In diesem Fall ist die Blockgröße $m = 1$, und die Verteilung muß nicht zyklisch über die Prozessoranordnung fortgesetzt werden.

---
[7] „$\lfloor\ \rfloor$" bezeichnet die nächstkleinere ganze Zahl.

5.3 Datenverteilung und Datenausrichtung

Stern „*" in einer *distr-format-liste* bedeutet, daß sich die Elemente entlang der entsprechenden Dimension von D nicht bezüglich ihrer Verteilung auf die abstrakten Prozessoren unterscheiden. Diese Verteilung muß verwendet werden, wenn P weniger Dimensionen als D hat. Allen Elementen von D, deren Indizes sich nur in den Dimensionen unterscheiden, die in der *distr-format-liste* durch einen Stern gekennzeichnet sind, wird derselbe abstrakte Prozessor zugewiesen (*collapsed mapping* – siehe auch Abschnitt 5.3.3).

Beispiele (Arten der Datenverteilung)

- ```
  REAL a(50)
  !HPF$ PROCESSORS proc(8)
  ```

Durch die PROCESSORS-Anweisung (siehe Abschnitt 5.3.2) wird ein (eindimensionales) Feld von acht abstrakten Prozessoren deklariert. Die folgenden beiden HPF-Anweisungen sind in diesem Fall äquivalent, da $f_1(50,8) = 7$:

```
!HPF$ DISTRIBUTE a(BLOCK(7)) ONTO proc
!HPF$ DISTRIBUTE a(BLOCK)    ONTO proc
```

Sie bewirken die in Abbildung 5.2 dargestellte Verteilung der Feldelemente auf die abstrakten Prozessoren.

P_1	P_2	P_3	P_4	P_5	P_6	P_7	P_8
1	8	15	22	29	36	43	50
2	9	16	23	30	37	44	
3	10	17	24	31	38	45	
4	11	18	25	32	39	46	
5	12	19	26	33	40	47	
6	13	20	27	34	41	48	
7	14	21	28	35	42	49	

Abb. 5.2: BLOCK-Verteilung

Die Anweisung

```
!HPF$ DISTRIBUTE a(BLOCK(9)) ONTO proc
```

bewirkt die in Abbildung 5.3 gezeigte Verteilung der Feldelemente auf die abstrakten Prozessoren.

Die durch die Anweisung

```
!HPF$ DISTRIBUTE a(CYCLIC) ONTO proc
```

festgelegte Verteilung der Feldelemente auf die abstrakten Prozessoren ist in Abbildung 5.4 dargestellt.

Die Anweisung

```
!HPF$ DISTRIBUTE a(CYCLIC(4)) ONTO proc
```
```

P_1	P_2	P_3	P_4	P_5	P_6	P_7	P_8
1	10	19	28	37	46		
2	11	20	29	38	47		
3	12	21	30	39	48		
4	13	22	31	40	49		
5	14	23	32	41	50		
6	15	24	33	42			
7	16	25	34	43			
8	17	26	35	44			
9	18	27	36	45			

Abb. 5.3: BLOCK(9)-Verteilung

P_1	P_2	P_3	P_4	P_5	P_6	P_7	P_8
1	2	3	4	5	6	7	8
9	10	11	12	13	14	15	16
17	18	19	20	21	22	23	24
25	26	27	28	29	30	31	32
33	34	35	36	37	38	39	40
41	42	43	44	45	46	47	48
49	50						

Abb. 5.4: CYCLIC-Verteilung

P_1	P_2	P_3	P_4	P_5	P_6	P_7	P_8
1	5	9	13	17	21	25	29
2	6	10	14	18	22	26	30
3	7	11	15	19	23	27	31
4	8	12	16	20	24	28	32
33	37	41	45	49			
34	38	42	46	50			
35	39	43	47				
36	40	44	48				

Abb. 5.5: CYCLIC(4)-Verteilung

5.3 Datenverteilung und Datenausrichtung

bewirkt die in Abbildung 5.5 dargestellte Verteilung der Feldelemente auf die abstrakten Prozessoren proc.

- Es ist zu beachten, daß die Verwendung einer BLOCK(m)-Verteilung bestimmte Anforderungen an die Anzahl p der zur Verfügung stehenden abstrakten Prozessoren stellt: Es muß gelten $mp \geq d$. Das Verteilungsformat BLOCK(6) wäre z. B. für das vorher definierte Datenfeld a und Prozessorfeld proc nicht HPF-konform, da $6 \cdot 8 = 48 < 50$.
  Eine Anweisung

  ```
  REAL b(10000)
  !HPF$ DISTRIBUTE b(BLOCK(256))
  ```

  ist nur dann HPF-konform, wenn mindestens $\lceil 10000/256 \rceil = 40$ abstrakte Prozessoren vorhanden sind. Der vierzigste Prozessor enthält dann einen Block von nur 16 Elementen, nämlich b(9985:10000).

- Bei mehrdimensionalen Feldern werden in der *distr-format-liste* voneinander unabhängig Verteilungsformate für jede Dimension festgelegt:

  ```
  INTEGER, DIMENSION(4,4) :: a, b, c
  !HPF$ PROCESSORS p (2,2)
  !HPF$ DISTRIBUTE a(BLOCK,BLOCK)   ONTO p
  !HPF$ DISTRIBUTE b(CYCLIC,BLOCK)  ONTO p
  !HPF$ DISTRIBUTE c(CYCLIC,CYCLIC) ONTO p
  ```

  Durch die PROCESSORS-Anweisung wird ein aus vier abstrakten Prozessoren bestehendes quadratisches Prozessorfeld p deklariert. Das Feld a wird entlang jeder Dimension blockweise aufgeteilt (siehe Abbildung 5.6). Das Feld b dagegen wird zyklisch entlang der Spalten und blockweise entlang der Zeilen verteilt (siehe Abbildung 5.7). Das Feld c wiederum wird zyklisch entlang beider Dimensionen verteilt (siehe Abbildung 5.8).

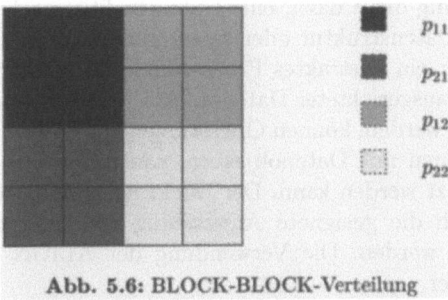

Abb. 5.6: BLOCK-BLOCK-Verteilung

- Der Stern in einer *distr-format-liste* legt fest, daß die entsprechende Dimension des *distr-objekt nicht* aufgeteilt wird und daß daher alle Elemente entlang dieser Dimension demselben abstrakten Prozessor zugeordnet werden (*collapsed mapping*):

  ```
  INTEGER a(2,2), b(2,2,2)
  !HPF$ DISTRIBUTE a(BLOCK,*)
  !HPF$ DISTRIBUTE b(BLOCK,*,BLOCK)
  ```

  a wird in Blöcken von Zeilen auf ein *ein*dimensionales Prozessorfeld verteilt, während b in „Quadern" auf ein *zwei*dimensionales Prozessorfeld verteilt wird. Entlang der ersten und der dritten Dimension wird b blockweise aufgeteilt, entlang der zweiten Dimension erfolgt keine Aufteilung – alle Elemente, deren Indizes sich nur in der zweiten Dimension unterscheiden, werden demselben abstrakten Prozessor zugeordnet.

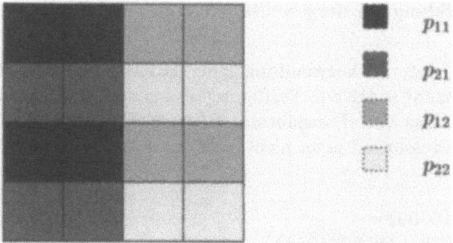

Abb. 5.7: CYCLIC-BLOCK-Verteilung

Abb. 5.8: CYCLIC-CYCLIC-Verteilung

5.3.5 Die ALIGN-Anweisung zur Datenausrichtung

Die ALIGN-Anweisung dient dazu, eine Datenstruktur nach einem anderen Objekt (einer anderen Datenstruktur oder einem Template) *auszurichten*, d. h., dieselbe Verteilung über ein abstraktes Prozessorfeld zu gewährleisten. Da die Elemente nacheinander ausgerichteter Datenobjekte jeweils auf denselben abstrakten Prozessor abgebildet werden, können Operationen mit ihnen effizienter ausgeführt werden als Operationen mit Datenobjekten, von denen keine gegenseitige Ausrichtung vorausgesetzt werden kann. Der Effekt einer ALIGN-Anweisung könnte natürlich auch durch die geeignete Anwendung von mehreren DISTRIBUTE-Anweisungen erzielt werden. Die Verwendung der ALIGN-Anweisung ist aber flexibler und einfacher.

ALIGN ist eine Vereinbarungsanweisung und darf daher nur im Vereinbarungsteil einer Programmeinheit auftreten. ALIGN kann als Attribut in Verbindung mit anderen Attributen in einer kombinierten Vereinbarungsanweisung auftreten.

Syntaxregeln für die ALIGN-Anweisung

!HPF$ ALIGN *ausr-objekt*(*ausr-quell-liste*) WITH [*]*ausr-ziel*[(*ausr-bereich-liste*)]

- *ausr-objekt* bezeichnet die Datenstruktur, die ausgerichtet werden soll. Ein *ausr-objekt* darf nicht als *distr-objekt* einer DISTRIBUTE-Anweisung oder einer REDISTRIBUTE-Anweisung (aus den anerkannten Erweiterungen, siehe

5.3 Datenverteilung und Datenausrichtung

Abschnitt 6.1.1) auftreten. Kein Objekt darf gleichzeitig das ALIGN-Attribut *und* das INHERIT-Attribut (siehe Abschnitt 5.4.3) haben.

- Jedes Element der *ausr-quell-liste* bezieht sich auf eine Dimension des *ausr-objekt* (die Anzahl der Elemente der *ausr-quell-liste* muß also gleich der Anzahl der Dimensionen des *ausr-objekt* sein). Es können drei mögliche Arten von Elementen in dieser Liste auftreten:

    „:": Allen Positionen entlang der entsprechenden Dimension des *ausr-objekt* werden verschiedene Positionen (bzw. bestimmte Bereiche) der entsprechenden Dimension des *ausr-ziel* zugeordnet.

    eine skalare INTEGER-Variable als *formaler Ausrichtungsparameter*, der alle für die entsprechende Dimension des *ausr-objekt* gültigen Indexwerte annehmen kann.

    „*": Alle Elemente entlang dieser Dimension des *ausr-objekt* werden nach *demselben* Element von *ausr-ziel* ausgerichtet (*collapsed mapping* – siehe auch Abschnitt 5.3.3). Die Verwendung des Sterns in dieser Funktion deutet also an, daß entlang einer Dimension alle Elemente im *ausr-objekt* gleich behandelt werden. Derselbe Effekt könnte erzielt werden, indem der Stern durch einen formalen Ausrichtungsparameter ersetzt wird, der sonst nirgends in der Anweisung auftritt.

    Beispiel (ausr-quell-liste) Die Anweisung

    ```
    !HPF$ ALIGN a(:,*) WITH b(:)
    ```

    hat die Bedeutung „*für alle gültigen Indizes j, richte a(:,j) nach b(:) aus*" und bewirkt daher, daß jede Spalte von a nach b ausgerichtet wird, d. h., auf dieselbe Weise wie b verteilt wird. Diese Anweisung ist gleichbedeutend mit der Anweisung

    ```
    !HPF$ ALIGN a(:,j) WITH b(:)
    ```

    da in diesem Fall die Variable j als Element einer *ausr-quell-liste* als formaler Ausrichtungsparameter aufgefaßt wird, der alle gültigen Indexwerte entlang der entsprechenden Dimension des *ausr-objekt* annimmt.

    Die *ausr-quell-liste* muß entfallen, wenn das *ausr-objekt* skalar ist. In manchen Fällen wird durch diese Einschränkung die Verwendung der Anweisungsform verhindert, da das Fehlen der *ausr-quell-liste* nur bei der Attributform einer ALIGN-Anweisung erlaubt ist.

- Wenn nach dem Schlüsselwort WITH bzw. vor dem *ausr-ziel* ein Stern auftritt, dann muß das *ausr-objekt* ein Formalparameter eines Unterprogramms sein. Wie in Abschnitt 5.3.3 erläutert, deutet ein derartiger Stern an, daß die Anweisung beschreibende und nicht vorschreibende Funktion hat (siehe auch Abschnitt 5.4).

- *ausr-ziel* steht für jenes Objekt, nach dem das *ausr-objekt* ausgerichtet wird und bezeichnet entweder eine weitere Datenstruktur oder einen Template.

Die Elemente der *ausr-bereich-liste* einer ALIGN-Anweisung sind entweder

- „*" oder

- ganzzahlige Ausdrücke oder

- allgemeine Indexbereiche der Form *ugr:ogr:inkr* (siehe Abschnitt 4.2.2) *ohne formalen Ausrichtungsparameter* oder

- von der Form *ausr-bereich-ausdr*. Dies ist ein Term, in dem Variablen und Konstanten bzw. Additionsoperatoren („+", „-"), Multiplikationsoperatoren („*") und Exponentiationsoperatoren („**") auftreten können. Alle Operanden eines *ausr-bereich-ausdr* müssen vom Typ INTEGER sein.

Um mit den grundlegenden Verteilungsformaten, die in Abschnitt 5.3.4 beschrieben wurden, das Auslangen zu finden, sind in einem *ausr-bereich-ausdr* nur *lineare* Funktionen eines formalen Ausrichtungsparameters zugelassen.

In einer *ausr-bereich-liste* darf jeder formale Ausrichtungsparameter höchstens einmal auftreten. Weiters darf jeder *ausr-bereich-ausdr* höchstens ein Auftreten eines formalen Ausrichtungsparameters enthalten.

Beispiel (ausr-bereich-ausdr) Unter der Voraussetzung, daß j, k und m formale Ausrichtungsparameter sind und n kein formaler Ausrichtungsparameter ist, sind beispielsweise folgende Ausdrücke als *ausr-bereich-ausdr* zulässig:

```
    j            3 - k         2*m          n*m         100 - 3*m       n*(m - n)
-(28 + IOR(6,9))*k  - (13-n/3)
```

Folgende Ausdrücke erfüllen die Regeln für einen *ausr-bereich-ausdr* nicht:

```
    j + j        m*(n - m)     j + k        3/k
    -k/3         2**m          m*k          IOR(j,1)
```

Ein Stern „*" in einer *ausr-bereich-liste* bedeutet, daß jedes Element des *ausr-objekt* nach jeder Position entlang der entsprechenden Dimension des *ausr-ziel* ausgerichtet werden soll und folglich mehrfach auf die abstrakten Prozessoren abgebildet wird (*replicated mapping* – siehe auch Abschnitt 5.3.3).

Beispiel (ausr-bereich-liste)

```
!HPF$ ALIGN a(:) WITH b(:,*)
```

hat die Bedeutung „*für alle gültigen Indizes j, richte a(:) nach b(:,j) aus*" und bewirkt daher, daß a vervielfacht wird und daß eine Kopie von a nach jeder Spalte von b ausgerichtet wird. Das Vorhandensein mehrerer Kopien ein- und derselben Datenstruktur im abstrakten Prozessorfeld ermöglicht dem Compiler die Optimierung von Lesezugriffen auf diese Datenstruktur. Es kann immer diejenige Kopie gelesen werden, auf die mit dem geringsten Aufwand zugegriffen werden kann. Allerdings erhöht sich der Aufwand von Schreibzugriffen, da alle Kopien der Datenstruktur aktualisiert werden müssen.

5.3 Datenverteilung und Datenausrichtung

Obige Anweisung ist aber *nicht* gleichbedeutend mit der Anweisung

```
!HPF$ ALIGN a(:) WITH b(:,j)
```

da ein Variablenname *nur* in der *ausr-quell-liste* als formaler Ausrichtungsparameter aufgefaßt wird. j tritt in der *ausr-bereich-liste*, nicht aber in der *ausr-quell-liste* auf, und daher wird der momentane Wert der Variablen j verwendet, was bewirkt, daß a nicht vervielfacht, sondern nach der entsprechenden (*einer einzelnen*) Spalte von b ausgerichtet wird.

Die Anweisung

```
!HPF$ ALIGN a(:,*) WITH b(:,*)
```

hat die Bedeutung „*für alle gültigen Indizes i und j, richte a(:,i) nach b(:,j) aus*" und bewirkt daher, daß eine Kopie der gesamten Matrix a nach jeder einzelnen Spalte von b ausgerichtet wird. Das bedeutet, daß jeder Prozessor, der einen Abschnitt einer oder mehrerer Spalten von b besitzt, auch die entsprechenden Teile der Spalten von a erhält. Ein zweidimensionales Prozessorfeld vorausgesetzt, wird also nicht die gesamte Matrix a entlang einer Dimension des Prozessorfeldes repliziert, sondern nur Teile von a (Blöcke von Zeilen). Daher wird eine solche Ausrichtung manchmal auch als *partielle Vervielfachung* (*partial replication*) bezeichnet.

Die ALIGN-Anweisung in der **Attributform**

!HPF$ ALIGN [(*ausr-quell-liste*)] WITH [*]*ausr-ziel*[(*ausr-bereich-liste*)] :: *ausr-objekt-liste*

gehorcht analogen Syntaxregeln.

Die Verwendung der Attributform ist äquivalent zu einer Serie von identischen Anweisungen für jedes Element der *ausr-objekt-liste*. Alle Elemente einer *ausr-objekt-liste* müssen allerdings die gleiche Anzahl von Dimensionen haben.

Die *ausr-quell-liste* darf nur im Fall der Attributform der Anweisung weggelassen werden. Falls sie nicht aufscheint und die Elemente der *ausr-objekt-liste* keine Skalare sind, dann wird eine *ausr-quell-liste* bestehend aus lauter „:"-Einträgen angenommen – gleich vielen wie die Anzahl der Dimensionen der Einträge der *ausr-objekt-liste*. Falls die *ausr-bereich-liste* fehlt, wird ähnlich vorgegangen: Es wird eine aus „:"-Einträgen bestehende *ausr-bereich-liste* angenommen. Die Anzahl dieser Einträge ist gleich der Anzahl der Dimensionen von *ausr-ziel*.

Beispiel (ALIGN) a1, a2, a3 und b seien zweidimensionale Felder. Die HPF-Anweisung in der Attributform

```
!HPF$ ALIGN WITH b :: a1, a2, a3
```

bedeutet dasselbe wie

```
!HPF$ ALIGN (:,:) WITH b(:,:) :: a1, a2, a3
```

bzw. dasselbe wie die drei Anweisungsformen

```
!HPF$ ALIGN a1(:,:) WITH b(:,:)
!HPF$ ALIGN a2(:,:) WITH b(:,:)
!HPF$ ALIGN a3(:,:) WITH b(:,:)
```

und bewirkt, daß a1, a2 und a3 auf die gleiche Weise wie b verteilt werden.

Die Objekte einer *ausr-objekt-liste* müssen zwar in der Anzahl der Dimensionen übereinstimmen, aber die Ausdehnungen müssen nur entlang der Dimensionen gleich sein, denen ein Doppelpunkt in der *ausr-quell-liste* entspricht. Dieser Gesichtspunkt ist für die Praxis wichtig, da oft Felder zueinander ausgerichtet werden sollen, die nur entlang einer Dimension gleich groß sind.

Beispiel (ausr-objekt-liste)

```
      REAL a(3,n), b(4,n), c(43,n), q(n)
!HPF$ DISTRIBUTE q(BLOCK)
!HPF$ ALIGN (*,:) WITH q :: a, b, c
```

In diesem Fall werden zweidimensionale Felder verschiedener Größen mit Hilfe einer einzigen ALIGN-Anweisung auf eine eindimensionale Prozessoranordnung verteilt. Durch die Verwendung des Sterns kann in HPF ausgedrückt werden, daß alle Feldelemente, deren Indizes sich nur entlang der ersten Dimension unterscheiden, nach demselben Element von q ausgerichtet und daher demselben abstrakten Prozessor zugeordnet werden sollen.

Die Grundform von ALIGN-Anweisungen

Die syntaktischen Regeln für die ALIGN-Anweisung erlauben mehrere syntaktisch unterschiedliche, aber semantisch äquivalente Möglichkeiten für die Spezifizierung ein und derselben Ausrichtung. Insbesondere können entweder Doppelpunkte oder formale Ausrichtungsparameter in der *ausr-bereich-liste* verwendet werden. Um die Wirkung einer Ausrichtungsanweisung genau beschreiben zu können, ist es einfacher, eine eindeutige „Grundform" der ALIGN-Anweisung einzuführen. In diesem Abschnitt wird eine solche Grundform definiert und auch beschrieben, wie eine beliebige ALIGN-Anweisung auf diese Form transformiert werden kann. Anhand der Grundform wird im nächsten Abschnitt die Wirkungsweise der ALIGN-Anweisung beschrieben. Diese Grundform dient aber nur der Vereinfachung der Darstellung. Sie hat keine große Bedeutung für die Codeentwicklung – Leser mit gutem Verständnis der Wirkung der ALIGN-Anweisung können diesen und den nächsten Abschnitt überspringen.

Durch eine Transformation der ALIGN-Anweisung läßt sich immer erreichen, daß in der *ausr-quell-liste* keine Elemente der Form „*" oder „:", sondern nur mehr formale Ausrichtungsparameter vorkommen, und daß in der *ausr-bereich-liste* keine Indexbereiche, sondern nur mehr Elemente der Form „*", ganzzahlige Ausdrücke ohne formale Ausrichtungsparameter oder Elemente der Form *ausr-bereich-ausdr* auftreten.

Transformation auf Grundform: Die Anzahl der allgemeinen Indexbereiche der *ausr-bereich-liste* muß genau mit der Anzahl der Doppelpunkte „:" in der *ausr-quell-liste* übereinstimmen. Es läßt sich daher von links nach rechts fortschreitend eine eindeutige Zuordnung zwischen den Doppelpunkten in der *ausr-quell-liste* und den allgemeinen Indexbereichen in der *ausr-bereich-liste* herstellen. Listenelemente, die kein Doppelpunkt bzw. kein allgemeiner Indexbereich sind, werden bei dieser Zuordnung ignoriert.

5.3 Datenverteilung und Datenausrichtung

- Tritt für eine bestimmte Dimension im *ausr-objekt* in der *ausr-quell-liste* ein Doppelpunkt auf, dann wird er durch einen formalen Ausrichtungsparameter ersetzt. Die untere und die obere Indexgrenze entlang dieser Dimension des *ausr-objekt* werden mit *ugrdim* bzw. mit *ogrdim* bezeichnet. Der entsprechende allgemeine Indexbereich in der *ausr-bereich-liste* sei durch *ugrber:ogrber:inkrber* gegeben. Um den Doppelpunkt in der *ausr-quell-liste* durch einen (bis jetzt nicht verwendeten) formalen Ausrichtungsparameter, z. B. *j*, zu ersetzen, ohne dabei die Bedeutung der Anweisung zu verändern, ist der allgemeine Indexbereich in der *ausr-bereich-liste* durch den Ausdruck

$$(j - ugrdim) * inkrber + ugrber$$

zu ersetzen. Allerdings muß vorausgesetzt werden, daß die Dimension des *ausr-objekt* und der entsprechende allgemeine Indexbereich der *ausr-bereich-liste* konform sind, d. h., daß folgende Bedingung erfüllt ist:[8]

$$\max(0, ogrdim - ugrdim + 1) = \max\left(0, \left\lceil \frac{(ogrber - ugrber + 1)}{inkrber} \right\rceil\right) \quad (5.1)$$

- Tritt in der *ausr-quell-liste* ein Stern „*" auf, dann kann er durch einen bis jetzt noch nicht verwendeten formalen Ausrichtungsparameter ersetzt werden.

Beispiel (Transformation auf Grundform)

```
!HPF$ ALIGN a(:,*,k,:,:,*) WITH b(31:,:,k+3,20:100:3)
```

Der Doppelpunkt für die erste Dimension von a wird dem Indexbereich 31: zugeordnet, jener für die vierte Dimension dem Indexbereich : und jener für die fünfte Dimension dem Indexbereich 20:100:3.

Durch die Anwendung der Transformation ergibt sich unter den aus der Bedingung (5.1) resultierenden Voraussetzungen

```
SIZE(a,1) == UBOUND(b,1)-30
SIZE(a,4) == SIZE(b,2)
SIZE(a,5) == (100-20+1)/3
```

folgende äquivalente Grundform der Anweisung:

```
!HPF$ ALIGN a(i,j,k,l,m,n) WITH b(i-LBOUND(a,1)+31,          &
!HPF$      l-LBOUND(a,4)+LBOUND(b,2),k+3,(m-LBOUND(a,5))*3+20)
```

Die Durchführung der Ausrichtung

Jeder formale Ausrichtungsparameter in der *ausr-quell-liste* kann alle gültigen Indexwerte für die entsprechende Dimension des *ausr-objekt* annehmen. Jede Kombination möglicher Werte der formalen Ausrichtungsparameter in der *ausr-quell-liste* wählt genau ein Element des *ausr-objekt* aus. Weiters können die Elemente

---
[8]Dieselbe Forderung nach Konformität tritt auch bei Feldzuweisungen in Fortran auf.

der *ausr-bereich-liste* in der Grundform für jede Kombination von gültigen Werten der formalen Ausrichtungsparameter ausgewertet werden. Die resultierenden Werte sind gültige Indizes für das *ausr-ziel*.

Die Ausrichtung erfolgt dann dadurch, daß das durch die Ausrichtungsparameter der *ausr-quell-liste* ausgewählte Element im *ausr-objekt* demselben abstrakten Prozessor zugeordnet wird wie das durch die Auswertung der *ausr-bereich-liste* indizierte Element im *ausr-ziel* – genauer formuliert: das im *ausr-objekt* indizierte Element wird endgültig ausgerichtet nach dem Objekt, nach dem auch das im *ausr-ziel* ausgewählte Element endgültig ausgerichtet ist (vgl. Abschnitt 5.3.1).

In den anerkannten Erweiterungen von HPF (siehe Kapitel 6) ist eine Anweisung vorgesehen, mit der die Ausrichtungsbeziehungen verändert werden können: die Neuausrichtung eines mit dem DYNAMIC-Attribut versehenen *ausr-objekt* wird mit Hilfe einer REALIGN-Anweisung (siehe Abschnitt 6.1.1) ermöglicht.

Beispiele (Äquivalente ALIGN-Anweisungen) In den folgenden Beispielen wird jeweils vorausgesetzt, daß die Konformitätsbedingung (5.1) erfüllt ist. Außerdem wird vereinfachend vorausgesetzt, daß die Ober- und Untergrenzen der korrespondierenden Dimensionen im *ausr-objekt* und im *ausr-ziel* gleich sind. In jedem Fall werden mehrere syntaktisch unterschiedliche, aber semantisch äquivalente ALIGN-Anweisungen angeführt.

- „Identische Ausrichtung" (nach einander entsprechenden Positionen in den Datenfeldern):

```
      ! Anweisungsformen
!HPF$ ALIGN x(:,:) WITH z2(:,:)
!HPF$ ALIGN x(j,k) WITH z2(j,k)

      ! Attributformen
!HPF$ ALIGN (:,:) WITH z2(:,:) :: x
!HPF$ ALIGN (j,k) WITH z2(j,k) :: x
!HPF$ ALIGN WITH z2 :: x
```

- „Kontraktion" der zweiten Dimension von x (Ausrichtung der Zeilen von x nach einzelnen Elementen von z):

```
!HPF$ ALIGN x(:,*) WITH z1(:)
!HPF$ ALIGN x(j,*) WITH z1(j)
!HPF$ ALIGN x(j,k) WITH z1(j)
```

- Vervielfachen von x entlang der zweiten Dimension von z3:

```
!HPF$ ALIGN x(:,:) WITH z3(:,*,:)
!HPF$ ALIGN x(j,k) WITH z3(j,*,k)
```

- „Umkehren" entlang beider Dimensionen:

```
      REAL x(m,n), z2(m,n)
!HPF$ ALIGN x(:,:) WITH z2(m:1:-1,n:1:-1)
!HPF$ ALIGN x(j,k) WITH z2(-j+1+m,-k+1+n)
```

5.3 Datenverteilung und Datenausrichtung

- „Transponieren":

        !HPF$ ALIGN x(j,k) WITH z2(k,j)
        !HPF$ ALIGN x(j,:) WITH z2(:,j)
        !HPF$ ALIGN x(:,k) WITH z2(k,:)

5.3.6 Die TEMPLATE-Anweisung

Mit der TEMPLATE-Anweisung können Templates (siehe auch Abschnitt 5.3.1) deklariert werden. TEMPLATE ist eine Vereinbarungsanweisung und darf daher nur im Vereinbarungsteil einer Programmeinheit auftreten.

Syntaxregeln für TEMPLATE-Anweisungen

   !HPF$ TEMPLATE *template*[(*form-vereinbarungs-liste*)]

- *template* ist der Name des Templates.

- Die Anzahl der Elemente der *form-vereinbarungs-liste* gibt die Anzahl der Dimensionen von *template* an, und die einzelnen Elemente dieser Liste legen die Ausdehnung von *template* entlang der jeweiligen Dimension fest.

Die TEMPLATE-Anweisung kann auch in der **Attributform** verwendet werden:

   !HPF$ TEMPLATE :: *template*[(*form-vereinbarungs-liste*)] [, ...]

Analog zur Vereinbarung von abstrakten Prozessorfeldern (siehe Abschnitt 5.3.2) kann auch bei der TEMPLATE-Anweisung ein DIMENSION-Attribut verwendet werden. Dieses hat niedrigere Priorität als eine explizite *form-vereinbarungs-liste*.

Die Attributform bietet den Vorteil, daß ein Template in einer kombinierten Vereinbarungsanweisung auch sofort verteilt werden kann. Alle in der Anweisung auftretenden Templates müssen allerdings die gleiche Anzahl von Dimensionen haben, damit sie mit derselben DISTRIBUTE-Anweisung verteilt werden können.

Beispiel (TEMPLATE) Die folgende Anweisung deklariert drei Templates, von denen zwei die gleiche Form haben, und verteilt sie auf ein eindimensionales Prozessorfeld:

    !HPF$ TEMPLATE, DIMENSION(64,64), DISTRIBUTE(BLOCK,*)   ::   &
    !HPF$ template_1, template_2, template_3(32,32)

Die Verwendung von Templates

Die Verwendung von Templates bietet in mehreren Situationen Vorteile:

1. Wie schon in Abschnitt 5.3.1 erwähnt, dienen sie als „virtuelle" Felder, nach denen „reale" Datenfelder ausgerichtet werden können, wenn kein anderes für diesen Zweck geeignetes, „reales" Datenfeld vorhanden ist, das den gesamten benötigten Indexraum überdeckt.

2. Die Verwendung von Templates anstelle von Datenfeldern als *ausr-ziel* von
ALIGN-Anweisungen (siehe Abschnitt 5.3.5) bietet stilistische Vorteile:

Da Templates selber nicht ausgerichtet werden können, ist in diesem Fall die
Tiefe des Baumes der Ausrichtungsbeziehungen auf 1 beschränkt, und es muß
nicht zwischen „unmittelbarer" und „endgültiger" Ausrichtung unterschieden
werden (vgl. Abschnitt 5.3.1).

Wenn dagegen Datenfelder nach anderen Datenfeldern ausgerichtet werden,
dann können beliebig komplizierte Ausrichtungsbeziehungen entstehen, aus
denen die endgültige Ausrichtung eines Datenfeldes schwierig zu erkennen ist.

3. In der Praxis erweist es sich als sehr angenehm, alle Datenobjekte, die explizit
abgebildet werden sollen, nach möglichst wenigen Templates (günstigstenfalls
nach nur einem Template) auszurichten. Diese Templates werde an geeigneter
Stelle deklariert und dort auch mit Hilfe von DISTRIBUTE-Anweisungen verteilt. Eine Änderung der Verteilung aller Datenobjekte muß dann nur für die
Templates an einigen wenigen Stellen im Programmcode durchgeführt werden.

Im Gegensatz zu Feldern können Templates nicht in einem COMMON-Block
vorkommen. Daher sind zwei Templates, die in verschiedenen Gültigkeitsbe-
reichen deklariert werden, immer verschieden, auch wenn sie denselben Namen
haben. Die beste Möglichkeit, zwei verschiedene Programmeinheiten auf denselben Template zugreifen zu lassen, besteht darin, den Template in einem
Modul (siehe Überhuber, Meditz [160]) zu deklarieren, der von beiden Programmeinheiten verwendet wird.

Sollen verschiedene Datenverteilungen experimentell verglichen werden, dann
müssen nur mehr einige wenige DISTRIBUTE-Anweisungen an einer einzigen
Stelle im ganzen Programm verändert werden!

Beispiel (TEMPLATE) Durch die folgenden Anweisungen werden vier $n \times n$-Felder nach
den vier „Ecken" eines $(n+1) \times (n+1)$-Templates ausgerichtet, der selbst explizit verteilt wird:

```
!HPF$ TEMPLATE, DISTRIBUTE(BLOCK,BLOCK) :: erde(n+1,n+1)
      REAL, DIMENSION(n,n)              :: nw, no, so, sw
!HPF$ ALIGN nw(i,j) WITH erde(i,j)
!HPF$ ALIGN no(i,j) WITH erde(i,j+1)
!HPF$ ALIGN so(i,j) WITH erde(i+1,j+1)
!HPF$ ALIGN sw(i,j) WITH erde(i+1,j)
```

5.3.7 Der Kommunikationsaufwand

Nach der Vorstellung der für die Datenabbildung relevanten HPF-Anweisungen
und der Erläuterung ihrer Handhabung sollen nun die Effekte ihrer Verwendung
aufgezeigt werden. Wie in Kapitel 2 schon ausgeführt wurde, ist die Analyse des
Kommunikationsaufwandes eines parallelen Algorithmus bzw. dessen Implementierung ein wichtiger Bestandteil der Leistungsbewertung. In diesem Abschnitt

5.3 Datenverteilung und Datenausrichtung

wird anhand einiger einfacher Beispiele demonstriert, wie auf Grund der Anweisungen zur Datenverteilung und Datenausrichtung Abschätzungen für den Kommunikationsaufwand eines Programmabschnittes durchgeführt werden können.

Die folgenden, durch Codeanalysen gewonnenen Abschätzungen für den Kommunikationsaufwand sind das Resultat weitgehend maschinenunabhängiger Betrachtungen und stellen daher i. a. *untere Schranken* für den tatsächlich anfallenden Kommunikationsaufwand dar.

Deklarationen

Folgende Anweisungen bestimmen in den folgenden Beispielen die vorhandenen Datenstrukturen und legen deren Abbildung fest:
```
REAL     a(1000), b(1000), c(1000), x(500), y(2:501)
INTEGER  inx(1000)
!HPF$ PROCESSORS prozessoren(10)
!HPF$ DISTRIBUTE(BLOCK) ONTO prozessoren :: a, b, inx
!HPF$ DISTRIBUTE(CYCLIC) ONTO prozessoren :: c
!HPF$ ALIGN x(i) WITH y(i+1)
```
Es wird ein eindimensionales Prozessorfeld von zehn abstrakten Prozessoren definiert (`prozessoren(1)` - `prozessoren(10)`). Durch die erste DISTRIBUTE-Anweisung werden die Felder a, b und inx in zusammenhängenden Blöcken von jeweils 100 Elementen auf die abstrakten Prozessoren verteilt. c wird zyklisch auf die abstrakten Prozessoren verteilt: die Elemente $c(k + 10l)$ werden für alle $l = 0, 1, \ldots, 99$ dem abstrakten Prozessor `prozessoren(k)` zugeordnet. Durch die ALIGN-Anweisung wird das Feldelement `x(i)` für $i = 1, 2, \ldots, 500$ demselben abstrakten Prozessor zugeordnet wie das Feldelement `y(i+1)`, unabhängig davon, wie y auf das Prozessorfeld verteilt ist.

Bei den folgenden Beispielen wird vorausgesetzt, daß alle obigen Anweisungen durch den Compiler wirklich ausgeführt werden.

Beispiel Die Durchführung der Zuweisungen
```
a(i) = b(i)
x(i) = y(i+1)
```
ist mit *keinerlei* Kommunikation zwischen abstrakten Prozessoren verbunden, weil für alle in Betracht kommenden Indexwerte i die Feldelemente `a(i)` und `b(i)` bzw. `x(i)` und `y(i+1)` auf demselben Prozessor vorhanden sind.

Beispiel Die Durchführung der Zuweisung
```
a(i) = c(i)
```
erfordert in 90 % der Fälle (konkret für 900 von 1000 Indexwerten i) die Übertragung eines Feldelementes (i. a. von `c(i)`) auf einen anderen abstrakten Prozessor: `prozessoren(k)` enthält die Elemente `a(100k-99)` bis `a(100k)` sowie die Elemente `c(k+10l)` ($l = 0, 1, \ldots, 99$). Es ist also genau für diejenigen Werte l keine Kommunikation erforderlich, für die

$$100k - 99 \leq k + 10l \leq 100k$$

gilt. Dies ist nur für 10 der 100 möglichen Werte für l der Fall, nämlich für

$$\frac{99(k-1)}{10} \leq l \leq \frac{99k}{10}.$$

In den übrigen 90 Fällen ist Kommunikation erforderlich.

Beispiel Für die Zuweisung

```
a(i) = a(i-1) + a(i) + a(i+1)
```

ist folgendes festzustellen:

- Sie ist nicht definiert für $i = 1$ und $i = 1000$.
- Sie kann wegen der blockweisen Verteilung von **a** für die Indizes $i = 100k-98, \ldots, 100k-1$ innerhalb des abstrakten Prozessors `prozessoren(k)` ausgeführt werden ($k = 1, 2, \ldots, 10$) und erfordert in diesen Fällen keinerlei Kommunikation zwischen Prozessoren.
- In den übrigen Fällen ($i = 100, 901$ oder $i = 100k-99, 100k$ für $k = 2, \ldots, 9$) muß zwischen zwei abstrakten Prozessoren Datenübertragung erfolgen.

Es muß also in ca. 1.8 % der Fälle der Wert eines Feldelements zwischen zwei abstrakten Prozessoren übertragen werden.

Beispiel Aufgrund der durch die HPF-Anweisungen spezifizierten Abbildungssituation sieht die Abschätzung der erforderlichen Kommunikation für die folgende, rein äußerlich gleich geartete Zuweisung *völlig anders* aus:

```
c(i) = c(i-1) + c(i) + c(i+1)
```

- Sie ist nicht definiert für $i = 1$ oder $i = 1000$.
- Aufgrund der zyklischen Verteilung von **c** befinden sich für jeden Index $i = 2, 3, \ldots, 999$ die drei Elemente `c(i-1)`, `c(i)` und `c(i+1)` auf verschiedenen abstrakten Prozessoren.

Daher müssen für *jeden* Wert $i = 2, 3, \ldots, 999$ zumindest zwei der Feldelemente von **c** von einem abstrakten Prozessor auf einen anderen übertragen werden.

Beispiel Bei der Zuweisung

```
a(i) = a(inx(i)) + b(inx(i))
```

tritt eine *indirekte Adressierung* auf. Es kann auf Grund der DISTRIBUTE-Anweisung davon ausgegangen werden, daß die auf der rechten Seite referenzierten Feldelemente `a(inx(i))` und `b(inx(i))` immer demselben abstrakten Prozessor zugeordnet sind. Es sind auch `a(i)` und `inx(i)` immer demselben Prozessor zugeordnet. Ohne Kenntnis der im Feld `inx` gespeicherten Elemente kann jedoch keine Aussage darüber gemacht werden, ob `a(i)` und `a(inx(i))` bzw. `a(i)` und `b(inx(i))` demselben abstrakten Prozessor zugeordnet wurden. Daher ist es nicht möglich, den Kommunikationsaufwand dieser Zuweisung a priori abzuschätzen.

5.4 Datenabbildung in Unterprogrammen

Die Anweisungen zur Datenabbildung (ALIGN, DISTRIBUTE) können auf Formalparameter eines Unterprogramms in gleicher Weise wie auf andere Variablen angewendet werden.

Falls das *distr-objekt* einer DISTRIBUTE-Anweisung ein Formalparameter ist, kann vor einer (optionalen) *distr-format-liste* oder auch nach dem HPF-Schlüsselwort ONTO vor einer (optionalen) *proz-anord* ein Stern „*" auftreten. Die genaue Bedeutung dieser Formen wird in den Abschnitten 5.4.2 und 5.4.4 besprochen (vgl. auch Abschnitt 5.3.4).

5.4.1 Vorschreibendes ALIGN und DISTRIBUTE

Tritt weder vor der *distr-format-liste* noch nach dem HPF-Schlüsselwort ONTO ein Stern auf, dann liegt eine *vorschreibende* DISTRIBUTE-Anweisung vor. Sie fordert den Compiler auf, die spezifizierte Verteilung herzustellen.

Falls das *ausr-objekt* einer ALIGN-Anweisung ein Formalparameter ist, kann vor dem *ausr-ziel* ein Stern „*" auftreten. Die Bedeutung dieser Form wird in Abschnitt 5.4.4 besprochen. Andernfalls liegt wiederum eine vorschreibende Anweisung vor, die den Compiler anweist, die Ausrichtung des Formalparameters beim Aufruf des Unterprogramms entsprechend herzustellen.

Um die geforderte Abbildung eines Formalparameters herzustellen, kann zur Laufzeit eine Veränderung der Abbildung oder das Anlegen einer Kopie des Aktualparameters notwendig sein. Grundsätzlich sind in HPF 2.0 für vorschreibende ALIGN- und DISTRIBUTE-Anweisungen folgende Regeln zu beachten:[9]

- Die Abbildung eines Formalparameters eines Unterprogramms kann genauso festgelegt werden wie für lokale oder globale Variablen (mit Hilfe der im Abschnitt 5.3 vorgestellten Anweisungen).

- Beim Aufruf eines Unterprogramms kann sich die Abbildung des *Aktual*parameters von jener des mit ihm assoziierten Formalparameters unterscheiden. In diesem Fall, d. h., wenn irgendein Aktualparameter anders als der entsprechende Formalparameter abgebildet ist, dann muß in der aufrufenden Programmeinheit eine explizite Schnittstellenbeschreibung (siehe Abschnitt 4.4) für das Unterprogramm vorhanden sein. Diese Schnittstellenbeschreibung muß die Anweisungen für die Abbildung der Formalparameter enthalten.

- Wenn sich die Abbildung eines Aktualparameters von der in der expliziten Schnittstelle für den entsprechenden Formalparameter spezifizierten unterscheidet, dann wird der Aktualparameter automatisch auf eine temporäre Variable mit passender Abbildung kopiert. Bei der Rückkehr aus dem Unterprogramm wird diese temporäre Variable wieder zurückkopiert und so die ursprüngliche Abbildung wieder hergestellt.

Obwohl mit Hilfe entsprechender INTENT(IN) und INTENT(OUT)-Angaben (siehe Überhuber, Meditz [160]) für Formalparameter eine gewisse Optimierung möglich ist (der Compiler kann dadurch Fälle erkennen, in denen einer dieser beiden Kopiervorgänge entfallen kann), impliziert die Änderung der Datenabbildung an einer Unterprogrammschnittstelle grundsätzlich Kommunikationsaufwand, der die Leistung i. a. stark beeinträchtigt.

Aus der Sicht des aufgerufenen Unterprogramms ist also in keinem Fall eine Änderung der Abbildung von Formalparametern erforderlich – beim Eintritt in das Unterprogramm ist sichergestellt, daß ein Aktualparameter immer genau so auf abstrakte Prozessoren abgebildet ist, wie für den entsprechenden Formalparameter festgelegt wurde. Aus der Tatsache, daß die ursprüngliche Abbildung eines

---
[9]HPF 1 sah in diesem Bereich eine teilweise andere Regelung vor (siehe Abschnitt 5.4.4).

Arguments bei der Rückkehr aus einem Unterprogramm auf jeden Fall wiederhergestellt wird, folgt weiters, daß durch die Übergabe an ein Unterprogramm *keine dauerhafte* Änderung der Abbildung eines Datenobjekts erfolgen kann.

Wenn für ein Unterprogramm *keine* explizite Schnittstelle in der aufrufenden Programmeinheit vorhanden ist, dann wird der Aktualparameter üblicherweise über alle Prozessoren repliziert. Aus der Sicht des Programmierers ist es auf jeden Fall am sichersten, *immer* explizite Schnittstellenbeschreibungen zu verwenden.

5.4.2 Transkriptive Datenabbildung

Zusätzlich zu vorschreibenden ALIGN- und DISTRIBUTE-Anweisungen sind durch bestimmte Verwendungen des Sterns „*" in DISTRIBUTE-Anweisungen weitere Möglichkeiten gegeben, die Abbildung eines Formalparameters zu spezifizieren (vgl. Abschnitt 5.3.3). Die in diesem Abschnitt beschriebene *transkriptive* Form der DISTRIBUTE-Anweisung kann allerdings in der Praxis durch eine INHERIT-Anweisung (siehe Abschnitt 5.4.3) ersetzt werden.

Transkriptive DISTRIBUTE-Anweisungen

Tritt in einer DISTRIBUTE-Anweisung, die sich auf einen Formalparameter bezieht, anstelle der *distr-format-liste* ein Stern auf, dann hat das folgende Bedeutung: Beim Eintritt in das Unterprogramm soll für den Formalparameter eine Verteilung hergestellt werden, die jener des Aktualparameters entspricht. Man spricht von einer *bezüglich des Verteilungsformates transkriptiven* Anweisung.

Die Verwendung dieser transkriptiven Form der DISTRIBUTE-Anweisung ist allerdings nur dann erlaubt, wenn die Abbildung des Aktualparameters durch eine DISTRIBUTE-Anweisung beschrieben werden kann, d. h., wenn der Aktualparameter nach einem der in Abschnitt 5.3.4 vorgestellten Verteilungsformate verteilt ist. Das ist z. B. für Teilfelder als Aktualparameter oft *nicht* der Fall! Allgemeiner verwendbar ist in solchen Fällen die INHERIT-Anweisung, die in Abschnitt 5.4.3 genauer erläutert wird. Dort werden auch die Unterschiede zu einer transkriptiven DISTRIBUTE-Anweisung anhand eines Beispiels aufgezeigt.

Beispiel (Transkriptive DISTRIBUTE-Anweisung) Die folgende Anweisung ist hinsichtlich des Verteilungsformates transkriptiv:

    !HPF$ DISTRIBUTE feld * ONTO prozessoren

`feld` soll auf die Prozessoranordnung `prozessoren` verteilt werden. Dabei soll das Verteilungsformat verwendet werden, das der entsprechende Aktualparameter gerade hat (und das auf eine andere Prozessoranordnung bezogen sein kann).

Auch anstelle der *proz-anord* kann in einer DISTRIBUTE-Anweisung für einen Formalparameter ein Stern auftreten. In diesem Fall ist die Anweisung *bezüglich der Prozessoranordnung transkriptiv*, d. h., die Prozessoranordnung, auf die die Verteilung erfolgt, wird direkt vom Aktualparameter übernommen.

Beispiel (Transkriptive DISTRIBUTE-Anweisung) Die folgende Anweisung ist hinsichtlich der Prozessoranordnung transkriptiv:

5.4 Datenabbildung in Unterprogrammen

```
!HPF$ DISTRIBUTE feld(CYCLIC) ONTO *
```

feld soll zyklisch auf jene Prozessoranordnung verteilt werden, auf die der entsprechende Aktualparameter gerade verteilt ist.

Es sind auch DISTRIBUTE-Anweisungen möglich, die sowohl bezüglich des Verteilungsformates als auch bezüglich der Prozessoranordnung transkriptiv sind.

Beispiel (Transkriptive DISTRIBUTE-Anweisung) Die folgende Anweisung ist bezüglich des Verteilungsformates und bezüglich der Prozessoranordnung transkriptiv:

```
!HPF$ DISTRIBUTE feld * ONTO *
```

Die Abbildung von feld soll gegenüber der des entsprechenden Aktualparameters nicht verändert werden.

ACHTUNG: Die (rein) transkriptive Anweisung

```
!HPF$ DISTRIBUTE feld * ONTO *
```

bedeutet *nicht* dasselbe wie

```
!HPF$ DISTRIBUTE feld *(*) ONTO *
```

Letztere Anweisung ist bezüglich des Verteilungsformates *beschreibend* (siehe Abschnitt 5.4.4): Es wird behauptet, daß feld bereits so verteilt ist, daß alle seine Elemente demselben Element einer (notwendigerweise skalaren) Prozessoranordnung zugeordnet sind (vgl. Abschnitt 5.3.3 bzw. Abschnitt 5.3.4). Bezüglich des Ausrichtungszieles ist die Anweisung transkriptiv: Die Verteilung soll auf dieselbe Prozessoranordnung erfolgen, auf die der entsprechende Aktualparameter gerade verteilt ist.

In transkriptiven DISTRIBUTE-Anweisungen wird also nichts über eine konkrete Verteilung ausgesagt, sondern der Compiler wird aufgefordert, den entsprechenden Teil der Abbildungsinformation (Verteilungsformat und/oder Prozessoranordnung) direkt vom Aktualparameter zu übernehmen.

Transkriptive Ausrichtung

Eine transkriptive Ausrichtung kann nicht mit Hilfe einer ALIGN-Anweisung festgelegt werden, da die Anweisung !HPF$ ALIGN WITH * nicht zulässig ist; dem Stern muß auf jeden Fall ein *ausr-ziel* folgen (vgl. Abschnitt 5.3.5). Zur Festlegung, daß jede Ausrichtung vom entsprechenden Aktualparameter übernommen werden soll, dient die im folgenden Abschnitt beschriebene INHERIT-Anweisung.

5.4.3 Die INHERIT-Anweisung

Durch die INHERIT-Anweisung wird festgelegt, daß ein Formalparameter seine Abbildung vom korrespondierenden Aktualparameter „erben" soll. Der korrespondierende Aktualparameter kann jede beliebige Abbildung haben, und die Zuordnung zu abstrakten Prozessoren wird beim Eintritt in das Unterprogramm nicht verändert, auch wenn der Aktualparameter kein ganzes Feld, sondern nur ein Teilfeld oder ein einzelnes Feldelement ist.

Genaugenommen legt die INHERIT-Anweisung fest, daß ein Formalparameter eines Unterprogramms den *Template* des korrespondierenden Aktualparameters „erben" soll (d. h., daß eine *Kopie* dieses Templates angelegt werden soll), und daß der Formalparameter nach seinem „ererbten" Template *genauso ausgerichtet* wird wie der zugehörige Aktualparameter nach seinem Template. In der Praxis bedeutet das, daß der Compiler mit Hilfe der INHERIT-Anweisung angewiesen wird, die Daten des Aktualparameters beim Eintritt in das Unterprogramm genau dort zu lassen, wo sie sind, und keinerlei Änderung der Abbildung vorzunehmen.

Die INHERIT-Anweisung ist eine Vereinbarungsanweisung und darf daher nur im Vereinbarungsteil einer Programmeinheit auftreten.

Syntaxregeln für INHERIT-Anweisungen

```
!HPF$ INHERIT formalparameter-liste
```

- Es dürfen nur Formalparameter in der *formalparameter-liste* auftreten.
- Durch eine INHERIT-Anweisung werden die in ihr aufgezählten Formalparameter eines Unterprogramms mit dem INHERIT-Attribut versehen.
- Kein Objekt darf gleichzeitig mit dem INHERIT-Attribut *und* dem DISTRIBUTE- oder dem ALIGN-Attribut versehen werden.

Wie schon in Abschnitt 5.4.2 erwähnt wurde, besteht ein wichtiger Unterschied zu einer transkriptiven DISTRIBUTE-Anweisung: Die durch die Anweisung

```
!HPF$ INHERIT x
```

für einen Formalparameter x eines Unterprogramms implizierte Verteilung ist *allgemeiner* als durch eine transkriptive DISTRIBUTE-Anweisung

```
!HPF$ DISTRIBUTE x * ONTO *
```

ausgedrückt werden kann. Das INHERIT-Attribut gibt an, daß der *Template* des Aktualparameters, dessen Verteilung, und auch die Ausrichtung des Aktualparameters nach diesem Template übernommen wird. x selbst kann daher auf *sehr komplizierte Weise* nach diesem Template ausgerichtet sein.

Die transkriptive DISTRIBUTE-Anweisung hingegen sagt aus, daß x nach demselben Verteilungsformat wie der Aktualparameter (also „* ONTO *") verteilt werden soll – die Verteilung des Aktualparameters läßt sich jedoch nicht immer durch die in Abschnitt 5.3.4 angeführten Verteilungsformate beschreiben!

Dieser Unterschied ist beispielsweise bei der Übergabe von Teilfeldern an Unterprogramme relevant.

Beispiel (INHERIT)

```
      REAL a(20)
!HPF$ PROCESSORS proc(4)
!HPF$ DISTRIBUTE a(BLOCK) ONTO proc
      ...
      CALL unter_programm(a(4:14:2))
      ...
      SUBROUTINE unter_programm(b)
      REAL b(6)
!HPF$ INHERIT b
      ...
```

5.4 Datenabbildung in Unterprogrammen

Der Formalparameter b des Unterprogramms unter_programm „erbt" in diesem Fall den eindimensionalen Template der Größe 20 vom Aktualparameter a und auch dessen BLOCK-Verteilung. Das Element b(i) ist folglich nach dem Element $2+2i$ des „ererbten" Templates ausgerichtet, und es ist an der Schnittstelle zu dem Unterprogramm unter_programm keine Abbildungsänderung und daher keine Kommunikation zwischen Prozessoren erforderlich. (Die Zuordnungen b(1) zu proc(1), b(2) bis b(4) zu proc(2), b(5) und b(6) zu proc(3) bleiben bestehen.)

Man beachte, daß diese irreguläre Verteilung des Aktualparameters über das Prozessorfeld proc *nicht* durch eines der HPF-Verteilungsformate aus Abschnitt 5.3.4 beschrieben werden kann, und daß daher keine transkriptive DISTRIBUTE-Anweisung verwendet werden kann.

Auch die INHERIT-Anweisung kann in der **Attributform** verwendet werden:

!HPF$ INHERIT :: *formalparameter-liste*

Weiters ist es möglich, die INHERIT-Anweisung für einige der Formalparameter eines Unterprogramms zu verwenden, und gleichzeitig explizite ALIGN- und DISTRIBUTE-Anweisungen für die anderen zu verwenden. Außerdem können andere Datenobjekte (inklusive andere Formalparameter) nach Formalparametern ausgerichtet werden, die in einer INHERIT-Anweisung vorkommen.

Beispiel (ALIGN-Anweisung für Formalparameter) Auch das *ausr-ziel* einer ALIGN-Anweisung kann ein Formalparameter sein:

```
      SUBROUTINE unter_programm(a, b)
      REAL, DIMENSION(1000) :: a, b
!HPF$ INHERIT                :: a
!HPF$ ALIGN WITH a           :: b
```

In diesem Beispiel bleibt der erste Formalparameter a wegen des INHERIT-Attributs so wie der zugehörige Aktualparameter ausgerichtet, während der zweite Formalparameter b explizit nach dem ersten Formalparameter ausgerichtet wird.

Falls bei einem Aufruf von unter_programm beide Aktualparameter bereits zueinander ausgerichtet sind, ist zur Laufzeit keine Veränderung der Abbildung der Daten notwendig. Wenn die Aktualparameter nicht nacheinander ausgerichtet sind, ist eine geringere Leistung zu erwarten, da die Abbildung des zweiten Formalparameters zur Laufzeit verändert werden muß.

Für einen Formalparameter, der in einer INHERIT-Anweisung auftritt, ist zwar keinerlei Änderung der Abbildung des entsprechenden Aktualparameters erforderlich (weder beim Eintritt in das Unterprogramm noch beim Verlassen desselben), der erzeugte Code kann aber sehr ineffizient sein, da alle nur denkbar möglichen Abbildungen des zugehörigen Aktualparameters vom Compiler berücksichtigt werden müssen. Daher gibt es in den anerkannten Erweiterungen von HPF Vorschläge für Sprachelemente, die es dem Programmierer ermöglichen, dem Compiler zusätzliche Information zukommen zu lassen, z. B. Einschränkungen der möglichen Verteilungsformate des Aktualparameters (siehe Abschnitt 6.1.4).

5.4.4 Änderungen im Vergleich zu HPF 1

HPF 1 hatte andere Regeln für die Datenabbildung an Unterprogrammschnittstellen. Es waren *keine* expliziten Schnittstellenbeschreibungen erforderlich, auch wenn sich die Abbildung des Aktualparameters von der für den Formalparameter vorgeschriebenen unterschied. Ein HPF 1-Compiler konnte daher im Gegensatz zu HPF 2.0 *nicht* davon ausgehen, daß der Aktualparameter beim Eintritt in das Unterprogramm schon so abgebildet ist wie für den entsprechenden Formalparameter vorgesehen. Typischerweise mußte Code generiert werden, der die Abbildung überprüft und, falls erforderlich, *innerhalb* des Unterprogramms verändert.

Um hier Optimierungen zu ermöglichen, war eine spezielle *beschreibende (descriptive)* Form von ALIGN- und DISTRIBUTE-Anweisungen vorgesehen. Dadurch konnte dem Compiler versichert werden, daß die Abbildungen von Aktualparameter und entsprechendem Formalparameter bei jedem Aufruf des Unterprogramms übereinstimmen, und daß folglich keinerlei Überprüfungen oder Abbildungsänderungen erforderlich sind. Diese Information kann der Compiler in der neuen Regelung in HPF 2.0 aus der expliziten Schnittstellenbeschreibung eines Unterprogramms beziehen.

Die beschreibende Form von ALIGN- und DISTRIBUTE-Anweisungen ist durch eine spezielle Verwendung des Sterns gekennzeichnet (vgl. Abschnitt 5.3.3): Eine DISTRIBUTE-Anweisung für einen Formalparameter erhält durch einen Stern vor einer *distr-format-liste* oder vor einer *proz-anord* beschreibenden Charakter. Bei einer beschreibenden ALIGN-Anweisung für einen Formalparameter tritt ein Stern vor dem *ausr-ziel* auf. Detailliertere Beschreibungen geben das HPF-Forum [102, 103] oder Merlin und Hey [133].

Beschreibende ALIGN- und DISTRIBUTE-Anweisungen wurde aus Kompatibilitätsgründen in HPF 2.0 beibehalten, es wurde aber ihre Bedeutung verändert. Sie stellen nun lediglich eine Aufforderung an den Compiler dar, eine Warnung zur Compilezeit oder zur Laufzeit auszugeben, falls die Abbildung eines Aktualparameters nicht mit der für den zugehörigen Formalparameter spezifizierten übereinstimmt. In HPF 2.0 ist aber auf jeden Fall eine explizite Schnittstelle erforderlich, wenn eine Neuabbildung eines Arguments erforderlich ist, auch wenn die beschreibende Form von ALIGN- und DISTRIBUTE-Anweisungen verwendet wird. Das Fehlen einer expliziten Schnittstelle in einem solchen Fall kann ein Grund dafür sein, daß ein korrekter HPF 1-Code in HPF 2.0 nicht mehr korrekt ist! Da die beschreibende Form von ALIGN- und DISTRIBUTE-Anweisungen in HPF 2.0 keinerlei Vorteile mehr bringt, ist von ihrer Verwendung abzuraten.

Es sei noch kurz auf einen weiteren Unterschied zwischen HPF 1 und HPF 2.0 hingewiesen: Es war in HPF 1 erlaubt, einen Formalparameter *gleichzeitig* in einer INHERIT-Anweisung und in einer DISTRIBUTE-Anweisung vorkommen zu lassen. Die genaue Bedeutung einer solchen Kombination war kompliziert, und sie wurde in HPF 2.0 abgeschafft. INHERIT und DISTRIBUTE für Formalparameter schließen einander nun aus.

5.4.5 Abstrakte Prozessoren in Unterprogrammen

Bei der Rückkehr aus einem Unterprogramm werden alle in diesem Unterprogramm lokal vereinbarten abstrakten Prozessoranordungenundefiniert. Ein Feld oder ein Template darf nicht zu einem Zeitpunkt auf eine Prozessoranordnung verteilt sein, zu dem diese undefiniert wird. Ausnahmen von diesem Grundsatz

5.4 Datenabbildung in Unterprogrammen

können nur dann auftreten, wenn zumindest eine der beiden folgenden Bedingungen erfüllt ist:

1. Das Feld oder der Template werden selbst durch die Rückkehr aus dem Unterprogramm zum selben Zeitpunkt wie die Prozessoranordnung undefiniert.
2. Bei jedem Aufruf des Unterprogramms wird die betroffene Prozessoranordnung immer nur lokal und mit denselben unteren und oberen Indexgrenzen definiert.[10]

Im Fall von COMMON-Variablen oder Variablen mit dem SAVE-Attribut kann die erste Bedingung nie erfüllt sein, da sie bei einer Rückkehr aus dem Unterprogramm nicht undefiniert werden. Sie dürfen daher nur dann auf eine lokal deklarierte Prozessoranordnung abgebildet werden, wenn die zweite Bedingung erfüllt ist.

5.4.6 Templates in Unterprogrammen

Templates werden nicht an einer Unterprogrammschnittstelle übergeben. Der Template, nach dem ein Formalparameter ausgerichtet wird, ist immer verschieden von dem Template, nach dem der entsprechende Aktualparameter ausgerichtet ist, obwohl er eine Kopie des letzteren sein kann (vgl. Abschnitt 5.4.3).

Die Rückkehr aus einem Unterprogramm hat zur Folge, daß alle Templates, die in diesem Unterprogramm lokal definiert waren, undefiniert werden. Jeder Aktualparameter wird wieder nach demselben Template ausgerichtet, nach dem er vor dem Unterprogrammaufruf ausgerichtet war.

Ein Feld darf nicht zu einem Zeitpunkt nach einem Template ausgerichtet sein, zu dem dieser undefiniert wird. Ausgenommen davon sind Situationen, in denen zumindest eine der beiden folgenden Bedingungen erfüllt ist:

1. Das Feld selbst wird durch die Rückkehr aus dem Unterprogramm zum selben Zeitpunkt wie der Template undefiniert.
2. Bei jedem Aufruf des Unterprogramms wird der betreffende Template immer nur lokal und auf dieselbe Weise definiert, d. h., mit denselben unteren und oberen Indexgrenzen und mit derselben Verteilungsinformation (wenn vorhanden) auf gleich definierte Prozessoranordnungen.[11]

Für COMMON-Variablen oder Variablen mit dem SAVE-Attribut kann die erste Bedingung nie erfüllt sein, da sie bei einer Rückkehr aus dem Unterprogramm nicht undefiniert werden. Sie dürfen daher nur dann nach einem lokal deklarierten Template ausgerichtet werden, wenn die zweite Bedingung erfüllt ist.

---

[10]Es ist aber *nicht* erforderlich, daß alle Ausdrücke in der entsprechenden PROCESSORS-Anweisung Konstanten sind. Aufrufe von NUMBER_OF_PROCESSORS oder PROCESSORS_SHAPE (siehe Anhang A) sind bei der Vereinbarung der Prozessoranordnung erlaubt und verletzen diese Bedingung nicht.

[11]Es ist aber *nicht* erforderlich, daß alle Ausdrücke in den entsprechenden TEMPLATE-Anweisungen Konstanten sind. Aufrufe von NUMBER_OF_PROCESSORS oder PROCESSORS_SHAPE (siehe Anhang A) sind bei der Vereinbarung des Templates erlaubt und verletzen diese Bedingung nicht.

5.5 Datenparallele Verarbeitung

Es gibt in Fortran 95 verschiedene Sprachelemente, die die datenparallele Verarbeitung unterstützen. Dazu zählen neben den Feldverarbeitungsoperationen, die schon mit Fortran 90 eingeführt wurden, die FORALL-Anweisung und das PURE-Präfix, die beide aus HPF 1 nach Fortran 95 übernommen wurden. Diese Sprachelemente sind ausführlich in den Abschnitten 4.5 und 4.6 behandelt.

Darüber hinausgehend enthält HPF die INDEPENDENT-Anweisung, die dazu dienen soll, dem Compiler Zusatzinformation über die Abhängigkeiten datenparalleler Berechnungen zugänglich zu machen, die sonst nur dem Programmierer zur Verfügung steht. Sie versichert dem Compiler, daß in dem Programmbereich, für den sie gilt, keine sequentiellen Abhängigkeiten auftreten, die die simultane Ausführung einer Menge von Einzeloperationen einschränken. Die Hauptanwendungsbereiche dieser Anweisung sind DO-Schleifen und FORALL-Anweisungen, wie in Abschnitt 5.5.2 näher erläutert wird. Ist die durch eine INDEPENDENT-Anweisung ausgedrückte Unabhängigkeit der Berechnungen korrekt, dann ermöglicht sie dem Compiler Code-Optimierungen, ohne die Semantik des Programms zu verändern. Trifft die Aussage einer INDEPENDENT-Anweisung nicht zu, dann wird diese entweder vom Compiler nicht akzeptiert oder das Programm liefert falsche Ergebnisse!

5.5.1 PURE-Unterprogramme

Das PURE-Präfix wurde ursprünglich in HPF 1 definiert, dann aber in die Fortran 95-Norm [61] übernommen. Da aber in Fortran 95 keine Anweisungen zur Steuerung der Datenabbildung vorgesehen sind, wurden auch die diesbezüglichen Einschränkungen für PURE-Unterprogramme *nicht* übernommen. Im Kontext von HPF spielen jedoch diese Einschränkungen eine wichtige Rolle und sind daher an dieser Stelle ergänzend zu den Ausführungen von Abschnitt 4.6.2 angeführt.

ALIGN und DISTRIBUTE in PURE-Unterprogrammen

Formalparameter: Ein formaler Parameter eines PURE-Unterprogramms sowie der formale Funktionswert eines PURE-FUNCTION-Unterprogramms dürfen explizit nur nach einem anderen formalen Parameter bzw. nach dem formalen Funktionswert ausgerichtet werden. Sie dürfen weder explizit verteilt werden noch mit dem INHERIT-Attribut (siehe Abschnitt 5.4.3) versehen werden.

Lokale Variablen: Eine lokale Variable eines PURE-Unterprogramms darf explizit nur nach einer anderen lokalen Variablen, nach einem Formalparameter oder nach dem formalen Funktionswert eines FUNCTION-Unterprogramms ausgerichtet werden. Eine lokale Variable darf ebenfalls nicht explizit verteilt werden.

Derartige Einschränkungen der Datenabbildung sind erforderlich, um bei paralleler Verarbeitung mehrere Exemplare eines PURE-Unterprogramms gleichzeitig aufrufen zu können. Jeder Aufruf ist i. a. nur auf einer bestimmten Teilmenge der verfügbaren Prozessoren aktiv und operiert mit Daten, die auf diese Prozessoren abgebildet sind. In einer optimierenden Implementierung des HPF-Systems ist es erforderlich, daß die aufrufende Programmeinheit die Abbildung der Aktualparameter und etwaiger Ergebnisparameter der Situation entsprechend selbsttätig festsetzen kann, z. B. um die Parallelität in einer FORALL-Anweisung zu erhöhen bzw. um den Kommunikationsaufwand zu verringern, indem die Abbildungen anderer Variablen, etc. berücksichtigt werden.

Innerhalb des aufgerufenen (PURE-)Unterprogramms ist aber die Information über die Umgebung des jeweiligen Aufrufes *nicht vorhanden*. Daher darf in einem PURE-Unterprogramm kein Formalparameter (und damit auch kein formaler Ergebnisparameter) in einer ALIGN- oder DISTRIBUTE-Anweisung vorkommen, die seinen Speicherplatz in *absoluter* Weise (bezogen auf das Prozessorfeld) festlegt (z. B. darf er nicht nach einer globalen Variablen oder nach einem globalen Template ausgerichtet, explizit verteilt oder mit dem INHERIT-Attribut versehen werden), weil dann die Möglichkeit der aufrufenden Programmeinheit verlorenginge, die Abbildung des entsprechenden Aktualparameters leistungsoptimierend festzulegen. Die einzige Abbildungsinformation, die für Formalparameter (und formale Ergebnisparameter) angegeben werden darf, ist deren *Ausrichtung zueinander*; dadurch wird der aufrufenden Programmeinheit nützliche Information darüber gegeben, wie die Abbildungen der Parameter *relativ* zueinander aussehen sollten. Aus analogen Gründen gelten die oben erwähnten Einschränkungen für lokale Variablen.

5.5.2 Die INDEPENDENT-Anweisung

Die INDEPENDENT-Anweisung kann einer DO-Schleife, einer FORALL-Anweisung oder einem FORALL-Block vorangestellt sein. Sie versichert dem Compiler, daß die Teiloperationen der Anweisung, auf die sie sich bezieht, unabhängig voneinander und in beliebiger Reihenfolge (oder auch gleichzeitig) ausgeführt werden können, ohne daß dadurch die Semantik des Programms verändert würde. Stimmt die Verwendung einer INDEPENDENT-Anweisung nicht mit dem tatsächlichen Verhalten des entsprechenden Programmabschnittes überein, dann ist das Programm nicht HPF-konform. Falls es dem Compiler nicht möglich ist, eine solche fehlerhafte Verwendung zu erkennen, dann kann es dazu kommen, daß das Programm falsche Ergebnisse liefert.

Syntaxregeln für INDEPENDENT-Anweisungen

!HPF$ INDEPENDENT [, NEW(*variablen-liste*)] [, REDUCTION(*variablen-liste*)]

- Die erste auf eine INDEPENDENT-Anweisung folgende Programmzeile, die keine Kommentarzeile ist, muß entweder eine DO-Anweisung, eine FORALL-Anweisung oder ein FORALL-Block sein.

- Die optionalen Teile „, NEW(*variablen-liste*)" und „, REDUCTION(*variablen-liste*)" können nur dann auftreten, wenn die INDEPENDENT-Anweisung vor einer DO-Schleife steht.

- Eine Variable in einer *variablen-liste* darf weder ein Zeiger noch ein Formalparameter sein. Sie darf außerdem weder das SAVE-Attribut noch das TARGET-Attribut haben. Dasselbe gilt für jede Komponente bzw. jedes Element einer Variablen aus der *variablen-liste*.

INDEPENDENT und DO-Schleifen

Eine INDEPENDENT-Anweisung vor einer DO-Schleife versichert dem Compiler, daß die einzelnen Schleifeniterationen „unabhängig" voneinander sind, d. h., daß keine direkten oder indirekten Abhängigkeiten zwischen einzelnen Iterationen auftreten und daß sie daher in beliebiger Reihenfolge ausgeführt werden können, ohne die Semantik der Schleife zu verändern. Ohne diese Versicherung müßte der Compiler verschiedenste Möglichkeiten einer gegenseitigen Beeinflussung zweier Operationen innerhalb einer DO-Schleife berücksichtigen (eine vollständige Liste potentieller Abhängigkeiten gibt die HPF-Norm [104]):

- Zwei Operationen, die derselben Variablen einen Wert zuweisen, beeinflussen einander.[12]

- Eine Operation, die an ein atomares Datenobjekt einen Wert zuweist, beeinflußt jede Operation, die den Wert dieses Objektes verwendet.[12]

- Jede Umlenkung des Programmflusses zu einem Verzweigungsziel außerhalb der Schleife beeinflußt alle anderen Operationen in der Schleife, weil dadurch einige Schleifeniterationen überhaupt nicht zur Ausführung gelangen.

  Ein Unterprogrammaufruf in einer Schleife beeinflußt nur dann alle anderen Operationen der Schleife, wenn nach der Ausführung des Unterprogramms zu einer Anweisung außerhalb der Schleife zurückgekehrt wird.

- Jede Ausführung einer EXIT-, STOP- oder PAUSE-Anweisung beeinflußt alle anderen Operationen in der Schleife, weil dadurch ebenfalls einige Schleifeniterationen überhaupt nicht ausgeführt werden.

- Zwei beliebige Ein-/Ausgabe-Operationen, die sich auf dieselbe Ein-/Ausgabeeinheit beziehen, beeinflussen einander. Ausgenommen sind INQUIRE-Operationen (Überhuber, Meditz [160]), die einander nicht beeinflussen, weil sie den Dateistatus nicht verändern. Eine INQUIRE-Operation wird jedoch von jeder anderen Ein-/Ausgabe-Operation, die sich auf dieselbe Datei bezieht, beeinflußt, weil diese möglicherweise Eigenschaften der Datei verändert, über die man mittels der INQUIRE-Operation Auskunft erhält.

- Jede innerhalb einer Schleife ausgeführte Änderung der Datenabbildung (z. B. an einer Unterprogrammschnittstelle oder auch durch die in den anerkannten Erweiterungen vorgesehene Neuausrichtung oder Neuverteilung – siehe Abschnitt 6.1.1) verändert möglicherweise die Zuordnung einzelner Datenobjekte

---

[12] Diese beiden Abhängigkeiten implizieren die klassischen *Bernstein-Bedingungen* [13] für die Parallelverarbeitung.

5.5 Datenparallele Verarbeitung

zu den Prozessoren und beeinflußt daher jeden Zugriff auf diese Daten bzw. jede andere Neuausrichtung derselben Daten.

Die Verwendung der INDEPENDENT-Anweisung vor einer DO-Schleife ist nur dann gerechtfertigt, wenn keine derartigen Beeinflussungen auftreten. Man beachte, daß durch die Verwendung der INDEPENDENT-Anweisung zusätzliche Information vermittelt wird, die durch den Compiler *nicht feststellbar* oder überprüfbar ist. Durch die INDEPENDENT-Anweisung wird eine Aussage über das *Verhalten* eines Programmabschnittes gemacht, und es werden im Gegensatz zur Verwendung des PURE-Präfix keinerlei syntaktische Einschränkungen impliziert (vgl. Abschnitt 4.6.2)! Sie darf beispielsweise auch dann verwendet werden, wenn der Programmierer weiß, daß Programmanweisungen mit störenden Abhängigkeiten *in der Praxis* (auf Grund des Kontrollflusses) nie ausgeführt werden.

Die INDEPENDENT-Anweisung stellt dem Compiler zusätzliche Information über das Programm bzw. über dessen Datenzugriffsverhalten zur Verfügung. Diese Information wird vernachlässigt, wenn der Compiler aus ihr keinen Nutzen ziehen kann. Unter bestimmten Voraussetzungen (u. a. geeignete Hardware-Ressourcen) sollte sie allerdings zur Leistungssteigerung verwendet werden, beispielsweise durch parallele Ausführung der einzelnen Schleifeniterationen.

Insbesondere kann eine INDEPENDENT-Schleife Verzweigungen des Kontrollflusses, Unterprogrammaufrufe, etc. enthalten. Da die Möglichkeit besteht, in verschiedenen Schleifeniterationen unterschiedlichen Code auszuführen, wird über den Datenparallelismus hinaus eine eingeschränkte Form von *Funktionsparallelismus* bzw. Programmparallelität ermöglicht!

NEW-Variablen: Mit Hilfe der NEW-Option kann dem Compiler mitgeteilt werden, daß gewisse Variablen als „private" Variablen in jeder Schleifeniteration geführt werden müssen, damit die einzelnen Schleifeniterationen wirklich voneinander unabhängig sind. Das bedeutet, daß in jeder Iteration eine lokale, neue Kopie jeder Variablen aus der *variablen-liste* als temporäre Variable erzeugt werden muß, die am Beginn des Iterationsschrittes noch keinen Wert hat, und die auch am Ende des Iterationsschrittes wieder undefiniert wird. Durch Zuweisungen an eine NEW-Variable entstehen folglich *keine* Abhängigkeiten zwischen den einzelnen Schleifeniterationen. Klarerweise können solche Variablen auch keine Information zwischen Schleifeniterationen weiterleiten. Genausowenig können sie Information in die Schleife hinein oder aus der Schleife heraus transportieren.

Ohne die Möglichkeit, gewisse Variablen für eine Schleifeniteration zu „lokalisieren" wären für viele Schleifen, für die konzeptuell die INDEPENDENT-Anweisung anwendbar ist, gravierende programmiertechnische Änderungen erforderlich, um den bisher besprochenen Einschränkungen zu entsprechen und die Verwendung der INDEPENDENT-Anweisung zu rechtfertigen.

Die NEW-Option modifiziert die entsprechende INDEPENDENT-Anweisung und alle sie umgebenden INDEPENDENT-Anweisungen. Eine Variable braucht also nur auf der innersten Schleifenebene, auf der sie einen Wert zugewiesen bekommt, als NEW deklariert werden. Alle einschließenden INDEPENDENT-Anweisungen müssen diese NEW-Option berücksichtigen.

Als Konsequenz dieser Festlegungen müssen auch die Indexvariablen ineinander geschachtelter DO-Schleifen bei der Verwendung von INDEPENDENT-Anweisungen als NEW deklariert werden.[13] Die einzig mögliche Alternative, um die Unabhängigkeit der Schleifeniterationen zu gewährleisten, wäre eine Beschränkung des Gültigkeitsbereiches jeder Indexvariablen auf die zugehörige Schleife gewesen. Das hätte aber zu einer grundlegenden Veränderung der Semantik von Fortran geführt und wurde deshalb nicht in Betracht gezogen (HPF-Forum [104]).

REDUCTION-Variablen: Es kann dem HPF-Compiler mitgeteilt werden, daß die hinter dem Schlüsselwort REDUCTION angeführten Variablen in einer DO-Schleife dazu verwendet werden, um einen Wert mittels einer *Reduktionsoperation* über die Schleife zu akkumulieren. Jede Iteration der DO-Schleife trägt genau einen Term zu diesem Wert bei, der mit Hilfe der Reduktionsoperation (z. B. einer Addition) mit dem bisherigen Zwischenergebnis verknüpft wird.

Die Reduktionsoperation muß kommutativ und assoziativ sein, und das Zwischenergebnis darf an keiner anderen Stelle innerhalb der Schleife verwendet werden. Die syntaktischen Einschränkungen, denen eine Reduktionsanweisung gehorchen muß, werden in der HPF-Norm [104] im Detail angeführt.

Beispiele (INDEPENDENT und DO)

- ```
  !HPF$ INDEPENDENT
        DO i = 1, 100
           a(p(i)) = b(i)
        END DO
  ```

  In diesem Beispiel enthält die INDEPENDENT-Anweisung wertvolle Zusatzinformation für den Compiler: Sie versichert, daß das Feld p keine mehrfachen Einträge enthält – andernfalls würden mehrfache Zuweisungen an dasselbe Element von a erfolgen und das Resultat der DO-Schleife wäre von der Reihenfolge der Ausführung der einzelnen Zuweisungen abhängig. Die DO-Schleife ist daher äquivalent zu folgender Feldanweisung aus Fortran:

  ```
        a(p(1:100)) = b(1:100)
  ```

- ```
  !HPF$ INDEPENDENT
        DO i = 1, 10
           WRITE(iounit(i),100) a(i)
        END DO
  100   FORMAT(F10.4)
  ```

  Durch die INDEPENDENT-Anweisung wird dem Compiler mitgeteilt, daß die Werte des Feldes iounit für alle $i = 1, \ldots, 10$ verschieden sind und daß daher in jeder Iteration auf eine andere Ein-/Ausgabeeinheit (und damit auf eine andere Datei) geschrieben wird. Falls aber das Feld iounit einen Wert mehrfach enthielte, dann wäre die INDEPENDENT-Anweisung nicht gerechtfertigt, und das Programmfragment wäre nicht HPF-konform.

- ```
  !HPF$ INDEPENDENT, NEW(i2)
        DO i1 = 1, n1
  !HPF$ INDEPENDENT, NEW(i3)
        DO i2 = 1, n2
           DO i3 = 1, n3              ! nicht INDEPENDENT!
  ```

---

[13]Das gilt jedoch *nicht* für die Indizes von FORALL-Anweisungen.
  ```

5.5 Datenparallele Verarbeitung

```
                a(i1,i2,i3) = a(i1,i2,i3) - a(i1,i2,i3-1) *  &
                              b(i1,i2,i3)
          END DO
       END DO
    END DO
```

Die innerste Schleife ist nicht INDEPENDENT, weil jedes Element von a mit Hilfe des vorhergehenden berechnet wird. Die beiden äußeren Schleifen sind jedoch INDEPENDENT, weil sie auf jeweils unterschiedliche Elemente von a zugreifen. Die NEW-Teile der beiden äußeren Schleifen sind erforderlich, weil die Indizes der jeweils inneren Schleifen in verschiedenen Durchläufen der äußeren Schleifen (gleichzeitig) verwendet werden.

- ```
  !HPF$ INDEPENDENT, NEW(j)
        DO i = 2, 100, 2
  !HPF$ INDEPENDENT, NEW(vl,vr,ul,ur)
           DO j = 2, 100, 2
              vl = p(i,j) - p(i-1,j)
              vr = p(i+1,j) - p(i,j)
              ul = p(i,j) - p(i,j-1)
              ur = p(i,j+1) - p(i,j)
              p(i,j) = f(i,j) + p(i,j) + 0.25*(vr - vl + ur - ul)
           END DO
        END DO
  ```

  Ohne die NEW-Vereinbarungen für die j-Schleife würde keine der beiden Schleifen die Voraussetzungen für die INDEPENDENT-Anweisung erfüllen: Es könnte dazu kommen, daß bei einer nicht streng sequentiellen Abarbeitung der Schleifeniterationen die Zuweisung an p(i,j) andere Werte für vl, vr, ul und ur verwendet als die in der zum Indexpaar (i,j) gehörigen Iteration berechneten. Durch die NEW-Vereinbarungen wird dem Compiler mitgeteilt, daß die einzelnen Iterationen voneinander unabhängig sind, falls für jeden Iterationsschritt der Schleife eine private Kopie von vl, vr, ul und ur angelegt wird und daher in verschiedenen Iterationsschritten unterschiedliche Speicherplätze verwendet werden. Wegen der Schrittweite 2 in den beiden Schleifen kommt es zu keinen gegenseitigen Beeinflussungen bei Zugriffen auf das Feld p bei der Berechnung von vl, vr, ul und ur.

- ```
        INTEGER x
        ...
        x = 10
        ...
  !HPF$ INDEPENDENT, REDUCTION(x)
        DO i = 1, 5
           x = x + i
        END DO
  ```

Nach der Abarbeitung dieses Programmfragments hat die Reduktionsvariable x den Wert $10 + (1+2+3+4+5) = 25$. Die *Reihenfolge* der Additionen wird nicht festgelegt und kann vom Compiler leistungsoptimierend gewählt werden!

INDEPENDENT und FORALL-Anweisungen

Wenn die INDEPENDENT-Anweisung einer FORALL-Anweisung vorangestellt ist, dann wird dem Compiler dadurch versichert, daß die Variable(n), die für eine bestimmte Indexkombination geschrieben werden, durch keine andere Indexkombination referenziert (d. h., gelesen oder geschrieben) werden. Zu beachten ist, daß im Gegensatz zu DO-Schleifen für eine FORALL-Anweisung bzw. für einen

FORALL-Block kein anderer Fall von gegenseitigen Beeinflussungen berücksichtigt werden muß, da aus einer FORALL-Anweisung grundsätzlich *kein* vorzeitiger Ausstieg gestattet ist.

Die Synchronisationspunkte innerhalb einer FORALL-Anweisung – Auswertung der rechten Seiten *vor* der Durchführung der Zuweisungen und sequentielle Ausführung aufeinanderfolgender Anweisungen innerhalb eines FORALL-Blocks (vgl. Abschnitt 4.5.1) – können bei Vorhandensein einer INDEPENDENT-Anweisung ignoriert werden. Dadurch ergeben sich nicht nur bessere Parallelisierungsmöglichkeiten, sondern es kann auch temporärer Speicher eingespart werden.

Eine DO-Schleife und eine FORALL-Anweisung, deren Rumpfteile dieselben Operationen enthalten, sind äquivalent, wenn beiden eine INDEPENDENT-Anweisung vorangestellt ist. Die Indexvariablen von ineinander geschachtelten FORALL-Anweisungen müssen jedoch auf Grund der Semantik der FORALL-Anweisung (siehe Abschnitt 4.5.1) im Unterschied zu DO-Schleifen nicht als NEW deklariert werden.

Beispiele (INDEPENDENT und FORALL)

- ```
  !HPF$ INDEPENDENT
        DO i = 2, 99
           a(i) = b(i-1) + b(i) + b(i+1)
        END DO
  ```

  Die Anwendung der INDEPENDENT-Anweisung ist hier gerechtfertigt, da jede Iteration der DO-Schleife an verschiedene Elemente von a zuweist und da kein Feldelement der linken Seite der Zuweisung gelesen wird. Das mehrfache Lesen von Elementen von b beeinträchtigt die Unabhängigkeit der einzelnen Operationen nicht.

  Diese DO-Schleife kann durch die folgende, auf Grund der INDEPENDENT-Anweisung äquivalente, FORALL-Anweisung ersetzt werden:

  ```
  !HPF$ INDEPENDENT
        FORALL (i=2:99) a(i) = b(i-1) + b(i) + b(i+1)
  ```

- ```
  !HPF$ INDEPENDENT
        FORALL(i=1:m) a(i) = a(i+n)
  ```

  Durch die INDEPENDENT-Anweisung wird dem HPF-Compiler versichert, daß die beiden (Teil-)Felder a(1:m) und a(1+n:m+n) entweder identisch sind (und daher $n = 0$) oder völlig disjunkt sind (und daher $n \leq -m$ oder $n \geq m$).

Interpretation der INDEPENDENT-Anweisung

Ausgehend von jedem Programm bzw. Programmteil kann dessen *Abhängigkeitsgraph* erstellt werden. Damit bezeichnet man einen gerichteten Graphen, der die in einem Programmteil bestehenden Abhängigkeiten zwischen den einzelnen Anweisungen veranschaulicht. Im konkreten Fall werden Abhängigkeitsgraphen betrachtet, deren Knotenmenge aus den linken und rechten Seiten der Zuweisungsanweisungen eines Programmteiles besteht.

5.6 EXTRINSIC-Unterprogramme

Bezeichne *lsx* einen Knoten, der für die linke Seite einer Zuweisungsanweisung steht, und dem Knoten *rsy* entspreche die rechte Seite einer (anderen) Zuweisungsanweisung. Eine Kante von *lsx* nach *rsy* in einem Abhängigkeitsgraphen bedeutet, daß die Auswertung von *rsy* möglicherweise den Wert von *lsx* verwendet und daher erst *nach der Abspeicherung* von *lsx* durchgeführt werden darf. Eine Kante von *rsy* nach *lsx* bedeutet, daß die Berechnung von *lsx* möglicherweise einen Wert überschreibt, der bei der Auswertung von *rsy* verwendet wird. Daher darf die Abspeicherung des neuen Wertes von *lsx* erst *nach der Auswertung* von *rsy* erfolgen.

Die Auswirkung einer INDEPENDENT-Anweisung läßt sich mit Hilfe dieses Graphen leicht veranschaulichen: Sie entspricht dem Entfernen von Kanten aus dem Abhängigkeitsgraphen für den Programmteil, auf den sie sich bezieht. Der Programmierer versichert dem Compiler, daß nur eine eingeschränkte Anzahl von Kanten im Abhängigkeitsgraphen berücksichtigt werden muß, und daß der resultierende „reduzierte" Graph bezüglich der Ergebnisse der Abarbeitung des Programmteiles äquivalent zu dem „unreduzierten" Graphen ist.

Beispiel (INDEPENDENT)   Die Abhängigkeitsgraphen einer DO-Schleife und einer FOR-ALL-Anweisung mit dem gleichen Rumpfteil sind verschieden.

```
DO i = 1, 3                    FORALL (i = 1:3)
   lsa(i) = rsa(i)                 lsa(i) = rsa(i)
   lsb(i) = rsb(i)                 lsb(i) = rsb(i)
END DO                         END DO
```

Der Abhängigkeitsgraph der DO-Schleife ist in Abb. 5.9 dargestellt, und Abb. 5.10 zeigt den Abhängigkeitsgraphen der FORALL-Anweisung.
Durch die Voranstellung einer INDEPENDENT-Anweisung

```
!HPF$ INDEPENDENT              !HPF$ INDEPENDENT
   DO i = 1, 3                    FORALL (i = 1:3)
      lsa(i) = rsa(i)                 lsa(i) = rsa(i)
      lsb(i) = rsb(i)                 lsb(i) = rsb(i)
   END DO                         END DO
```

werden aber die Abhängigkeiten in beiden Fällen derart eingeschränkt, daß keine Unterschiede mehr in den Abhängigkeitsgraphen bestehen (siehe Abb. 5.11).

5.6 EXTRINSIC-Unterprogramme

In der Praxis des Hochleistungsrechnens besteht teilweise ein gewisser Widerspruch zwischen den Zielsetzungen einer (möglichst hardwareunabhängigen) Programmierung auf der Ebene höherer Programmiersprachen und dem gleichzeitigen Erreichen optimaler Leistung. Beispielsweise ist es gerade hinsichtlich des Leistungsaspektes oft erforderlich, bei Problemen, die mit den Mitteln von HPF mit zu geringer Effizienz gelöst werden können, auf ein niedrigeres Abstraktionsniveau auszuweichen. Weiters ist es für das Erreichen der optimalen Leistung

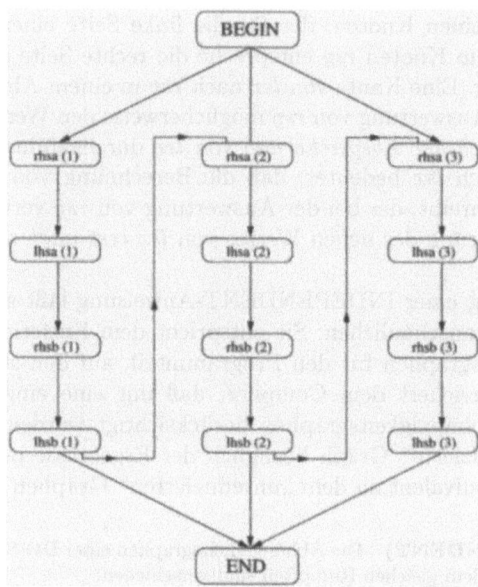

Abb. 5.9: Abhängigkeitsgraph einer DO-Schleife

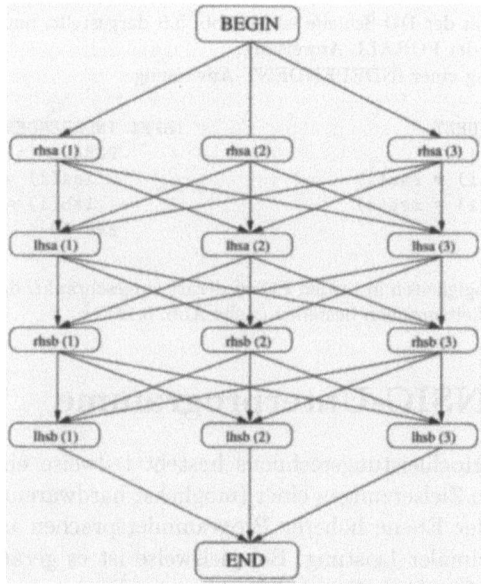

Abb. 5.10: Abhängigkeitsgraph einer FORALL-Schleife

5.6 EXTRINSIC-Unterprogramme

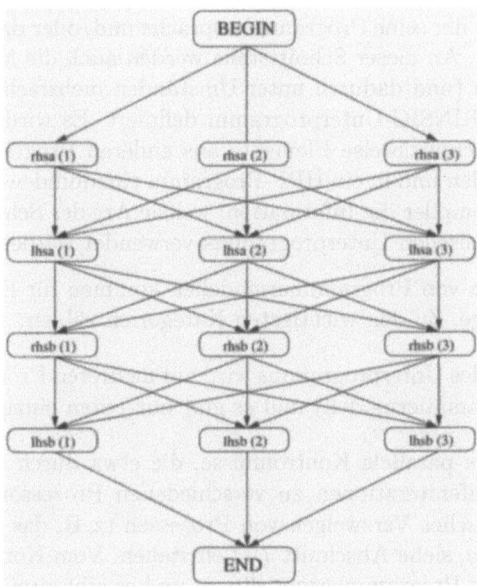

Abb. 5.11: Abhängigkeitsgraph einer INDEPENDENT DO- bzw. FORALL-Schleife

manchmal wichtig, besonders leistungskritische Kerne „maßschneidern" und dadurch besonders effizient implementieren zu können bzw. optimierte Unterprogrammbibliotheken aufrufen zu können.

Auch in HPF ist daher eine Möglichkeit vorgesehen, Unterprogramme aus anderen Programmiermodellen oder Programmiersprachen zu integrieren: die sogenannte EXTRINSIC-Schnittstelle. In diesem Abschnitt werden diejenigen Sprachelemente von HPF erläutert, welche verwendet werden können, um Nicht-HPF-Unterprogramme von einem HPF-Programm aus über diese Schnittstelle aufzurufen. Als wichtiges Beispiel für ihre Verwendung wird in Abschnitt 5.6.3 diskutiert, wie hochoptimierte sequentielle BLAS-Routinen ([121, 44, 43]) mit Hilfe der EXTRINSIC-Anweisung von einem HPF-Programm aus aufgerufen werden können. Wie sich zeigt, führt die damit erzielte höhere lokale Leistung für Grundoperationen der Linearen Algebra insgesamt zu einer signifikanten Leistungssteigerung des parallelen Programms.

Als *extrinsisch* werden aus der Sicht von HPF jene Unterprogramme bezeichnet, die in einer anderen Programmiersprache als HPF implementiert sind bzw. die nicht dem Programmiermodell der Datenparallelität folgen, sondern z. B. Programmparallelität (siehe Abschnitt 1.4.2) verwenden oder explizite Nachrichtenübertragung (siehe Abschnitt 7.1) enthalten. Solche extrinsischen Unterprogramme können von HPF-Programmen aus mit Hilfe des EXTRINSIC-Mechanismus aufgerufen werden.

EXTRINSIC-Unterprogramme liegen i. a. außerhalb des Bereiches von HPF. Es muß daher eine explizite Schnittstelle für jedes extrinsische Unterprogramm definiert werden, in der seine Programmiersprache und/oder das Programmiermodell festgelegt wird. An dieser Schnittstelle werden auch die Methoden zum Umgang mit verteilten (und dadurch unter Umständen mehrfach vorhandenen) Daten in einem EXTRINSIC-Unterprogramm definiert. Es wird dem Programmierer ermöglicht, abschnittsweise Elemente aus anderen Programmiersprachen als Fortran zu verwenden und in ein HPF-Programm einzubinden. Das EXTRINSIC-Präfix gibt dem Compiler die Information, welche Art der Schnittstelle bei einem Aufruf eines extrinsischen Unterprogramms verwendet werden soll.

Verschiedene Arten von Programmiermodellen kommen für EXTRINSIC-Unterprogramme in Frage. Zu den wichtigsten Kategorien zählen:

- *Ein* Exemplar des Unterprogramms wird auf mehreren Prozessoren ausgeführt (*globales* Programmiermodell) und es gibt nur *einen* einzigen Kontrollfluß.[14]

- Es gibt *mehrere* parallele Kontrollflüsse, die etwa durch dynamische Zuweisung von Schleifeniterationen zu verschiedenen Prozessoren oder durch explizites dynamisches Verzweigen von Prozessen (z. B. das Modell des *explicit message passing*, siehe Abschnitt 7.1) entstehen. Vom Konzept her liegt auch hier ein globales Programmiermodell vor, und es gibt zum Zeitpunkt des Aufrufes nur *ein* Exemplar des auszuführenden Unterprogramms. Die Anzahl der Kontrollflüsse kann sich aber während der Abarbeitung des Unterprogramms verändern.[15]

- Unterprogramme, deren Code für die Abarbeitung auf *einem einzelnen* Prozessor konzipiert ist. Bei der Abarbeitung auf einem Mehrprozessorsystem wird auf jedem Einzelprozessor eine eigene lokale Kopie des Unterprogramms ausgeführt, die die jeweils lokalen Teile der globalen Datenstrukturen bearbeitet. Ein Unterprogramm dieses Programmiermodells wird im folgenden als *lokales* Unterprogramm bezeichnet.

- Unterprogramme, deren Code auf jeden Fall sequentiell abzuarbeiten ist – auch auf einem Parallelrechner. Ein Unterprogramm dieser Art wird im folgenden als *serielles* Unterprogramm bezeichnet.

Ein lokales Unterprogramm kann in irgendeiner sequentiellen Programmiersprache, wie z. B. in Fortran 77, Fortran 95, C, Ada, Pascal, etc. geschrieben werden. Insbesondere besteht auch die Möglichkeit, eine lokale Prozedur in HPF zu schreiben! Dabei kann natürlich nicht der gesamte Sprachumfang von HPF verwendet werden, da sich manche Sprachelemente auf die Mehrprozessorverarbeitung beziehen, lokaler Code im Gegensatz dazu jedoch *per definitionem* auf einem einzelnen Prozessor abgearbeitet wird und keinerlei Parallelismus enthält, der über Parallelverarbeitung *innerhalb* eines Prozessors (siehe Abschnitt 1.1) hinausgeht.

---

[14]Dieses Programmiermodell entspricht einem einzigen Instruktionsstrom, also dem *SI*MD-Modell (siehe Abschnitt 1.4.2).

[15]Dieses Programmiermodell entspricht mehreren Instruktionsströmen, also dem *MI*MD-Modell bzw. dem *SP*MD-Modell (siehe Abschnitt 1.4.2).

5.6.1 Das EXTRINSIC-Präfix

Für jedes EXTRINSIC-Unterprogramm muß unter Verwendung eines Schnittstellenblocks eine explizite Schnittstelle (vgl. Abschnitt 4.4.1) geschaffen werden. Diese Schnittstelle muß das Verhalten des EXTRINSIC-Unterprogramms aus der Sicht von HPF definieren.

Syntaxregeln für das EXTRINSIC-Präfix

Die syntaktische Struktur des EXTRINSIC-Präfix ist ähnlich der des PURE-Präfix (siehe Abschnitt 4.6): Es kann in FUNCTION- bzw. SUBROUTINE-Vereinbarungsanweisungen zusätzlich vor den Schlüsselwörtern FUNCTION bzw. SUBROUTINE vorkommen.

EXTRINSIC (*typ*)

- *typ* ist eine Liste, die aus einem oder mehreren der folgenden Einträge besteht:

    LANGUAGE = *zeichenkette* legt die Programmiersprache fest und kann beispielsweise folgende Werte annehmen:

    HPF bezieht sich auf die Programmiersprache HPF. Wenn das Programmiermodell nicht explizit festgelegt wird, dann ist in diesem Fall ein globales Programmiermodell impliziert.

    FORTRAN bezieht sich auf die ANSI/ISO Fortran-Norm [61]. Wenn das Programmiermodell nicht explizit festgelegt wird, dann ist in diesem Fall ein serielles Programmiermodell impliziert.

    F77 bezieht sich auf die frühere ANSI/ISO Fortran 77-Norm. Wenn das Programmiermodell nicht explizit festgelegt wird, dann ist in diesem Fall ein serielles Programmiermodell impliziert.

    C bezieht sich auf die ANSI C-Norm. Wenn das Programmiermodell nicht explizit festgelegt wird, dann ist in diesem Fall ein serielles Programmiermodell impliziert.

    Darüber hinaus können von einem HPF-Compiler weitere implementierungsabhängige Werte unterstützt werden.

    MODEL = *zeichenkette* legt das Programmiermodell fest und kann beispielsweise folgende Werte annehmen:

    GLOBAL bezieht sich auf ein globales Programmiermodell.

    LOCAL bezieht sich auf ein lokales Programmiermodell.

    SERIAL bezieht sich auf ein serielles Programmiermodell.

    Darüber hinaus können von einem HPF-Compiler weitere implementierungsabhängige Werte unterstützt werden.

    EXTERNAL_NAME = *zeichenkette*. Hier kann mit Hilfe der *zeichenkette* der Name des Unterprogramms in der von HPF verschiedenen Programmiersprache angegeben werden (falls er sich von dem Namen unterscheidet, unter dem das Unterprogramm von HPF aus referenziert wird).

- Entweder die Programmiersprache oder das Programmiermodell *müssen* angegeben werden. Wenn die entsprechenden Werte in der angegebenen Reihenfolge spezifiziert werden, dann können die Schlüsselwörter LANGUAGE=, MODEL=, EXTERNAL_NAME= entfallen.

- Die Kombination von Programmiersprache und Programmiermodell wird *Artbezeichner* genannt. In der HPF-Norm sind vordefiniert:

HPF als Kurzform für LANGUAGE = 'HPF', MODEL = 'GLOBAL', womit das gewöhnliche HPF-Modell gemeint ist. Dieser Artbezeichner ist die Grundeinstellung für ein Unterprogramm, das mit einem HPF-Compiler übersetzt wird. Die Verwendung dieses Artbezeichners ist z. B. dann sinnvoll, wenn eine größere Menge extrinsischer Unterprogramme verschiedener Typen zu verwalten ist.

HPF_LOCAL als Kurzform für LANGUAGE = 'HPF', MODEL = 'LOCAL'
HPF_SERIAL als Kurzform für LANGUAGE = 'HPF', MODEL = 'SERIAL'
F77_LOCAL als Kurzform für LANGUAGE = 'F77', MODEL = 'LOCAL'
F77_SERIAL als Kurzform für LANGUAGE = 'F77', MODEL = 'SERIAL'

In den anerkannten Erweiterungen von HPF werden die Bedeutung und die Regeln der Verwendung der extrinsischen Modelle 'LOCAL' und 'SERIAL' genauer erläutert (siehe Abschnitt 6.3). Weiters wird dort die Syntax der expliziten Schnittstelle zu den Programmiersprachen HPF, Fortran, Fortran 77 und C definiert. Es wird jedoch *nicht* festgelegt, welche der extrinsischen Artbezeichner von einer HPF-Implementierung unterstützt werden muß. Außer dem Artbezeichner HPF, der klarerweise unterstützt werden muß, steht es jeder HPF-Implementierung frei, eigene extrinsische Artbezeichner zu definieren.

Beispiel (EXTRINSIC) Das folgende Codefragment beschreibt die Schnittstelle zu einer extrinsischen Funktion mit dem Artbezeichner HPF_LOCAL.

```
       INTERFACE
          EXTRINSIC(HPF_LOCAL) FUNCTION werte(x)
             REAL x(:)
             REAL werte(:)
!HPF$        DISTRIBUTE(CYCLIC) :: x, werte
          END FUNCTION
       END INTERFACE
```

5.6.2 Der Aufruf von EXTRINSIC-Unterprogrammen

Aus der Sicht einer HPF-Programmeinheit muß garantiert sein, daß der Aufruf und die Abarbeitung eines EXTRINSIC-Unterprogramms vollkommen gleich ablaufen wie der Aufruf und die Abarbeitung eines gewöhnlichen HPF-Unterprogramms. Der Programmierer kann sich also darauf verlassen, daß jede HPF-Implementierung folgende Eigenschaften hat:

5.6 EXTRINSIC-Unterprogramme

1. Ein HPF-Programm, das ein EXTRINSIC-Unterprogramm aufruft, verhält sich nach außen hin genauso, wie wenn alle Operationen der aufrufenden HPF-Programmeinheit, die vor dem Aufruf des EXTRINSIC-Unterprogramms begonnen werden, abgeschlossen werden, bevor irgendeine Operation des EXTRINSIC-Unterprogramms zur Ausführung gelangt; und genauso, wie wenn alle Operationen des EXTRINSIC-Unterprogramms abgeschlossen werden, bevor irgendeine Operation ausgeführt wird, die in der aufrufenden HPF-Programmeinheit nach dem Unterprogrammaufruf folgt.

2. Die INTENT-Attribute von Formalparametern in der Schnittstellendefinition eines EXTRINSIC-Unterprogramms werden genau beachtet.

3. Mehrfach repräsentierte Variable werden konsistent aktualisiert, d. h., im Fall eines lokalen Unterprogramms weisen einander entsprechende Variable aller Kopien des lokalen Unterprogramms zum Zeitpunkt der Rückkehr in die aufrufende HPF-Programmeinheit identische Werte auf.

4. In einem EXTRINSIC-Unterprogramm werden HPF-Variable nur dann verändert, wenn sie auch durch ein HPF-Unterprogramm mit genau derselben expliziten Schnittstellenbeschreibung verändert werden könnten.

5. Nach der Ausführung eines EXTRINSIC-Unterprogramms sind alle Daten, die der aufrufenden Programmeinheit zugänglich sind, genauso auf die Prozessoren abgebildet wie vor dem Aufruf, d. h., es werden etwaige Änderungen der Abbildung von Aktualparametern vor der Rückkehr aus dem EXTRINSIC-Unterprogramm rückgängig gemacht.

6. Die Menge der Prozessoren, die für die HPF-Umgebung zur Verfügung steht, wird durch den Aufruf eines EXTRINSIC-Unterprogramms nicht verändert.

5.6.3 HPF und Numerische Software

Die Entwicklung leistungsfähiger und hochoptimierender HPF-Compiler, die die teilweise ziemlich komplexen HPF-Anweisungen in effizienten Zwischencode oder Maschinencode übersetzen, ist eine sehr schwierige und zeitaufwendige Aufgabe. Gegenwärtig verfügbare HPF-Compiler sind oft noch nicht völlig ausgereift und daher ist die mit reinen HPF-Programmen für numerische Anwendungen in der Praxis erzielte Leistung im Vergleich zu explizit programmierter Datenübertragung (z. B. mittels MPI, siehe Abschnitt 7.1.2) oft enttäuschend (siehe z. B. Ehold et al. [55]). Es ist zu hoffen, daß sich die Leistung von HPF-Programmen durch Verbesserungen der Compiler mit der Zeit steigert.

Unabhängig von der Weiterentwicklung der HPF-Compiler ist jedoch auch ein weiterer Aspekt zu beachten, dem oft zuwenig Aufmerksamkeit geschenkt wird: Aus verschiedenen Gründen ist es sinnvoll und erstrebenswert, hochoptimierte numerische Unterprogrammbibliotheken in HPF-Codes zu integrieren.

- In die Entwicklung von numerischen Software-Paketen ist im Lauf der Zeit eine große Menge an Wissen und Erfahrung investiert worden. Es ist nicht zu erwarten, in näherer Zukunft eine auch nur annähernd vergleichbare Gleitpunktleistung mit selbstcodierten HPF-Programmen erzielen zu können.

- Parallele HPF-Codes für numerische Standardoperationen weisen oft eine unzufriedenstellende Leistung in den *lokalen* Berechnungen auf den einzelnen Prozessoren auf. Die Ursache dafür liegt darin, daß sogar die besten Fortran 90/95- bzw. Fortran 77-Compiler die Effizienz hochoptimierter Unterprogrammbibliotheken oder Softwarepakete wie der BLAS [121, 44, 43] (siehe Abschnitt 3.1.4) nicht erreichen können.

- Aus der Sicht des Anwenders ist das Hauptmotiv einer Parallelisierung im allgemeinen eine Steigerung der Leistung. In diesem Zusammenhang erscheint es unerläßlich, zuerst den *sequentiellen* Code soweit wie möglich zu optimieren, um den Nutzen der Parallelisierung sauber feststellen zu können (vgl. Abschnitt 2.2.5). Eine sequentielle Optimierung umfaßt üblicherweise auch eine Restrukturierung des Codes bzw. des zugrundeliegenden Algorithmus, um beispielsweise den Anteil von Matrix-Matrix-Operationen zu erhöhen und geeignete Hochleistungsroutinen (wie z. B. BLAS 3 [43]) sooft wie möglich einsetzen zu können (siehe z. B. Haunschmid und Kvasnicka [90], Gansterer et al. [72, 73, 70, 71]). Im Zuge einer Parallelisierung eines sequentiellen Codes mit Hilfe von HPF taucht daher oft die Frage nach der Einbindung der BLAS (und anderer numerischer Software-Pakete) in HPF Programme in ganz natürlicher Weise auf.

- Nicht zuletzt spielen auch Aufwandsüberlegungen eine Rolle: Bei den meisten Anwendungen des wissenschaftlichen Rechnens kann sehr viel Programmieraufwand eingespart werden, wenn existierende Bibliotheksroutinen als Bausteine verwendet werden, anstatt alle mathematischen Operationen von neuem in HPF zu implementieren.

Eines der zentralen Anliegen für das Erzeugen effizienter HPF-Programme muß es daher sein, alle zur Verfügung stehenden Mittel zur Steigerung der lokal erreichten Leistung auszunutzen. Auf Grund ihrer weitreichenden Verwendbarkeit in vielen numerischen Anwendungen sowie auf Grund ihrer praktisch uneingeschränkten Verfügbarkeit sind in diesem Zusammenhang die sequentiellen BLAS von besonderer Bedeutung (vgl. Abschnitt 3.1.4).

Für die meisten der heutigen Hochleistungsrechner werden vom jeweiligen Hardware-Hersteller hoch optimierte Implementierungen dieser standardisierten Routinen angeboten. Wo dies nicht der Fall ist, kann auf die Resultate von Bestrebungen, effiziente Implementierungen der BLAS mit Hilfe von Codegeneratoren *automatisiert* zu erzeugen (PhiPAC [14] und ATLAS [174, 175]), zurückgegriffen werden. Es ist zu erwarten, daß in Zukunft für alle Hardware-Plattformen hocheffiziente BLAS verfügbar sein werden. Durch die Verwendung von optimierten BLAS-Routinen für lokale Berechnungen kann daher *Leistungsportabilität* erzielt werden.

Aufbauend auf den BLAS wurden hochwertige numerische Unterprogrammbibliotheken entwickelt. Wichtige Beispiele dafür sind LAPACK [6], *die* sequentielle

5.6 EXTRINSIC-Unterprogramme

Standardbibliothek für Methoden der Linearen Algebra für dichtbesetzte Matrizen, und auch parallele Bibliotheken wie SCALAPACK [15] oder PLAPACK [161].

Einbindung sequentieller BLAS in HPF

EXTRINSIC(HPF_LOCAL)-Unterprogramme werden auf jedem Prozessor auf den jeweils lokalen Teilen der Argumente ausgeführt (vgl. Abschnitt 5.6.1). Das eröffnet die Möglichkeit, für diese lokalen Berechnungen die sequentiellen BLAS-Routinen aufzurufen. Die im folgenden erläuterte Vorgangsweise zur Einbindung sequentieller BLAS-Routinen in parallele HPF-Programme für lokale Berechnungen (vgl. Ehold et al. [54, 51]) verwendet bis auf die Schnittstellen EXTRINSIC(HPF_LOCAL) und EXTRINSIC(F77_LOCAL) (siehe Abschnitt 6.3.1) nur Konstrukte aus der HPF 2.0-Norm [104], insbesondere jedoch:

- partielle Vervielfachung (*partial replication*) mit Hilfe der ALIGN-Anweisung

    ALIGN a(:,*) WITH b(:,*),

    die eine Vervielfachung von a entlang einer Dimension von b bewirkt, vgl. Beispiel (ausr-bereich-liste) auf Seite 246;

- und die INHERIT-Anweisung (siehe Abschnitt 5.4.3) oder die TEMPLATE-Anweisung (siehe Abschnitt 5.3.6).

In diesem Abschnitt wird als konkretes Beispiel dieser Einbindung die effiziente parallele HPF-Implementierung zweier grundlegender und sehr häufig auftretender Operationen der numerischen Linearen Algebra, Matrizenmultiplikation und Cholesky-Faktorisierung (siehe die Abschnitte 3.2 bzw. 3.3.7), diskutiert. In beiden Fällen wird danach getrachtet, sequentielle BLAS-Routinen für lokale Berechnungen aufzurufen.

In einem ersten Schritt müssen Algorithmen für diese beiden Operationen formuliert werden, die sich durch viele gleichartige lokale Operationen auf möglichst großen Teilmatrizen auszeichnen („Lokalisierungsphase"). Diese lokalen Berechnungen können durch weitestgehende Verwendung von optimierter sequentieller Software (in diesem Fall BLAS 3) sehr effizient gestaltet werden. HPF bzw. der HPF-Compiler organisiert die Datenverteilung und die Kommunikation (Datenübertragung) zwischen den Prozessoren.

Eine mögliche Alternative zur Einbindung sequentieller Routinen ist natürlich die Integration *paralleler* Routinen in ein HPF-Programm. In diesem Fall müssen sowohl die Datenverteilung als auch die Kommunikationsmechanismen innerhalb des EXTRINSIC-Unterprogramms mit denen des aufrufenden HPF-Programms koordiniert werden. Ein Beispiel für diesen Ansatz ist das SLHPF-Interface zwischen HPF und SCALAPACK (Blackford et al. [16]).

Im folgenden wird der Nutzen der Einbindung sequentieller extrinsischer Unterprogramme in ein HPF-Programm anhand zweier Beispiele demonstriert. Experimente wurden mit der Version 2.4 des PGI HPF-Compilers, *pghpf* (siehe Bozkus et al. [21]), auf einer Meiko CS-2 und auf einer IBM SP2 durchgeführt. Für die Experimente auf der CS-2 wurde einerseits eine nicht optimierte Fortran-Standardimplementierung der BLAS verwendet (LIBBLAS, compiliert mit dem *pgf77* Fortran 77 Compiler von PGI), andererseits eine mit Hilfe des ATLAS-Pakets (Whaley und Dongarra [174]) erzeugte optimierte BLAS. Auf der SP2 wurden die vom Hersteller optimierten BLAS-Routinen der ESSL [56] verwendet.

Parallele Matrizenmultiplikation

Als erstes Beispiel wird die Berechnung des Produktes $C \in \mathbb{R}^{m \times n}$ zweier beliebig verteilter Matrizen $A \in \mathbb{R}^{m \times l}$ und $B \in \mathbb{R}^{l \times n}$ betrachtet (vgl. Abschnitt 3.2).

Aus Gründen der Lastverteilung werden für parallele Algorithmen der Linearen Algebra normalerweise zweidimensionale Datenverteilungen verwendet. Unter diesen Umständen zeichnet sich unter den verschiedenen Varianten der Matrizenmultiplikation eine Variante, in der die k-Variable in der äußersten Schleife variiert, also eine $k*$-Variante, durch die beste Datenlokalität aus und eignet sich daher am besten für das Ziel, möglichst große lokale Berechnungen zu isolieren (vgl. Abschnitt 3.2.4). In den beiden anderen Grundvarianten, der $i*$- bzw. der $j*$-Variante, wäre bedeutend mehr Speicheraufwand für eine vergleichbare Lokalisierung der Operationen erforderlich. Um möglichst hohe Leistung zu erzielen, wurde für die betrachtete Implementierung eine *geblockte* Version der Matrizenmultiplikation (siehe Abschnitt 3.2.5 oder Überhuber [159]) verwendet.

Im folgenden wird ein HPF-Unterprogramm `par_dgemm` („*parallel* dgemm") diskutiert, das die Matrizen A und B als Eingabe erhält und die Produktmatrix C zurückliefert. Die Grobstruktur dieses Unterprogramms ist auf Seite 279 dargestellt. Feinheiten wie Fehlerbehandlung, Schnittstellen aufgerufener Unterprogramme, etc., werden aus Gründen der Übersichtlichkeit *nicht* gezeigt.

Intern wird die Matrizenmultiplikation in lokale Operationen auf Teilblöcken aufgespaltet. Es werden Arbeitsfelder `apanel` für einen Spaltenblock von A und `bpanel` für einen Zeilenblock von B definiert und geeignet nach C ausgerichtet. Anschließend werden in der k-Schleife die jeweiligen entsprechenden Teilmatrizen von A und B dorthin kopiert. Durch diesen Kopiervorgang, der die einzige Stelle ist, an der Kommunikation zwischen den Prozessoren stattfindet, wird die Verteilung der momentan benötigten Teile von A und B an die Verteilung von C angepaßt. Die Routine kann folglich für beliebige Ausgangsverteilungen der Matrizen A, B und C verwendet werden. Der Kommunikationsaufwand hängt aber natürlich davon ab, wie aufwendig der Kopiervorgang der Teilmatrizen von A und B in den Spaltenblock `apanel` bzw. in den Zeilenblock `bpanel` ist. Daher wird die von `par_dgemm` erzielte Leistung durch die Ausgangsverteilungen von A und B beeinflußt.

Nach den Zuweisungen an `apanel` und `bpanel` wird ebenfalls innerhalb der k-Schleife die HPF_LOCAL-Routine `local_dgemm` aufgerufen, die auf Seite 279 skizziert ist. Dieses Unterprogramm erhält die Arbeitsfelder `apanel` und `bpanel`, deren Breite (die Blockgröße des Algorithmus), sowie die Ergebnismatrix C als Eingabeparameter. Mit Hilfe eines Aufrufes der Matrizenmultiplikationsroutine

5.6 EXTRINSIC-Unterprogramme

```
         SUBROUTINE par_dgemm(a, b, c)
            DOUBLE PRECISION, DIMENSION(:,:), INTENT(IN)            :: a, b
            DOUBLE PRECISION, DIMENSION(SIZE(a,1),SIZE(b,2)), INTENT(OUT) :: c
!HPF$       INHERIT                                                 :: a, b, c

            INTEGER, PARAMETER                      :: block = 200
            INTEGER                                 :: k, kk
            DOUBLE PRECISION, DIMENSION(SIZE(a,1),block) :: apanel
            DOUBLE PRECISION, DIMENSION(block,SIZE(b,2)) :: bpanel
            ...
!HPF$       ALIGN apanel(j,i) WITH c(j,*)
!HPF$       ALIGN bpanel(i,j) WITH c(*,j)
            ...
            DO k = 1, SIZE(a,2), block
               kk = MIN(block, SIZE(a,2) - k+1)
               apanel(:, 1:kk) = a(:, k:k+kk-1)
               bpanel(1:kk, :) = b(k:k+kk-1, :)
               CALL local_dgemm(kk, apanel, bpanel, c)
            END DO
            RETURN
         END SUBROUTINE par_dgemm
```

BLAS/dgemm innerhalb von `local_dgemm` wird auf jedem Prozessor der *lokale* Teil des äußeren Produktes des Spaltenblockes von A mit dem Zeilenblock von B sehr effizient berechnet.

```
         EXTRINSIC( HPF_LOCAL ) SUBROUTINE local_dgemm(kk, a, b, c)
            INTEGER, INTENT(IN)                         :: kk
            DOUBLE PRECISION, DIMENSION(:,:), INTENT(IN)    :: a, b
            DOUBLE PRECISION, DIMENSION(:,:), INTENT(INOUT) :: c
!HPF$       INHERIT                                         :: a, b, c
            DOUBLE PRECISION, PARAMETER :: ONE=1.0D0, ZERO=0.0D0
            ...
            CALL dgemm('N', 'N', SIZE(c,1), SIZE(c,2), kk, ONE,         &
                        a, SIZE(a,1), b, SIZE(b,1), ONE, c, SIZE(c,1))
            ...
         END SUBROUTINE local_dgemm
```

Es muß gewährleistet sein, daß bei dem Aufruf von `local_dgemm` die Verteilung der Argumente völlig unverändert bleibt (vgl. Abschnitt 5.4). Dies kann auf zwei verschiedene Arten erreicht werden: entweder durch die Verwendung der INHERIT-Anweisung (siehe Abschnitt 5.4.3) oder aber durch die Ausrichtung nach einem geeignet definierten Template (siehe Abschnitt 5.3.6).

Im Allgemeinen sind die aus der Verteilung der Matrizen A, B und C resultierenden lokalen Blöcke auf verschiedenen Prozessoren unterschiedlich groß. Da innerhalb der Routine `local_dgemm` die *lokalen* Blöcke der Matrizen an BLAS/dgemm übergeben werden müssen, ist ein Mechanismus erforderlich, um die Abmessungen dieser lokalen Blöcke zu bestimmen. Die vordefinierte Fortran-Funktion SIZE (siehe Überhuber, Meditz [160]) wirkt innerhalb einer HPF_LOCAL-Routine auf den *lokalen* Teil der Felder und leistet daher das Gewünschte.

Man könnte meinen, daß die EXTRINSIC(F77_LOCAL)-Schnittstelle die natürliche Wahl für den Aufruf einer lokalen Fortran 77-basierten BLAS-Routine wäre. Das Hauptproblem dabei ist allerdings, daß die vordefinierte Fortran-Funktion SIZE innerhalb eines F77_LOCAL-Unterprogramms üblicherweise nicht unterstützt wird, weil sie nicht in Fortran 77 enthalten ist. Daher müßten aufwendigere Techniken verwendet werden, um die Größe lokaler Felder zu bestimmen. Ein weiteres Problem ist es, daß die EXTRINSIC(F77_LOCAL)-Schnittstelle in der HPF-Norm [104] nicht sehr klar definiert ist und daß daher Unterschiede in den Implementierungen verschiedener HPF-Compiler bestehen können. Beispielsweise unterstützte der für die Experimente auf der Meiko CS-2 verwendete Compiler die INHERIT-Anweisung innerhalb von F77_LOCAL-Unterprogammen nicht voll. Wie schon erwähnt, wäre es zwar grundsätzlich möglich, aber relativ aufwendig, die Funktionalität von INHERIT durch die passende Verwendung eines Templates zu erreichen. Aus all diesen Gründen wurden die Experimente mit einer Codevariante durchgeführt, die Fortran 77-Routinen von einem HPF_LOCAL-Unterprogramm aus aufruft.

Abb. 5.12 zeigt die mit **par_dgemm** erzielte Gleitpunktleistung im Vergleich zu der vom Compilerhersteller bereitgestellten parallelen vordefinierten Funktion MATMUL für die Multiplikation zweier $n \times n$ Matrizen auf 16 Prozessoren einer Meiko CS-2. A und B wurden zyklisch entlang beider Dimensionen verteilt, und C wurde block-zyklisch mit Blockgröße 20 entlang beider Dimensionen verteilt. Für Matrizenordnungen $n > 500$ ist die beträchtliche Leistungssteigerung von **par_dgemm** im Vergleich zu MATMUL klar ersichtlich: Bei Verwendung der LIBBLAS ca. um einen Faktor 2, bei Verwendung der ATLAS-BLAS sogar um einen Faktor 5. Es ist weiters zu beobachten, daß der Wirkungsgrad von **par_dgemm** für größere Dimensionen n steigt, wogegen der Wirkungsgrad von MATMUL sinkt. Das ist dadurch zu erklären, daß größere Matrizen zu größeren lokalen Blöcken und damit zu einer besseren Ausnutzung der BLAS führen. Auffallend ist auch die signifikante Steigerung des Wirkungsgrades bei Verwendung der mit Hilfe von ATLAS erzeugten optimierten BLAS/dgemm im Vergleich zur Verwendung der LIBBLAS, insbesondere bei sehr großen Matrizen.

Zur Berechnung des parallelen Geschwindigkeitsgewinnes (siehe Abb. 5.13) wurden die Laufzeiten von **par_dgemm** mit LIBBLAS bzw. **par_dgemm** mit ATLAS-BLAS auf einem Prozessor als Referenzwert verwendet. Der parallele Geschwindigkeitsgewinn bis zu etwa 8 Prozessoren ist beinahe identisch für beide Versionen von **par_dgemm**. Auf mehr als 8 Prozessoren skaliert die lokal schnellere ATLAS-basierte Version nicht mehr so gut, da für die gewählte Problemgröße der Zeitaufwand für lokale Berechnungen bereits so gering wird, daß der Kommunikationsaufwand dominiert.

Bemerkung: Diese Situation illustriert wiederum deutlich, daß sich aus isolierten Betrachtungen des Geschwindigkeitsgewinnes *keine* Aussagen über die Leistung ableiten lassen (vgl. Abschnitt 2.2.5): Obwohl das Programm **par_dgemm** mit der LIBBLAS in Abb. 5.13 durchwegs einen höhereren Geschwindigkeitsgewinn zeigt, ist die absolute Leistung, die für den Benutzer relevant ist, deutlich niedriger als für **par_dgemm** mit der ATLAS-BLAS, wie in Abb. 5.12 ersichtlich ist.

5.6 EXTRINSIC-Unterprogramme

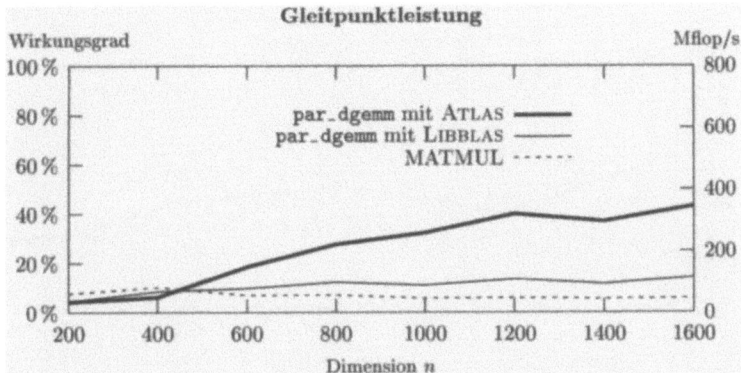

Abb. 5.12: Matrizenmultiplikation auf 16 Prozessoren einer Meiko CS-2.

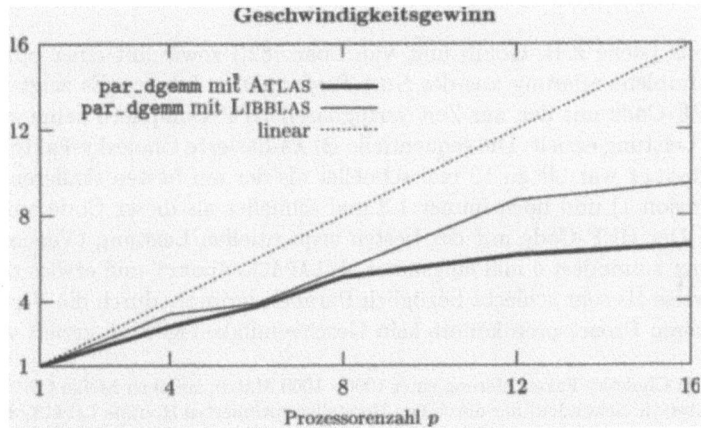

Abb. 5.13: Matrizenmultiplikation auf p Prozessoren einer Meiko CS-2 für $n = 1000$.

Abb. 5.14 zeigt die Wirkungsgrade von `par_dgemm` und MATMUL auf einem bis zu 16 Prozessoren einer IBM SP2. Auf der SP2 wird innerhalb von `local_dgemm` für die lokalen Berechnungen die hochoptimierte Routine ESSL/`dgemm` verwendet. Die parallelisierte vordefinierte Funktion MATMUL schneidet hier generell sehr schlecht ab: Die auf 16 Prozessoren der SP2 erzielte Leistung ist niedriger als die mit ESSL/`dgemm` erzielte Leistung auf einem Prozessor!

Parallele Cholesky-Faktorisierung

Als zweites Beispiel wird die Berechnung der Cholesky-Faktorisierung $A = LL^T$ einer symmetrischen, positiv definiten Matrix $A \in \mathbb{R}^{n \times n}$ betrachtet (siehe Abschnitt 3.3.7). Tabelle 5.1 zeigt die wichtigsten Ergebnisse einer Anzahl von Experimenten mit verschiedenen (reinen) HPF-Implementierungen des Standard-

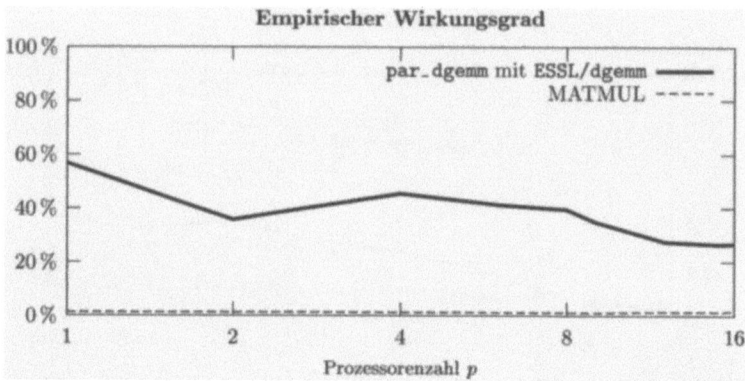

Abb. 5.14: Matrizenmultiplikation auf p Prozessoren einer IBM SP2 für $n = 2000$.

algorithmus (siehe z. B. Golub und Van Loan [82]) sowie mit einer optimierten LAPACK-Implementierung aus der SUN *Performance Library*. Es zeigt sich, daß reiner HPF-Code mit den zur Zeit verfügbaren HPF-Compilern keine zufriedenstellende Leistung erzielt: Die sequentielle BLAS-basierte Cholesky-Faktorisierung `LAPACK/dpotrf` war bis zu 12 mal schneller als der am besten skalierende HPF-Code (Version 1) und noch immer 1.3 mal schneller als dieser Code auf 16 Prozessoren! Der HPF-Code mit der besten sequentiellen Leistung (Version 2) war noch immer zumindest 4 mal langsamer als `LAPACK/dpotrf` und erwies sich interessanterweise als sehr schlecht bezüglich Parallelisierung – durch die Verwendung von mehreren Prozessoren konnte kein Geschwindigkeitsgewinn erzielt werden.

Tabelle 5.1: Cholesky-Faktorisierung einer 1000×1000 Matrix auf einer Meiko CS-2. Vergleich der Laufzeiten (in Sekunden) der durch den Hersteller optimierten Routine `LAPACK/dpotrf` aus der SUN *Performance Library* auf nur einem Prozessor mit zwei reinen HPF-Versionen auf bis zu 16 Prozessoren.

p	1	2	4	8	16
LAPACK/dpotrf	9 s				
HPF Version 1	113 s	57 s	29 s	18 s	12 s
HPF Version 2	36 s	43 s	45 s	45 s	46 s

Im folgenden wird ein HPF-Unterprogramm `par_dpotrf` für die parallele Berechnung der Cholesky-Faktorisierung diskutiert, bei dem die lokalen Berechnungen mit Hilfe sequentieller BLAS- bzw. LAPACK-Routinen durchgeführt werden, wodurch die erreichte Leistung deutlich steigt. Ähnlich wie vorher bei der Matrizenmultiplikation zeichnet sich ein geblockter Algorithmus durch bessere Lokalität der Referenzen aus und ist daher einer ungeblockten Variante auf modernen Hochleistungsrechnern vorzuziehen (Anderson et al. [6], Überhuber [159]).

5.6 EXTRINSIC-Unterprogramme

Aus der mathematischen Formulierung eines Schrittes der geblockten Cholesky-Faktorisierung,

$$\begin{pmatrix} A_{11} & A_{12} \\ A_{21} & A_{22} \end{pmatrix} = \begin{pmatrix} L_{11} & 0 \\ L_{21} & L_{22} \end{pmatrix} \begin{pmatrix} L_{11}^\top & L_{21}^\top \\ 0 & L_{22}^\top \end{pmatrix} = \begin{pmatrix} L_{11}L_{11}^\top & L_{11}L_{21}^\top \\ L_{21}L_{11}^\top & L_{21}L_{21}^\top + L_{22}L_{22}^\top \end{pmatrix},$$

geht deutlich hervor, daß drei zentrale Operationen durchzuführen sind (siehe auch Abb. 5.15):

Operation 1: Faktorisierung $A_{11} = L_{11}L_{11}^\top$ mit Hilfe von LAPACK/dpotf2 (ungeblockt).

Operation 2: Lösung des linearen Gleichungssystems $L_{21}L_{11}^\top = A_{21}$ mittels BLAS/dtrsm.

Operation 3: Aktualisierung $A_{22} - L_{21}L_{21}^\top$ mittels BLAS/dsyrk. Danach rekursive Fortsetzung durch die Faktorisierung $A_{22} - L_{21}L_{21}^\top = L_{22}L_{22}^\top$.

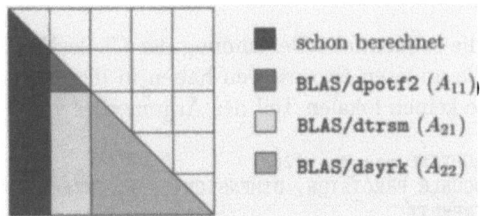

Abb. 5.15: Datenzugriffsbereiche der Operationen der geblockten Cholesky-Faktorisierung.

Im Unterprogramm par_dpotrf, dessen Grundstruktur auf Seite 284 dargestellt ist, wurde der Einfachheit halber angenommen, daß die Problemgröße n durch die Blockgröße b teilbar ist. Die geeignete Verteilung der Matrix A beim Eintritt in par_dpotrf ist (CYCLIC(sb),CYCLIC(tb)) mit $s,t \in \mathbb{N}$. Diese Verteilung gewährleistet, daß zu jedem Zeitpunkt der geblockten Faktorisierung der jeweilige Block A_{11} vollständig auf einem einzigen Prozessor lokal vorhanden ist. Operation 1 ist durch das Unterprogramm par_dpotf2 realisiert, das die Cholesky-Faktorisierung von A_{11} sequentiell auf diesem Prozessor durchführt. Die Operationen 2 und 3 werden parallelisiert und die entsprechenden BLAS-Operationen werden innerhalb der Unterprogramme par_dtrsm bzw. par_dsyrk auf den jeweils lokalen Teilblöcken aufgerufen. Wie schon zuvor bei par_dgemm ist es auch hier wieder erforderlich, die Verteilung der (Teil-)Felder an den Unterprogrammschnittstellen nicht zu verändern. Am einfachsten läßt sich das wiederum durch die geeignete Verwendung der INHERIT-Anweisung erreichen.

In par_dpotf2 wird das HPF_LOCAL-Unterprogramm local_dpotf2 aufgerufen, das wiederum die Routine LAPACK/dpotf2 auf jedem Prozessor aufruft (siehe Seite 284). Da aufgrund der vorher spezifizierten Verteilung der Matrix A der Block A_{11} vollständig auf einem einzigen Prozessor lokal vorhanden ist,

```
       SUBROUTINE par_dpotrf(a)
          DOUBLE PRECISION, DIMENSION(:,:), INTENT(INOUT) :: a
!HPF$     INHERIT                                          :: a
          ...
          DO j = 1, n, b
!
!            Factorize the current diagonal block
!
             CALL par_dpotf2(a(j:j+b-1, j:j+b-1))
!
!            Compute the current block column
!
             CALL par_dtrsm(a(j:j+b-1,j:j+b-1), a(j+b:n,j:j+b-1), b)
!
!            Update the rest of the matrix
!
             CALL par_dsyrk(a(j+b:n,j+b:n), a(j+b:n,j:j+b-1), b)
          END DO
          RETURN
       END SUBROUTINE par_dpotrf
```

bewirkt das die sequentielle Berechnung der Cholesky-Faktorisierung auf diesem Prozessor. Alle anderen Prozessoren haben in dieser Phase keine Arbeit zu verrichten, da sie keinen lokalen Teil des Argumentes von `local_dpotf2` besitzen.

```
       SUBROUTINE par_dpotf2(a)
          DOUBLE PRECISION, DIMENSION(:,:), INTENT(INOUT) :: a
!HPF$     INHERIT                                          :: a
          CALL local_dpotf2 (a)
          RETURN
       END SUBROUTINE par_dpotf2

       EXTRINSIC(HPF_LOCAL) SUBROUTINE local_dpotf2(a)
          DOUBLE PRECISION, DIMENSION(:,:), INTENT(INOUT) :: a
!HPF$     INHERIT                                          :: a
          ...
          CALL dpotf2('L', SIZE(a,1), a, SIZE(a,1), info)
          ...
       END SUBROUTINE local_dpotf2
```

Der von par_dpotf2 berechnete Faktor L_{11} des Blocks A_{11} wird in par_dtrsm (siehe Seite 285) mit Hilfe einer geeignet ausgerichteten (replizierten) lokalen Variablen auf alle an der Lösung des linearen Gleichungssystems in Operation 2 beteiligten Prozessoren kopiert. Danach kann innerhalb des HPF_LOCAL-Unterprogramms local_dtrsm die Routine BLAS/dtrsm lokal auf jedem Prozessor aufgerufen werden, der Teile des Blocks A_{21} enthält. In der in Abb. 5.16 dargestellten Situation sind zwei Prozessoren ($P(1,2)$ und $P(2,2)$) beteiligt. Die Blöcke B_1 und B_3 sind lokal auf $P(1,2)$ vorhanden, während die Blöcke B_2 und A_{11} lokal auf $P(2,2)$ vorhanden sind. Nach der Berechnung von L_{11}, während der nur $P(2,2)$ aktiv ist, wird durch Replizierung eine Kopie von L_{11} auf $P(1,2)$ angelegt. Danach kann Operation 2 der geblockten Cholesky-Faktorisierung durch zwei völlig

5.6 EXTRINSIC-Unterprogramme

voneinander unabhängige Aufrufe von BLAS/dtrsm durchgeführt werden.

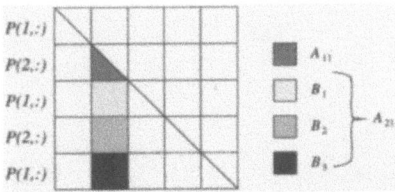

Abb. 5.16: Die lokalen Blöcke der parallelen Cholesky-Faktorisierung.

```
          SUBROUTINE par_dtrsm(a, b, hb)
            DOUBLE PRECISION, DIMENSION(:,:), INTENT(IN)    :: a
            DOUBLE PRECISION, DIMENSION(:,:), INTENT(INOUT) :: b
!HPF$       INHERIT                                         :: a, b
            INTEGER, INTENT(IN)                             :: hb
            DOUBLE PRECISION, DIMENSION(SIZE(a,1),SIZE(a,1)) :: alocal
!HPF$       ALIGN alocal(i,j) WITH b(*,j)
            alocal = a
            CALL local_dtrsm(alocal, b, hb)
            RETURN
          END SUBROUTINE par_dtrsm

          EXTRINSIC(HPF_LOCAL) SUBROUTINE local_dtrsm(a, b, hb)
            DOUBLE PRECISION, DIMENSION(:,:), INTENT(IN)    :: a
            DOUBLE PRECISION, DIMENSION(:,:), INTENT(INOUT) :: b
!HPF$       INHERIT                                         :: a, b
            INTEGER, INTENT(IN)                             :: hb
            DOUBLE PRECISION, PARAMETER :: ONE=1.0D0
            ...
            CALL dtrsm('R', 'L', 'T', 'N', SIZE(b,1), SIZE(a,1), &
                       ONE, a, SIZE(a,1), b, SIZE(b,1))
            ...
          END SUBROUTINE local_dtrsm
```

Nach demselben Grundprinzip wird auch Operation 3 parallelisiert. Innerhalb von par_dsyrk wird das HPF_LOCAL-Unterprogramm local_dsyrk aufgerufen (siehe Seite 286), aus dem der Aufruf von BLAS/dsyrk auf den jeweils lokalen Blöcken jedes Prozessors erfolgt. Innerhalb von local_dsyrk wird die Symmetrie des Produktes $L_{21}L_{21}^\top$ berücksichtigt, und es wird die Berechnung der (symmetrischen) Diagonalblöcke von jener der (unsymmetrischen) Blöcke ober- oder unterhalb der Diagonalblöcke unterschieden (siehe Abb. 5.17 und Ehold et al. [54]). Der entsprechende Code wird dadurch unübersichtlicher und ist hier nicht angeführt.

In Abb. 5.18 sind die empirischen Wirkungsgrade verschiedener Varianten der parallelen Cholesky-Faktorisierung dargestellt: von par_dpotrf mit zwei verschiedenen Arten von BLAS-Routinen, eines reinen HPF-Codes, und der rein

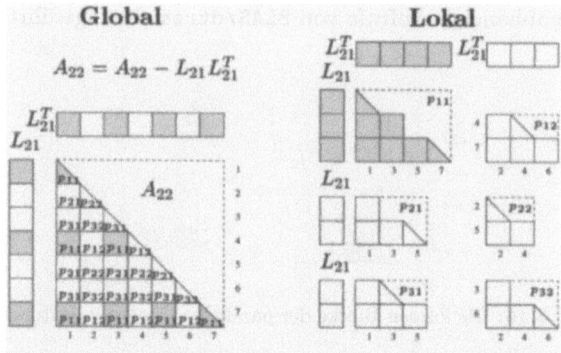

Abb. 5.17: Globale und lokale Sichtweise der innerhalb von local_dsyrk durchgeführten Operationen bei zweidimensionaler block-zyklischer Verteilung der Matrix A_{22} auf ein 3×2 Prozessorfeld mit Prozessoren p_{ij}.

```
      SUBROUTINE par_dsyrk(a, apanel, hb)
        DOUBLE PRECISION, DIMENSION(:,:), INTENT(IN) :: apanel
        DOUBLE PRECISION, DIMENSION(SIZE(apanel,1),SIZE(apanel,1)), &
                         INTENT(INOUT)             :: a
!HPF$   INHERIT                                    :: a, apanel
        INTEGER, INTENT(IN)                        :: hb
        DOUBLE PRECISION, DIMENSION(SIZE(a,1),SIZE(apanel,2)) :: x
        DOUBLE PRECISION, DIMENSION(SIZE(apanel,2),SIZE(a,1)) :: y
!HPF$   ALIGN x(i,j) WITH a(i,*)
!HPF$   ALIGN y(i,j) WITH a(*,j)
        INTERFACE
          EXTRINSIC(HPF_LOCAL) SUBROUTINE local_dsyrk(hb, a, x, y)
            INTEGER, INTENT(IN)                        :: hb
            DOUBLE PRECISION, DIMENSION(:,:), INTENT(INOUT) :: a
            DOUBLE PRECISION, DIMENSION(:,:), INTENT(IN) :: x, y
!HPF$       INHERIT                                    :: a, x, y
          END SUBROUTINE local_dsyrk
        END INTERFACE
        x = apanel
        y = TRANSPOSE(apanel)
        CALL local_dsyrk(hb, a, x, y)
        RETURN
      END SUBROUTINE par_dsyrk
```

sequentiellen Routine **LAPACK/dpotrf**, ebenfalls mit den beiden Arten von BLAS-Routinen. Für die sequentielle Routine **LAPACK/dpotrf** wurde die Zeitmessung natürlich nur auf einem Prozessor durchgeführt und die Wirkungsgrade für $p \geq 2$ Prozessoren *berechnet*, indem der Wert für einen Prozessor durch p dividiert wurde. Sie entsprechen daher dem für ein rein sequentielles Programm trivialerweise zutreffenden schlechtesten Fall, nämlich *keinem* Geschwindigkeitsgewinn.[16]

---

[16]Im besten Fall, d.h., bei *linearem* Geschwindigkeitsgewinn, wären die Wirkungsgrade in Abb. 5.18 konstant.

5.7 Speicher- und Abfolgeassoziierung

Der Unterschied zu Tabelle 5.1 und die Verbesserung gegenüber reinem HPF-Code durch die Integration der BLAS-Routinen ist schon auf einem Prozessor deutlich zu sehen: par_dpotrf erzielt auf einem Prozessor dieselbe Leistung wie LAPACK/dpotrf und zeigt gute Geschwindigkeitsgewinne bei der Parallelisierung. Weiters beobachtet man eine deutliche weitere Leistungssteigerung durch die Verwendung der optimierten ATLAS-BLAS anstatt der nicht optimierten LIBBLAS. Bei steigender Prozessorzahl p sinkt der Wirkungsgrad der BLAS-basierten Versionen. Das ist darauf zurückzuführen, daß bei fixer Problemgröße die lokalen Blöcke immer kleiner werden und daher die Effizienz der BLAS-Routinen sinkt. Außerdem verschlechtert sich natürlich das Verhältnis von lokaler Berechnung und Kommunikationsaufwand mit wachsender Prozessorzahl.

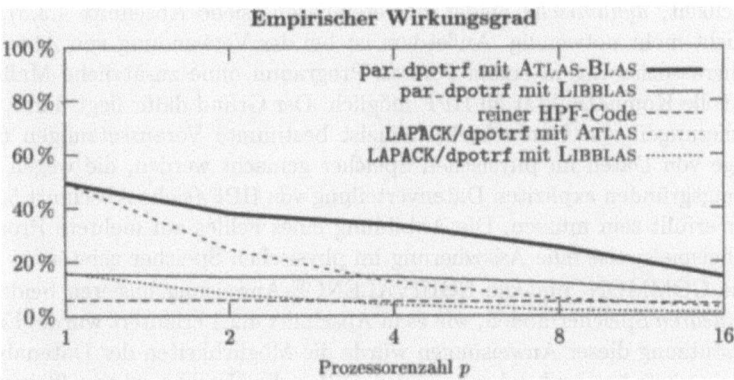

Abb. 5.18: Wirkungsgrad der Cholesky-Faktorisierung für $n = 2000$ auf einer Meiko CS-2.

5.7 Speicher- und Abfolgeassoziierung

Es ist in Fortran möglich, mit Hilfe von COMMON- oder EQUIVALENCE-Anweisungen fixe Beziehungen zwischen Daten und physischen Speicherplätzen bzw. zwischen den Speicherplätzen von mehreren Datenobjekten zu spezifizieren (Überhuber, Meditz [160]).

EQUIVALENCE: Die EQUIVALENCE-Anweisung von Fortran veranlaßt den Compiler, mehreren Datenobjekten bzw. Teilen davon denselben physischen Speicherplatz zuzuweisen, wodurch sie identisch werden, obwohl sie verschiedene Namen tragen (*Speicherassoziierung, storage association*). Eine Veränderung des Wertes eines von mehreren durch Speicherassoziierung verbundenen Datenobjekten bewirkt somit eine Veränderung *aller* anderen Datenobjekte.

COMMON: Durch eine COMMON-Anweisung wird für die angeführten Variablen ein physisch zusammenhängender Speicherbereich reserviert. Dies ist eine (veraltete) Möglichkeit, Daten zwischen Programmeinheiten auszutauschen.

Abfolgeassoziierung: Bekanntlich ist es in Fortran nicht erforderlich, daß die Form von Aktualparameter und zugeordnetem Formalparameter eines Unterprogramms übereinstimmen. Die Reihenfolge von Feldelementen während der Zuordnung von Aktualparametern zu formalen Feldparametern beim Eintritt in ein Unterprogramm wird in Fortran durch das Konzept der *Abfolgeassoziierung (sequence association)* festgelegt.[17] Dieses Konzept ist (vor allem in Fortran 77) weit verbreitet, um z. B. Teilfelder (wie Zeilen oder Spalten) eines größeren Feldes an Unterprogramme zu übergeben.

Die verschiedenen Arten der Assoziierung von Datenobjekten dienten früher dazu, „teuren" Speicher zu sparen. Sie können aber (insbesondere für den Compiler) sehr unübersichtlich sein und sind bei den heutigen Speicherkapazitäten und der Möglichkeit, *dynamische* Felder zu vereinbaren (siehe Abschnitt 4.3.3), eigentlich nicht mehr notwendig. Außerdem ist bei der Verwendung von Abfolge- und Speicherassoziierung in einem Fortran-Programm ohne zusätzliche Maßnahmen keine volle Kompatibilität zu HPF möglich. Der Grund dafür liegt darin, daß bei Assoziierungen von Datenobjekten meist bestimmte Voraussetzungen über die Abfolge von Daten im physischen Speicher gemacht werden, die wegen der aus Leistungsgründen expliziten Datenverteilung von HPF (siehe Abschnitt 5.3) nicht immer erfüllt sein müssen. Die Abbildung eines Feldes auf mehrere Prozessoren kann beispielsweise eine Assoziierung im physischen Speicher zerstören.

Die COMMON- und die EQUIVALENCE-Anweisung basieren beide auf einem *linearen* Speichermodell, wie es in Abschnitt 4.2.1 erläutert wurde. Eine volle Unterstützung dieser Anweisungen würde die Möglichkeiten der Datenabbildung stark einschränken und daher in vielen Fällen die Ursache sehr ineffizienter Programme bzw. niedriger Leistung sein (insbesondere bei Parallelverarbeitung). Um Fortran 77 Codes, die Abfolge- und Speicherassoziierung verwenden, leichter nach HPF portieren zu können, wurde trotzdem danach getrachtet, die Verwendung dieser Konzepte prinzipiell auch in HPF zu ermöglichen. Es müssen jedoch Variablen, für die Speicher- oder Abfolgeassoziierung verwendet wird, *explizit* als solche gekennzeichnet werden. Folglich kann es notwendig sein, bei der Portierung von Fortran-Codes nach HPF Modifikationen vorzunehmen, da HPF grundsätzlich davon ausgeht, daß jede Variable uneingeschränkt abgebildet werden darf.

Aus diesem Grund sind korrekte Fortran-Programme ohne Modifikationen nicht notwendigerweise auch in HPF korrekt.

Die SEQUENCE-Anweisung von HPF ist dafür vorgesehen, für bestimmte Variablen volle Abfolge- und Speicherassoziierung zu sichern und so die Kompatibilität zu diesen veralteten Sprachkonstrukten herzustellen. Fehlt eine solche explizite Anweisung, dann ist es unzulässig, in HPF auf die Eigenschaften der Assoziierung aus Fortran zu vertrauen, weil in diesem Fall ein nach Leistungsgesichtspunkten optimierender HPF-Compiler bei der Verteilung der Daten auf die Prozessoren eines Parallelrechners darauf keine Rücksicht nimmt.

---

[17] Abgesehen von Speicher- und Abfolgeassoziierung kann in Fortran von der Ebene der Programmiersprache auf den Speicherplatz konkreter Daten kein Einfluß genommen werden.

5.7.1 Die SEQUENCE-Anweisung

Im folgenden wird zwischen *nicht-sequentiellen* Variablen, für die weder Speicher- noch Abfolgeassoziierung verwendet werden, und *sequentiellen* Variablen, bei deren Abbildung ein HPF-Compiler Assoziierungen mit anderen Datenobjekten berücksichtigen muß, unterschieden. Eine Variable wird als *explizit abgebildet* bezeichnet, wenn ihre Abbildung innerhalb des Gültigkeitsbereiches ihrer Deklaration direkt durch eine explizite ALIGN- oder DISTRIBUTE-Anweisung bestimmt wird (die Variable tritt z. B. als *distr-objekt* einer DISTRIBUTE-Anweisung oder als *ausr-objekt* einer ALIGN-Anweisung auf – siehe Abschnitte 5.3.4 bzw. 5.3.5). Andernfalls heißt sie *implizit abgebildet*.

Die SEQUENCE-Anweisung gestattet es dem Programmierer, explizit festzulegen, welche Variablen oder COMMON-Blöcke vom Compiler als sequentiell behandelt werden sollen.

Normalerweise sind alle Variablen eines HPF-Programms als nicht-sequentiell vordefiniert. Für den Fall, daß es sinnvoll oder notwendig ist, in einem Programm als Grundeinstellung alle Variablen (und COMMON-Blöcke) als sequentiell zu betrachten, enthält HPF auch die NO SEQUENCE-Anweisung, die dem Programmierer die Festlegung ermöglicht, daß bestimmte Variablen oder COMMON-Blöcke (oder auch alle Objekte eines ganzen Gültigkeitsbereiches) als nicht-sequentiell betrachtet werden sollen.[18]

Syntaxregeln für SEQUENCE-Anweisungen

!HPF$ SEQUENCE [[::] *assoz-liste*]

!HPF$ NO SEQUENCE [[::] *assoz-liste*]

- Die Elemente der *assoz-liste* sind entweder Variablennamen oder von der Form /*common-block*/ (*common-block* bezeichnet dabei einen COMMON-Block).

- Der Name einer Variablen oder eines COMMON-Blocks darf höchstens einmal in einer SEQUENCE-Anweisung innerhalb eines Gültigkeitsbereiches vorkommen.

Eine SEQUENCE-Anweisung mit einer leeren *assoz-liste* gilt für alle diejenigen implizit abgebildeten Variablen und COMMON-Blöcke des jeweiligen Gültigkeitsbereiches, für die auf anderem Weg (aus dem Kontext) nicht entschieden werden kann, ob sie sequentiell oder nicht-sequentiell sind.

Bei Verwendung dieser Anweisungen entstehen für den Programmierer (und den Compiler) Einschränkungen der Verwendbarkeit von ALIGN- und DISTRIBUTE-Anweisungen, da eine sequentielle Variable nicht explizit abgebildet werden darf. Die Abbildung einer nicht-sequentiellen Variablen kann hingegen ohne Berücksichtigung von Speicher- oder Abfolgeassoziierungen optimiert werden.

---

[18]COMMON-Blöcke dürfen nur unter bestimmten Bedingungen als nicht-sequentiell betrachtet und explizit abgebildet werden. Diese Spezialfälle werden in der HPF-Norm [104] genauer ausgeführt.

5.7.2 Parameterübergabe und Abfolgeassoziierung

Wie schon eingangs erwähnt, spielte das Konzept der Abfolgeassoziierung in Fortran 77 eine bedeutende Rolle, insbesondere bei der Parameterübergabe an Unterprogrammschnittstellen. Es ermöglicht, daß sich die Form eines Aktualparameters von der des korrespondierenden Formalparameters unterscheidet. Die Form eines Aktualparameters kann daher durch den Aufruf des Unterprogramms gleichsam „verändert" werden. Beispielsweise ist es gestattet, daß ein Aktualparameter, dem ein Feld als Formalparameter entspricht, selbst ein Feldelement (ein Skalar) ist.

In sehr vielen bestehenden Fortran 77 Programmen werden auf der Basis der Abfolgeassoziierung nur die Startadressen von Teilfeldern (z. B. Zeilen oder Spalten größerer Felder) an Unterprogramme übergeben. Das kann eine Speicherersparnis und auch eine Leistungssteigerung für *sequentielle* Programme bewirken.

Für parallele Programme hingegen schränkt dieses Konzept die Möglichkeiten der Datenverteilung zu stark ein und wirkt sich daher negativ auf die Leistung aus. Die Eigenschaften der Abfolgeassoziierung können für verteilte HPF-Felder nicht vollständig unterstützt werden. Von ihrer Verwendung wird aus diesen Gründen *abgeraten*.

Regeln für die Abfolgeassoziierung in HPF

1. Ist ein Aktualparameter ein Feldelement, dann muß der zugehörige Formalparameter entweder ebenfalls ein Skalar sein oder als sequentielles Feld deklariert sein.

   Der Bezeichner eines Elementes eines nicht-sequentiellen Feldes darf nicht mit einem Feld als Formalparameter assoziiert werden.

2. Ist ein Aktualparameter der Name eines Feldes mit übernommener Form (Abschnitt 4.3.4), dann muß der zugehörige Formalparameter als sequentielles Feld deklariert sein.

3. Wenn ein Aktualparameter ein Feld oder ein Teilfeld ist und wenn sich der zugehörige Formalparameter vom Aktualparameter hinsichtlich der Form unterscheidet, dann muß der Aktualparameter sequentiell sein und der Formalparameter als sequentiell deklariert sein.

4. Unterscheidet sich eine explizite Längenangabe eines CHARACTER-Formalparameters von der Länge des Aktualparameters, dann müssen sowohl der Aktual- als auch der Formalparameter sequentiell sein.

Kapitel 6

Anerkannte Erweiterungen von HPF

Dieses Kapitel beschreibt die Grundideen und die wichtigsten Elemente verschiedener Ergänzungen der HPF 2.0-Norm, der sogenannten *anerkannten Erweiterungen* (*Approved Extensions*). Die meisten dieser Konstrukte stellen Vertiefungen oder Erweiterungen der in Kapitel 5 vorgestellten Sprachelemente von HPF dar. Teilweise werden auch manche Einschränkungen aus HPF 2.0 etwas gelockert und dadurch Funktionalität und Anwendungsbereich einiger Anweisungen erweitert.

Im Gegensatz zu den in Kapitel 5 besprochenen Sprachelementen von HPF 2.0 ist ein normkonformer HPF-Compiler *nicht* verpflichtet, irgendeine der anerkannten Erweiterungen zu unterstützen. Viele der anerkannten Erweiterungen sind in den zur Zeit verfügbaren kommerziellen HPF-Compilern noch nicht realisiert, und ihre Unterstützung wird von der Nachfrage der HPF-Benutzer abhängen.

Die vom HPF-Forum festgelegten Detailspezifikationen der anerkannten Erweiterungen sind *Vorschläge*, für die im Laufe der Zeit (bis zu einer etwaigen Aufnahme in eine zukünftige HPF-Norm) noch einige Modifikationen und Adaptierungen zu erwarten sind. Aufgrund dieser Situation haben sich die Autoren dazu entschlossen, in diesem Kapitel nur die grundlegenden Ideen und Ansatzpunkte der Sprachelemente der anerkannten Erweiterungen vorzustellen, ohne auf Details einzugehen. Es werden daher i. a. keine syntaktischen Regeln angegeben, sondern prototypische Beispiele angeführt, die die Verwendung der verschiedenen Konstrukte illustrieren. Eine ausführlichere Diskussion mit den genauen syntaktischen Regeln findet sich in [104].

6.1 Erweiterungen für die Datenabbildung

Die Erweiterungen für die Datenabbildung lassen sich in zwei Gruppen gliedern:

Die erste Gruppe von Erweiterungen stellt dem Benutzer erweiterte Möglichkeiten für die Steuerung der Datenabbildung zur Verfügung. Dazu zählen

- Sprachelemente für die *dynamische* Datenabbildung (bzw. für die Änderung der Datenabbildung zur Laufzeit): DYNAMIC, REDISTRIBUTE, REALIGN (siehe Abschnitt 6.1.1);

- zwei neue Verteilungsformate: GEN_BLOCK ermöglicht eine verallgemeinerte Blockverteilung und INDIRECT erlaubt die Festlegung der Abbildung von Feldelementen mit Hilfe eines Abbildungsfeldes (siehe Abschnitt 6.1.2);

- die Erweiterung des ONTO-Teils der DISTRIBUTE-Anweisung, um die direkte Verteilung auf *Teilfelder* einer Prozessoranordnung zu ermöglichen (siehe Abschnitt 6.1.3);

- sowie das explizite Abbilden von Zeigern und von Komponenten selbstdefinierter Typen (siehe Abschnitt 6.1.3).

Die zweite Gruppe von Erweiterungen im Bereich der Datenabbildung ermöglicht es, dem Compiler nützliche Information zur Erzeugung effizienten Codes zukommen zu lassen. Dazu zählen

- die RANGE-Anweisung, die die mögliche Verteilung eines dynamisch verteilten Feldes, eines Zeigers oder eines Formalparameters auf einen bestimmten Bereich von Verteilungsformaten einschränkt (siehe Abschnitt 6.1.4);

- sowie die SHADOW-Anweisung, mit der die Menge an (zusätzlichem) Speicherplatz angegeben werden kann, die auf einem Prozessor für nicht-lokale Daten belegt werden soll. Das kann beispielsweise dann sinnvoll sein, wenn Berechnungen zwischen benachbarten Prozessoren mit einem gewissen „Überlappungsbereich" durchzuführen sind (siehe Abschnitt 6.1.5).

6.1.1 Dynamische Datenabbildung

Wie in Kapitel 5 ausgeführt, wird die Ausrichtung eines Feldes in HPF mit Hilfe der ALIGN-Anweisung vereinbart (siehe Abschnitt 5.3.5), und die Verteilung eines Feldes wird durch eine DISTRIBUTE-Anweisung festgelegt (siehe Abschnitt 5.3.4). Anweisungen zur *Veränderung* der Abbildung eines Datenobjektes während des Programmablaufes sind nicht Teil von HPF 2.0, sondern nur in den anerkannten Erweiterungen vorgesehen.

Das DYNAMIC-Attribut dient zur Kennzeichnung von Datenobjekten, deren Abbildung dynamisch während der Laufzeit verändert werden soll. In einem solchen Fall gibt es zwei Möglichkeiten für eine derartige Veränderung:

1. Die Änderung der Ausrichtung des Datenobjektes mit Hilfe der REALIGN-Anweisung oder

2. die Änderung der Verteilung des Objektes, nachdem das Datenobjekt endgültig ausgerichtet ist (vgl. Abschnitt 5.3.1), mit Hilfe der REDISTRIBUTE-Anweisung.

Jedes Objekt, das nicht explizit nach einem anderen Objekt ausgerichtet ist (und daher in der Wurzel eines Ausrichtungsbaumes steht – vgl. Abschnitt 5.3.1), kann mit Hilfe der REDISTRIBUTE-Anweisung explizit neu verteilt werden. Dadurch werden aber auch *alle* zu diesem Zeitpunkt nach diesem Objekt endgültig ausgerichteten Objekte *neu erteilt*, um die vorhandenen Ausrichtungsbeziehungen zu erhalten.

Jedes Datenobjekt, das nicht in der Wurzel eines Ausrichtungsbaumes steht, kann mit Hilfe der REALIGN-Anweisung explizit neu ausgerichtet werden, es kann aber nicht explizit neu verteilt werden! Die Neuausrichtung eines Objekts bewirkt im Gegensatz zur Neuverteilung mit Hilfe der REDISTRIBUTE-Anweisung *keine* Änderung der Abbildung irgendwelcher weiterer Objekte.

6.1 Erweiterungen für die Datenabbildung

In beiden Fällen der Änderung der Datenabbildung müssen neue Verteilungen bzw. Ausrichtungen von Datenstrukturen von der Ebene des abstrakten Prozessorfeldes auf die Ebene der physischen Prozessoren übertragen werden. Dafür ist i. a. Kommunikation zwischen den physischen Prozessoren erforderlich (z. B. für die Bewegung einzelner Datenobjekte). Besonders durch die Verwendung einer REDISTRIBUTE-Anweisung kann sehr umfangreicher Kommunikationsaufwand zwischen den Prozessoren entstehen, weil auf Grund von Ausrichtungsbeziehungen implizit viel mehr Datenobjekte betroffen sein können als explizit in der Anweisung ersichtlich ist. Obwohl intensive Forschungsaktivitäten zur effizienten Implementierung von Änderungen der Datenabbildung in HPF im Gange sind (siehe z. B. Wakatani und Wolfe [165], Kalns und Ni [113], Coelho und Ancourt [27], Thakur et al. [157], Walker und Otto [166]), kann daher die Ausführung von Anweisungen zur Änderung der Datenabbildung mit sehr großem Aufwand (besonders bezüglich der Kommunikation) und daraus folgenden Leistungseinbußen verbunden sein. Es muß daher zur Vorsicht bei ihrer Verwendung geraten werden.

DYNAMIC

In Analogie zum ALLOCATABLE-Attribut von Fortran (siehe Abschnitt 4.3.3) wird in den anerkannten Erweiterungen von HPF das Attribut DYNAMIC definiert. Mit ihm kann die Möglichkeit einer dynamischen Neuverteilung oder Neuausrichtung eines Objekts vereinbart werden. Eine Datenstruktur, die dieses Attribut nicht hat, darf während des Programmablaufes nicht durch eine REALIGN-Anweisung bezüglich ihrer Ausrichtung verändert werden. Ebenso dürfen eine Datenstruktur oder ein Template während des Programmablaufes nur dann durch eine REDISTRIBUTE-Anweisung neu verteilt werden, wenn sie das DYNAMIC-Attribut haben.

Beispiel (DYNAMIC) Die DYNAMIC-Anweisung kann entweder in der Anweisungsform oder auch in der Attributform auftreten (vgl. Abschnitt 5.2.3):

```
!HPF$ DYNAMIC [::] a, b, c, d, e
```

REDISTRIBUTE

REDISTRIBUTE ist eine ausführbare Anweisung und kann nur auf Felder oder auf Templates angewendet werden, für die das Attribut DYNAMIC vereinbart worden ist. Sie darf nur im Ausführungsteil einer Programmeinheit auftreten.

Für die REDISTRIBUTE-Anweisung gelten ähnliche Syntaxregeln wie für die DISTRIBUTE-Anweisung (siehe Abschnitt 5.3.4), wobei das HPF-Schlüsselwort DISTRIBUTE durch REDISTRIBUTE zu ersetzen ist. In einer REDISTRIBUTE-Anweisung darf allerdings weder vor der *distr-format-liste* noch nach dem HPF-Schlüsselwort ONTO ein Stern „*" auftreten, da eine ausführbare Anweisung nicht in beschreibender Form auftreten kann.

REDISTRIBUTE ist zwar *kein* Attribut, aus Gründen der syntaktischen Einheitlichkeit darf für diese ausführbare Anweisung trotzdem die Attributform mit der „: :"-Notation verwendet werden. In diesem Fall dürfen jedoch *keine* weiteren Attribute in derselben Anweisung vereinbart werden.

REALIGN

Auch REALIGN ist eine ausführbare Anweisung, darf daher nur im Ausführungsteil einer Programmeinheit auftreten und kann nur auf Objekte mit dem Attribut DYNAMIC angewendet werden.

Für die REALIGN-Anweisung gelten ähnliche Syntaxregeln wie für die Anweisungsform der ALIGN-Anweisung, wobei das HPF-Schlüsselwort ALIGN durch REALIGN zu ersetzen ist. Allerdings darf in einer REALIGN-Anweisung nach dem HPF-Schlüsselwort WITH kein Stern „*" auftreten, weil damit ein Zustand beschrieben würde, der erst durch die Ausführung der Anweisung erreicht werden könnte (vgl. Abschnitt 5.3.3).

REALIGN ist zwar *kein* Attribut, aus Gründen der syntaktischen Einheitlichkeit darf für diese ausführbare Anweisung trotzdem die Attributform mit der „: :"-Notation verwendet werden. In diesem Fall dürfen jedoch *keine* weiteren Attribute in derselben Anweisung vereinbart werden.

Abbildungsänderung in Unterprogrammen

Ein Formalparameter eines Unterprogramms darf als DYNAMIC deklariert werden. Es ist jedoch eine explizite Schnittstellenbeschreibung erforderlich, falls irgendeiner der Formalparameter eines Unterprogramms mit dem DYNAMIC-Attribut versehen ist.

Wird an einer Unterprogrammschnittstelle eine Abbildungsänderung durchgeführt, dann muß der Compiler in den meisten Fällen Code erzeugen, der alle potentiell möglichen Ausgangsverteilungen berücksichtigt und folglich sehr ineffizient sein kann. Um den Bereich der möglichen Datenabbildungen einzuschränken, ist die RANGE-Anweisung vorgesehen (siehe Abschnitt 6.1.4).

Generell ist in all jenen Fällen, in denen die Zuweisung an eine Variable wegen mehrfacher unterschiedlicher Zugriffsmöglichkeiten verboten ist, auch eine Änderung der Abbildung dieser Variablen durch eine explizite REDISTRIBUTE- oder REALIGN-Anweisung verboten. Wenn z. B. ein Feld als Aktualparameter an ein Unterprogramm übergeben wird, dann darf dieses Feld nicht neu ausgerichtet werden, bzw. kein Feld und kein Template, nach dem es zum Zeitpunkt des Unterprogrammaufrufs ausgerichtet war, darf neu verteilt werden, bis die Abarbeitung des Unterprogramms abgeschlossen ist.

Beispiel (REDISTRIBUTE in Unterprogrammen)

```
      MODULE m
        REAL    :: a(10,10)
!HPF$ DYNAMIC :: a
      END

      PROGRAM MAIN
      USE m
```

6.1 Erweiterungen für die Datenabbildung

```
      CALL unter_programm(a(1:5,3:9))
      END

      SUBROUTINE unter_programm(b)
      USE m
      REAL b(:,:)
      ...
!HPF$ REDISTRIBUTE a(BLOCK,BLOCK)           ! nicht HPF-konform
      ...
      END
```

Aus denselben Gründen, aus denen eine Zuweisung an das Feld a innerhalb des Unterprogramms unter_programm nicht HPF-konform ist (mehrfache Zugriffsmöglichkeiten auf a), ist auch die Verwendung der REDISTRIBUTE-Anweisung in diesem Beispiel untersagt.

Es gilt das Prinzip, daß jede Abbildung oder Änderung der Abbildung von Parametern eines Unterprogramms *unsichtbar* für die aufrufende Programmeinheit ist, und zwar unabhängig davon, ob eine solche Änderung der Abbildung implizit erfolgt (z.B. auf Grund einer Abbildungsanweisung in einer Schnittstellenbeschreibung, vgl. Abschnitt 5.4) oder explizit durch REDISTRIBUTE- oder REALIGN-Anweisungen im Unterprogramm gegeben ist. Das bedeutet folgendes: Wenn nach der Rückkehr aus einem Unterprogramm die aufrufende Programmeinheit ihre Ausführung fortsetzt, sind alle Objekte, die der aufrufenden Programmeinheit zugänglich sind, in genau der gleichen Weise abgebildet, wie sie es vor dem Aufruf des Unterprogramms waren. Es ist einem Unterprogramm also nicht einmal mittels REDISTRIBUTE- oder REALIGN-Anweisungen möglich, die Abbildung irgendeines Objektes in einer Weise zu verändern, die in der aufrufenden Programmeinheit wirksam ist.

Davon ausgenommen ist nur der Fall, daß der zu einem DYNAMIC-Formalparameter gehörige Aktualparameter ebenfalls mit dem DYNAMIC-Attribut versehen ist. Dann wirkt sich jede Abbildungsänderung des Formalparameters auch auf den Aktualparameter aus und ist auch nach der Rückkehr aus dem aufgerufenen Unterprogramm *sichtbar*.

6.1.2 Neue Verteilungsformate

Die anerkannten Erweiterungen von HPF enthalten zwei neue Verteilungsformate:

- GEN_BLOCK verallgemeinert die in Abschnitt 5.3.4 vorgestellte BLOCK-Verteilung insofern, als die einzelnen Blöcke verschiedene Größe aufweisen können.

- Die INDIRECT-Verteilung ermöglicht völlig allgemeine, elementweise Verteilungen, die durch ein INTEGER-Feld spezifiziert werden.

Syntaxregeln und Verwendung von GEN_BLOCK

    GEN_BLOCK(*int-feld*)

- Das Abbildungsfeld *int-feld* muß ein eindimensionales INTEGER-Feld sein.

- Die Größe des *int-feld* muß gleich der Ausdehnung der entsprechenden Dimension der Prozessoranordnung sein, die Ziel der Verteilungsanweisung ist.

Das i-te Element des *int-feld* legt die Größe des Blocks fest, der auf dem i-ten Prozessor der Prozessoranordnung gespeichert wird. Die Werte des *int-feld* dürfen daher nicht negativ sein, und ihre Summe muß größer als oder gleich der Ausdehnung der entsprechenden Dimension des zu verteilenden Feldes sein.

Seien mit u bzw. o die untere bzw. die obere Grenze der betrachteten Dimension des zu verteilenden Feldes bezeichnet; M bezeichne das Abbildungsfeld *int-feld*. Dem Prozessor i wird der Indexbereich $A(i) : E(i)$ der entsprechenden Dimension des zu verteilenden Feldes zugeordnet, wobei die Indexgrenzen $A(i)$ und $E(i)$ durch folgende Gleichungen bestimmt werden:

$$A(1) = u$$
$$E(i) = \min(A(i) + M(i) - 1, o)$$
$$A(i) = E(i-1) + 1$$

Beispiel (GEN_BLOCK)

```
      PARAMETER    (s = /2,25,20,0,8,65/)
!HPF$ PROCESSORS   p(6)
      REAL         a(100), b(200), neu(6)
!HPF$ DISTRIBUTE   a(GEN_BLOCK(s)) onto p
!HPF$ DYNAMIC      b
      ...
      neu = ...
!HPF$ REDISTRIBUTE b(GEN_BLOCK(neu))
```

Mit diesen Anweisungen werden die Elemente a(1:2) dem Prozessor p(1), a(3:27) dem Prozessor p(2), a(28:47) dem Prozessor p(3), kein Element dem Prozessor p(4), a(48:55) dem Prozessor p(5) und die Elemente a(56:100) dem Prozessor p(6) zugeordnet. Die Verteilung des Feldes b hängt vom Feld neu ab, das erst zur Laufzeit berechnet wird.

Syntaxregeln und Verwendung von INDIRECT

INDIRECT(*int-feld*)

- Das Abbildungsfeld *int-feld* muß ein eindimensionales INTEGER-Feld sein.

- Die Größe des *int-feld* muß gleich der Ausdehnung der zu verteilenden Dimension des *distr-objekt* sein.

Das i-te Element des *int-feld* legt fest, auf welchen abstrakten Prozessor das i-te Feldelement der zu verteilenden Dimension des *distr-objekt* abgebildet wird. Die Werte des *int-feld* müssen daher innerhalb der unteren und oberen Grenze der Zieldimension der Prozessoranordnung liegen.

Beispiel (INDIRECT) Im folgenden Beispiel wird das Feld a mit Hilfe des Abbildungsfeldes map1 statisch verteilt, während das Feld b als dynamisches Feld vereinbart wird und mit Hilfe des zur Laufzeit berechneten Abbildungsfeldes map2 umverteilt wird:

6.1 Erweiterungen für die Datenabbildung

```
!HPF$ PROCESSORS     p(4)
      REAL           a(10), b(8)
      INTEGER        map1(10), map2(8)
      PARAMETER      (map1 = /1,3,4,4,2,2,2,1,4,3/)
!HPF$ DYNAMIC        b
!HPF$ DISTRIBUTE     a(INDIRECT(map1)) ONTO p
!HPF$ DISTRIBUTE     b(BLOCK)          ONTO p
      ...
      map2 = ...
!HPF$ REDISTRIBUTE b(INDIRECT(map2)) ONTO p
```

Mit Hilfe der INDIRECT-Verteilung werden a(1) und a(8) dem Prozessor p(1) zugeordnet, a(5) bis a(7) werden p(2) zugeordnet, a(2) und a(10) werden p(3) zugeordnet, und a(3), a(4) sowie a(9) werden p(4) zugeordnet.

6.1.3 Erweiterungen der DISTRIBUTE-Anweisung

Die Neuerungen hinsichtlich der DISTRIBUTE-Anweisung in den anerkannten Erweiterungen von HPF bestehen darin, daß auf Prozessor*teil*felder verteilt werden darf, sowie darin, daß einige Einschränkungen aufgehoben werden.

Abbildung auf Prozessorteilfelder

Im Rahmen der anerkannten Erweiterungen von HPF ist es möglich, im ONTO-Teil einer DISTRIBUTE-Anweisung reguläre Teilfelder von vordefinierten Prozessorfeldern anzugeben.

Beispiel (Abbildung auf Prozessorteilfelder) In diesem Beispiel wird das Feld a blockweise auf die abstrakten Prozessoren p(2) bis p(5) verteilt:

```
!HPF$ PROCESSORS       p(10)
      DOUBLE PRECISION a(100)
!HPF$ DISTRIBUTE       a(BLOCK) ONTO p(2:5)
```

Beispiel (Abbildung auf Prozessorteilfelder) In diesem Beispiel wird das Feld b über den rechten unteren Quadranten des Prozessorfeldes q verteilt:

```
!HPF$ PROCESSORS       q(10,10)
      DOUBLE PRECISION b(100,100)
!HPF$ DISTRIBUTE       b(BLOCK,BLOCK) ONTO q(5:10,5:10)
```

Diese Erweiterung ist beispielsweise dann sinnvoll, wenn mehrere unabhängige Berechnungen gleichzeitig auf verschiedenen Teilen des zur Verfügung stehenden Prozessorfeldes durchgeführt werden können. Sie ermöglicht also bestimmte Arten von Funktionsparallelismus (vgl. Abschnitt 6.2).

Zeiger und selbstdefinierte Typen

Zeiger und Ziele von Zeigern (Objekte mit den Attributen POINTER bzw. TARGET; siehe Überhuber, Meditz [160]) dürfen im Rahmen der anerkannten Erweiterungen explizit abgebildet werden. Eine Abbildungsanweisung für einen Zeiger wird allerdings erst dann wirksam, wenn der Zeiger mit einem Zieldatenobjekt assoziiert wird. Weiters dürfen auch Komponenten von selbstdefinierten Typen (siehe Überhuber, Meditz [160]) explizit abgebildet werden.

Beispiel (Abbilden von Komponenten selbstdefinierter Typen)

```
        TYPE my_type
        ...
        DOUBLE PRECISION values(100)
!HPF$   DISTRIBUTE      values(BLOCK) ONTO p
        ...
        END TYPE my_type
        ...
        TYPE(my_type) :: var1, var2(100)
        ...
```

Der selbstdefinierte Typ `my_type` hat eine Komponente `values`, die als blockweise verteilt vereinbart wird. Die Komponente `var1%values` der skalaren Variable `var1` sowie die Komponenten `var2(i)%values` jedes der Elemente des Feldes `var2` sind daher blockweise auf das Prozessorfeld p verteilt.

6.1.4 Die RANGE-Anweisung

Die RANGE-Anweisung kann dazu verwendet werden, die möglichen Verteilungsformate von Objekten (Datenobjekten, Templates oder Zeigern), die mit dem DYNAMIC-Attribut versehen sind oder deren Verteilung transkriptiv festgelegt ist (siehe Abschnitt 5.4.2), einzugrenzen. Der Compiler muß dann bei der Übersetzung weniger Verteilungsformate berücksichtigen und kann daher effizienteren Maschinencode erzeugen.

Beispiele (RANGE) Im folgenden Programmteil wird dem Compiler im Unterprogramm sub mitgeteilt, daß der Formalparameter x entweder (BLOCK,*) oder (CYCLIC,*) verteilt ist und daß sonst keine anderen Fälle auftreten können. Im konkreten Fall trifft diese Aussage zu; der Programmcode ist also korrekt.

```
!HPF$   DISTRIBUTE a(BLOCK)
!HPF$   ALIGN     b(i,j) with a(i)
        ...
        CALL sub(b)
        ...
        SUBROUTINE sub(x)
!HPF$   INHERIT   x
!HPF$   RANGE     x (BLOCK,*), (CYCLIC,*)
        ...
```

Das RANGE-Attribut im Unterprogramm sub des folgenden Programmfragments legt fest, daß die Verteilung des Formalparameters x entweder (BLOCK,*) oder (BLOCK(n),*) mit beliebigem Parameter n ist. Der erste Aufruf von sub ist damit konform. Die beiden anderen Aufrufe sind jedoch *nicht* damit konform und daher inkorrekt:

6.1 Erweiterungen für die Datenabbildung

```
            REAL       a(100,100,100)
!HPF$ DISTRIBUTE a(BLOCK,*,CYCLIC)
            ...
            CALL sub(a(:,:,1))           ! konform
            CALL sub(a(:,1,:))           ! NICHT konform
            CALL sub(a(1,:,:))           ! NICHT konform
            ...
            SUBROUTINE sub(x)
            REAL       x(:,:)
!HPF$ INHERIT    x
!HPF$ RANGE      x (BLOCK,*), (BLOCK(),*)
            ...
```

Der Aktualparameter des zweiten Aufrufs des Unterprogramms sub ist (BLOCK,CYCLIC), jener des dritten Aufrufs (*,CYCLIC) verteilt. Um alle drei Unterprogrammaufrufe konform zu gestalten, müßte daher obige RANGE-Anweisung durch

```
!HPF$ RANGE      x (BLOCK,*), (BLOCK,CYCLIC), (*,CYCLIC)
```

ersetzt werden.

6.1.5 Die SHADOW-Anweisung

Im Wissenschaftlichen Rechnen treten oft Berechnungen auf, die durch *lokale* Abhängigkeiten gekennzeichnet sind, wie beispielsweise bei Lösungsverfahren für partielle Differentialgleichungen, die auf finiten Differenzen beruhen. Im allgemeinen werden für die Aktualisierung eines Gitterpunktes nur dessen unmittelbare Nachbarn (*nearest neighbors*) benötigt.

Es zählt zu den Standardtechniken moderner Compiler, in solchen Fällen auf jedem Prozessor zusätzlich zu seinem lokalen Datenanteil auch Speicher für die unmittelbaren Nachbarregionen lokal bereitzustellen. Diese „Schattenregionen" (*shadow regions*) ermöglichen es, Berechnungen, die vor allem lokale Abhängigkeiten aufweisen, effizienter durchzuführen.

Die optimale Größe dieser Schattenregionen hängt von algorithmischen Eigenschaften (Art der Diskretisierung, etc.) ab und kann für ein und dasselbe Datenfeld in verschiedenen Unterprogrammen unterschiedlich sein. Durch die Möglichkeit, die erforderliche Größe der Schattenregion eines Feldes zu deklarieren, können überflüssige Datenbewegungen bei Unterprogrammaufrufen vermieden werden.

Beispiel (SHADOW) Im folgenden Programmfragment wird festgelegt, daß am unteren Ende jedes lokalen Teiles des Feldes a eine Schattenregion der Weite 1 (ein Feldelement), am oberen Ende jedes lokalen Teiles des Feldes a jedoch eine Schattenregion der Weite 2 (zwei Feldelemente) vorgesehen werden soll.

```
            REAL, DIMENSION(1000)           :: a
!HPF$ DISTRIBUTE(BLOCK), SHADOW(1:2) :: a
            ...
            FORALL(i = 2:998)
                a(i) = 0.25 * (a(i-1) + a(i) + a(i+1) + a(i+2))
            END FORALL
```

Der Sinn dieser Deklaration wird in der FORALL-Anweisung ersichtlich: Pro „Zeitschritt" wird jedes Feldelement mit Hilfe seines linken und seiner zwei rechten Nachbarn aktualisiert, die alle drei in den lokalen Schattenregionen gespeichert sind.

6.2 Daten- und Funktionsparallelismus

Zusätzlich zu der Zuordnung von *Daten* zu bestimmten Prozessoren ist es für die effiziente Parallelisierung vieler Anwendungen auch wesentlich, auf gezielte Weise *Berechnungen* bestimmten Prozessoren zuordnen zu können. Insbesondere im Bereich *funktionsparalleler* (*task parallel*) Anwendungen stellen die im Kapitel 5 besprochenen datenparallelen Anweisungen von HPF 2.0 nicht genügend Steuerungsmöglichkeiten zur Verfügung. Schon sehr früh wurde aufgezeigt, für welche Anwendungen Funktionsparallelismus wichtig ist, und es wurden entsprechende Anweisungen vorgeschlagen (siehe z. B. Foster [62], Gross et al. [88]).

Zusätzlich zur in Abschnitt 6.1.3 erwähnten Möglichkeit der Datenabbildung auf Prozessorteilfelder enthalten die anerkannten Erweiterungen von HPF drei Sprachelemente, mit deren Hilfe Funktionsparallelismus bzw. die Wechselwirkung zwischen Daten- und Funktionsparallelismus gesteuert werden kann:

ON-Anweisungen dienen der Zuordnung von Berechnungen zu bestimmten Prozessoren eines Parallelrechners (in Analogie zur DISTRIBUTE-Anweisung, die der Zuordnung von Daten dient).

RESIDENT-Anweisungen versichern dem Compiler, daß für gewisse Datenzugriffe keinerlei Datenbewegungen zwischen verschiedenen Prozessoren erforderlich sind.

TASK_REGION-Konstrukte ermöglichen es, unabhängige (*coarse-grained*) Tasks zu erzeugen, von denen jeder selbst datenparallele (oder auch ineinander geschachtelte funktionsparallele) Berechnungen ausführen kann.

6.2.1 Aktive Prozessoren

Das Konzept der *aktiven Prozessoren* ist eine Erweiterung des Konzepts der abstrakten Prozessoren, das in Abschnitt 5.3.1 vorgestellt wurde. In HPF 2.0 wird von einer statischen Menge von Prozessoren ausgegangen, denen Daten zugewiesen werden, und die Berechnungen durchführen. Eine Unterscheidung innerhalb dieser Prozessorenmenge wird in HPF 2.0 nicht durchgeführt.

Diese Sichtweise ist völlig ausreichend für rein datenparallele Anwendungen. Um jedoch Funktionsparallelismus verwirklichen und steuern zu können, ist eine dynamische Sichtweise der zugrundeliegenden Prozessorenmenge erforderlich. Beispielsweise ist es von Bedeutung, zu jedem Zeitpunkt zwischen *aktiven* und *inaktiven* Prozessoren unterscheiden zu können. Einen ersten Schritt in diese Richtung stellt die in Abschnitt 6.1.3 erwähnte Datenabbildung auf Teilfelder einer Prozessoranordnung dar.

Im Zusammenhang mit den Anweisungen für Funktionsparallelismus wird ein Prozessor zu einem bestimmten Zeitpunkt als *aktiv* bezeichnet, wenn er eine HPF-Anweisung (oder eine Gruppe von HPF-Anweisungen) ausführt. Zu Beginn der Ausführung eines HPF-Programms sind alle Prozessoren aktiv. Die in den folgenden Abschnitten kurz erläuterten Anweisungen modifizieren die Menge der aktiven Prozessoren: Die ON-Anweisung bewirkt eine Einschränkung dieser Menge

6.2 Daten- und Funktionsparallelismus 301

für die Dauer der Ausführung von Anweisungen in ihrem Bereich, und mit Hilfe des TASK_REGION-Konstrukts kann die Menge der aktiven Prozessoren in mehrere unabhängige Teilmengen partitioniert werden, die alle gleichzeitig verschiedenen Programmcode abarbeiten können.

ACTIVE_NUM_PROCS und ACTIVE_PROCS_SHAPE sind zwei vordefinierte Funktionen, die verschiedene nützliche Informationen über die aktive Prozessormenge liefern (siehe Abschnitt 6.4.1).

6.2.2 Die ON-Anweisung

Die ON-Anweisung ermöglicht die Verteilung von *Berechnungen* auf die Prozessoren eines Parallelrechners – im Gegensatz zu DISTRIBUTE- und ALIGN-Anweisungen, die die Verteilung von Daten steuern.

Durch eine ON-Anweisung wird eine Menge aktiver Prozessoren für eine bestimmte Menge von Anweisungen definiert. Wenn keinerlei Abhängigkeiten zwischen den Anweisungen zweier ON-Blöcke bestehen, kann auf diese Weise Funktionsparallelismus gesteuert werden.

Nach dem Schlüsselwort ON kann entweder eine Menge von abstrakten Prozessoren angeführt werden oder das Schlüsselwort HOME mit Elementen von Datenobjekten oder von Templates. In erstem Fall wird direkt angegeben, auf welchen Prozessoren die Anweisungen des ON-Blocks ausgeführt werden sollen, während im zweiten Fall festgelegt wird, daß diese Anweisungen auf jenen Prozessoren ausgeführt werden sollen, die die Daten- bzw. Templateelemente besitzen.

Weiters kann in einer ON-Anweisung noch ein Teil auftreten, der mit RESIDENT eingeleitet wird (siehe Abschnitt 6.2.3), bzw. ein Teil, der mit NEW eingeleitet wird. Ein NEW-Teil hat dieselbe Funktion wie in INDEPENDENT-Anweisungen (siehe Abschnitt 5.5.2): Es wird dem Compiler mitgeteilt, daß bei jedem Eintritt in einen ON-Block die im NEW-Teil angeführten Variablen als lokale, temporäre Variablen angelegt werden sollen.

Wie das folgende Beispiel zeigt, bietet die geeignete Kombination von ON- und INDEPENDENT-Anweisungen eine Möglichkeit zur Steuerung der Lastverteilung bei parallelen Berechnungen.

Beispiel (ON) Für das folgende Programmfragment sei angenommen, daß die Felder x, y und z identisch verteilt sind (nicht vervielfacht).

```
!HPF$ INDEPENDENT
      DO i = 2,n-1
!HPF$    ON HOME(z(i))
         z(i) = y(i-1) + y(i) + y(i+1)
!HPF$    ON HOME(x(i))
         x(i-1) = x(i-1) + y(i) * z(i+1)
      END DO
```

Für die beiden Anweisungen innerhalb der DO-Schleife werden verschiedene aktive Prozessormengen festgelegt: Im Fall der ersten Anweisung wird empfohlen, daß jeder Prozessor seinen lokalen Teil des Feldes z bearbeiten soll. Die nicht-lokalen Elemente des Feldes y müssen dem

Prozessor zugänglich gemacht werden. In der zweiten Anweisung wird für jede Schleifeniteration derjenige Prozessor, dem das Feldelement x(i) zugeordnet ist, als der aktive Prozessor bestimmt. Die Werte x(i-1), und z(i+1) müssen diesem Prozessor zugänglich gemacht werden (was Kommunikation zwischen Prozessoren erfordern kann), während der Wert y(i) auf Grund der angenommenen identischen Verteilungen schon dort vorhanden ist. Danach wird die Berechnung der rechten Seite der Zuweisung auf dem aktiven Prozessor durchgeführt. Die Zuweisung des Ergebnisses an x(i-1) kann möglicherweise wieder auf einem anderen Prozessor erfolgen und daher Synchronisation oder andere Arten von Datenübertragung erfordern.

Es ist zu beachten, daß die ON-Anweisung die INDEPENDENT-Anweisung weder benötigt noch impliziert – eine ON-Anweisung macht keinerlei Aussage über die Parallelisierungsmöglichkeiten einer Schleife!

Ein in einem ON-Block aufgerufenes Unterprogramm wird nur auf den durch die ON-Anweisung festgelegten aktiven Prozessoren ausgeführt. In diesem Zusammenhang muß allerdings auf die Verteilung der Aktualparameter des Aufrufes geachtet werden (siehe HPF-Forum [104]).

6.2.3 Die RESIDENT-Anweisung

Daten, die einem bestimmten Prozessor zugeordnet sind, werden als *resident* auf diesem Prozessor bezeichnet. Die RESIDENT-Anweisung ermöglicht es dem Programmierer, Aussagen über die Lokalität von Daten auf der Basis der Menge der aktiven Prozessoren sowie der betreffenden Abbildungsanweisungen zu machen.

Durch die RESIDENT-Anweisung wird versichert, daß gewisse (oder alle) in ihrem Bereich referenzierten Daten auf zumindest einem Prozessor der aktiven Prozessormenge vorhanden sind. Der Compiler kann mit Hilfe dieser Information Adreßberechnungen vereinfachen bzw. unnötige Kommunikation vermeiden.

Die Lokalität von Datenreferenzen in einem Parallelrechner und damit die Verwendbarkeit der RESIDENT-Anweisung hängt natürlich davon ab, wo bestimmte Daten gespeichert sind (was durch DISTRIBUTE- oder ALIGN-Anweisungen gesteuert werden kann), und davon, wo sie verwendet werden bzw. auf welchen Prozessoren die zugehörigen Berechnungen ausgeführt werden (was durch ON-Anweisungen gesteuert werden kann). Aus diesem Grund kann sich eine RESIDENT-Anweisung nur auf explizit abgebildete Datenobjekte beziehen und nur an einer Stelle im Programm auftreten, an der eine aktive Prozessormenge explizit deklariert ist. Insbesondere ist es auch möglich, eine RESIDENT-Anweisung als Teil einer ON-Anweisung zu verwenden.

Beispiel (RESIDENT) Gegeben seien folgende Deklarationen:

```
          REAL                    :: x(n), y(n)
          INTEGER                 :: ix(m), iy(m)
!HPF$ PROCESSORS                  :: p(np)
!HPF$ DISTRIBUTE(BLOCK) ONTO p :: x, y, ix, iy
```

Besonders wertvoll ist eine RESIDENT-Anweisung, wenn der Compiler die Zugriffsmuster nicht erkennen kann, z.B. auf Grund indirekter Indizierungen.

6.2 Daten- und Funktionsparallelismus

```
!HPF$ INDEPENDENT
      DO i = 1, n
!HPF$    ON HOME(x(i)), RESIDENT(y(ix(i)))
         x(i) = y(ix(i)) - y(iy(i))
      END DO
```

Die Berechnungen der Iteration *i* werden auf Grund der ON-Anweisung auf jenem Prozessor durchgeführt, auf dem das Element x(i) gespeichert ist. Der RESIDENT-Teil versichert dem Compiler, daß immer auch y(ix(i)) lokal auf demselben Prozessor verfügbar ist. Diese Information kann sich z. B. aus einer bestimmten, dem Programmierer bekannten, Eigenschaft des Algorithmus, der das Feld ix berechnet, ergeben. Es ist zu beachten, daß über den Wert ix(i) *keine* Aussage gemacht wird, er muß (genauso wie y(iy(i))) nicht lokal verfügbar sein!

Im Gegensatz dazu versichert die folgende RESIDENT-Anweisung, daß *alle* referenzierten Elemente von y lokal sind:

```
!HPF$ INDEPENDENT
      DO j = 1, n
!HPF$    ON HOME(ix(j)), RESIDENT(y)
         x(j) = y(ix(j)) - y(iy(j))
      END DO
```

Sie ist also äquivalent zu der Anweisung

```
!HPF$    RESIDENT(y(ix(j)), y(iy(j)))
```

6.2.4 Die TASK_REGION-Anweisung

Wie bereits früher erwähnt, können im Rahmen der anerkannten Erweiterungen von HPF Datenobjekte auf Prozessorteilfelder abgebildet werden (siehe Abschnitt 6.1.3), und bestimmte Codeblöcke können mit Hilfe der ON-Anweisung auf Prozessorteilfeldern ausgeführt werden (siehe Abschnitt 6.2.2).

Die TASK_REGION-Anweisung vervollständigt die in den anerkannten Erweiterungen vorgesehenen Sprachelemente zur Unterstützung von Funktionsparallelismus in HPF: Sie ermöglicht die gleichzeitige Ausführung unterschiedlichen Programmcodes auf verschiedenen Prozessorteilfeldern, indem eine Menge von HPF-Anweisungen zu einem „Task" zusammengefaßt wird, der auf einer Teilmenge der aktiven Prozessoren ausgeführt wird. Üblicherweise tritt zwischen den Anweisungen TASK_REGION und END TASK_REGION eine Abfolge von Tasks (z. B. ON-Anweisungen) auf, die sich auf jeweils disjunkte Prozessorteilfelder beziehen. Dadurch können verschiedene Anweisungsfolgen auf disjunkten Prozessorteilfeldern gleichzeitig ausgeführt werden.

Grundsätzlich muß gewährleistet sein, daß nur die jeweils betroffenen aktiven Prozessoren eines Tasks an seiner Ausführung beteiligt sind. So muß z. B. jede ON-Anweisung innerhalb einer TASK_REGION-Anweisung das RESIDENT-Attribut haben, d. h., alle Variablen innerhalb einer TASK_REGION-Anweisung müssen lokal auf den betroffenen aktiven Prozessoren vorhanden sein. Alle anderen Prozessoren müssen völlig unabhängig von diesem Task sein, um andere Anweisungen ausführen zu können. Ein Beispiel zur Verwendung der TASK_REGION-Anweisung findet man in [104].

6.3 Erweiterungen für extrinsische Unterprogramme

Aufbauend auf den Grundkonzepten für die Einbindung von EXTRINSIC-Unterprogrammen in HPF-Programme, die in Abschnitt 5.6 beschrieben sind, werden in den anerkannten Erweiterungen von HPF einige konkrete Schnittstellen zu anderen Programmiermodellen sowie zu anderen Programmiersprachen definiert.

6.3.1 Das LOCAL-Modell

Wie schon in Abschnitt 5.6 ausgeführt, stellen Unterprogramme des EXTRINSIC-Modells LOCAL (*lokale* Unterprogramme) Einzelprozessorcode dar, den jeder aktive Prozessor abarbeitet, allerdings nur mit den Daten, die ihm zugeordnet sind. An jede auf einem aktiven Prozessor auszuführende Instanz eines lokalen Unterprogramms wird also nur der lokal gespeicherte Teil eines globalen Arguments übergeben. Der Bezeichner HPF_LOCAL kennzeichnet lokale Unterprogramme, die in der Programmiersprache HPF implementiert sind und ist eine Kurzform für LANGUAGE='HPF', MODEL='LOCAL'.

Jedenfalls müssen Mechanismen bereitgestellt werden, die jeder Instanz eines lokalen Unterprogramms Information über die (globale) Abbildung aller den lokalen Argumenten entsprechenden globalen Datenstrukturen zugänglich machen, und die die Übersetzung lokaler in globaler Indizes (und umgekehrt) ermöglichen. In den anerkannten Erweiterungen von HPF ist daher die „HPF Local"-Unterprogrammbibliothek definiert (siehe HPF-Forum [104], Abschnitt 11.7), deren Unterprogramme diesem Zweck dienen.

6.3.2 Das SERIAL-Modell

Wie ebenfalls schon in Abschnitt 5.6 erwähnt, wird ein Unterprogramm des Programmiermodells SERIAL (ein *serielles* Unterprogramm) unabhängig von der verwendeten Programmiersprache als sequentieller Code auf einem *einzelnen* Prozessor (dem *aktiven* Prozessor) ausgeführt. Es ist im derzeitigen Konzept keine Möglichkeit vorgesehen, einen bestimmten Prozessor dafür auszuwählen.

Alle Variablen und Formalparameter eines seriellen Unterprogramms müssen lokal auf dem aktiven Prozessor gespeichert sein. Sind sie vor dem Aufruf auf mehrere Prozessoren verteilt, dann wird ihre Abbildung so verändert, daß sie vor dem Eintritt in das serielle Unterprogramm vollständig dem aktiven Prozessor zugeordnet sind. Ihre ursprüngliche Verteilung wird bei der Rückkehr aus dem seriellen Unterprogramm wiederhergestellt.

Der Bezeichner HPF_SERIAL ist eine Kurzform für LANGUAGE='HPF', MODEL='SERIAL'. Er kennzeichnet serielle Unterprogramme, die in der Programmiersprache HPF implementiert sind. Da solche Unterprogramme sequentiell abgearbeitet werden, können in ihnen klarerweise nicht alle möglichen HPF-Anweisungen auftreten, beispielsweise keine Anweisungen zur Datenabbildung.

6.3.3 Einbindungen verschiedener Programmiersprachen

In den anerkannten Erweiterungen von HPF werden Schnittstellen für HPF-, Fortran 90-, Fortran 77- und für C-Unterprogramme definiert. Insbesondere sind Attribute für Formalparameter vorgesehen, die den Programmierer die Parameterübergabe zwischen Unterprogrammen verschiedener Programmiersprachen steuern lassen. Derartige Mechanismen sind besonders in Schnittstellen zwischen Fortran 77 und C erforderlich. Details der Schnittstellen zu anderen Programmiersprachen finden sich in den Abschnitten 11.2, 11.3, 11.4 (C), 11.5 (Fortran) und 11.6 (Fortran 77) von [104].

6.4 Neue und erweiterte Unterprogramme

6.4.1 Vordefinierte Unterprogramme

Die Fortran-Funktion TRANSPOSE wird für mehrdimensionale Transponierungen verallgemeinert. Sie erhält ein eindimensionales INTEGER-Feld als zusätzliches Argument, mit Hilfe dessen die verallgemeinerte Transponierung eines mehrdimensionalen Feldes als Permutation der Achsen dieses Feldes festgelegt wird. Außerdem werden zwei neue vordefinierte Abfragefunktionen eingeführt: ACTIVE_NUM_PROCS und ACTIVE_PROCS_SHAPE dienen zur Bestimmung von Größe und Form des gerade aktiven Prozessor(teil)feldes (vgl. Abschnitt 6.2.1).

6.4.2 Erweiterungen der HPF-Bibliothek

Die in der HPF-Bibliothek vorhandenen Unterprogramme zur Abfrage der Datenabbildung (siehe Abschnitt A.2.1) werden erweitert: HPF_ALIGNMENT und HPF_TEMPLATE erhalten ein zusätzliches optionales Argument, das angibt, ob ein Objekt bzw. sein endgültiges Ausrichtungsziel mit dem Attribut DYNAMIC versehen ist.

HPF_DISTRIBUTION erhält zusätzliche optionale Argumente, die Auskunft über eine etwaige Verteilung auf Prozessorteilfelder (siehe Abschnitt 6.1.3) und über etwaige SHADOW-Regionen (siehe Abschnitt 6.1.5) geben.

Darüber hinaus werden zwei neue SUBROUTINE-Unterprogramme definiert: HPF_MAP_ARRAY liefert das Abbildungsfeld einer indirekten Verteilung für eine bestimmte Dimension eines Feldes. HPF_NUMBER_MAPPED liefert die Anzahl der Feldelemente, die jedem Prozessor einer bestimmten Dimension jenes abstrakten Prozessorfeldes zugeordnet ist, auf das das Feld verteilt ist.

6.5 Asynchrone Ein-/Ausgabe

Es ist im Rahmen der anerkannten Erweiterungen von HPF möglich, asynchrone Ein-/Ausgabe in einem HPF- oder Fortran-Programm durchzuführen und dadurch Ein-/Ausgabe und Berechnungen zu überlappen. Die entsprechende ASYNCHRONOUS-Erweiterung von OPEN-, READ- oder WRITE-Anweisungen erlaubt es (ohne es zu erzwingen), den entsprechenden Datentransfer asynchron zur Ausführung des Programms durchzuführen. Eine zugehörige WAIT-Anweisung dient dazu, die Beendigung bestimmter Datentransfers abzuwarten. Außerdem wird die INQUIRE-Anweisung erweitert, um herausfinden zu können, ob ein bestimmter Datentransfer schon abgeschlossen ist.

Kapitel 7

Andere Arten der Programmierung von Parallelrechnern

Neben HPF gibt es auch noch eine Reihe anderer (teilweise älterer) Ansätze für die Programmierung von Parallelrechnern. In der Praxis des Hochleistungsrechnens am weitesten verbreitet ist die Parallelisierung mit Hilfe von Unterprogrammbibliotheken für den Nachrichtenaustausch, wie z. B. MPI (siehe Abschnitt 7.1.2) oder PVM (siehe Abschnitt 7.1.1). Im Gegensatz zu HPF muß der Programmierer in diesen Konzepten die Kommunikation zwischen den Prozessoren selbst organisieren. Das geschieht dadurch, daß in ein sequentielles Programm, das in einer höheren Programmiersprache (z. B. in Fortran 77 oder in C) geschrieben ist, Unterprogrammaufrufe für die Übertragung von Daten zwischen verschiedenen Prozessoren eingefügt werden (*explicit message passing*).

Obwohl diese Art der Parallelisierung weit aufwendiger, benutzerunfreundlicher und fehleranfälliger ist als z. B. die Verwendung von HPF, wird sie nicht nur deswegen verwendet, weil sie allgemeinere Programmiermodelle als das datenparallele unterstützt. Ein weiterer wichtiger Grund für die weite Verbreitung von MPI und PVM ist, daß sich damit meistens die beste Leistung erzielen läßt.

Dieses Kapitel soll dazu dienen, einen sehr kurzen, ergänzenden Überblick über die wichtigsten Programmierkonzepte zu geben, die im Bereich des parallelen Hochleistungsrechnens neben HPF Verwendung finden. Für ausführlichere Informationen sei auf die angegebene Literatur verwiesen.

7.1 Expliziter Nachrichtenaustausch

Im datenparallelen Programmiermodell, auf dem HPF basiert, stehen die gemeinsamen Datenstrukturen im Zentrum, die nach dem Ablauf des Algorithmus das Endresultat enthalten. Parallelverarbeitung wird dadurch möglich, daß verschiedene Prozessoren auf verschiedenen Teilen einer gemeinsamen Datenstruktur unabhängig voneinander arbeiten können.

Viele Anwendungsprobleme lassen sich jedoch nicht mit dem datenparallelen Programmiermodell behandeln. Manchmal ist es notwendig, das Modell des Funktionsparallelismus (*task parallelism*) zu verwenden, in dem die Lösung eines gegebenen Problems in eine Anzahl von kleineren, möglichst unabhängigen Teilaufgaben (*tasks*) aufgeteilt wird und Parallelismus durch die Zuordnung dieser Teilaufgaben zu verschiedenen Prozessen erzielt wird.

Um einen nach dem Modell des Funktionsparallelismus parallelisierten Algorithmus effizient auf die Hardware abzubilden und zu implementieren, wird üblicherweise expliziter Nachrichtenaustausch (*explicit message passing*) zwischen den einzelnen Prozessen verwendet. Bei dieser Kommunikationsmethode hat keiner der Prozesse direkten Zugriff auf die Daten eines anderen Prozesses. Um Daten zwischen verschiedenen Prozessen auszutauschen, ist es notwendig, diese explizit in Form einer „Nachricht" (*message*) zu versenden. Unter „Nachricht" ist in diesem Zusammenhang eine Datenstruktur, bestehend aus einer gewissen Anzahl von Bytes, zu verstehen. Bei jedem Nachrichtenaustausch ist im Normalfall einer der Prozesse der Sender, und es gibt einen oder mehrere Prozesse, die Empfänger sind. Sowohl Sender als auch Empfänger müssen spezielle Unterprogramme für das Senden bzw. für das Empfangen von Daten aufrufen. Es die Aufgabe des Programmierers, das Senden und Empfangen der Nachrichten zu organisieren und dadurch den für den korrekten Ablauf des Algorithmus notwendigen Datenaustausch zwischen den Prozessen zu gewährleisten.

Der Programmierer hat in diesem Modell sehr viele Möglichkeiten für die Steuerung des Parallelismus, was für das Erreichen hoher Leistungswerte wichtig sein kann. Außerdem zeichnet sich der resultierende Code üblicherweise durch hohe Portabilität aus, weil expliziter Nachrichtenaustausch nicht nur auf Parallelrechnern mit verteiltem Speicher, sondern auch auf Parallelrechnern mit gemeinsamem Speicher durchgeführt werden kann. Allerdings besteht der gravierende Nachteil des expliziten Nachrichtenaustausches darin, daß er eine sehr aufwendige, systemnahe Programmierung erfordert, die sehr fehleranfällig ist.

Die Anweisungen, die lokal auf einem Prozessor ausgeführt werden, können in einer der üblichen sequentiellen Programmiersprachen ausgedrückt werden. Für die Organisation des Nachrichtenaustausches zwischen Prozessoren stehen zwei wichtige, portable Unterprogrammbibliotheken zur Verfügung, die auf dem Sender-Empfänger-Modell beruhen.

7.1.1 Parallel Virtual Machine (PVM)

Das Konzept der *Parallel Virtual Machine* (*PVM*, Geist et al. [77]) ermöglicht es, unterschiedlichste Hardwareknoten zu einem (homogenen oder heterogenen) Rechnernetz zu verbinden. Auf jedem der einzubeziehenden Rechner wird ein spezieller Prozeß, der sogenannte *PVM-Dämon* gestartet, der die Kommunikationskanäle zu den anderen Rechnern einrichtet. Die Gesamtheit aller dieser Prozesse der beteiligten Rechner bildet die sogenannte *virtuelle Maschine*. Der Benutzer fügt in sein (sequentielles) Programm PVM-Aufrufe für das Starten und Ausführen von Prozessen sowie für die Kommunikation ein. PVM selbst wählt die am besten geeigneten Knoten (Rechner) der virtuellen Maschine für die Ausführung der einzelnen Prozesse und führt die erforderliche Kommunikation durch.

PVM ist mittlerweile ein relativ altes, aber weit verbreitetes System. Die wichtigsten Gründe für seine weite Verbreitung sind die Unterstützung heterogener Rechnernetze sowie die Verfügbarkeit verschiedenster Werkzeuge, die die Handhabung erleichtern. Ursprünglich war PVM nur für die Vernetzung von UNIX-Systemen und nur in Verbindung mit Fortran 77- oder C-Programmen verwendbar. Heutzutage ist es jedoch auch für die Vernetzung Windows-basierter Systeme und in Verbindung mit anderen Programmiersprachen verwendbar.

7.1 Expliziter Nachrichtenaustausch

Im folgenden sind einige der wichtigsten PVM-Aufrufe angeführt:

pvm_start_pvmd(...): Startet einen PVM-Dämon.

pvm_mytid(...): Integriert einen Prozeß in die virtuelle Maschine und liefert die Identifikationsnummer des aufrufenden Prozesses zurück.

pvm_exit(...): Scheidet einen Prozeß aus der virtuellen Maschine aus. Der Prozeß existiert jedoch als normaler Betriebssystemprozeß weiter.

pvm_spawn(...): Ermöglicht es, mehrere Prozesse zu starten, die automatisch in die virtuelle Maschine integriert werden.

pvm_kill(...): Scheidet einen Prozeß aus der virtuellen Maschine aus und beendet ihn auch.

pvm_parent(...): Liefert die Identifikationsnummer des Prozesses, der den aufrufenden Prozeß erzeugt hat bzw. eine bestimmte Konstante, wenn der aufrufende Prozeß nicht mittels **pvm_spawn** erzeugt wurde.

pvm_initsend(...): Leert den gegenwärtigen Sendepuffer des Prozesses, erzeugt einen neuen, und liefert eine Identifikationsnummer für den erzeugten Puffer zurück.

pvm_freebuf(...): Gibt einen Speicherbereich frei, der als Nachrichtenpuffer verwendet wurde und löst damit den Puffer auf.

pvm_pk*(...): Packt Daten verschiedener Typen in den aktiven Sendepuffer.

pvm_send(...): Versendet den aktiven Sendepuffer an einen anderen Prozeß.

pvm_recv(...): Empfängt eine Nachricht von einem anderen Prozeß. Die Nachricht wird in einem neu angelegten Empfangspuffer abgelegt und dessen Identifikationsnummer wird zurückgeliefert.

pvm_upk*(...): Entpackt Daten verschiedener Typen aus dem aktiven Empfangspuffer. Die Daten werden in derselben Reihenfolge entpackt, in der sie mit **pvm_pk*** verpackt wurden.

Auf der Web-site www.epm.ornl.gov/pvm/pvm_home.html sind aktuelle Informationen über PVM zu finden.

7.1.2 Message Passing Interface (MPI)

Das *Message Passing Interface* (*MPI*, Gropp et al. [86, 87]) ist eine *Spezifikation* von Schnittstellen verschiedener Bibliotheksunterprogramme zur Programmierung des expliziten Nachrichtenaustausches auf Mehrprozessorsystemen mit verteiltem Speicher. Ursprünglich hat sich MPI an PVM orientiert und dessen Funktionalität in vielen Bereichen verfeinert (Hempel [92]). Trotzdem ist es keine echte Erweiterung von PVM, und die beiden Konzepte sind nicht kompatibel.

Der erste Standard (MPI-1) wurde ab 1992 vom *Message Passing Interface Forum* (*MPIF*), bestehend aus Vertretern von mehr als vierzig Organisationen, ausgearbeitet und schließlich 1994 verabschiedet. 1997 wurde ein neuer Standard (MPI-2) verabschiedet. Wichtige Erweiterungen verglichen mit MPI-1 sind z. B. das dynamische Erzeugen von Prozessen, die einseitige Kommunikation, die parallele Ein- und Ausgabe, etc.

Wie im Fall von PVM waren für MPI ursprünglich nur Anbindungen an Fortran 77 und C vorgesehen. Mittlerweile gibt es jedoch verschiedenste MPI-Implementierungen, die auch von anderen Programmiersprachen aus verwendbar sind.

MPI unterstützt verschiedene Arten der Kommunikation: *point-to-point communication* erfolgt zwischen zwei bestimmten Prozessen, während *collective communication* innerhalb einer Gruppe von Prozessen erfolgt (z. B. *broadcasts*, *gather*- und *scatter*-Operationen, etc.). Die Konzepte der *Gruppen*, *Kontexte* und *Kommunikatoren* dienen dazu, Teilmengen von Prozessen bzw. die Kommunikation innerhalb dieser Teilmengen zu organisieren. Außerdem gibt es auch die Möglichkeit, verschiedene virtuelle Prozessortopologien zu definieren.

MPI enthält ca. 125 Funktionen. Wichtige Beispiele sind:

MPI_Init(...): Initialisiert MPI und spezifiziert Laufzeitargumente.

MPI_Send(...): *Blockierendes* Senden – sendet eine Nachricht an einen anderen Prozeß.

MPI_Recv(...): *Blockierendes* Empfangen – wartet auf das Eintreffen einer Nachricht.

MPI_Send_Init(...): Initiiert ein *nicht-blockierendes* Senden einer Nachricht.

MPI_Recv_Init(...): Initiiert ein *nicht-blockierendes* Empfangen einer Nachricht.

MPI_Start(...): Startet eine zuvor initiierte Sende-/Empfangsoperation.

MPI_Finalize(...): Schließt alle MPI-Operationen ordnungsgemäß ab (muß vor dem Programmende aufgerufen werden).

MPI_Group_*(...): Verschiedene Funktionen für Gruppenoperationen.

MPI_Comm_*(...): Verschiedene Funktionen für die Handhabung von Kommunikatoren (Erzeugen, Manipulieren, Zerstören, etc.).

MPI_Cart_*(...): Verschiedene Funktionen für das Erzeugen von Kommunikatoren, wobei eine cartesischer Topologie vorgegeben werden kann.

Aktuelle Informationen über MPI sind unter www.mpi-forum.org zu finden.

7.2 Programmierung speichergekoppelter Mehrprozessoren

7.2.1 OpenMP

OpenMP spezifiziert Erweiterungen von C und Fortran in Form von Compilerdirektiven, Bibliotheksroutinen und Umgebungsvariablen für die Programmierung speichergekoppelter Mehrprozessoren (siehe Abschnitt 1.4.3). Das Ziel ist es, *Programmportabilität* für speichergekoppelte Rechnersysteme zu erreichen (Dagum und Menon [32]). In diesem Sinne ergänzen einander OpenMP und MPI, wo ja ähnliche Zielsetzungen für Mehrprozessorsysteme mit verteiltem Speicher verfolgt werden (siehe Abschnitt 7.1.2).

Ähnlich wie im Fall von HPF ist es ein weiteres Ziel von OpenMP, die *inkrementelle* Parallelisierung von Programmen zu ermöglichen, d. h., die Parallelisierung durch direktes Einfügen von Direktiven in den (sequentiellen) Programmtext. Unter anderem wird die Parallelisierung von Schleifen, aber auch grobkörnigerer Parallelismus unterstützt.

Aktuelle Informationen über OpenMP sind unter www.openmp.org zu finden.

7.2.2 Thread-Pakete

Manche Standardbetriebssysteme besitzen bestimmte Erweiterungen, sogenannte *Thread-Pakete*, die Prozeßparallelismus unterstützen und es auf diese Weise ermöglichen, parallele Programme zu formulieren. Ein wichtiges Beispiel dafür ist die standardisierte UNIX-Erweiterung *POSIX Threads* (*PThreads*; ISO/IEC 9945-1:1996).

Die automatische Parallelisierung (durch C- oder Fortran-Compiler) auf symmetrischen Mehrprozessoren (von SGI, NEC, etc.) beruht auf der Verwendung von Threads.

7.2.3 SHMEM

Die SHMEM-Unterprogrammbibliothek (*shared memory access library*) wurde ursprünglich von Cray Research für die Programmierung der Cray T3D, eines speichergekoppelten Mehrprozessors (siehe Abschnitt 1.4.3), geschaffen. Sie kann allerdings auch auf der Cray T3E, einem Parallelrechner mit *verteiltem* Speicher (nachrichtengekoppelt, siehe Abschnitt 1.4.4), eingesetzt werden, weil *aktive Nachrichtenübertragung* (*active messaging*) unterstützt wird: Im Gegensatz zu PVM oder MPI (siehe Abschnitte 7.1.1 und 7.1.2), wo die Nachrichtenübertragung immer ein zweistufiger Prozeß ist (Unterprogrammaufruf durch den sendenden Prozeß, um die Nachricht zu versenden, zweiter Unterprogrammaufruf durch den empfangenden Prozeß, um die Nachricht zu empfangen), ist es auf der T3E mittels SHMEM möglich, daß ein Prozessor Daten *direkt* in den Speicher eines anderen Prozessors schreibt, ohne daß dieser in irgendeiner Weise in seiner Tätigkeit unterbrochen würde. Dies kann unter Umständen deutliche Leistungssteigerungen ermöglichen. Informationen über die SHMEM-Bibliothek und über deren Verwendung sind z. B. unter www.sdsc.edu/SDSCwire/v3.15/shmem_07_30_97.html zu finden.

SHMEM ist an und für sich nicht portabel und in seiner Verwendbarkeit sehr eingeschränkt, weil es nur auf Cray-Rechnern einsetzbar ist. Es gibt allerdings im Rahmen des *High Performance Virtual Machines*-Projektes (*HPVM*) eine kompatible Schnittstelle zu einem Großteil von SHMEM für PC-Cluster unter Windows NT (siehe www.fis.unipr.it/lca/tutorial/hpvm/hpvmdoc_toc.html).

7.3 Virtual Shared Memory

Als *virtueller gemeinsamer Speicher* (*virtual shared memory*, *VSM*) wird eine Menge von Datenobjekten bezeichnet, die von mehreren Prozessen eines parallelen Programms gemeinsam benutzt werden kann. Er ist „virtuell", weil keinerlei physisch gemeinsamer Speicher erforderlich ist, um ein VSM herzustellen.

Dieser Ansatz unterscheidet sich grundlegend vom in Abschnitt 7.1 besprochenen Prinzip des expliziten Nachrichtenaustausches. Beim expliziten Nachrichtenaustausch „gehört" jedes Datum einem bestimmten Prozeß. Falls es von einem anderen Prozeß benötigt wird, dann sind Aktionen sowohl vom übertragenden *als auch* vom empfangenden Prozeß erforderlich, um die Übertragung durchzuführen. Das Konzept des VSM dagegen versucht gleichsam, einen zwar nicht physisch, aber logisch gemeinsamen Speicher zu simulieren, über den verschiedene Prozesse kommunizieren und Daten auf sehr einfache Weise austauschen können. Der sendende und der empfangende Prozeß brauchen für den Nachrichtenaustausch nicht synchronisiert zu werden. Für den Benutzer ist nur der virtuelle gemeinsame Speicher sichtbar, und er braucht sich nicht um die Details der Realisierung desselben auf der Basis eines normalerweise physisch verteilten Speichers zu kümmern.

Ein VSM kann beispielsweise mit der „Koordinationssprache" *Linda*, die ursprünglich an der Yale Universität entwickelt wurde (siehe www.cs.yale.edu/Linda/linda.html oder www.sca.com/site/products/linda.html), realisiert werden. Jedes Fortran-, C- oder C++-Programm kann damit parallelisiert werden. Eine andere Programmierumgebung, *Paradise* (siehe www.sca.com/site/products/paradise.html), unterstützt das Erzeugen und Verwalten *mehrerer* VSMs, die von *mehreren* unabhängigen Anwendungen verwendet werden können.

7.4 Paralleles Programmieren mit Java

Die objektorientierte Programmiersprache *Java* (Gosling et al. [84]), ursprünglich für die Programmierung im Bereich des Internet verwendet, unterstützt auch paralleles Programmieren. Mit Hilfe der Klasse *Thread*, die vom System bereitgestellt wird, können Prozesse als Objekte erzeugt werden. Feinkörnige sowie grobkörnige Synchronisation von Prozessen, Blockieren eines Prozesses und auch das Signalisieren bestimmter Ereignisse sind möglich.

7.4 Paralleles Programmieren mit Java

Java war usprünglich keineswegs für das numerische Hochleistungsrechnen gedacht. Wegen seiner Plattform-Unabhängigkeit als Interpreter-Sprache konzipiert, kann Java nie die Effizienz von Compiler-Sprachen erreichen. Neben den längeren Laufzeiten auf Grund der interpretierten Quellprogramme gibt es auch Schwierigkeiten bei der Code-Optimierung, da in Java keine Information über das Layout der Daten im Speicher verfügbar ist. Obwohl in Java die erforderlichen Grundstrukturen für die Parallelprogrammierung vorhanden sind, ist noch nicht endgültig geklärt, ob und wie gut sich Java dafür eignet.

Anbindungen an MPI und PVM, aber auch Spracherweiterungen analog zu HPF werden untersucht.

Aktuelle Informationen über Java und dessen Verwendung im Hochleistungsrechnen sind unter **www.javagrande.org** zu finden.

Anhang A

HPF-Unterprogramme

Ebenso wie in Fortran gibt es auch in HPF zwei verschiedene Arten von Unterprogrammen: Vordefinierte Unterprogramme (*intrinsic procedures*)[1] und Bibliotheksunterprogramme (*library procedures*). Im folgenden wird ein kurzer Überblick über die neuen HPF-Unterprogramme gegeben. Details und die genauen Spezifikationen sind unter www.math.tuwien.ac.at/hpf_library zu finden.

A.1 Vordefinierte Unterprogramme

In HPF sind alle vordefinierten Unterprogramme von Fortran enthalten. Zusätzlich enthält es weitere Unterprogramme für grundlegende Operationen, die sich auf Grund der bisherigen Erfahrungen beim Entwurf von Algorithmen für Parallelrechner und bei deren Implementierung als wichtig erwiesen haben.

Die neuen vordefinierten Unterprogramme sind die *System-Abfragefunktionen (system inquiry intrinsic functions)* NUMBER_OF_PROCESSORS und PROCESSORS_SHAPE sowie das FUNCTION-Unterprogramm ILEN. Es berechnet die Anzahl der Bits, die benötigt werden, um einen INTEGER-Wert zu speichern.

Die System-Abfragefunktionen liefern Funktionswerte, die die zugrundeliegende Hardware eines Computersystems charakterisieren. Es wird die Prozessor-Konfiguration, d.h., die Anzahl und die Art der Anordnung der Prozessoren ermittelt. Diese Information bezieht sich auf die *physische* Maschine, nicht aber auf die Anordnung der *abstrakten* Prozessoren. Die Funktionswerte stehen also nicht in direktem Zusammenhang mit der in Abschnitt 5.3.2 besprochenen PROCESSORS-Anweisung.

NUMBER_OF_PROCESSORS liefert die Gesamtzahl der einem Programm zur Verfügung stehenden Prozessoren oder die Anzahl der Prozessoren, die dem Programm bezüglich einer bestimmten Dimension des physischen Prozessorfeldes zur Verfügung stehen. PROCESSORS_SHAPE liefert die Form der Anordnung der physischen Prozessoren.

Der Funktionswert beider System-Abfragefunktionen bleibt während der gesamten Laufzeit eines Programms gleich. Sie können daher in Vereinbarungsanweisungen verwendet werden. Insbesondere ist es angesichts der Zielsetzung einer maschinenunabhängigen Programmierung vorstellbar, daß ein HPF-Programm auf einer Maschine ablaufen soll, deren Konfiguration zur Übersetzungszeit noch nicht bekannt ist. Daher dürfen System-Abfragefunktionen nicht in Initialisierungsausdrücken vorkommen.

---

[1]Vordefinierte Unterprogramme sind Teil des Fortran-Systems und brauchen vom Programmierer nicht mehr definiert werden. Alle anderen Unterprogramme müssen entweder vom Benutzer definiert oder in anderer Form (z.B. durch Programmbibliotheken) bereitgestellt werden.

A.2 Bibliotheksunterprogramme

Die in HPF neu definierten Bibliotheksunterprogramme sind im Modul HPF_-LIBRARY enthalten und müssen in jeder Programmeinheit, in der sie verwendet werden, mit Hilfe einer USE-Anweisung (Überhuber und Meditz [160]) zur Verfügung gestellt werden.

A.2.1 Unterprogramme zur Abfrage der Datenabbildung

Mit den Unterprogrammen HPF_ALIGNMENT, HPF_TEMPLATE und HPF_-DISTRIBUTION kann während der Laufzeit eines HPF-Programms die aktuelle Zuordnung von Feldelementen zu abstrakten Prozessoren bestimmt werden, die durch die in Abschnitt 5.3 besprochenen Anweisungen zur Datenabbildung gesteuert werden kann. Die genaue Kenntnis dieser Zuordnung ist z. B. für den Aufruf von EXTRINSIC-Unterprogrammen (siehe Abschnitt 5.6) wichtig.

A.2.2 Bit-Manipulationsfunktionen

HPF definiert drei neue elementare Bit-Manipulationsfunktionen: LEADZ gibt die Anzahl der führenden Null-Bits in der Binär-Darstellung eines INTEGER-Wertes an, POPCNT zählt die Anzahl der gesetzten Bits[2] einer INTEGER-Zahl und POPPAR berechnet die Parität einer INTEGER-Zahl.

A.2.3 Feld-Sortierfunktionen

HPF stellt zwei Funktionen zur Verfügung, die mehrdimensionale Felder entweder aufsteigend (GRADE_UP) oder absteigend (GRADE_DOWN) sortieren. Ist der optionale Parameter DIM nicht angegeben, dann ist das Ergebnis eine Permutation der Indizes aller Elemente des Feldes, so daß die entsprechenden Werte der Größe nach sortiert sind (dabei wird das Feld über die übliche Feldelementreihenfolge als eindimensionales Feld gesehen – siehe Abschnitt 4.2.1). Ansonsten werden die Elemente jeweils entlang der durch den Parameter DIM angegebenen Dimension sortiert.

A.2.4 Feld-Reduktionsfunktionen

Die von HPF zusätzlich zur Verfügung gestellten Funktionen IALL, IANY, IPARITY und PARITY operieren analog zu den vordefinierten Fortran FUNCTION-Unterprogrammen SUM und ANY. Die neuen Funktionen korrespondieren mit den kommutativen und assoziativen binären Operationen IAND, IOR, IEOR bzw. .NEQV..

Wird in den folgenden Unterprogrammbeschreibungen der Ausdruck „XXX-Reduktion" verwendet, so steht XXX für eine der oben genannten binären Operationen und es ist folgendes gemeint: Die Operation XXX soll der Reihe nach

---
[2]Ein Bit mit dem Wert 1 wird als *gesetzt* bezeichnet.

zunächst auf die ersten beiden Elemente des Operanden (bitweise) angewendet werden, dann auf das Ergebnis zusammen mit dem dritten Element des Operanden, dann auf dieses Ergebnis zusammen mit dem vierten Element des Operanden, u.s.w.

Sei z. B. A = (/ 13, 8, 3, 2 /), dann liefert die IEOR-Reduktion aller Elemente von A das Ergebnis IEOR(A) = IEOR(IEOR(IEOR(13,8),3),2) = 4.

A.2.5 Streufunktionen für die Kombination von Feldern

Streu-Operationen (*scatter operations*) sind verallgemeinerte Reduktions-Operationen, die dazu dienen, Teilmengen von Feldelemente miteinander zu verknüpfen. Zu jeder der zwölf Reduktions-Funktionen von HPF gibt es eine entsprechende Streufunktion.

Die syntaktische Form aller dieser FUNCTION-Unterprogramme ist gleich:

XXX_SCATTER(ARRAY, BASE, INDX1,...,INDXn [, MASK])

Streufunktionen setzen sich also aus zwei Operationen zusammen. Die Bezeichnung „XXX_SCATTER" soll andeuten, daß zuerst mit Hilfe der Streu-Operation festgelegt wird, welche Teilmenge von ARRAY an der Operation beteiligt ist. XXX ist durch eine der 12 Reduktionsoperationen (ALL, ANY, COPY, COUNT, IALL, IANY, IPARITY, MAXVAL, MINVAL, PARITY, PRODUCT oder SUM) zu ersetzen, die angibt, auf welche Art und Weise die Elemente dieser Teilmenge miteinander verknüpft werden sollen.

Die Anzahl der INDX-Argumente muß gleich der Anzahl der Dimensionen von BASE sein.

ARRAY und BASE sind – außer für COUNT_SCATTER – Felder vom selben Typ. Für COUNT_SCATTER ist ARRAY vom Typ LOGICAL und BASE vom Typ INTEGER.

Das Argument MASK ist von Typ LOGICAL, und die INDX-Felder sind vom Typ INTEGER.

ARRAY, MASK und alle INDX-Felder müssen konform sein.

Für ALL_SCATTER, ANY_SCATTER, COUNT_SCATTER und PARITY_-SCATTER muß ARRAY vom Typ LOGICAL sein. Diese Unterprogramme haben keinen optionalen Parameter MASK. Um mit der Schreibweise der Fortran Norm [61] übereinzustimmen, wird in den späteren Beschreibungen dieser Unterprogramme für den Parameter ARRAY die Bezeichnung MASK verwendet.

Das Ergebnis der Unterprogramme hat denselben Typ, Typparameter und dieselbe Form wie BASE.

A.2 Bibliotheksunterprogramme

Die Auswahl der an der Reduktionsoperation beteiligten Feldelemente

Jedes Element von BASE definiert ein Element des Ergebnisses auf folgende Art und Weise: Betrachtet wird zunächst ein Element a von ARRAY. Da ARRAY und die Felder INDXi die gleiche Form haben, besitzt jedes Feld INDXi, $i = 1, \ldots, n$ (n sei die Anzahl der Dimensionen von BASE), ein Element s_i mit denselben Indizes wie a. Die auf diese Weise festgelegten n INTEGER-Zahlen $s_1, s_2, \ldots, s_n$ können nun als Indizes eines Elementes von BASE interpretiert werden: BASE$(s_1, s_2, \ldots, s_n)$. Das heißt also, daß durch die INDX-Felder eine Abbildung von ARRAY auf BASE definiert ist. Umgekehrt betrachtet, kann jedem Element b von BASE durch alle möglichen Positionen in den INDX-Feldern, deren Werte den Index von b ergeben, eine Teilmenge S der Elemente von ARRAY zugeordnet werden. Es können zwei Fälle auftreten:

Fall 1: S ist leer. Dann wird dem Element des Ergebnisfeldes, das dieselbe Position wie b hat, der Wert von b zugewiesen.

Fall 2: S ist nicht leer. Dann wird der Wert des Elementes des Ergebnisfeldes mit derselben Position wie b aus b und den Elementen von S mit der jeweiligen Reduktionsfunktion XXX berechnet. Wenn S die Elemente $a_1, a_2, \ldots, a_m$ enthält, dann wird beispielsweise bei SUM_SCATTER das dem Element b von BASE entsprechende Ergebnis durch SUM$((/a_1, \ldots, a_m, b/))$ berechnet.

Falls der optionale Parameter MASK angegeben ist, werden nur die Elemente von ARRAY und der INDX-Felder betrachtet, deren entsprechendes Element von MASK .TRUE. ist. Alle anderen Elemente haben keinen Einfluß auf das Ergebnis.

Beispiel

a sei das Feld $\begin{bmatrix} 1 & 2 & 3 \\ 4 & 5 & 6 \\ 7 & 8 & 9 \end{bmatrix}$; b sei das Feld $\begin{bmatrix} -1 & -2 & -3 \\ -4 & -5 & -6 \\ -7 & -8 & -9 \end{bmatrix}$;

i1 sei das Feld $\begin{bmatrix} 1 & 1 & 1 \\ 2 & 1 & 1 \\ 3 & 2 & 1 \end{bmatrix}$; i2 sei das Feld $\begin{bmatrix} 1 & 2 & 3 \\ 1 & 1 & 2 \\ 1 & 1 & 1 \end{bmatrix}$.

Dann ist

SUM_SCATTER(a, b, i1, i2) gleich $\begin{bmatrix} 14 & 6 & 0 \\ 8 & -5 & -6 \\ 0 & -8 & -9 \end{bmatrix}$;

Es wird z. B. der Wert des Elementes in der 2. Zeile und 1. Spalte folgendermaßen berechnet: Man sucht die Stellen der Indexmatrizen i1 und i2, wo in i1 der Wert 2 und an der gleichen Stelle von i2 der Wert 1 steht. Das sind die Stellen (2,1) und (3,2). Nun nimmt man die Elemente von a an diesen beiden Stellen, addiert sie zu dem Wert von b an der Stelle (2,1) und erhält so den Wert des Ergebnisses an der Stelle (2,1): SUM$((/4, 8, -4/))$ ergibt 8.

Da ein Skalar zu jedem Feld konform ist, kann anstatt eines INDX-Feldes ein Skalar verwendet werden. Folglich ist

$$\text{SUM\_SCATTER(a, b, 2, i2) gleich} \begin{bmatrix} -1 & -2 & -3 \\ 30 & 3 & -3 \\ -7 & -8 & -9 \end{bmatrix};$$

$$\text{SUM\_SCATTER(a, b, i1, 2) gleich} \begin{bmatrix} -1 & 24 & -3 \\ -4 & 7 & -6 \\ -7 & -1 & -9 \end{bmatrix};$$

$$\text{SUM\_SCATTER(a, b, 2, 2) gleich} \begin{bmatrix} -1 & -2 & -3 \\ -4 & 40 & -6 \\ -7 & -8 & -9 \end{bmatrix}.$$

Sei nun a das Feld [10 20 30 40 −10], b das Feld [1 2 3 4] und ind das Feld [3 2 2 1 1]. Dann ist

SUM_SCATTER(a, b, ind, MASK=(a > 0)) gleich [41 52 13 4].

A.2.6 Präfix- und Suffix-Feldfunktionen

Alle Präfix- und Suffix-Funktionen sind *Scan*-Operationen, die sich jeweils aus mehreren Reduktionsoperationen zusammensetzen. Eine *Präfix*-Scan-Operation berechnet das erste Element des Ergebnisfeldes als Funktion des ersten Elementes des Eingangsfeldes, das zweite Element des Ergebnisfeldes als Funktion der ersten beiden Elemente des Eingangsfeldes, ... − allgemein formuliert: das k-te Element des Ergebnisfeldes wird als Funktion der ersten k Elemente des Eingangsfeldes berechnet. Analog hängt bei einer *Suffix*-Scan-Operation das k-te Element des Ergebnisfeldes von den letzten $m − k + 1$ Elementen des Eingangsfeldes ab, falls das Feld insgesamt m Elemente hat und $1 \leq k \leq m$ ist (siehe Abbildung A.1).

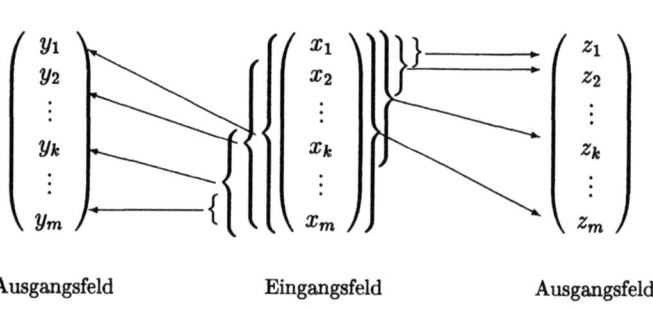

Abb. A.1: Scan-Operationen mit einem Vektor

Alle Scan-Funktionen haben die syntaktische Form

    XXX_PREFIX(ARRAY[,DIM][,MASK][,SEGMENT][,EXCLUSIVE])
    XXX_SUFFIX(ARRAY[,DIM][,MASK][,SEGMENT][,EXCLUSIVE]),

A.2 Bibliotheksunterprogramme

wobei XXX jeweils durch eine der folgenden Operationen zu ersetzen ist: ALL, ANY, COPY, COUNT, IALL, IANY, IPARITY, MAXVAL, MINVAL, PARITY, PRODUCT oder SUM.

Wenn in den folgenden Beschreibungen eine Aussage sowohl für Präfix- als auch für Suffix-Operationen zutrifft, so wird allgemein nur von „YYYFIX-Funktionen" gesprochen.

Die hier besprochenen XXX_YYYFIX-Funktionen setzen sich ebenso wie die XXX_SCATTER-Funktionen aus Abschnitt A.2.5 aus jeweils zwei Operationen zusammen. Durch Verwendung einer PREFIX- bzw. einer SUFFIX-Funktion bzw. durch optionale Parameter wird für jedes Element des Ergebnisfeldes bestimmt, mit welchen Elementen des Eingangsfeldes ARRAY es berechnet wird. Die Funktion XXX gibt an, auf welche Art und Weise das Ergebnis mit diesen Elementen berechnet wird.

Die Parameter DIM, MASK, SEGMENT und EXCLUSIVE sind optional. Die COPY_YYYFIX-Operationen haben weder den Parameter MASK noch den Parameter EXCLUSIVE. Bei den FUNCTION-Unterprogrammen ALL_YYYFIX, ANY_YYYFIX, COUNT_YYYFIX und PARITY_YYYFIX fehlt der Parameter MASK. Da jedoch bei diesen Funktionen der Parameter ARRAY vom Typ LOGICAL ist, wird er in den folgenden Unterprogrammbeschreibungen MASK genannt.

Die Parameter MASK und SEGMENT sind vom Typ LOGICAL und haben die gleiche Form wie ARRAY. EXCLUSIVE ist ein Skalar vom Typ LOGICAL und DIM ist ein INTEGER-Skalar, der Werte zwischen 1 und n annehmen kann (n bezeichnet die Anzahl der Dimensionen von ARRAY).

Das Ergebnisfeld hat dieselbe Form wie ARRAY und – mit Ausnahme von COUNT_YYYFIX – auch denselben Typ und Typparameter. Das Ergebnis von COUNT_YYYFIX ist in jedem Fall vom Typ INTEGER.

Die Auswahl der Elemente des Eingangsfeldes

Es werde ein Element r des Ergebnisfeldes betrachtet und das Element des Eingangsfeldes ARRAY mit derselben Position mit a bezeichnet. Grundsätzlich gilt, daß jedes Element von ARRAY zur Berechnung von r beiträgt, es sei denn, es wird durch eine der folgenden Regeln ausgeschlossen:

- Bei einer XXX_PREFIX-Funktion werden alle Elemente, die im Sinne der Feldelementreihenfolge *nach* a stehen für die Berechnung von r außer acht gelassen, während bei einer XXX_SUFFIX-Funktion alle Elemente, die *vor* a stehen, nicht berücksichtigt werden.

Beispiel (XXX_YYYFIX(ARRAY)) Ist ARRAY ein eindimensionales Feld, so wird das i-te Element des Ergebnisses von XXX_PREFIX(ARRAY) durch die ersten i Elemente von ARRAY bestimmt bzw. das (SIZE(ARRAY)-i+1)-te Element des Ergebnisses von XXX_SUFFIX(ARRAY) hängt nur von den letzten i Elementen von ARRAY ab.
Ist ARRAY ein mehrdimensionales Feld, dann wird jedes Element des Ergebnisses von XXX_PREFIX(ARRAY) aus dem entsprechenden Element a von ARRAY und allen Elementen von ARRAY, die gemäß der Feldelementordnung vor a stehen, berechnet. Bei

XXX_SUFFIX(ARRAY) hängt jedes Element des Ergebnisses vom entsprechenden Element a und den gemäß der Feldelementreihenfolge folgenden ARRAY-Elementen ab.

- Ist der Parameter DIM angegeben, so tragen höchstens diejenigen Elemente von ARRAY zur Berechnung von r bei, deren Indizes sich vom Index von a nur in der Dimension DIM unterscheiden. Fehlt DIM, so werden MASK, ARRAY und SEGMENT praktisch wie eindimensionale Felder verarbeitet, indem die Elemente in der Feldelementreihenfolge (vergleiche Kapitel 4) betrachtet werden.

  Beispiel (XXX_YYYFIX(ARRAY, DIM = d)) Jedes Ergebniselement hängt vom entsprechenden Element von ARRAY und von den diesem Element entlang der Dimension d vorangehenden Elementen von ARRAY ab. So ist zum Beispiel das Ergebniselement (i_1, i_2) von SUM_PREFIX(A(1:N,1:N), DIM=2) gleich SUM(A($i_1, 1 : i_2$)).

- Ist der Parameter MASK angegeben, so kann ein Element z von ARRAY höchstens dann zur Berechnung von r beitragen, wenn das dem Element z entsprechende Element von MASK .TRUE. ist. Daraus folgt, daß alle Elemente von ARRAY, deren entsprechendes Element von MASK .FALSE. ist, nichts zum Ergebnis beitragen können. Falls kein in Frage kommendes Element von MASK .TRUE. ist, ist das Ergebnisfeld trotzdem an allen Positionen definiert (es wird auf einen von der konkreten Funktion abhängigen vordefinierten Wert gesetzt).

  Beispiel (XXX_YYYFIX(ARRAY, MASK = M)) Jedes Element r des Ergebnisses von XXX_PREFIX(ARRAY, MASK = M) hängt höchstens vom entsprechenden Element a von ARRAY und von den Elementen davor ab, es muß allerdings jeweils das entsprechende Element von MASK .TRUE. sein.

- Ist der Parameter EXCLUSIVE auf den Wert .TRUE. gesetzt, dann wird a selbst nicht bei der Berechnung von r berücksichtigt.

  Beispiel (XXX_YYYFIX(ARRAY, EXCLUSIVE=.TRUE.)) Falls ARRAY ein eindimensionales Feld ist, wird das i-te Ergebniselement von XXX_PREFIX(ARRAY, EXCLUSIVE=.TRUE.) mit Hilfe der ersten $i - 1$ Elemente von ARRAY berechnet.

- Ist der Parameter SEGMENT angegeben, so teilt er ARRAY in mehrere Abschnitte. Betrachtet man die Elemente von ARRAY der Reihe nach (in der Feldelementreihenfolge), so beginnt ein neuer Abschnitt, sobald das entsprechende Element von SEGMENT einen anderen Wert annimmt als sein Vorgänger, d. h., entweder von .TRUE. auf .FALSE. oder umgekehrt wechselt.

Ein Beispiel für eine Unterteilung in fünf Segmente:

```
(/.TRUE.,.TRUE.,.TRUE.,.FALSE.,.TRUE.,.FALSE.,.FALSE.,.TRUE./)
|------------------|-------|------|---------------|------|
```

A.2 Bibliotheksunterprogramme

Ein Element z von ARRAY kann zum Ergebniselement r nur dann beitragen, wenn die dem Element z und dem Element a in SEGMENT entsprechenden Elemente durch eine durchgehende Kette gleicher Werte verbunden sind, d. h., a und z zum selben Segment gehören.

Beispiel An Hand der Funktion SUM_PREFIX werden nun die verschiedenen Kombinationsmöglichkeiten der optionalen Parameter demonstriert.

Fall 1: SUM_PREFIX((/1, 3, 5, 7/)) ist [1 4 9 16].

Fall 2:

a sei das Feld $\begin{bmatrix} 1 & 2 & 3 \\ 4 & 5 & 6 \\ 7 & 8 & 9 \end{bmatrix}$, dann ist

$$\text{SUM\_PREFIX(a)} \quad \text{gleich} \quad \begin{bmatrix} 1 & 14 & 30 \\ 5 & 19 & 36 \\ 12 & 27 & 45 \end{bmatrix}.$$

Fall 3: Ist b = [3 5 -2 -1 7 4 8], dann ist

SUM_PREFIX(b, MASK = b .LT. 6) gleich [3 8 6 5 5 9 9].

Fall 4: c sei das Feld $\begin{bmatrix} 1 & 2 & 3 \\ 4 & 5 & 6 \\ 7 & 8 & 9 \end{bmatrix}$,

dann ist

$$\text{SUM\_PREFIX(c, DIM = 1)} \quad \text{gleich} \quad \begin{bmatrix} 1 & 2 & 3 \\ 5 & 7 & 9 \\ 12 & 15 & 18 \end{bmatrix} \quad \text{und}$$

$$\text{SUM\_PREFIX(c, DIM = 2)} \quad \text{gleich} \quad \begin{bmatrix} 1 & 3 & 6 \\ 4 & 9 & 15 \\ 7 & 15 & 24 \end{bmatrix}.$$

Fall 5: SUM_PREFIX((/1, 5, 7, 8/), EXCLUSIVE = .TRUE.) ist [0 1 6 13].

Fall 6: Sei im folgenden

$$b = \begin{bmatrix} 1 & 2 & 3 & 4 & 5 \\ 6 & 7 & 8 & 9 & 10 \\ 11 & 12 & 13 & 14 & 15 \end{bmatrix},$$

$$m = \begin{bmatrix} .\text{TRUE.} & .\text{TRUE.} & .\text{TRUE.} & .\text{TRUE.} & .\text{TRUE.} \\ .\text{FALSE.} & .\text{FALSE.} & .\text{TRUE.} & .\text{TRUE.} & .\text{TRUE.} \\ .\text{TRUE.} & .\text{FALSE.} & .\text{TRUE.} & .\text{FALSE.} & .\text{FALSE.} \end{bmatrix} \quad \text{und}$$

$$s = \begin{bmatrix} .\text{TRUE.} & .\text{TRUE.} & .\text{FALSE.} & .\text{FALSE.} & .\text{FALSE.} \\ .\text{FALSE.} & .\text{TRUE.} & .\text{TRUE.} & .\text{FALSE.} & .\text{FALSE.} \\ .\text{TRUE.} & .\text{TRUE.} & .\text{TRUE.} & .\text{TRUE.} & .\text{TRUE.} \end{bmatrix}, \quad \text{dann ist:}$$

SUM_PREFIX(b, DIM = 2, MASK = m, SEGMENT = s, EXCLUSIVE = .TRUE.) gleich

$$\begin{bmatrix} 0 & 1 & 0 & 3 & 7 \\ 0 & 0 & 0 & 0 & 9 \\ 0 & 11 & 11 & 24 & 24 \end{bmatrix},$$

SUM_PREFIX(b, DIM = 2, MASK = m, SEGMENT = s, EXCLUSIVE = .FALSE.) gleich

$$\begin{bmatrix} 1 & 3 & 3 & 7 & 12 \\ 0 & 0 & 8 & 9 & 19 \\ 11 & 11 & 24 & 24 & 24 \end{bmatrix},$$

SUM_PREFIX(b, DIM = 2, MASK = m, EXCLUSIVE = .TRUE.) gleich

$$\begin{bmatrix} 0 & 1 & 3 & 6 & 10 \\ 0 & 0 & 0 & 8 & 17 \\ 0 & 11 & 11 & 24 & 24 \end{bmatrix},$$

SUM_PREFIX(b, DIM = 2, MASK = m, EXCLUSIVE = .FALSE.) gleich

$$\begin{bmatrix} 1 & 3 & 6 & 10 & 15 \\ 0 & 0 & 8 & 17 & 27 \\ 11 & 11 & 24 & 24 & 24 \end{bmatrix},$$

SUM_PREFIX(b, DIM = 2, SEGMENT = s, EXCLUSIVE = .TRUE.) gleich

$$\begin{bmatrix} 0 & 1 & 0 & 3 & 7 \\ 0 & 0 & 7 & 0 & 9 \\ 0 & 11 & 23 & 36 & 50 \end{bmatrix},$$

SUM_PREFIX(b, DIM = 2, SEGMENT = s, EXCLUSIVE = .FALSE.) gleich

$$\begin{bmatrix} 1 & 3 & 3 & 7 & 12 \\ 6 & 7 & 15 & 9 & 19 \\ 11 & 23 & 36 & 50 & 65 \end{bmatrix},$$

SUM_PREFIX(b, DIM = 2, EXCLUSIVE = .FALSE.) gleich

$$\begin{bmatrix} 1 & 3 & 6 & 10 & 15 \\ 6 & 13 & 21 & 30 & 40 \\ 11 & 23 & 36 & 50 & 65 \end{bmatrix},$$

SUM_PREFIX(b, MASK = m, SEGMENT = s, EXCLUSIVE = .TRUE.) gleich

$$\begin{bmatrix} 0 & 11 & 0 & 0 & 0 \\ 0 & 11 & 0 & 4 & 5 \\ 0 & 11 & 8 & 0 & 0 \end{bmatrix},$$

SUM_PREFIX(b, MASK = m, SEGMENT = s, EXCLUSIVE = .FALSE.) gleich

$$\begin{bmatrix} 1 & 13 & 3 & 4 & 5 \\ 0 & 13 & 8 & 13 & 15 \\ 11 & 13 & 21 & 0 & 0 \end{bmatrix},$$

SUM_PREFIX(b, MASK = m, EXCLUSIVE = .TRUE.) gleich

$$\begin{bmatrix} 0 & 12 & 14 & 38 & 51 \\ 1 & 14 & 17 & 42 & 56 \\ 1 & 14 & 25 & 51 & 66 \end{bmatrix},$$

SUM_PREFIX(b, SEGMENT = s, EXCLUSIVE = .FALSE.) gleich

$$\begin{bmatrix} 1 & 13 & 3 & 4 & 5 \\ 6 & 20 & 8 & 13 & 15 \\ 11 & 32 & 21 & 14 & 15 \end{bmatrix},$$

A.2 Bibliotheksunterprogramme

SUM_PREFIX(b, EXCLUSIVE = .TRUE.) gleich

$$\begin{bmatrix} 0 & 18 & 39 & 63 & 90 \\ 1 & 20 & 42 & 67 & 95 \\ 7 & 27 & 50 & 76 & 105 \end{bmatrix},$$

SUM_PREFIX(b, EXCLUSIVE = .FALSE.) gleich

$$\begin{bmatrix} 1 & 20 & 42 & 67 & 95 \\ 7 & 27 & 50 & 76 & 105 \\ 18 & 39 & 63 & 90 & 120 \end{bmatrix}.$$

Literatur

[1] J.C. Adams, W.S. Brainerd, J.T. Martin, B.T. Smith, J.L. Wagener: *Fortran 95 Handbook.* The MIT Press, Cambridge, MA, 1997.

[2] C.A. Addison, J. Allwright, N. Binsted, N. Bishop, B. Carpenter, P. Dalloz, D. Gee, V. Getov, T. Hey, R.W. Hockney, M. Lemke, J.H. Merlin, M. Pinches, C. Scott, I.C. Wolton: *The GENESIS Distributed-Memory Benchmarks. Part 1: Methodology and General Relativity Benchmark with Results for the SUPRENUM Computer.* Concurrency 5 (1993), pp. 1–22.

[3] C.A. Addison, V.S. Getov, A.J.G. Hey, R.W. Hockney, I.C. Wolton: *The GENESIS Distributed-Memory Benchmarks.* In *Computer Benchmarks* (J.J. Dongara, W. Gentzsch, eds.), Elsevier Science Publications, BV (North Holland), Amsterdam, 1991, pp. 257–271.

[4] A. Agarwal: *Performance Tradeoffs in Multithreaded Processors.* IEEE Trans. Parallel Distrib. Comput. 3 (1992), pp. 525–539.

[5] G.S. Almasi, A. Gottlieb: *Highly Parallel Computing*, 2nd edn. Benjamin/Cummings Publ., Redwood City, CA, 1994.

[6] E. Anderson, Z. Bai, C.H. Bischof, S. Blackford, J.W. Demmel, J.J. Dongarra, J. Du Croz, A. Greenbaum, S. Hammarling, A. McKenney, D.C. Sorensen: LAPACK *Users' Guide*, 3rd edn. SIAM Press, Philadelphia, PA, 1999.

[7] F. André, M. Le Fur, Y. Maheo, J.L. Pazat: *The Pandore Data-Parallel Compiler and its Portable Runtime.* In *High-Performance Computing and Networking, International Conference and Exhibition*, Springer-Verlag, Berlin Heidelberg New York Tokyo, 1995, pp. 176–183.

[8] M. Auer, R. Benedik, F. Franchetti, H. Karner, P. Kristöfel, R. Schachinger, A. Slateff, C. Überhuber: *Performance Evaluation of FFT Routines – Machine Independent Serial Programs.* Technical Report AURORA TR1999-05, Technische Universität Wien, 1999.
www.vcpc.univie.ac.at/aurora/publications/

[9] M. Auer, F. Franchetti, H. Karner, C. Überhuber: *Performance Evaluation of FTT Algorithms Using Performance Counters.* Technical Report AURORA TR1998-20, Technische Universität Wien, 1998.
www.vcpc.univie.ac.at/aurora/publications/

[10] D.H. Bailey: *Extra High Speed Matrix Multiplication on the Cray-2.* SIAM J. Sci. Comput. 9 (1988), pp. 603–607.

[11] R. Barrett, M. Berry, T. Chan, J.W. Demmel, J. Donato, J.J. Dongarra, V. Eijkhout, R. Pozo, C.H. Romine, H.A. van der Vorst: *Templates for the Solution of Linear Systems: Building Blocks for Iterative Methods.* SIAM Press, Philadelphia, PA, 1993.

[12] G. Bell: *The Future of High Performance Computers in Science and Engineering.* Comm. ACM 32 (1989), pp. 1091–1101.

[13] A. J. Bernstein: *Analysis of Programs for Parallel Processing.* IEEE Trans. Comput. 15 (1966), pp. 757–762.

[14] J. Bilmes, K. Asanovic, C. W. Chin, J. W. Demmel: *Optimizing Matrix Multiply using PHIPAC: a Portable, High-Performance, ANSI C Coding Methodology.* In Proceedings of the International Conference on Supercomputing, ACM, Vienna, Austria, 1997, pp. 340–347. Also LAPACK Working Note 111.

[15] L. S. Blackford, J. Choi, A. Cleary, E. D'Azevedo, J. W. Demmel, I. Dhillon, J. J. Dongarra, S. Hammarling, G. Henry, A. Petitet, K. Stanley, D. Walker, R. C. Whaley: SCALAPACK *Users' Guide.* SIAM Press, Philadelphia, PA, 1997.

[16] L. S. Blackford, J. J. Dongarra, C. A. Papadopoulos, R. C. Whaley: *Installation Guide and Design of the HPF 1.1 Interface to* SCALAPACK*, SLHPF.* LAPACK Working Note 137, University of Tennessee, Knoxville, TN, 1998.

[17] G. E. Blelloch: *Vector Models for Data-Parallel Computing.* The MIT Press, Cambridge, MA, 1990.

[18] A. Bode: *Architektur von RISC-Rechnern.* In Bode [19], pp. 37–79.

[19] A. Bode (ed.): *RISC-Architekturen*, 2nd edn. B.I.-Wissenschaftsverlag, Mannheim Wien Zürich, 1990.

[20] R. G. Born, J. R. Kenevan: *Theoretical Performance-Based Cost-Effectiveness of Multicomputers.* Comput. J. 35 (1992), pp. 62–70.

[21] Z. Bozkus, L. F. Meadows, S. Nakamoto, V. Schuster, M. Young: *PGHPF – An Optimizing HPF Compiler for Distributed Memory Machines.* Scientific Programming 6 (1997), pp. 29–40.

[22] L. Cannon: *A Cellular Computer to Implement the Kalman Filter Algorithm.* Phd thesis, Montana State University, Bozeman, MT, 1969.

[23] E. A. Carmona, M. D. Rice: *Modeling the Serial and Parallel Fractions of a Parallel Algorithm.* J. Parallel Distr. Comput. 13 (1991), pp. 286–298.

[24] B. M. Chapman, P. Mehrotra, H. P. Zima: *Programming in Vienna Fortran.* Scientific Programming 1 (1992), pp. 31–50.

[25] B. M. Chapman, P. Mehrotra, H. P. Zima: *Vienna Fortran and the Path towards a Standard Parallel Language.* IEICE Transactions on Information and Systems E80-D (1997), pp. 409–416.

[26] P. M. Chen, D. A. Patterson: *A New Approach to I/O Performance Evaluation – Self-Scaling I/O Benchmarks, Predicted I/O Performance.* Performance Eval. Rev. 21 (1993), pp. 1–12.

[27] F. Coelho, C. Ancourt: *Optimal Compilation of HPF Remappings.* Journal of Parallel and Distributed Computing 38 (1996), pp. 229–236.

[28] T. M. Conte, W. W. Hwu: *Benchmark Characterization.* Computer 24 (1991), pp. 48–56.

[29] M. Counihan: *Fortran 95: Including Fortran 90, Details of HPF, and the Fortran Module for Variable-Length Character Strings.* UCL Press, London, 1996.

[30] H. J. Curnow: *Whither Whetstone? The Synthetic Benchmark After 15 Years.* In van der Steen [162], pp. 260–266.

[31] H. J. Curnow, B. A. Wichmann: *A Synthetic Benchmark.* Comput. J. 19 (1976), pp. 43–49.
www.netlib.org/benchmark/whetstonec oder
www.netlib.org/benchmark/whetstoned

[32] L. Dagum, R. Menon: *OpenMP: An Industry-Standard API for Shared-Memory Programming.* IEEE Computational Science and Engineering 5 (1998), pp. 46–55.

[33] W. J. Dally: *Performance Analysis of k-ary n-cube Interconnection Networks.* IEEE Trans. Comput. 39 (1990), pp. 775–785.

[34] DEC HPF: *DECmpp 12000 Sx – High Performance Fortran Reference Manual.* Digital Equipment Corporation, Maynard, MA, 1993.

[35] J. W. Demmel: *Applied Numerical Linear Algebra.* SIAM Press, Philadelphia, PA, 1997.

[36] J. W. Demmel, M. T. Heath, H. A. van der Vorst: *Parallel Numerical Linear Algebra.* Acta Numerica (1993), pp. 1–88.

[37] Digital Equipment Corp. : PFM *The 21064 Performance Counter Pseudo-Device.* DEC OSF/1 Manual pages, 1995.

[38] K. M. Dixit: *The SPEC Benchmarks.* Parallel Comput. 17 (1991), pp. 1195–1209.

[39] K. M. Dixit: *New CPU Benchmark Suites from SPEC.* In *Digest of Papers. COMPCON Spring 1992. Thirty-Seventh IEEE Computer Society International Conference,* IEEE Computer Society Press, Los Alamitos, CA, 1992, pp. 305–310.

[40] J. J. Dongarra: *The* LINPACK *Benchmark: An Explanation.* In van der Steen [162], pp. 1–21.

[41] J. J. Dongarra: *Performance of Various Computers Using Standard Linear Equations Software.* Technical Report CS-89-85, Computer Science Department, University of Tennessee, Knoxville, TN, 2000.
www.netlib.org/benchmark/performance.ps

[42] J. J. Dongarra, J. R. Bunch, C. B. Moler, G. W. Stewart: LINPACK *Users' Guide.* SIAM Press, Philadelphia, PA, 1979.

[43] J. J. Dongarra, J. Du Croz, I. S. Duff, S. Hammarling: *A Set of Level 3 Basic Linear Algebra Subprograms.* ACM Trans. Math. Softw. 16 (1990), pp. 1–17, 18–28.

[44] J. J. Dongarra, J. Du Croz, S. Hammarling, R. J. Hanson: *An Extended Set of Basic Linear Algebra Subprograms*. ACM Trans. Math. Software 14 (1988), pp. 18–32.

[45] J. J. Dongarra, I. S. Duff, D. C. Sorensen, H. A. van der Vorst: *Solving Linear Systems on Vector and Shared Memory Computers*. SIAM Press, Philadelphia, PA, 1990.

[46] J. J. Dongarra, I. S. Duff, D. C. Sorensen, H. A. van der Vorst: *Numerical Linear Algebra for High-Performance Computers*. SIAM Press, Philadelphia, PA, 1998.

[47] J. J. Dongarra, F. G. Gustavson, A. H. Karp: *Implementing Linear Algebra Algorithms for Dense Matrices on a Vector Pipeline Machine*. SIAM Rev. 26 (1984), pp. 91–112.

[48] J. J. Dongarra, A. R. Hinds: *Unrolling Loops in Fortran*. Software – Practice and Experience 9 (1979), pp. 219–226.

[49] C. C. Douglas, M. Heroux, G. Slishman, R. M. Smith: *GEMMW – A Portable Level 3 BLAS Winograd Variant of Strassen's Matrix-Matrix Multiply Algorithm*. J. Comput. Phys. 110 (1994), pp. 1–10.

[50] K. Dowd: *High Performance Computing*, 2nd edn. O'Reilly and Associates, Sebastopol, CA, 1998.

[51] H. J. Ehold, W. N. Gansterer, D. F. Kvasnicka, C. Überhuber: *Utilization of Ready-Made Software in HPF Programs*. Technical Report AURORA TR1998-12, VCPC (European Centre for Parallel Computing at Vienna) und Technische Universität Wien, 1998.
www.vcpc.univie.ac.at/aurora/publications/

[52] H. J. Ehold, W. N. Gansterer, D. F. Kvasnicka, C. Überhuber: *HPF and Numerical Libraries*. In Zinterhof et al. [182], pp. 140–152.

[53] H. J. Ehold, W. N. Gansterer, D. F. Kvasnicka, C. Überhuber: *Towards Efficient HPF Programs*. In *Proceedings of the 3rd Annual HPF User Group Meeting*, 1999.

[54] H. J. Ehold, W. N. Gansterer, D. F. Kvasnicka, C. Überhuber: *Optimizing Local Performance in HPF*. Parallel Computing (2001). To appear.

[55] H. J. Ehold, W. N. Gansterer, C. Überhuber: *HPF – State of the Art*. Technical Report AURORA TR1998-01, Technische Universität Wien, 1998.
www.vcpc.univie.ac.at/aurora/publications/

[56] ESSL: *Engineering and Scientific Subroutine Library for AIX*. IBM, 1998.
www.rs6000.ibm.com/resource/aix_resource/sp_books/essl/

[57] D. J. Evans, W. U. N. Butt: *Dynamic Load Balancing Using Task-Transfer Probabilities*. Parallel Computing 19 (1993), pp. 897–916.

[58] J. Z. Fang, M. Lu: *An Iteration Partition Approach for Cache or Local Memory Thrashing on Parallel Processing*. IEEE Trans. Comput. 42 (1993), pp. 529–546.

[59] P. J. Fleming, J. J. Wallace: *How Not to Lie With Statistics: the Correct Way to Summarize Benchmark Results.* Commun. ACM 29 (1986), pp. 218–221.

[60] M. J. Flynn: *Some Computer Organizations and Their Effectiveness.* IEEE Trans. Comput. C 21 (1972), pp. 948–960.

[61] Fortran 95: *Fortran Base Language Standard ISO/IEC 1539-1: 1997*, 1997.
www.etrc.ox.ac.uk/WG5/IS1539-1_1997.html

[62] I. Foster: *Task Parallelism and High-Performance Languages.* IEEE Parallel & Distributed Technology 2 (1994), pp. 27–36.

[63] G. Fox, S. Hiranandani, K. Kennedy, C. H. Koelbel, U. J. Kremer, C. W. Tseng, M. Y. Wu: *Fortran D Language Specification.* Technical Report COMP TR90-141, Department of Computer Science, Rice University, Houston, TX, 1990.

[64] G. C. Fox, M. A. Johnson, G. A. Lyzenga, S. W. Otto, J. K. Salmon, D. W. Walker: *Solving Problems on Concurrent Processors, Vol. 1: General Techniques and Regular Problems.* Prentice Hall, Englewood Cliffs, 1988.

[65] S. Frank, H. Burkhardt III, J. Rothnie: *The KSR1: High Performance and Ease of Programming, No Longer an Oxymoron.* In Supercomputer '93: Anwendungen, Architekturen, Trends (H. W. Meuer, ed.), Springer-Verlag, Berlin Heidelberg New York Tokyo, 1993, pp. 53–70.

[66] A. Frommer: *Lösung linearer Gleichungssysteme auf Parallelrechnern.* Vieweg, Braunschweig, 1990.

[67] M. Galles, E. Williams: *Performance Optimizations, Implementation, and Verification of the SGI Challenge Multiprocessor.* In Proceedings of the 27th Annual Hawaii International Conference on System Sciences, 1994.

[68] G. R. Ganger, Y. N. Patt: *The Process-Flow Model: Examining I/O Performance from the Systems Point of View.* Performance Eval. Rev. 21 (1993), pp. 86–97.

[69] W. N. Gansterer: *Ph.D. Thesis: High-Performance Algorithms for Symmetric Eigenproblems.* Technical Report AURORA TR1999-22, Technische Universität Wien, 1999.
www.vcpc.univie.ac.at/aurora/publications/

[70] W. N. Gansterer, D. F. Kvasnicka, C. Überhuber: *High-Performance Computing in Materials Science. Higher Level* BLAS *in Symmetric Eigensolvers.* Technical Report AURORA TR1998-18, Technische Universität Wien, 1998.
www.vcpc.univie.ac.at/aurora/publications/

[71] W. N. Gansterer, D. F. Kvasnicka, C. Überhuber: *High-Performance Computing in Materials Science. Numerical Experiments with Symmetric Eigensolvers.* Technical Report AURORA TR1998-19, Technische Universität Wien, 1998.
www.vcpc.univie.ac.at/aurora/publications/

[72] W. N. Gansterer, D. F. Kvasnicka, C. Überhuber: *Multi-Sweep Algorithms for the Symmetric Eigenproblem.* In *VECPAR'98 – Third International Conference for Vector and Parallel Processing* (J. M. L. M. Palma, J. J. Dongarra, V. Hernandez, eds.), Springer-Verlag, Berlin Heidelberg New York Tokyo, 1998, Vol. 1573 of *Lecture Notes in Computer Science*, pp. 20–28.

[73] W. N. Gansterer, D. F. Kvasnicka, C. Überhuber: *Blocking Techniques in Numerical Software.* In Zinterhof et al. [182], pp. 127–139.

[74] B. S. Garbow, J. M. Boyle, J. J. Dongarra, C. B. Moler: *Matrix Eigensystem Routines – EISPACK Guide Extension*, Vol. 51 of *Lecture Notes in Computer Science*. Springer-Verlag, Berlin Heidelberg New York Tokyo, 1977.

[75] J. D. Gee, M. D. Hill, D. N. Pnevmatikatos, A. J. Smith: *Cache Performance of the SPEC92 Benchmark Suite.* IEEE Micro 13 (1993), pp. 17–27.

[76] W. Gehrke: *Fortran 90 Referenz-Handbuch.* Carl Hanser, München Wien, 1991.

[77] A. Geist, A. Beguelin, J. J. Dongarra, W. Jiang, R. Manchek, V. Sunderam: *PVM: Parallel Virtual Machine – A Users' Guide and Tutorial for Networked Parallel Computing.* The MIT Press, Cambridge, MA, 1994.

[78] D. H. Gill, T. E. Gerasch, J. V. Warren, C. L. McCreary, R. E. K. Stirewalt: *Spatial-Temporal Analysis of Program Dependence Graphs for Useful Parallelism.* J. Parallel Distr. Comput. 19 (1993), pp. 103–118.

[79] W. K. Giloi: *Rechnerarchitektur*, 3rd edn. Springer-Verlag, Berlin Heidelberg New York Tokyo, 1997.

[80] A. J. Goldberg, J. L. Hennessy: *Mtool: An Integrated System for Performance Debugging Shared Memory Multiprocessor Applications.* IEEE Trans. Parallel Distrib. Comput. 4 (1993), pp. 28–40.

[81] G. H. Golub, J. M. Ortega: *Scientific Computing: An Introduction with Parallel Computing.* Academic Press, San Diego, CA, 1993.

[82] G. H. Golub, C. F. Van Loan: *Matrix Computations*, 3rd edn. Johns Hopkins University Press, Baltimore, MD, 1996.

[83] Gordon Bell Prize 1998: *1998 Bell Prize Recognizes Advances in Parallel Processing.* Computer 12 (1998), pp. 72–73.

[84] J. Gosling, B. Joy, G. Steele: *The Java Language Specification.* Addison-Wesley, Reading, MA, 1996.

[85] A. Greenbaum: *Iterative Methods for Solving Linear Systems.* SIAM Press, Philadelphia, PA, 1997.

[86] W. Gropp, E. Lusk, A. Skjellum: *Using MPI – Portable Parallel Programming with the Message Passing Interface*, 2nd edn. The MIT Press, Cambridge, MA, 1999.

[87] W. Gropp, E. Lusk, R. Thakur: *Using MPI-2 – Advanced Features of the Message Passing Interface*. The MIT Press, Cambridge, MA, 1999.

[88] T. Gross, D. R. O'Hallaron, J. Subhlok: *Task Parallelism in a HPF Framework*. IEEE Parallel & Distributed Technology 2 (1994), pp. 16–26.

[89] J. L. Gustafson: *Reevaluating Amdahl's Law*. Commun. ACM 31 (1988), pp. 532–533.

[90] E. Haunschmid, D. F. Kvasnicka: *High-Performance Computing in Materials Science. Maximizing Cache Utilization Without Increasing Memory Requirements*. Technical Report AURORA TR1998-17, Technische Universität Wien, 1998.
www.vcpc.univie.ac.at/aurora/publications/

[91] E. J. Haunschmid, W. Moser, C. Überhuber: *Performance of Linear Algebra Algorithms on Workstations with Hierarchical Memory*. Technical Report 103/93, Institute for Applied and Numerical Mathematics, Technische Universität Wien, 1993.

[92] R. Hempel: *The Status of the MPI Message-Passing Standard and Its Relation to PVM*. In Proceedings of the 3rd European PVM Conference (A. Bode, J. J. Dongarra, T. Ludwig, V. Sunderam, eds.), Springer-Verlag, Berlin, 1996, Vol. 1156 of Lecture Notes in Computer Science, pp. 14–21.

[93] J. L. Hennessy, D. A. Patterson: *Computer Architecture – A Quantitative Approach*, 2nd edn. Morgan Kaufmann, San Mateo, CA, 1996.

[94] N. J. Higham: *Exploiting Fast Matrix Multiplication Within Level 3* BLAS. ACM Trans. Math. Software 16 (1990), pp. 352–368.

[95] R. Hockney: *Performance Parameters and Benchmarking of Supercomputers*. Parallel Comput. 17 (1991), pp. 1111–1130.

[96] R. W. Hockney: *The Science of Computer Benchmarking*. SIAM Press, Philadelphia, PA, 1996.

[97] R. W. Hockney, M. Berry: *Public International Benchmarks for Parallel Computers*. Report 1, PARKBENCH Committee, 1994.
www.netlib.org/parkbench/html/

[98] R. W. Hockney, I. J. Curington: $f_{1/2}$: *A Parameter to Characterize Memory and Communication Bottlenecks*. Parallel Comput. 10 (1989), pp. 277–286.

[99] R. W. Hockney, C. R. Jesshope: *Parallel Computers 2*. Adam Hilger, Bristol, 1988.

[100] HPF: *Kursmaterialien*, 2000.
Edinburgh Parallel Computing Centre:
www.epcc.ed.ac.uk/epcc-tec/hpf/
Manchester and North Training and Education Centre:
www.hpctec.mcc.ac.uk/hpctec/courses/HPF/HPFcourse.html
University of Liverpool:

www.liv.ac.uk/HPC/HPFpage.html
Compaq:
www.compaq.com/hpc/hpf_tutorial/hpf.htm
VCPC (European Centre for Parallel Computing at Vienna):
www.vcpc.univie.ac.at/activities/tutorials/HPF/.

[101] HPF-Forum: *High Performance Fortran Journal of Development.* Scientific Programming 2 (2) (1993), pp. 1–44.
www.crpc.rice.edu/HPFF/hpf1/index.html

[102] HPF-Forum: *High Performance Fortran Language Specification Version 1.0.* Scientific Programming 2 (1) (1993), pp. 1–170.
www.crpc.rice.edu/HPFF/hpf1/

[103] HPF-Forum: *High Performance Fortran Language Specification Version 1.1,* 1994.
www.crpc.rice.edu/HPFF/hpf1/

[104] HPF-Forum: *High Performance Fortran Language Specification Version 2.0,* 1997.
www.crpc.rice.edu/HPFF/hpf2/

[105] C. H. Huang, J. R. Johnson, R. W. Johnson: *A Report on the Performance of an Implementation of Strassen's Algorithm.* Appl. Math. Lett. 4 (1991), pp. 99–102.

[106] D. Hunt: *Advanced Performance Features of the 64-bit PA8000.* COMPCON'95, 1995.
www.convex.com/tech_cache/technical.html

[107] Intel Corporation: *Survey of Pentium Processor Performance Monitoring Capabilities & Tools.* App. Note, 1996.

[108] Intel Corporation: *Intel Architecture Software Developer's Manual, Volume 3: System Programming Guide.* Order Number 243192, 1998.

[109] R. Jain: *Techniques for Experimental Design, Measurement, and Simulation – The Art of Computer Systems Performance Analysis.* Wiley, New York, NY, 1990.

[110] C. R. Jesshope: *Never Mind The Flops.* In van der Steen [162], pp. 34–43.

[111] D. Jungmann, H. Stange: *Einführung in die Rechnerarchitektur.* Hanser, München, 1992.

[112] W. Kahan: *Lecture Notes on the Status of IEEE Standard 754 for Binary Floating-Point Arithmetic,* 1996.
www.cs.berkeley.edu/~wkahan/ieee754status/ieee754.ps

[113] E. T. Kalns, L. M. Ni: *Processor Mapping Techniques Toward Efficient Data Redistribution.* IEEE Transactions on Parallel & Distributed Systems 6 (1995), pp. 1234–1247.

[114] H. Karner, C. Überhuber: *Wie schnell sind schnelle Fourier-Transformationen?* ZiDline 1 (1999).
www.zid.tuwien.ac.at/zidline/zl01/fft.html

[115] A. H. Karp, E. Lusk, D. H. Bailey: *1997 Gordon Bell Prize Winners*. Computer 31 (1998), pp. 86–92.

[116] T. Keller: *SPEC Benchmarks and Competitive Results*. Performance Eval. Rev. 18 (1990), pp. 19–20.

[117] C. H. Koelbel, D. B. Loveman, R. Schreiber, G. L. Steele Jr., M. E. Zosel: *The HPF Handbook*. The MIT Press, Cambridge, MA, 1994.

[118] A. R. Krommer, C. Überhuber: *Dynamic Load Balancing – An Overview*. Technical Report ACPC/TR 92-18, Austrian Center for Parallel Computation, Vienna, 1992.

[119] A. R. Krommer, C. Überhuber: *Computational Integration*. SIAM Press, Philadelphia, PA, 1998.

[120] J. Laderman, V. Pan, X. H. Sha: *On Practical Acceleration of Matrix Multiplication*. Linear Algebra Appl. 162-164 (1992), pp. 557–588.

[121] C. L. Lawson, R. J. Hanson, F. T. Krogh, D. R. Kincaid: *Basic Linear Algebra Subprograms for Fortran Usage*. ACM Trans. Math. Software 5 (1979), pp. 308–323.

[122] D. Lenoski, J. Laudon, T. Joe, D. Nakahira, L. Stevens, A. Gupta, J. L. Hennessy: *The DASH Prototype: Logic Overhead and Performance*. IEEE Trans. Parallel Distrib. Comput. 4 (1993), pp. 41–61.

[123] H. Liebig, T. Flik: *Rechnerorganisation*, 2nd edn. Springer-Verlag, Berlin Heidelberg New York Tokyo, 1993.

[124] S. A. Mabbs, K. E. Forward: *Performance Analysis of MR-1, a Clustered Shared Memory Multiprocessor*. Journal of Parallel and Distributed Computing 20 (1994), pp. 158–175.

[125] D. C. Marinescu, J. R. Rice: *Speedup, Communication Complexity and Blocking – a la recherche du temps perdu*. Report CSD-TR-92-057, Purdue University, West Lafayette, IN, 1992.

[126] MasPar: *MasPar Fortran Reference Manual*. MasPar Computer Corporation, Sunnyvale, CA, 1991.

[127] T. Mathisen: *Pentium Secrets*. Byte Magazine (1994), pp. 191–192. green.kaist.ac.kr/jwhahn/art3.htm

[128] P. Mayes: *Benchmarking and Evaluation of Portable Numerical Software*. In van der Steen [162], pp. 69–79.

[129] E. W. Mayr: *Theoretical Aspects of Parallel Computation*. In *VLSI and Parallel Computation* (R. Suaya, G. Birtwistle, eds.), Morgan Kaufmann, San Mateo, CA, 1990, pp. 85–139.

Literatur 333

[130] F. H. McMahon: *The Livermore Fortran Kernels: A Computer Test of Numerical Performance Range*. Technical Report UCRL-55745, Lawrence Livermore National Laboratory, University of California, Livermore, CA, 1986.

[131] F. H. McMahon: *The Livermore Fortran Kernels Test of the Numerical Performance Range*. In *Performance Evaluation of Supercomputers* (J. L. Martin, ed.), North-Holland, Amsterdam, 1988, pp. 143–186.

[132] J. H. Merlin: *Techniques for the Automatic Parallelisation of Distributed Fortran 90*. Technical Report SNARC 92-02, Dept. of Electronics and Comp. Science, Univ. of Southampton, 1991.

[133] J. H. Merlin, A. J. G. Hey: *An Introduction to HPF*. Scientific Programming 4 (1995), pp. 87–113.

[134] G. Meurant: *Benchmarking Supercomputers with Industrial Codes*. In van der Steen [162], pp. 80–94.

[135] MIPS Technologies Inc. : *R10000 Microprocessor Technical Brief*, 1994.

[136] MIPS Technologies Inc. : *Definition of MIPS R10000 Performance Counter*, 1997.

[137] MPI-Forum: *MPI: A Message Passing Interface Standard*, 1994.
www.epm.ornl.gov/~walker/mpi/index.html

[138] P. J. Mucci, K. S. London: *Low Level Architectural Characterization Benchmarks for Parallel Computers*. Technical Report ut-cs-98-394, University of Tennessee, Knoxville, TN, 1998.
www.cs.utk.edu/~mucci/

[139] C. Müller-Schloer, E. Schmitter: *RISC-Workstation-Architekturen*. Springer-Verlag, Berlin Heidelberg New York Tokyo, 1991.

[140] A. K. Nanda, L. N. Bhuyan: *Efficient Mapping of Applications on Cache Based Multiprocessors*. J. Parallel and Distributed Computing 19 (1993), pp. 179–191.

[141] V. Pan: *Complexity of Computations with Matrices and Polynomials*. SIAM Rev. 34 (1992), pp. 225–262.

[142] D. M. Pase, T. MacDonald, A. Meltzer: *MPP Fortran Programming Model*. Technical report, Cray Research Inc., Eagan, MN, 1992.

[143] G. R. Perrin, A. Darte (eds.): *The Data Parallel Programming Model: Foundations, HPF Realization, and Scientific Applications*. No. 1132 in Lecture Notes in Computer Science, Springer-Verlag, Berlin Heidelberg New York Tokyo, 1996.

[144] C. Ponder: *Performance Variation Across Benchmark Suites*. Performance Eval. Rev. 18 (1990), pp. 42–48.

[145] D. J. Pritchard: *Performance Analysis and Measurement on Transputer Arrays*. In van der Steen [162], pp. 267–289.

[146] Y. Robert: *The Impact of Vector and Parallel Architectures on the Gaussian Elimination Algorithm.* Manchester University Press, New York Brisbane Toronto, 1990.

[147] P. Rosenbladt: *Hewlett-Packard Precision Architecture.* In Bode [19], pp. 307–324.

[148] Y. Saad: *Iterative Methods for Sparse Linear Systems.* PWS Publishing Co., Boston, MA, 1996.

[149] J. Sanz: *Data Parallel Fortran.* Technical Report, IBM Almaden Research Center, San Jose, CA, 1992.

[150] D. Sarkar: *Cost and Time Effectiveness of Multiprocessing.* IEEE Trans. Parallel Distrib. Comput. 4 (1993), pp. 704–712.

[151] W. Schönauer, H. Häfner: *Performance Estimates for Supercomputers: The Responsibilities of the Manufacturer and of the User.* Parallel Comput. 17 (1991), pp. 1131–1149.

[152] Z. Sekera: *Vectorization and Parallelization on High Performance Computers.* Comput. Phys. Comm. 73 (1992), pp. 113–138.

[153] B. T. Smith, J. M. Boyle, J. J. Dongarra, B. S. Garbow, Y. Ikebe, V. C. Klema, C. B. Moler: *Matrix Eigensystem Routines – EISPACK Guide*, 2nd edn., Vol. 6 of *Lecture Notes in Computer Science.* Springer-Verlag, Berlin Heidelberg New York Tokyo, 1976.

[154] M. Snir, S. W. Otto, S. Huss-Lederman, D. W. Walker, J. J. Dongarra: *MPI: The Complete Reference.* The MIT Press, Cambridge, MA, 1996.

[155] T. L. Sterling, J. Salmon, D. J. Becker, D. F. Savarese: *How to Build a Beowulf.* The MIT Press, Cambridge, MA, 1999.

[156] V. Strassen: *Gaussian Elimination is Not Optimal.* Numer. Math. 13 (1969), pp. 354–356.

[157] R. Thakur, A. Choudhary, J. Ramanujam: *Efficient Algorithms for Array Redistribution.* IEEE Trans. Parallel and Distributed Systems 7 (1996), pp. 587–594.

[158] C. Überhuber: *Computer-Numerik.* Springer-Verlag, Berlin Heidelberg New York Tokyo, 1995.

[159] C. Überhuber: *Numerical Computation.* Springer-Verlag, Berlin Heidelberg New York Tokyo, 1997.

[160] C. Überhuber, P. Meditz: *Software-Entwicklung in Fortran 90.* Springer-Verlag, Berlin Heidelberg New York Tokyo, 1993.

[161] R. van de Geijn: *Using PLAPACK: Parallel Linear Algebra Package.* The MIT Press, Cambridge, MA, 1997.

[162] A. J. van der Steen (ed.): *Evaluating Supercomputers*. Chapman and Hall, London New York Tokyo Melbourne Madras, 1990.

[163] A. J. van der Steen: *Is it Really Possible to Benchmark a Supercomputer?* In van der Steen [162], pp. 190–212.

[164] A. J. van der Steen: *The Benchmark of the EuroBen Group*. Parallel Comput. 17 (1991), pp. 1211–1221.

[165] A. Wakatani, M. Wolfe: *Optimization of Array Redistribution for Distributed Memory Multicomputers*. Parallel Comput. 21 (1995), pp. 1485–1490.

[166] D. W. Walker, S. W. Otto: *Redistribution of Block-Cyclic Data Distributions Using MPI*. Concurrency: Practice and Experience 8 (1996), pp. 707–728.

[167] R. P. Weicker: *Dhrystone: A Synthetic Systems Programming Benchmark*. Commun. ACM 27 (1984), pp. 1013–1030.

[168] R. P. Weicker: *Leistungsmessung für RISCs*. In Bode [19], pp. 145–183.

[169] R. P. Weicker: *An Overview of Common Benchmarks*. Computer 23 (1990), pp. 65–75.

[170] R. P. Weicker: *SPEC Benchmarks*. Informatik-Spektrum 13 (1990), pp. 334–336.

[171] R. P. Weicker: *A Detailed Look at Some Popular Benchmarks*. Parallel Computing 17 (1991), pp. 1153–1172.

[172] E. H. Welbon, C. C. Chan-Nui, D. J. Shippy, D. A. Hicks: *The POWER2 Performance Monitor*. In White und Reysa [177], pp. 13–21.

[173] E. H. Welbon, C. C. Chan-Nui, D. J. Shippy, D. A. Hicks: *POWER2 Performance Monitor. PowerPC and POWER2: Technical Aspects of the New IBM RISC System/6000*. Technical Report SA23-2737, IBM Corporation, 1994. www.austin.ibm.com/tech/monitor.html

[174] R. C. Whaley, J. J. Dongarra: *Automatically Tuned Linear Algebra Software*. LAPACK Working Note 131, University of Tennessee, Knoxville, TN, 1997.

[175] R. C. Whaley, A. Petitet, J. J. Dongarra: *Automated Empirical Optimization of Software and the ATLAS Project*. LAPACK Working Note 147, University of Tennessee, Knoxville, TN, 2000.

[176] S. W. White, S. Dhawan: *POWER2: Next Generation of the RISC System/6000 Family*. In White und Reysa [177], pp. 2–12.

[177] S. W. White, J. Reysa (eds.): *IBM RISC System/6000 Technology: Volume II*, 1993.

[178] B. Wilkinson: *Computer Architecture – Design and Performance*, 2nd edn. Prentice Hall, New York, NY, 1996.

[179] M. Y. Wu, G. Fox: *Fortran 90D Compiler for Distributed Memory MIMD Parallel Computers*. Technical Report SCCS-88b, Syracuse Center for Comp. Sci., Syracuse University, Syracuse, NY, 1991.

[180] M. Zagha, B. Larson, S. Turner, M. Itzkowitz: *Performance Analysis Using the MIPS R10000 Performance Counters*. In *Proceedings Supercomputing'96*, IEEE Computer Society Press, 1996.

[181] H. P. Zima, P. Brezany, B. M. Chapman, P. Mehrotra, A. Schwald: *Vienna Fortran – A Language Specification*. ICASE Interim Report 21, ICASE NASA Langley Research Center, Hampton, VA, 1992.

[182] P. Zinterhof, M. Vajteršic, A. Uhl (eds.): *Parallel Computation. Proceedings of the 4th International ACPC Conference*, Vol. 1557 of *Lecture Notes in Computer Science*. Springer-Verlag, Berlin Heidelberg New York Tokyo, 1999.

Index

*, 236, 237, 239, 241, 245, 246, 248, 254, 256
:, 245, 248

Abbildung auf Prozessorteilfelder, 297
Abbildungsänderung in Unterprogrammen, 294
Abfolgeassoziierung, 227, 287, 288, 290
Abhängigkeitsgraph, 268
abstrakte
    Computermodelle, 63
    Prozessoren, 231, 234, 260
    Prozessorfelder, 231, 234, 237, 238, 293
active messaging, 311
ACTIVE_NUM_PROCS, 301, 305
ACTIVE_PROCS_SHAPE, 301, 305
Adressierung (Speicher), 23
AIM-Benchmark, 118
aktive
    Nachrichtenübertragung, 311
    Prozessoren, 300
Aktualparameter, 255–257, 259, 288, 290
Algorithmus, 61, 146
    Komplexität, 61
    von Cannon, 167
    von Strassen, 69
ALIGN, 229, 232, 236, 244, 252, 262, 277, 302
    Grundform, 248
alignment, 231
allgemeine Triade, 147
ALLOCATABLE, 198
ALLOCATE, 197, 199
ALLOCATED, 201
Allokation, 199
anerkannte Erweiterungen, 225, 239, 250, 259, 264, 274, 291
Anlaufzeit, 89

Antwortzeit, 74
Anweisungsform, 229
approved extensions, siehe anerkannte Erweiterungen
arithmetische
    Komplexität, 156
    Pipeline, 7
array
    element order, 186
    features, 192
    section, 188
Artbezeichner, 274
Arten der Datenverteilung, 239, 241
assumed shape array, 185, 202
asymptotische
    Ergebnisrate, 89, 93, 101, 130
    Komplexität, 67
asynchrone Varianten, 176
ASYNCHRONOUS, 305
ATLAS, 276, 278, 280
Attribut
    ALLOCATABLE, 198
    DIMENSION, 184
Aufrollen von Schleifen, 151
Ausdehnung, 183, 184
Auslastung, 108
Ausrichtung, 231, 232, 234
äußeres Produkt, 147, 202
    Algorithmen, 159
automatisches Feld, 185, 197
axpy-Operation, 147, 158, 159

Bandbreite, 20, 92
Bankkonflikt, 36
basic linear algebra subprograms, siehe BLAS
Befehlszyklus, 5
Benchmark, 98, 113
Beowulf-Cluster, 56, 142, 161, 168, 179–181, 213
Bernstein-Bedingungen, 264
beschreibend, 239

ALIGN, 260
Anweisung, 227, 236, 245
DISTRIBUTE, 260
Betriebssystem-Benchmark, 118
Bips (*billion instructions / s*), 85
Bit-Manipulationsfunktion, 227
BLAS, 148, 181, 271, 276, 277, 282
   Level-1, 149
   Level-2, 149, 175
   Level-3, 149, 151, 156, 175, 276, 277
BLASBench, 128
BLOCK, 237, 240–242
Block-Algorithmus, 151
BLOCK-BLOCK, 243
Blockung, 161, 173
blockweise Verteilung, 239, 240
blockzyklische Verteilung, 240, 286
Byte-Benchmark, 118

Cache-
   Kohärenz, 33
   Speicher, 26, 78
      einfach assoziativer, 29
      mengenassoziativer, 29
      vollassoziativer, 28
      Zeile, 27
         Ablegen/Auffinden von, 28
         Ersetzen, 31
CacheBench, 128
charakteristische Vektorlänge, 90
Cholesky-Faktorisierung, 178, 277
CISC, 86, 97
CISC-Prozessor, 11
collapsed mapping, 236, 239, 241, 243, 245
column major order, 186
COMA-System, 52
COMMON, 287
Compiler-
   Direktive, 227
   Optimierung, 79
context switch, 79
CPI-Wert, 85
CPU-
   Benchmark, 118
   Leistung, 75
   Zeit, 75
cross over point, 91
CYCLIC, 237, 240, 242, 283
CYCLIC-BLOCK, 244
CYCLIC-CYCLIC, 244

data
   alignment, 231
   distribution, 231
Daten-
   Abbildung, 231, 234
      an Schnittstellen, 237
      in Unterprogrammen, 254
   Ausrichtung, 231, 244
   Kohärenz, 33
   Konsistenz, 33
   Lokalität, 231, 232, 278
   Objekt, 196
   Parallelismus, 265
   Parallelität, 50
   Verteilung, 154, 155, 226, 231, 237, 278, 288
datenparallele
   Anwendungen, 223
   Programmiermodelle, 307
   Programmierung, 226, 228
   Verarbeitung, 262
DEALLOCATE, 197, 199
descriptive, 236, 260
Dhrystone-Benchmark, 118
DIMENSION, 184, 202, 230, 235, 251
Dimension, 183
DIN-Leistungstest, 118
direct mapped cache, 29
direkte Lösungsmethode, 169
DISTRIBUTE, 229, 236, 237, 262, 302
distributed memory, 47
   computer, 50
   shared memory, 42, 53, 54
distribution, 232
DO, 228, 263, 264
DYNAMIC, 250, 291–293, 305
dynamische

Index 339

Datenabbildung, 292
Felder, 183, 185, 198
Lastverteilung, 107

Ein-/Ausgabe, 305
Benchmark, 119
Einbindung sequentieller BLAS in HPF, 277
einfach assoziativer Cache, 29
Einfluß (auf Leistung)
der Programmiersprache, 137
des Compilers, 138
Einschränkungen, 227
elapsed time, 75
empirische
Gleitpunktleistung, 97
Instruktionenleistung, 96
Wirkungsgrade, 100
EQUIVALENCE, 287
Ergebnisrate, 89
Pipeline, 88
Ersetzungsstrategien, 31
ESSL, 278
EuroBen, 120
Existenzbereich, 196
explicit
message passing, 272, 307
shape array, 184
explicitly parallel instruction computing (EPIC), 16
explizite
Datenübertragung, 275
Nachrichtenübertragung, 226, 271, 307, 312
Schnittstelle, 273
Schnittstellenbeschreibung, 255, 259, 294
Vereinbarungsweise, 229
extent, 183
EXTRINSIC, 227–229, 269, 304
extrinsisches Unterprogramm, 271, 304

F77_LOCAL, 274, 277, 280
F77_SERIAL, 274
Feld, 182, 184
automatisch, 197
dynamisch, 198
Element, 183, 186, 188
explizite Form, 184
Größe Null, 185, 189
Operation, 192, 228
Operator, 191
Parameter, 201
Reduktionsfunktion, 227
Sortierfunktion, 227
Streufunktion, 227
übernommene Form, 185, 202
Verarbeitungsoperation, 210, 262
Zugriff, 188
FFT-Algorithmus, 72
FIFO-Strategie (Cache), 32
floating-point operation (flop), 73
flop/s, 84
Flops, 121
FMA-Instruktion, 73, 124
FORALL, 207, 225, 228, 262, 263, 267
Block, 213
Form, 229, 235, 237, 238, 245, 247, 251, 259
eines Feldes, 183, 184
formaler Ausrichtungsparameter, 245, 246, 248
Formalparameter, 254, 256, 257, 259, 288, 290
Fortran, 182
Fortran 2000, 182
Fortran 77, 288, 290
Fortran 90, 182
Fortran 90D, 224
Fortran 95, 225, 262
Fortran D, 224
Norm, 225, 226
Funktionsparallelismus, 225, 226, 265, 297, 300, 303, 307

Gauß-Algorithmus, 63, 71, 195
geblockter Algorithmus, 150, 282
gemeinsamer Speicher, 46
GEN_BLOCK, 291, 295

GENESIS-Benchmark, 120, 122
Gesamtsystemleistung, 75
Geschwindigkeitsgewinn, 102, 181
    skaliert, 105
Gesetz
    von Amdahl, 109
    von Moore, 56
    von Ware, 111
Gleitpunktoperation, 73
globales Programmiermodell, 272
Gordon Bell-Preis, 144
Größe eines Feldes, 183, 185
Gültigkeitsbereich, 196

Hauptspeicher, 35, 79
High Performance Fortran, 223
    Forum, 224
HOME, 301
HPF, 223
    Bibliothek, 220, 305
    Compiler-Benchmarks, 131
    HPF 1, 236, 259, 262
    HPF 1.0, 224
    HPF 1.1, 225
    HPF 2.0, 225, 236
    Norm, 225
    und BLAS, 181
    Unterprogrammbibliothek, 227
    Unterprogramme, 229
HPF_ALIGNMENT, 305
HPF_DISTRIBUTION, 305
HPF_LOCAL, 274, 277–279,
    283–285, 304
    Unterprogrammbibliothek, 304
HPF_MAP_ARRAY, 305
HPF_NUMBER_MAPPED, 305
HPF_SERIAL, 274, 304
HPF_TEMPLATE, 305
HPFF, 224

ijk-Form, 156, 158
ikj-Form, 158
Implementierung, 146
implizite Schleife, 184, 191
INDEPENDENT, 228, 229, 262, 263
Index, 183, 184, 186

Bereich, 146, 188, 248
Grenze, 184
INDIRECT, 291, 295
indirekte Adressierung, 40, 254, 302
INHERIT, 229, 256, 257, 262, 277,
    279, 283
INQUIRE, 306
Instruktionenleistung, 85
integrierter Schaltkreis, 1
INTERFACE, 206
interrupt, 79
irreguläre Verteilung, 259
iterative Methode, 169, 222

Java, 312
jik-Form, 158
jki-Form, 158

kij-Form, 159
kji-Form, 159
Klassifikation
    von Bell, 49
    von Flynn, 47
Knoten, 46
kombinierte Vereinbarungsweise, 229
Kommunikation, 307
    Aufwand, 228, 252, 255, 278,
        280, 287
Komplexität, 67
    Algorithmus, 61, 66
    LU-Zerlegung, 171
    Problem, 68
konform, 249
Konformität, 191, 192, 249
Kontraktion, 250
    Datenfeld, 239
kopieren, 162
Kosten, 141

LAPACK, 276, 282
Lastverteilung, 154, 166, 175, 178,
    278, 301
Leistung, 58
    Instruktionenleistung, 85
    Portabilität, 276
    Quantifizierung, 82

Index   341

Verbesserung, 160
Leitungsvermittlung, 44
LIBBLAS, 278
Linda, 312
linear
    Geschwindigkeitsgewinn, 286
    Gleichungssystem, 69, 168
    Speichermodell, 288
Lineare Algebra, 146
Linearkombinations-Algorithmus, 153, 159
LINPACK-Benchmark, 100, 101, 114, 118, 120, 123, 125
Literal, Feld, 184
Livermore Loops, 118, 127
LLCbench, 127
LOCAL, 304
locality of reference, 21, 186
logische Adressierung, 23
lokales Unterprogramm, 272, 304
Lokalität
    Berechnung, 153, 225
    Daten, 302
    Referenz, 150, 159, 162, 186
    Speicherzugriff, 21
loop unrolling, 151
LRU-Strategie (Cache), 32
LU-Zerlegung, 63, 123, 169, 195
    parallel, 175

Mannheim SuParCup, 144
maskieren, 194
MATMUL, 191, 280
Matrix-Matrix-Multiplikation, 2, 148, 152, 156, 213, 277
    HPF, 159
    parallel, 164
Matrix-Vektor-Multiplikation, 147, 152
    parallel, 153
maximale
    asymptotische Ergebnisrate, 94
    Gleitpunktleistung (*peak performance*), 2, 58
    Leistung, 83
MAXLOC, 177, 203

Mehrprozessorsysteme mit verteiltem Speicher, 309
mengenassoziativer Cache, 29
message, 308
message passing, 53
    interface, 309
    random access machine, 65
Messung kurzer Zeitintervalle, 80
MIMD, 48, 272
MINLOC, 204
Mips (*million instructions* / s), 85, 96
mittlere Speicherzugriffszeit, 92
Modell von Gustafson, 112
Moores Gesetz, 56
MPBench, 129
MPI, 129, 226, 232, 275, 307, 309
    MPI-1, 310
    MPI-2, 310
MPRAM, 65
multicomputer, 53
Multiply-and-Add-Instruktion, 10, 73, 124
multithreaded computer, 53

Nachricht, 308
nachrichtengekoppeltes System, 50, 53
NAS Parallel Benchmark, 129
nearest neighbors, 299
Nebeneffekt, 196, 217
network of workstations, 56
Neuausrichtung, 293
Neuverteilung, 293
NEW, 263, 265, 301
NO SEQUENCE, 289
normierte Gleitpunktoperation, 74
NOW, 56
NPB, 129
NUMA-System, 51
NUMBER_OF_PROCESSORS, 235, 261
numerische Software, 275
NUR-Strategie (Speicher), 38

ON, 300–303

ONTO, 236, 237, 239, 254, 297
OPEN, 305
OpenMP, 311
Operationsredundanz, 107
optischer Datentransport, 43
örtliche Lokalität der Referenzen, 22

page fault, 37
paging, 24, 37
Paketvermittlung, 44
par_dgemm, 278
par_dpotrf, 282
parallel
    random access machine, 64
    virtual machine, 308
parallele
    Cholesky-Faktorisierung, 179, 181, 281
    Effektivität, 108
    Effizienz, 105
    Geschwindigkeitsgewinne, 280
    Matrizenmultiplikation, 104, 105, 109, 168, 213, 278
Parallelisierung, 276
Parallelismus, 4
Parallelrechner, 45
PARKBENCH, 130
partial replication, 247, 277
partielle Vervielfachung, 247, 277
partielles Pivoting, 173
PC-Cluster, 55, 159, 160, 168, 176, 179, 213, 312
peak performance, 2, 83
    towards peak performance, 124
Perfect-Benchmark, 132
Pfadlänge, 85
PGI HPF-Compiler, 277
PhiPAC, 276
physische
    Adressierung, 23
    Prozessoren, 231, 235, 293
Pipeline, 5
    Konflikte, 7
Pivotstrategie, 172
    parallel, 177
PLAPACK, 277

PMC, *siehe program monitor counter*
POSIX Threads, 311
Präfix-Feldfunktion, 227
PRAM, 64
Preis-Leistungs-Verhältnis, 140
Problem-Komplexität, 68
PROCESSORS, 229, 230, 234, 261
PROCESSORS_SHAPE, 235, 261
program monitor counter, 72, 76, 81, 124
Programmier-
    Modell, 273, 304
    Sprache, 269, 273, 304, 305
Programmparallelität, 50, 221, 265, 271
Prozessor, 4
    Anordnung, 256
    skalar, 235
    Teilfelder, 303, 305
Pseudo-Vektorverarbeitung, 18
PURE, 208, 216, 225, 228, 262, 265
PVM, 129, 307, 308

Rücksubstitution, 169
RAM, 63
random access machine, 63
RANGE, 292, 294, 298
rank, 183
READ, 305
real time, 77
REALIGN, 250, 291, 292, 294
Rechenintensität, 131
    Programm, 93
Rechenkomplexität, 73
Rechnerarchitektur, 2
REDISTRIBUTE, 291–293
REDUCTION, 263, 266
Reduktionsoperation, 266
Register, 25
relativer Geschwindigkeitsgewinn, 105
replicated, 234
    mapping, 236, 246
RESIDENT, 300–303
response time, 75

Index

RISC, 12, 86, 97
RISC-Prozessor, 11
row major order, 186

SAVE, 198, 200
SCALAPACK, 175, 277
Schaltkreistechnik, 1
Schattenregion, 299
Schleife
    Aufrollen, 163
    implizit, 191
    Reihenfolge, 170
    Schrittweite, 188
Schnittstelle, 205
    Block, 205, 206, 273
    explizit, 202, 206
    implizit, 206
Schrittweite, *stride*, 39, 150, 163
schwach besetzt, 168
scope, 196
Segmentierung, 24
Seitenadressierung (*paging*), 24
Seitentafel (Speicher), 38
send-ahead-Strategie, 177
SEQUENCE, 229, 289
sequence association, 288
sequentielles Feld, 227
SERIAL, 304
serielles Unterprogramm, 272, 304
SHADOW, 292, 299, 305
shadow region, 299
shape, 183
shared memory, 46
    access library, 311
    multiprocessor, 49
SHMEM, 311
SIMD, 48, 272
SISD, 47
SIZE, 279
size, 183
Skalar, 182
Skalarprodukt, 147, 158
    Algorithmus, 152, 158
Skalierbarkeit, 42
SLALOM, 132
SLHPF, 277

sortieren, 68, 69
Spaltenpivotsuche, 172, 177
spaltenweise Speicherung, 150, 186
SPEC-Benchmark, 133
    SPECfp2000, 134
    SPECint2000, 134
    SPECratio, 134
speed-up, 102
Speicher, 18
    Abbildungsfunktion, 187
    Assoziierung, 227, 287
    Bank, 35
    Benchmark, 118
    Hierarchie, 20
    Modell, 186
    Pipeline, 7
    Verschränkung, 35
    Verwaltung, 186, 196
    virtuell, 37
    Wort, 23
    Zelle, 23
speichergekoppelte
    Mehrprozessoren, 311
    Systeme, 49, 50
SPMD, 272
    Computer, 49
Standardoperation, 276
Stanford Integer Suite, 118
startup time, 89
Stern, 236, 239, 241, 243, 245, 254, 256, 260
storage association, 287
Strassen-Algorithmus, 69
stripmining, 26, 89, 101
Subset-HPF, 224
Suffix-Feldfunktionen, 227
SUM, 193
Superpipeline-Architektur, 13
Superskalar-Architektur, 14
swapping, 38
symmetrischer Mehrprozessor, 47, 51
Syntaxregel, 227, 228, 234, 237, 244, 251, 258, 263, 273, 289
System-Abfragefunktion, 227

Taktfrequenz, 1, 4

task, 303, 307
  parallel, 300, 307
TASK_REGION, 300, 303
Teilfeld, 188
  Prozessoranordnung, 291
TEMPLATE, 229, 230, 233, 251, 261, 277
templates, 233, 261, 279
temporale Leistung, 96
thread-Pakete, 311
TLB, 38, 79
Tools, 228
Topologie, 44
Totalpivotsuche, 173
Transferrate, 92
transkriptiv, 239
  Ausrichtung, 257
  Datenabbildung, 256
  DISTRIBUTE, 256, 258
translation lookaside buffer, siehe TLB
TRANSPOSE, 305

Überlappen von Instruktionen, 11
UMA-System, 51
underpipelined, 13
Unterprogramm, 254, 260, 261, 290
  Bibliothek, 271, 275, 276
  Schnittstelle, 205

vector
  random access machine, 65
  subscript, 189
Vektor, 183
  Index, 189
  Instruktion, 16
  Pipeline, 6
  Prozessor, 16, 88, 100
  Register, 17, 25
Verdrängungsstrategie, 31
Vereinbarung, Feld, 184
verteilter
  gemeinsamer Speicher, 54
  Speicher, 47
Verteilung, 231, 232, 234
  Format, 237, 239, 256, 258, 295

vervielfachen, 250
vervielfacht abgebildet, 234
Vienna Fortran, 224
virtual shared memory, 42, 53, 54, 312
virtuelle
  gemeinsame Speicher, 42, 223, 312
  Maschine, 308
  Speicher, 37
  Speicherverwaltung, 37
VLIW-Prozessor, 15
voll besetzt, 168
vollassoziativer Cache, 28
von Neumann-Rechner, 48
vordefiniertes Unterprogramm, 203, 305
vorschreibende Anweisung, 227, 236, 245
  ALIGN, 255
  DISTRIBUTE, 255
VRAM, 65

WAIT, 306
wall-clock time, 75
WHERE, 194
  Block, 195
Whetstone, 118, 135
  Benchmark, 137, 138
Wirkungsgrad, 59, 280, 281, 285
WITH, 236, 245
workstation cluster, 55
Wort, 23
WRITE, 305

Zeilenpivotsuche, 173, 177
zeilenweise Speicherung, 187
Zeit
  zeitliche Lokalität, 22
  Zeitmessung, 76
  Zuverlässigkeit, 78
Zugriffszeit, 19
Zusammenfassen von
  Benchmarkresultaten, 139
zyklische Verteilung, 239, 240
Zykluszeit, 19, 84, 88

Location: http://www.springer.de/math/

You are one click away from a world of mathematics information!

Come and visit Springer's
Mathematics Online Library

Books
- Search the Springer website catalogue
- Subscribe to our free alerting service for new books
- Look through the book series profiles

You want to order? Email to: orders@springer.de

Journals
- Get abstracts, ToCs free of charge
- Use our powerful search engine LINK Search
- Subscribe to our free alerting service LINK *Alert*
- Read full-text articles (available only to subscribers of the journal)

You want to subscribe? Email to: subscriptions@springer.de

Electronic Media
- Get more information on our software and CD-ROMs

You have a question on an electronic product? Email to: helpdesk-em@springer.de

•••••••••••••• Bookmark now:

http://www.springer.de/math/

Springer · Customer Service
Haberstr. 7 · D-69126 Heidelberg, Germany
Tel: +49 6221 345 200 · Fax: +49 6221 345 229
d&p · 6750.5-1

MIX
Papier aus verantwortungsvollen Quellen
Paper from responsible sources
FSC® C105338

If you have any concerns about our products,
you can contact us on
ProductSafety@springernature.com

In case Publisher is established outside the EU,
the EU authorized representative is:
**Springer Nature Customer Service Center GmbH
Europaplatz 3, 69115 Heidelberg, Germany**

Printed by Libri Plureos GmbH
in Hamburg, Germany